1 MONTH OF
FREE
READING

at

www.ForgottenBooks.com

By purchasing this book you are eligible for one month membership to ForgottenBooks.com, giving you unlimited access to our entire collection of over 1,000,000 titles via our web site and mobile apps.

To claim your free month visit:
www.forgottenbooks.com/free482294

ISBN 978-0-666-21079-1
PIBN 10482294

Nomenclator entomologicus.

Verzeichniss

der

europäischen Insecten;

zur

Erleichterung des Tauschverkehrs

mit Preisen versehen.

Von

Dr. Herrich-Schäffer,

K. B. Kreis- und Stadtgerichtsarzt zu Regensburg.

Erstes Heft.

Lepidoptera und Hemiptera,

letztere synoptisch bearbeitet und mit vollständiger Synonymie.

Regensburg.

Bei Friedrich Pustet.

1835.

Vorwort.

Der Zweck dieses Unternehmens ist ein mehrfacher, und zwar erstens ein wissenschaftlicher; denn bis jetzt fehlt eine möglichst vollständige, alle Ordnungen umfassende Aufzählung der europäischen Insecten, wie sie doch zum Ueberblicke des Ganzen nothwendig ist.

Leicht hätte ich dieses Verzeichniss um vieles reicher an Namen machen können; ich wollte aber nur solche Arten liefern welche ich selbst kenne, oder die wenigstens in einem klassischen, die ganze Gattung oder Ordnung bearbeitenden Werk beschrieben oder abgebildet sind. So habe ich natürlich bei den Schmetterlingen Ochsenheimer - Tritschke zur Grundlage genommen und bin seinem Systeme getreu geblieben; nur die nach Treitschkes eigenem Geständniss noch nicht stabilen Gattungen der Eulen und folgenden Horden habe ich eben desshalb nicht angenommen und wegen der leichteren Möglichkeit des Auffindens die Arten jeder Horde alphabetisch geliefert. Nach Treitschke wurden noch besonders jene Arten Hübners berücksichtigt, welche ersterem fehlen; die anerkannt aussereuropäischen habe ich ausgelassen. Ausserdem trug ich das Neue von Freyer (Fr.), Fischer v. Roeslerstamm (F.) und Boisduval (B.) ein. Alle Namen ohne Citat bezeichnen, dass die Art unter diesem Namen von Treitschke aufgezählt ist, die Zahl nach dem Namen ist die Nummer Hübners, für deren Richtigkeit ich die grösste Sorge trug, indem ich die abweichenden Benennungen Hübners nicht anführe; wo Hübner falsch numerirte, habe ich die Nummer angegeben, welche die richtige wäre.

Für so genügend ich ein blosses Verzeichniss der Schmetterlinge halte, eben so zwecklos wäre ein ähnliches der Hemiptera gewesen, indem diese Ordnung noch viel zu wenig bekannt und nur in zerstreuten Schriften theilweise bearbeitet ist. Hier hielt ich daher eine synoptische Uebersicht der Gattungen und Arten, dann eine möglichst vollständige Synonymie für unentbehrlich. Die fehlenden Familien der Psylliden, Aphidien und Gallinsecten werde ich bald möglichst nachliefern.

Die zweite Absicht meines Unternehmens ist, der von mir fortgesetzten Panzer'schen Fauna einen alle Ordnungen umfassenden Index zu geben, indem mir die Einrichtung des 1813 erschienenen Index entomologicus einerseits für ein blosses Verzeichniss zu weitläufig, andererseits wegen Mangel aller Kritik zu wenig brauchbar schien. Hier finden die Besitzer des Werkes alle Arten an ihren Platz gestellt; die Nichtbesitzer können daraus die Reichhaltigkeit des Werkes beurtheilen.

Der dritte Zweck ist der merkantilische. Wer eine einigermassen ausgebreitete Correspondenz hat, kennt das Lästige des Anfertigens von Verzeichnissen; dies Geschäft wird durch dieses Schriftchen sehr erleichtert seyn, ja fast entbehrlich, indem sich einzelne Theile desselben recht wohl in Bücher verschicken lassen, nachdem Desideraten und Doubletten bezeichnet sind. Auf diese Weise biete ich alle Arten, welche vorne mit einem Punct gezeichnet sind, gegen jene, welche einen Strich führen, im Tausche an. Theils um den Taushverkehr für diejenigen, welche kleinliche Preisberechnungen dem der Wissenschaft würdigeren, auf gegenseitiges Zutrauen gestützten Tausch, ohne Preisansätze vorziehen, theils um auch einen Maassstab im Allgemeinen für die Seltenheit (resp. mir leichtere oder schwere Habhaftwerdung) der Arten zu geben habe ich jeder Art einen fingirten Preis beigesezt und zwar so, dass der Mangel einer am Ende der Zeile hinausgerückten Zahl $\frac{1}{2}$ ggr. 1: 1 ggr. 2: 2 ggr. 3: 4 ggr. 4: 6 ggr. 5: 12 ggr. 6: 1 Rthlr. 7: 1½ Rthlr. 8: 3 Rthlr. 9: 6 Rthlr. bedeutet; der Reichsthaler zu 108 kr. rheinisch oder 4 Francs gerechnet. Dass diese Preise keine allgemeine und bleibende Gültigkeit haben können, versteht sich wohl von selbst; doch werde ich die von mir verlangten Arten nie höher ansetzen. Zuverlässige Bestimmung und reine Exemplare verstehen sich von selbst. Anfragen und etwaige Zusendungen erbitte ich, so weit als möglich, portofrei.

Das nächste Heftchen wird Coleoptera und Hymenoptera enthalten.

LEPIDOPTERA.

I. DIURNA.

I. MELITAEA.

Maturna 1. 2. P. 96. 24.		3
− var?. 598-601. 807-8 Lapp.		7
. Cynthia 3. 569-70. 608-9. 939-46. Helv.		3
. Artemis 4-6. P. 97. 24.		2
. Merope 653. Helv.		5
. Cinxia 7. 8.	*	1
. Didyma 9. 10. 773-4. 869-70. P. 76. 24.	*	1
. Trivia. 11. 12. 871-4.		2
. Phoebe 13. 14.		2
var? Aetherie 875-8 Sicil.		4
. Dictynna 15. 16.	*	1
. Athalia 17. 18.	*	1
− var. 1. Pyronia 585-8.		6
− var. 2. Aphaea 738-9.		6
var. 3. Deione 947-50.		6
. Parthenie 19. 20.		2
Asteria Helv.		6

II. ARGYNNIS.

. Aphirape 23-25. 734-5. 811.		4
. Selene 26. 27. P. 76. 21.	*	1
var. 57. 58. 732-3. 783.		
! Euphrosyne 28-30. P. 96. 23.	*	1
. Dia 31-33. 883.	*	1
. Pales 34. 35. 38. 39. 617-8. 963-5.	*	2
var. Isis 563-4.		
Arsilache 36. 37. 757-8.		2
Hecate 42-44.		3
: Ino 40. 41.	*	3
Daphne 45. 46.		4
Frigga 49. 50. Lapp.		7
Thore 571-3.		5
. Amathusia 47. 48. 51-54.		3
− Chariclea 769-70. Lapp.		9
Freya 55. 56 771-2. Lapp.		7
. Latonia 59. 60. 613.	*	1
. Niobe 61. 62. 961-2.	*	2
. Adippe 63. 64.	*	2
var. Cleodoxa 859-60. 888-9.		
Cyrene 822-25. Sardin.		7
: Aglaja 65. 66.	*	1
− Laodice 67. 68.		6
. Paphia 69. 70. P. 98. 23	*	1
var. Valesina 767-8. 935-6.		
. Pandora 71-72. 606-7. P. 98. 24.		4

II. CREPUSCULARIA.

XVII. CHIMAERA.

- Pumila noct. 405. 678-9.
  Hung. 4
Appendiculata noct. 314-5. 3
- Nana Sicil. 8
- Radiata * 9
Lugubris Bomb. 216-7.
  294. 5

XVIII. ATYCHIA.

Infausta 5. P. 107. 23. 3
. Globulariae 2. 3. 128 9. * 2
. Statices 1. 130-1. 144.
  P. 32. 24. * 1
Pruni 4. P. 107. 24. * 3
Ampelophaga 153-4. Hung. 4

XIX. ZYGAENA.

- Erythrus 87. Ital. 8
. Minos 8. P. 14. 18. * 1
  var. Polygalae 137.
- Pluto 88. 3
Brizae 85. Hung. 3
. Scabiosae 6. 86. 2
. Achilleae 10. 11. * 1
  var. a. Bellidis.
  var. b. Triptolemus
  96-7.
. Punctum 119. Hung. 3
Sarpedon 9. Gal. m. 4
. Exulans 12. 101. 4
Cynarac 80. 3
Meliloti 79. 82. 2
. Trifolii 133-5. 138. * 2
  var. Orobi.
. Triptolemus Fr. 4
. Lonicerae 7. 160. * 1
. Filipendulae 31. * 1
  var. a. Chrysanthe-
  mi 17. 8
  var. b. Cytisi 26. 6
. Transalpina 15. 13. 3

. Medicaginis 20. 3
. Charon 21. 4
. Hippocrepidis 32. 83. 105. 3
. Angelicae 120-1. * 2
- Dorycnii Russ. m. 8
. Peucedani 22. 75-6. P. 14.
  17. * 2
  var. a. Athamanthae.
  var. b. Aeacus, mac.
  6. 18. 81.
  var. c. Aeacus, mac. 5.
. Ephialtes 2
  var. a. Falcatae 33.
  var. b. Coronillae,
  mac. 6. 13. P. 5. 20. 3
  var. c. Trigouellae,
  mac. 5. 3
Stoechadis 24. Gal. m. 4
  var. mac. fiavis.
Lavandulae 25. Gal. m. 3
. Rhadamanthus 23. Gal. m. 3
- Oxytropis Ital. 4
. Onobrychis 28-9. 36-8.
  P. 32. 23. * 1
  var. Flaveola 14. 6
. Occitanica 106-7. Gal. m. 3
. Fausta 27. 122. 2
- Faustina 141-2. Lusit. 5
Hilaris 123. Gal. m. 5
Lactà 34-5. Hung. 4
Sedi 132. Russ. m. 8

XX. SYNTOMIS.

. Phegea 30. 89-100. 145.
  P. 5. 19.
  var. a. Phegeus.
  var. b. Cloelia.
  var. c. Iphimedea.

XXI. THYRIS.

. Fenestrina 16. * 3

XXII. STYGIA.

Australis Bomb. 244. 336.
Gal. m. 6

XXIII. SESIA.

. Apiformis 51.   * 2
   var. Sireciformis.
   var. Tenebrioniformis 54.
- Bembeciformis 98.   8
Laphriaeformis 156 9.   5
Asiliformis 44.   * 3
- Rhingiaeformis 41.   5
Spheciformis 77-8.   4
- Scoliaeformis 111.   4
Hylaeiformis 48. 108.   * 3
- Doryliformis   Lusit. 7
Chrysidiformis 53.   4
- Prosopiformis 93.   Hung. 4
Ichneumoniformis 84. 113.
   . 39. 40.   * 3
- Uroceriformis   Hung. 6
Cynipiformis 95. 43.   * 3
Melliniformis   .Gal. m. 5
- Andrenaeformis .. Hung. 4
- Stomoxiformis 47.. Hung. 5
Culiciformis 151-2.   * 3
Mutillacformis 45. 91.   3
Typhiaeformis 42.   3
Formicaeformis 90.   3
- Nomadaeformis 50.   4
- Cephiformis   5
- Euceraeformis   Ital. 5
Tipuliformis 49.   * 2
Masariformis 92. ?   4
Tenthrediniformis 52. 94. * 3
Philanthiformis 147-8   * 3
Tineiformis 46.   Lusit. 5
Brosiformis 116.   Dalm. 4
- Anthraciformis Ramb. Cors. 6
- Megillaeformis 114.   5
- Ichneumoniformis 84.   5
- Banchiformis 126.   5
- Ophioniformis 127.   5

XXIV. MACROGLOSSA.

. Fuciformis 56. P. 69. 24. * 2
. Bombyliformis 55. 117.
   P. 69. 23.   * 3
Milesiformis   5
Croatica 89. 136.   Dalm. 6
. Stellatarum 57. 155.   * 1
Oenotherae 58. P. 21. 23. * 4
- Gorgon 102. 124. Russ. m. 9

XXV. DEILEPHILA.

. Nerii 63. P. 22. 17.   7
Celerio 59. 146.   7
: Elpenor 61.   * 2
. Porcellus 60.   * 2
. Lineata 65. 112. P. 21.
   . 24.   4
. Galii 64. P. 13. 20.,   * 3
Hippophaës 109.   5
Nicaea 115. 149-50.- Gal. m 5
. Euphorbiae 66. 139-40.
   P. 13. 19. !   * 1
Zygophylli 125. Russ. m. 9
Dahlii 161-4.   Sard. 7
Vespertilio 62. 103-4.   5

XXVI. SPHINX.

. Pinastri 67. P. 82. 22. * 2
. Convolvuli 70.   * 3
. Ligustri 69. 143. P. 8.
   17.   * 2

XXVII. ACHERONTIA.

. Atropos 68. P. 8. 16.   * 4

XXVIII. SMERINTHUS.

: Tiliae 72.   * 2
. Ocellata 73.   * 2
- Tremulae   8
. Populi 74.   * 2
Quercus 71. 118. P. 107.
   -22.   5

III. NOCTURNA.

N O C T U A L.

Genera XLIII. — LXXXVII. Treitschke.

2

GEOMETRAE L.

Genera LXXXVIII— CVI. Treitschke.

22

- Torvaria 366-9.	4	Venosata 244.		* 3
. Trepidaria 343.	3	. Vernaria 7. P. 110. 23.		* 2
Trilinearia 68.	3	. Vespertaria 226.		3
. Tristata 254. 260.	* 1	. Vetulata 263.		* 2
- Turbaria 255.	4	. Vibicaria 50.		* 1
- Turbidaria 501.	4	Viduaria 165. 364.		3
Ulmaria 85. 391-2. P.4.22.	3	- Vincularia 402.	Hung.	6
- Umbelaria 437-8.	; 4	Viretata 230.		* 2
. Undulata 262. 436.	* 2	. Viridata 11. 352.		* 2
Umbraria 340.	Hung. 5	. Vitalbata 269.		* 3
Valerianata 395. 394.	3	Vittaria 429.	Hisp.	4
. Variata 293. 380.	* 1	. Wavaria 55.		* 1
. Venetaria 329.	4	. Zouaria 179. 511.		3

P Y R A L I S L.

Genera CVII — CXVI. Treitschke.

- Aenealis 46. 120.	3	- Chlamitulalis 160. 181.		5
- Aercalis 44.	3	- Cilialis 19.		3
Aeruginalis 133. 162	Hung. 4	. Cinctalis 72-3.		* 2
- Albofascialis	3	. Cingulalis 30.		* 2
- Albulalis 14.	3	Clathralis 168.		4
- Alpestralis 135.	3	Cemitalis 180.		3
Alpinalis 63. 175-6.	3	- Comparalis 127.	Ital.	4
- Alternalis Tortr. 4-5.	3	- Connectalis 91.	Dalm.	4
. Anguinalis 32.	* 1	- Corticalis 137. 155.		4
- Angulalis 107.	Ital. 6	. Crassalis 12. 172.		* 3
. Augustalis 21. 123.	* 3	- Cribralis 2.		4
- Antiqualis 152.	Dalm 6	- Crinalis 18.		4
- Asinalis 185.	3	- Cristulalis 17.		3
Atralis 27.	2	- Cuprealis 153.	Ital.	6
. Barbalis 122..,	* 3	. Dentalis 25.		* 2
Bombycalis 20. 124.	2	. Derivalis 19.		* 2
Brunnealis 126.	Hung. 4	- Desertalis 171.		3
Calvarialis 23.	2	- Diversalis 102.	Ital.	4
. Carnealis	Dalm. 4	. Emortualis 1.		* 3
- Castalis	Dalm. 5	. Farinalis 95. P. 10. 21.		* 1
- Centonalis 15.	Hung. 4	Fascialis 31.	Hung.	3
. Cespitalis 39. 40.	* 1	- Fenestralis 60.	Ital. ?	8

TORTRIX L.

Genera CXVII — CXXX. Treitschke.

T I N E A L.

Genera CXXXI. — CLIV. Treitschke.

A L U C I T A

Genera CLV — CLVI. Treitschke.

SYNOPSIS GENERUM HEMIPTERORUM.

HETEROPTERA:

Rostellum e capitis apice oritur.

GEOCORISIAE:

Antennae exsertae, capite longiores.

TESSERACONDYLAE:

Rostellum 4 articulatum.

I. Tesseratomidae:
antennae 4 articulatae.

I. Antennae filiformes aut clavatae; elytra sine appendice; ocelli.

A. Coreides: rostelli art. tertius quarto brevior.

A. Membranae nervi ramosi.

a. Scutellum nullum; corpus totum spinosissimum.
    1. Phyllomorpha.

b. Scutellum; corpus (excepto interdum capite) inerme.

a. Caput longius ac latius, oculis parvis parum prominulis.

α. Antennarum art. 1. variolosus aut spinosus, aut prismaticus. 2. Coreus.

β. - - - laevis, cylindricus.

* Caput bifidum, antennae variegatae, art. quarto tertio longiore, non crassiore. 3. Dicranomerus.

** Caput antice bisulcatum, antennis unicoloribus, art. 4. tertio breviore, crassiore. 4. Rhopalus.

b. Caput latius ac longius, oculis valde prominentibus.

α. Corpus ovale, ant. art. 1. sequentibus duplo brevior.
    5. Corizus.

β. Corpus lineare, ant. art. 1. sequentibus non aut. vix brevior. 6. Alydus.

3 *

B. Membranae nervi simplices, antennarum art. 1. longissi-
mus, apice summo clavato.   7. Berytus.
B. Lygaeides: rostelli art. tertius quarto longior.
A. Membrana nervis ramosis; ocelli nulli.
                          8. Pyrrhocoris.
B. - - simplicibus; ocelli.
 a. Caput cum oculis thorace angustius.
  α. Femora omnia aeque crassa, inermia; membrana ner-
    vis 4, duobus interioribus arcu conjunctis; color nigro-
    rubroque varius, foeminae segmenta ventralia 3 ultima
    fissa.   9. Lygaeus.
  b. Femora antica crassiora, plerumque armata; color nun-
    quam nigro rubroque varius.
    α. Foeminae segmenta ventralia tria ultima fissa; corpus
      ovale, elongato-ovatum aut sublineare; membrana ner-
      vis 4-5 solitariis; femora antica crassa, dentata.
                          10. Pachymerus.
    β. - - - 2 ultima fissa, corpus depressum ovatum, antice
      subacuminatum, membrana nervis 5 solitariis; femora
      antica crassa, armata.   11. Platygaster.
    γ. - - - - - - -, corpus ovatum, convexum, capite propter
      oculos prominulos latiori, membrana nervis 4 solitariis;
      femora antica vix crassiora inermia.
                          12. Aphanus.
    δ. - - - 4 ultima fissa, statura, membranae nervi et fe-
      mora antica varia.   13. Heterogaster.
  b. Caput cum oculis thorace multo latius.
                          14. Geocoris.
II. Antennae setaceae, art. 3? 4. primis saltem paullo tenu-
    ioribus; appendix elytrorum; ocelli nulli.
  1. Caput desuper visum longius ac latius, usque ad cly-
    pei (sutura sejuncti) originem horizontali; oculis vix
    prominulis.   15. Miris.
  2. - - - latius ac longius, antice declive, oculis prominulis.
    A. Thoracis latera acute elevato-marginata.
                          16. Lopus.
    B. - - immarginata.
      A. Antennarum art. 1. thoracis eum capite longitudine
        aut longior   17. Phytocoris.
      B. - - - thorace cum capite brevior.
                          18. Capsus.
          II. Pentatomidae.
            Antennae 5 articulatae.
I. Scutellum abdomen aut omnino tegit aut saltem ejus apicem fere attingit.
  1. Antennarum art. 2? non longior ac latior.
                          19. Coptosoma.

2. - - - multo longior ac latior.
    A. Pilosi   20. Odontoscelis·Lap.
    B. Nudi.   21. Tetyra.
II.· Scutellum abdomine dimidio vix longius.
    1. Pedes dense spinosi.   22. Cydnus.
    2. - inermes (pilis mollibus aut tuberculis obsoletis.
A. Rostri art. secundus tertio cum quarto evidenter longior.
 A. Corpus depressum, marginibns omnibus acutis.
                 23. Sciocoris.
 B. - subconvexum, marginibus capitis et thoracis elevato-
  incrassatis.   24. Eurydema.
 C. - convexum elongatum, capite conico, multo longiori ac
  latiori, ante apicem declivem contracto. 25. Aelia.
B. Rostri art. secundus tertio cum quarto brevior aut ejus-
  dem longitudinis.
 A. Pectus et ventris basis inermia. 26. Pentatoma.
 B. Venter basi spina antrosum porrecta armatus.
          27. Rhaphigaster Lap.
 C. - - - - - -: pectus carinatum. 28. Acanthosoma Curt.

TRICONDYLAE:
rostellum tri·aut bi-articulatum.

I. Pedes basi approximati, unguibus duobus, apicalibus.
    1. Pedes antici loco tibiarum et tarsorum ungue forti, fe-
    mori adaptanda.   29. Syrtis.
    2. - - simplices
A. Rostrum rectum, sulco capitis et pectoris receptum.
 A. Antennarum art. 3 reliquis simul longior. 30. Tingis.
 B. - - - - brevior.   31. Aradus.
B. Rostrum liberum, arcuatum.
 A. Ex, lamella unica triangulari, capite breviori formatum.
          32. Ancurus.
 B. - articulis 2-3 formatum, capite longius.
  a. Antennae filiformes, crassiusculae, corpus ovale.
  a. Caput longius ac latius, oculi prominuli.
          33· Anthocoris.
  b. - latius ac longius, oculi magni, protrusi, ocelli fere
    contigui, in verticem medium positi, membrana nervis
    4 ante apicem conjunctis 34. Salda.
  c. - - - - oculi magni intrusi, ocelli in verticis marginem
    posticum positi remoti; membrana arcu nervoso basali
    ut in Capsis   35. Acanthia.
(Hic Genus Pelogonus Ltr., mihi invisum, inserendum videtur.)
  b. Antennae setaceae, tenues.
  a. Corpus fere circulare, ant. artt. 3. 4. subito tenuiores.
          36· Cimex.

b. - elongatum.

  α. Coxæ anticæ reliquis non longiores.

  * Rostrum pedum anticorum basin vix exœdens.

   † Antennæ divergentes, art. 1. reliquis perparum crassiori

    §. Femora antica simplicia, reliquis non breviora, parum crassiora. 37. Reduvius.

    §§. - - inflata, reliquis breviora et multo crassiora.

     ╅ Tibiae anteriores compresso-dilatatæ, thorax sulco transverso pone medium posito

      ╫ Femora inermia; membrana cellulis discoidalibus duabus 38. Peirates.

      ╫╫ - antica spinuloso-dentata, spinis recurvis in tuberculo medio condensatis, membrana cellulis discoidalibus tribus. 39. Prostemma.

     ╆╆ - - simplices, thorax sulco longitudinali, percurrente (femora antica serrato-dentata, dentibus circiter 12 verticalibus parvis.
                                  40. Myodocha?

     ╆╆ Antennæ. articulo primo crasso, convergentes dein inflexæ. 41. Pygolampis.

   ** Rostrum pedum anticorum coxas superat.
                                  42. Nabis.

  β. Coxæ anticæ reliquis plus duplo longiores.
                                  43. Ploiaria.

II. Pedes basi remoti, ungue simplici, ante-apicali.

  1. Antennæ filiformes, caput thorace multo brevius, oculis posticis.

   A. Pedes crassiusculi, medii æquali spatio ab anticis et posticis distant. 44. Velia.

   B. -lgracillimi, medii posticis multo propiores ac anticis.
                                  45. Gerris.

  2. Antennæ gracillimæ, setaceæ, caput thoracis longitudine, oculis mediis. 46. Hydrometra.

HYDROCORISIAE.

Antennæ occultae, capite breviores.

  1. Membrana nervosa; cauda biseta. (Hydrocorides.)
  A. Pedes elongati, simplices 47. Ranatra.
  B. Femora antica incrassata. 48. Nepa.
  2. Membrana enervis; cauda nulla.
  A. Corpus obtuse ovatum; thorax scutatus; tibiae posteriores compressæ, spinosae. 49. Naucoris.

B. - subcylindricum, carina ventrali cilata ; scutellum triangulare, tarsi omnes biarticulati.
50. Notonecta.
C. - depresso cylindricum, scutellum distinctum, tarsi antici
uniarticulati   51. Sigara.
D. - cylindricum,   scutellum vix ullum;   carina ventralis
nulla.   52. Corixa.

HOMOPTERA:

Rostellum e capitis basi infera oritur.

CICADARIAE:

Tarsi triarculati.

I. Antennæ sexarticulatæ, ocelli tres in verticis medio in triangulum dispositi.   53. Cicada. *O*
II, Antennæ et utrique ocellus solitarius antennis approxima-
tus in genarum plano perpendiculari inserti.   Antennæ
biarticulatæ, articulo secundo papilloso, setigero; tibiæ
posticæ apice spinis circumdatæ.
A. Antennæ oculis breviores, capitulo inerassato.
  A. Elytra apice reticulata; clypeus oblongo ovatus; caput
  conico-elevatum.   54. Dictyophora. *O*
  B. Elytra et alæ dichotome venosa non reticnlata; clypeus
  oblongo ovatus; caput obtusum.
                          55. Flata.
  C. Elytra irregulariter reticulata extus medio angulato for-
  nicata; caput collari latius, clypeo conico; ocelli nulli.
                          56. Jssus. *O*
B. Antennæ oculos superantes, capitulo emarginato.
                          57. Derbe. *O*
C. Antennæ oculos superantes, capitulo cylindrico.
  A. Capitulum antennarum articulo basilari longius.
                          58. Delphax. *O*
  B. Capitulum articulo basilari brevius.
                          59. Asiraca. *O*
III. Caput horizontale, supra infraque deplanatum, immargina-
tum. Oculi laterales, verticis latera terminantes. Anten-
næ in fovea infra oculos insertæ, crassæ, capitulo papil-
loso, setigero. Elytra basi squama suffulta.
                          60. Tettigometra. *O*
IV. Caput perpendiculariter deflexnm, ocellis duobus verticis.
Collare cum mesothorace connatum. Antennæ sub capitis
margine producto insertæ, brevissimæ, setigeræ.

. A. Stethidium omnino indivisum (collare mesothorax et metathorax connata); tibiæ prismaticæ. · 61. S m i l i a.
B. Metathorax separatus (collare et mesothorax connata);
tibiæ planæ, dilatatæ, margine denticulatæ.
62. C e n t r o t u s.
V. Caput horizontale ocellis duobus in vertice aut nullis, genis planis horizontalibus. Oculi laterales, verticis latera
terminantes. Antennæ inter oculos et frontem insertæ;
breves, biarticulatæ, apice setigeræ. Stethidium distincte
articulatum, collari maximo.
1. Tibiæ posticæ unidentatæ aut bidentatæ.
A. Collare hexagonum 63. Cercopis.
B. Collare trapezoidale
A. Ocelli approximati 64. Aphrophora.
B. Ocelli pariter inter sese et ab oculis remoti.
65. Ptyela.
2. Tibiæ posticæ muticæ 66. Ulopa.
3. Tibiæ posticæ planæ, serrato-dentatæ.
67. Ledra.
· 4. Tibiæ posticæ angulatæ, bifariam spinosæ.
A. Ocelli in pagina superiore capitis inserti.
A. Hypostoma planum, transversum. 68. Penthimia.
B. Hypostoma oblongum, fronte tumida·
a) Ocelli in medio verticis inserti. 69. Tettigonia.
b) Ocelli antici, in sulco inserti 70. Euacanthus.
B. Ocelli nulli, hypostoma oblongum fronte convexiuscula.
71. Typhlocyba. '
C. Ocelli in frontis suturis lateralibus aut in hypostomate, aut
in margine antico verticis inserti; hypostoma planum, genis magnis explanatis.
A. Ocelli liberi.
a) Vertex brevissimus, Ocellis in hypostomate insertis.
72. Bythoscopus.
b) Vertex lunatus aut trigonus, antice crassiusculus, ocellis in margine antico juxta oculos insertis.
73. Jassus.
c) Vertex antice marginatus, tenuis, ocellis in margine
acuto juxta oculos insertis.
α. Vertice lunato 74. Selenocephalus.
β. Vertice trigono, collaris latitudine, fronte integra.
75. Acucephalus.
γ. Vertice amplo dilatato, fronte carinata.
· 76. Eupelix.
B. Ocelli in fovea marginis anterioris verticis inserti,
frons basi excavata, acute marginata.
· 77. Paropia.

SYNOPSIS

Specierum Hemipterorum.

1. Phyllomorpha.

I. Abdominis lobis rotundatis, tertio (ab ano) majori - histrix.
II. - - acuminatis, secundo et tertio ab ano æqualibus
             laceratus.

2. Coreus.

I. Membranæ nervis omnibus longitudinaliter ramosis; ant.
art. primo triquetro.
 1. Thorace utrinque acute bispinoso, cspite spinis
  pluribus erectis   spiniger.
 2. - - obtuse bidentato, capite antice solum spinis
  tribus porrectis.
   A. Ant. art. 2. 3. teretibus   scapha.
   B. - - - - compressis   cornutus.
 3. - - unispinoso.
   A. Caput inter antennas spina simplici porrecta,
    A. acuta, abdominis medio thorace multo latiore.
     a. ant. art. secundo tereti   quadratus.
     b. - - - compresso   sulcicornis.
    B. obtusa, abdominis medio thorace vix latiore
                venator.
   B. Caput inter antennas spinis 2 acutis, conver-
    gentibus.
    A. Thoracis angulis porrectis   marginatus.
    B. - - acutioribus, lateralibus - - fundator.
 4. - inermi, angulis posticis subrectis   laticornis.

II. Membranæ nervi omnes longitudinaliter ramosi; he-
melytron nervis duobus longitudinalibus ante apicem
bifides cellulas duas efficientibus; ant. art. primus teres capitis dorsum spinis porrectis -   Dalmanni.

III. Membrana pone basin nervo transverso, plurimos nervos longitudinales emittente; ant. art. primus teres,
granulatus.

1. Thoracis margine laterali denticulato.
   A. Ant. art. secundus tertio aut quarto (longitudine
     æqulibus) duplo brevior   typhæcornis.
   B. - - - - plus quam duplo brevior, quarto longitu-
     dine æqualis.
       A. Ant. art- 3 apice incrassatus   Waltlii.
       B. - - - - non incrassatus   Fallenii.
   C. - - 1-3 æquales, 4 brevior nec crassior   annulipes.
   D. - - 1-4 subæquales, 4 crassior   denticulatus.
   E. - - 2 et 3 æquales, 4 paullo longior et crassior
                                  alternans.
2. - - - inermi
   A. Ant. art. 3 et 4 longitudine æquales   spinipes.
   B. - - 2-3 graciles, 3 quarto duplo longior   nubilus.
   C. - - longitudine subæquales, 4 paullo brevior et
     crassior   gracilicornis.

3. Dicranomerus.

I. Angustior, ant. art. 2. solum apice nigro   neglectus.
II. Latior, ant. art. 2. medio et apice nigro   nugax.

4. Rhopalus.

I. Elongato-ovatus, thoracis et elytrorum margine externo
  pallido, elevato   errans.
II. Lineares, thoracis margine non elevato.
   1. Antennarum art. primus capite brevior, elytra ab-
     domine vix breviora   miriformis.
   2. - - - - longior, elytra abdomine multo breviora.
                           Schillingii.

5. Corizus.

I. Rubro-nigroque varius, elytris coriaceis   hyoscyami.
II. Pallidi, thoracis margine concolore, elytris subhyalinis
  nervis crassis.
   1. Parcius longe pilosi
     A. Scutelli apex integer.
       A. Elytra abdomen longe superant   gracilis.
       B. - - vix superant,
        a) Antennæ dorso nigro lineatæ. Scutelli basis
          nigro-bimaculata, abdominis dorsum in seg-
          mentis 2 penultimis 4 punctatum   tigrinus.
        b) Antennæ et scutellum immaculata, abdominis
          dorsum in segmento penultimo lineis 2 lunatis
          in segmentum ultimum continuatis: parumpunctatus.
     B. Scutelli apex albus, bifidus   capitatus.
II. Densius breviter pilosus   crassicornis.

6. A l y d u s.

I. Tibiæ posticæ rectæ.
  1. Hirtus, thorace inermi, fuscus.   calcaratus.
  2. Subnudus, thorace angulis posticis acutissimis,
    elytrorum costa late flava   limbatus.
    (Ant. art. 1-3 rufis apice nigris   marginalis.)
II. Tibiæ posticæ curvæ, basi paullo crassiores.
  1. Rufescens antennarum articulis 2 et 3 apice nigris
                         marginatus.
  2. Fuscus, antennarum articulis 2 et 3 medio, 4
    summa basi flavoalbis   occipes.

7. B e r y t u s.

I. Capite inter antennas cornuto, thorace lineis 3 elevatis.
  1. Ant. art. 1 et femm. anticis capite cum thorace
    longioribns, secundo quarto longiore   tipularius.
  2. Ant. art. 1 et femm. anticis capite cum thorace
    brevioribus, secundo quarto breviori.
  A. Thoracis carinæ laterales postice obsoletæ, tuber-
    cula convergentia formant. (Femorum et antenna-
    rum clavis, apice appendicis et macula baseos mem-
    branæ nigris)   crassipes.
  B. - - - undique acutæ, postice parallelæ.
    A. Clavæ femorum fuscæ, antennarum nigræ; thora-
    cis dorsum antice declive, angustatum.   minor.
    B. Pedes et antennæ unicolores, antt. solum art.
    ultimo nigro; thoracis dorsum horizontale antice
    vix angustatum   clavipes.
II. Capite inter antennas inermi, thorace lineis 3 obsoletis, postice in tubercula acuta elevatis.
  1. Thorace rufo, ant. art. 2 tertio evidenter breviore
                    rufescens m.
  2. Thorace aureo, collo et tuberculis 3 posticis nigris,
    ant. art. 2 et 3 æqualibus   punctipes.

8. P y r r h o c o r i s.

I. Ventris nigri segmentorum omnium margo lateralis,
  penultimi etiam posticus rufus; elytra macula altera
  basali, altera media nigra.   apterus.
II. Venter rufus utrinque serie macularum difformium
  nigrarum, elytra macula media nigra.   italicus.

9. L y g a e u s.

I. Membrana medio immaculata.
  1. Capite nigro.
    A. Thoracis basi medio anguste rufa.
      a. Pedibus rubris, femoribus medio nigris
                  melanocephalus.

b. - nigris. , - , . Rœselii.
B. Thorace linea media percurrente rufa , venustus.
2. Capite macula bifurca rufa saxatilis.
II, Membrana macula media (nulla apicis) alba , ,
  1. Capitis macula rufa
  , A. Capitis macula bifurca militaris.
  B. - , - antice rotundata equestris.
  2. Capite nigro , ,, punctum.
III. Membrana macula altera media; altera apicis alba.
  1. Clavo puncto anteapicali nigro, tibiis rufis; puncto
    elytrorum costali punctatoguttatus.
  2. Major, clavo immaculato, tibiis fuscis; puncto ely-
    trorum medio Schummelii.

10. Pachymerus.

I. Thoracis latera immarginata.
  1. Caput et thorax nigerrima, alutacea, antennæ et
    femorum apex fuscæ , luridus.
  2. Thoracis dimidium posticum, antennæ pedesque
    ferruginea fracticollis.
II. Thoracis lateribus marginatis
  1. Membrana immaculata nigra.
  A. Ater immaculatus echii.
  B. - elytris badiis membranæ summo margine
    pallido phoeniceus.
  C. - - griseotestaceis - - - - pini.
  2. Membrana bicolor.
  A. - nigra, angulo basali late flavo Rolandri.
  B. - fusca maculis 2 albis, altera ad apicem ap-
    pendicis, altera ad angulum ani (interdum defici-
    ente) nervis plerumque anguste pallide cinctis.
  A. Longe pilosus plebejus.
  B. Nudus erraticus.
  C. Membrana fusca. maculis baseos albidis, altera
    ad apicem appendicis, altera prope angulum in-
    ternum
  A. Hemelytra ante apicem fusco-nebulosa antennatus.
  B. - fasciis 3 obsoletis nigris varius.
  D. Membrana fusca, macula magna apicali alba.
  A. Antennarum art. quartus basi late albus, thora-
    cis latera omnino alba. ,
    a. Ant. art. 1-2 apice anguste albis pineti.
    b. - - 1. 4. fuscis, 1 apice pallido pulcher.
  B. - - secundus ferrugineus pedestris.
  E. Membrana fusca, macula apicali basique in ner-
    vos excurrente albis luniger.

F. Membrana fusca; basi late, apice obsoletius alba.
·ii., odi. .·····i · ·i i ·iiii ·i,· · · i·. ·· · · 'praetextatus.
G. Membrana alba, nervis vittaque longitudinalii me-
· · i·.·dia fuscis   i   - qnadratus.
H. Membr. nigra, margine omni late albo.
···*A.* Oblongo-ovatus   ·· ·   · ···· saturnius.
· · ·*B.* Elongato-cylindricus   staphyliniformis.
I. Membr. fusca, maculis: inter 'nervos positis ante-
··· ·apicalibus pallidis.
·· *A.* Scutello immaculato : i· ·· · ·   vulgaris.
· : *B.*   -   lineis 2 pallidis   lynceus.
K. Membr. nervis fuscis late albo cinctis, interstitiis
- punctis crebris albis ·· ·   · marginepunctatus.
L. Membr. pallida, punctis numerosis confluentibus
nervisque anguste fusco cinctis   ·· · ' nebulosus.
M. Membr. nervis basi albis, apice fuscis late albo
·· cinctis, interstitiis punctis fuscis confluentibus, api-·
ce alba   · ·   ·   ·· luscus.
N. Membr. fusca; nervis tenuissime fuscis, albo
cinctis
A. Thorax postice griseus.
    a. Pectus immaculatum, thorax convexus   nubilus.
    b. Pectus maculatum, thorax planus   agrestis.
B. Thoracis dorsum omnino nigrum.
   · a. Elytra innotata, thorax planus, lateribus fere
     'elevatis   sylvaticus.
    b. - ante apicem maculata.
     α. Antennæ medio testaceæ   chiragra.
    β.   -   omnino nigræ   sabuleti.
O. Membr. pallida: nervis· margineque omni late
fuscis   ·   pictus.
P. Membr. fusca, nervis fuscioribus basi anguste albidis (nigerrimus, hemelytris fuscis, intus et extus'
· dilutioribus, tibiis et tarsis testaceo fuscis) contractus.
Q. - nulla (planus, niger, nitidus, grosse punctatus,
· thoracis omnino quadrati disco anteriori sublævi,
angulis anterioribus rotundatis; elytris latioribus ;
ant. art. 1. 2. femorum apice, tibiis et tarsis fer--
rugineis, femoribus anticis medio obsolete bidentatis   · brevipennis.

     ·   11. Plautygaster.   ·:

I. Ant. art. 1 capitis apicem vix superat, elytrorum basis
pallida   · ·.   ,· ··· · ·· ·i?'·)(··. · · · · abietis.
II. Ant. art. 1 capitis apicem longe superat, elytra ob-
· scure ferruginea   ·· ···i . r ferrugineus.

12. **A p h a n u s.**

I. Membrana fusca: nervis tenuissimis fuscis, albo cinctis; convexi, dense pilosi.
1. Thorax postice griseus   sabulosus Fll.
2.   -   unicolor.
  A. Antennis, pedibus et elytris testaceis, his apice nigro-notatis   pallipes.
  B. Totus fuscus, antennis pedibusque vix lucidioribus
                               rusticus.
II. Membrana alba, nervis vix conspicuis; subdepressus, nitidus..   enervis.

13. **H e t e r o g a s t e r.**

I. Abdominis lateribus prominulis nigro-pallidoque variegatis (nigroænei, pilosi, plus-minus testaceo maculati; antennarum articulis longitudine subæqualibus, quarto vix crassiore; thorace lateribus marginato.-sinuato medio transversim impresso; membranæ nervis quatuor invicem pone basin junctis
1. Tibiis annulis duobus et apice, sicuti articulo tarsorum primo pallidis.
  A. Femoribus anticis dente acuto.
  Trochanteribus femorum basi ventreque nigris   affinis.
  Trochanteribus, femorum basi maculisq. ventris pallidis.
                             urticae.
  B. Femoribus inermibus   salviæ.
2. Tibiis pallidis, basi nigra, ante apicem annulo fusco
                rufescens et artemisiæ.
II. Abdominis lateribus tectis, immaculatis.
1. Femoribus anticis dente acuto armatis
  A. Membrana alba, nervis vix conspicuis   lavateræ.
  B. - nervis crassis fuscis   lineolatus.
  C. - fusca, nervis solum in basi alba conspicuis: basalis.
  D. - - - - - apice albo-bimaculato conspicuis   guttula.
2. Membranæ nervis vix conspicuis, femoribus muticis.
  A. Hemelytrorum nervis valde elevatis, abdomine fœminæ subcylindrico, subcompresso, ano truncato subtrilobo.
    A. Hemelytri cubito et margine postico nigro   thymi.
    B. - nervis 2 mediis et margine postice nigro
      punctatis   ericæ.
    C. nervis immaculatis; margine postico 4punctato:senecionis.
  B. Hemelytrorum nervis obsoletis, abdomine fœminæ ovato, ano acuto
    A. Hemelytris punctis 2 mediis, 4 marginis postici nigris   resedæ.
    B. Hemelytris immaculatis.   claviculus.

14. , G e o' c o r i 's.

I. Thorax vitta media flava; femora fusca; membranae ru-
   dimentum album   ater.
II. -. et elytra marginibus omnibus (sæpe obsolete) pe-
   dibusque totis luteis   grylloides.
III. - immaculatus, hemelytra pallida nigro bimaculata
                                                     loniceræ.
IV. Niger elytris albidis   albipennis.
                           15. M i r i i s.
I. Femora postica ante apicem dentata   calcarata.
II. - - inermia.
   1. Femora postica linearia
      A. Antennæ corporis, art. 1. thoracis longitudine lon-
         ge pilosus   erraticus,
      B. - corpore, art. 1. thorace longior brevissime pilosus
                                                     longicornis.
   2. Femora postica subclavata.
      A. Antennarum art. 1 longe pilosus.
      A. Antennæ corpore parum breviores, art. 1 thorace
      - parum breviore   lævigatus
      B. - - , art. 1 thorace multo brevior   virens
      B. Ant. art. 1 subnudus   holsatus.
   3. Femora postica basin versus paullo crassiora: ruficornis.
                           16. L o p u s.
I. Caput a clypeo impressione profunda sejunctum.
   1. Antennæ subfiliformes, thoracis dorsum planiusculum
                                                     tunicatus.
   2. setaceæ, thoracis dorsum lateribus declive.
      A. Breviter pilosus, caput punctis 4 flavis: ferrugatus.
      B. Longe pilosus, caput linea antice bifurca flava
                                                     dolabratus.
II. Caput sine impressione in clypeum declive transit
   1. Nudus   roseus.
   2. Hirti
      A. Niger, thoracis et elytrorum, margine laterali cum
         appendice miniaceo   gothicus.
      B. Rufogriseus, vittis pallidis, appendice miniaceo
                                                     albostriatus.
      C. Fuscus vitta media a capite ad apicem scutelli,
         vitta obliqua elytrorum margineque externo miniaces
                                                     rubrostriatus.
                   17. P h y t o c o r i s.
I. Testaceus, fusco adspersus   populi.
II. Rufo-ferrugineus, pallide variegatus   ulmi.
III. Flavo vireus, antennis pedibus margineque postico ely-
   trorum cum appendice ferrugineo-purpureis   ustulatus.

IV. Flavescens, ferrugineo-adspersus, vittis 4 obsoletis,
   membrana extus fusco-bimaculata.   meridionalis.
                    18. C a p s u s.   '

I. Elytra membrana magna; si deest anum non tegunt;
 , /.femora postica reliquis parum crassiora., , . · ·   ..
 \ A. Oculi capitis marginem posticum rectum postice su- .' ·
      perant, thoraci appressi   clavatus.
   B. - - - - convexiusculum non superant, a thorace remoti . ·
   A. Thoracis dimidium anticum in forma colli contractum.
     a. Thoracis anguli antici in forma dentium elevati
                                               bifasciatus.
     b. - - - inermes.
       α. Hemelytra transverse fasciata.   ,
         * Basis hemelytrorum et appendicis late flava. ·
           † Thorax et scutellum nigra!   · flavomaculatus.
           †† - maculis 3, scutellum totum flavum   6 guttatus.
         ** Hemelytra fascia altera media, altera ante ap- ·
             pendicem nivea   3 guttatus.
         *** Macula hemelytrorum basalis et media obsolete,
             . basis appendicis late albida   . biclavatus.
       β. - cinnamomea, pone basin obsolete pallida, basi
            appendicis late albida   .   .. histrionicus.
       γ. Fuscus, appendice miniaceo: apice fusco: fulvomaculatus.
       δ. Hemelytra longitudinaliter striata
         * Appendix aurantiacus · · . ·   . · ' ·
           †. Thorax macula media flava   striatus.
           †† - maculis 3 flavis   marginellus.
         ** . fuscus, basi albus · ·, , . · · · · umbratilis.
       ε. - hyalina   . ,   ·   · ·   · ·
         * Hemelytra punctis setigeris scabra. · · · · · I
           †. Membrana ad apicem appendicis macula trian-
             . gulari, fusca, coriacea · ·   · · · · · annulatus.
           †† Appendicis apice fusco.   . · · ·
             γ Ovalis, orbitæ, thoracis margo anticus et stria'
               · longitudinalis pallida · ·   · · ·   . alienus.
             γγ Elongatus capite et thorace pallidis, brun-
               neo-notatis, · · .   · · ·   · · · errans.
    , ·· †††. Membrana et appendice innotata   pallidus.
      **, -. subtilissime pilosa, appendicis flavi apex pur-
      . pureus · ·   · · · · ·   · · · ·   ·   virgula.
       ζ. - ochracea appendice aurantiaco   luteus.
       η. - viridia   · · · · · · · · 'X   · ·
         * Thoracis angulis posticis nigris · ·   · angulatus.
      .. ** Ant. art. 1. macula pone oculos et puncto sutu- !!
      ·· ræ nigris ; · · · ·   · · · · · ·   nubilus.
    , B. Thorax lateribus convexiusculis aut rectis, antice

sensim convergentibns, margine antico' angustissime
, elevato.

a. Corpore lineari aut elongata-ovato.

 a. Pallidi unicolores, immaculati exceptis interdum antennis, pedibus et membrana, (species nonnullæ
 rubedine læta gaudent, quæ tamen non rite:termi-
 nata has species ad versicolores ponere non sinit.)

 a. Pallide pilosi.

 * Tibiis pallide spinosis. s

 † Elytrorum margine externo evidenter piloso.

   a. Laete viridis, capite, thorace et scutello anti-
     ce, elytris extus flavis   nassatus.

   b. Pallide viridis, antennis flavescentibus   floralis.

   c. - stramineus   :   angustus.

   b. Rubrotestaceus :   rubricatus.

 †† Elytrorum margine externo nudo

   a. Dorso nudo   rugicollis.

   b. - dense piloso   pabulinus Zett.

 ** Tibiis nigro spinosis.

 † Virides aut flavi

   a. Membranæ margine omni æqualiter nigricante

                                   peregrinus.

   b. - nebulosa.

     +. Viridis, cellulis obscurius repletis: contaminatus.

     +·+ Pallide virescens aut vitellinus, macula
      : ad' basin membranæ albæ fusca: ' pallescens.

 †† Grisei aut rufescentes

   a. Testaceus purpureo adspersus   ' rubicundus.

   b. Griseus   decolor.

 β. Nigro pilosi.

 * Tibiis nigro spinosis.

 † Obscure viridis, nitidus   affinis.

 †† Albido virescens opacus   ' seladonius.

 ††† Vitellinus   '   molliculus.

 †††† Virescens nervis membranæ sanguineis: rubrinervis.

 ** Femoribus tibiisque nigro punctatis.

 † Antennis pallidis sine annulis nigris.

   a. Læte virescenti-flavus   ' tanaceti.

   b. Testaceo rufescens hemelytris versus apicem
     præsertim appendice læte purpureis   roseus Fll.

   c. Testaceo, rufescens, tibiis nigro - maculatis
                          signatipes.

 †† Antennis pallidis, basi' fusco annulatis.

   a. Albido virescens ant. art. 1. annulis 2 obso-
     letis fuscis, membrana, puncto fusco pone ner-
     vos   chrysanthemi.

  b. Pallide testaceus ant. art. 1. annulo nigerrimo ante apicem, secundo ad basin   punctipes.
  c. Griseo virescens, ant. art. 1. annulis duobus
   (interdum confluxis), secundo ad basin fuscis
                   viridulus.
b. Pallidi, obscurius notati, aut versicolores.
 a. Pallidi, hemelytris et appendice iconcoloribns, appendice immaculato.
  * Minores, appendice coloris paullo obscurioris, aut
   pallidioris
   † Viridis, capite cum antennis nigro, orbitis fla-
    vis   capitatus.
   †† Sordide albus, capite punctis 2, thorace lineis
    flexuosis 2 fuscis   querceti.
   ††† Pallidi, elytris obscurius æqualiter maculatis.
    a. Virescenti albus, hemelytris cum membrana
     cinereo-maculatis   maculipennis.
    b. Testaceus, hemelytris læte viridi-maculatis
                  chorizans.
   †††† - nervis pallidioribns, cellulis, appendice et
   macuia ante hunc obscurioribus, nigro-pilosi.
    a. Virescens   exsanguis.
    b. Cinereus   bilineatus.
   ††††† Cinnamomeus, nervis pallidioribus, capite
   nigro flavo-maculato   Thunbergi.
   †††††† Luteus elytris strigis 2, membrana margine nigris   plagiatus.
   ††††††† Ruber, elytrorum disco, thoracis margine
   antico et postico nigris   ruber.
  ** Majores appendice coloris lætioris (hemelytris
   plerumque maculatis, excepta bipunctati fœmina
   et pilicorni.)
  + Pallide pilosi.
   a. Thorace vittis 4 nigris   scriptus F.
   b. - maculis 2 nigris   binotatus.
   c. - punctis 2 nigris aut nigro solum margini-
    bus anteriori et posteriori pallidis   chenopodii.
  ++ Nigro pilosi.
   a. Ant. art. 2 3. basi, pectoris segmentis margi-
    ne et tibiis pallidis, capite nigro, partibus re-
    liquis sanguineis, rufogriseis aut nigris: 6 punctatus.
   b. Viridis thorace punctis 2 parvis nigris: bipunctatus
   c. - elytris vittis interruptis sanguineis: ferrugatus.
  b. Sulphureus, appendice aurantiaco.   pilicornis.

e. Viridis, scutello flavo cordato, appendice coc-
   ı cineo marginibus albis, externo nigro: **Dalmanni.**
  *** Minores appendice coloris pallidioris   **sanguineus.**
β.'Appendice bicolore, tricolore aut nigronotato.
   a. pallidi appendice pallidiore, summo apice fusco.
    * Scutellum propter puncta dua media basalia cor-
      datum apparet, elytris pallidius.
      ⊙ Antennis pallidis
        ✳ Rufescenti tincti   **campestris et pratensis.**
        ✳✳ Virides   **gemellatus.**
     ⊙⊙ Ant. art. 1 annulis 2 nigris, art. 2-4 nigris
                                 annulicornis.
    ** Scutellum non cordatum.
     ⊙ Virescens, hemelytris intus nigricantibus
                                 limbatus.
     ⊙⊙ Rufescentes.
      ✳ Elytrorum limbo impunctato   **fraxini.**
      ✳✳ - - nigro punctato   **marginepunctatus.**
  b. Pallidi hemelytris nigro - lineatis, appendicis api-
    ce late obscuriori
    * Thorace punctis quatuor et fascia ante marginem
      posticum interrupta nigris   **striatellus.**
    ** Thorace maculis binis mediis singulaque hu-
      merali nigra   **bimaculatus.**
    *** Thorace vittis 4 nigris, elytris cum appendi-
      ce rubrolineatis   **pulcher.**
  c. Niger hemelytrorum margine externo late, appen-
    dice excepto apice, scutelloque luteis   **cordiger.**
  b. Nigro fuscus hemelytrorum et appendicis margine
    externo pedibusque luteis   **filicis.**
  e. Appendice purpureo apice nigro.
    * Niger humeris et tibiis pallidis, ant. art. 2 sub-
      filiformi   **lateralis.**
    ** Fuscus aut ferrugineus, ant. art. 2 clavato: **tricolor.**
    *** Scutello, thoracis et hemelytrorum margine
      externo, horumq. fascia media sanguinea   **elatus.**
  f. Appendice sanguineo, basi et apice flavo, extus
    plerumque fusco   **unifasciatus.**
  g. Appendice miniaceo margine omni pallido: **gibbicollis.**
  h. Niger, orbitis, thoracis lateribus et vitta media,
    scutello et appendice coccineis, femoribus posticis
    et tibiis omnibus annulo albo   **Mat.**
  i. Hemelytris transverse fasciatis.
    † Appendicis dimidio basali pallido, apicali nigro.

§. Tibiæ fuscæ annulis 2 latis pallidis . . . . Fallenii.
§§. - - flavæ, nigro spinnlosæ   Kahnii et transversalis.
§§§. - - punctis magnis nigris.   furcatus.
†† Appendicis basi et apice nigro . . | tripustulatus.
††† Appendice basi et ante apicem fusco, elytris obsolete fasciatis   .   .   punctulatus.
†††† Appendicis nigri angulis basalibus pallidis. Waltlii.
ł. Testaceus maculis 2 thoracis anticis nigris, appendicis apice fusco.; aut nigricans, antennis, capite pedibusque testaceis   .   pinastri.
ι. Testaceus appendice fusciori, basi albido   thoracicus.
m.' Nigri, solum appendice bicolore. .
   '§. Appendice ferrugineo-signato.
   * Antennis, femorum apice, tibiis tarsisque testaceis,
     tibiis nigro punctatis   variabilis.
   ** - pedibusque testaceis fusco-annulatis, elytris ad
     basin appendicis profunde incisis   Gyllenhali.
   *** Tibiis nigris, annulo fusco-testaceo   nigrita.
, . §§. - albo signato   betuleti.
γ. Nigri scutello sanguineo   • scutellaris.
δ. Nigri unicolores, solum antennis et pedibus interdum
   alius coloris.
   * Antt. art. secundus apice non aut vix incrassatus.
   a. Pedes omnino lutei. fuscus, hirsutissimus.   ' lividus.
   b. Antennæ et pedes pallide flavi   coryli.
   c. Antennarum art. 1 pedesque lutei, hi fusco-punctati,
     ' elytra vitta media lata pallida   vittipennis.
   b. Pedes lutei, fœmina ant. articulo 3 basi albo, mas
     elytris pallide fuscis   caricis.
   e. Vitta elytrorum media basisque membranæ testaceo
     . hyalina   pilosus.
   f. Nitidus, longe nigro-pilosus, tibiarum ferruginearum
     apice fusco   mutabilis.
   g. Subopacus, albo-squamulatus   unicolor.
   h. - testaceo-squamulatus tibiarum ferruginearum apice
     fusco   .   tibialis.
   i. Nitidissimus, profunde punctatus, occipite linea trans-
     versa flava   scutellaris var.
   ** - - - sequentibus multo crassior, clavatus aut com-
     pressus.   .   ,   ‚
   a. Rostrum et pedes rufi, nigro annulati   '   . ater.
   b. Femorum apex antennarumque artt. 3 et 4 rufi, hi
     apice nigri   (.   .   tumidicornis.
   c. Albo squamulatus, antt. art. 1 conico, 3 basi albo
     ,   .   spissicornis.

b. Corpore breviter ovato, fere quadrato.
  a. Niger, capite testaceo   leucocephalus.
  b. Ferrugineo-testaceus   vluridus.
  c. Nigerrimus   niger.

2. Femora postica reliquis multo crassiora.
. A. Niger, antt. art. 2 annulo ante basin rufo   terminalis.
  B. Fuscus, pedibus pallidis: maculis sparsis fuscis : arbustorum.
  C. Femorum apex tibiæ et tarsi flavi, tibiæ fusco macu-
    latæ   pallidicornis.
  D. Antt. art. 1. 2. femorum apex, tibiæ et tarsi flavi,
    tibiæ tenue nigro spinulosæ   pusillus.
  E. Antennæ, femorum apex tibiæ et tarsi flavi, impunctati
                       pulicaris.
  F. Luteus, abdomine, scutello et elytris nigris   luteicollis.

II. Elytra sine membrana, abdomen tegentia
                      (Bryocoris Fall.)
  1. Nigra capite rubro, pedibus et antennis pallidis.
                    erythrocephalus.
  2. Testacea, elytris et pedibus pallidioribus, abdomine
    nigro   pteridis.

19. Coptosoma.
Globosa ænea, hemelytris omnino tectis   globus.

20. Odontoscelis.
Breviter ovalis hirta, scutello plerumque lituris 3 longitudinalibus   fuliginosa.

21. Tetyra.
I. Tibiæ spinosæ aut pilis rigidis obsitæ.
  1. Scutellum carina pone medium in tuberculum acu-
    tum elevata   tuberculata.
  2. Scutellum inerme.
    A. Thorax inermis.
      A. Fusca, albo-punctata   pedemontana.
      B. Nigro ænea   scarabæoides.
      C. Grisea, transversim rugulosa   galii.
    B. - antice utrinque processu uncinato   iuncta.
II. Tibiæ nudæ aut pilis brevibus, mollibus obsitæ.
  1. Abdominis margo scindens, prominens.
    A. Rubro-nigroque vittatæ.
      Subtus rubra, thorace vittis nigris   nigrolineata.
      Subtus lutea, thorace maculis nigris   semipunctata.
    B. Testaceæ, fuscæ, nigræ.
      A. Ovalis, convexa, thoracis angulis prominulis,
        punctulata, minor   maura.
      B. Ovalis, subconvexa, thoracis angulis obtusis, punc-
        tulata, major   hottentota.
      C. Lata, pone medium latior, subdepressa, verrucata,
        inter verrucas punctulata.   maroccana.

2. Abdomen ab hemelytris et scutello omnino tectum; marginibus obtusis.

A. Vittis longitudinalibus pictæ.

A. Thorax utrinque rectangulus, scutellum vittis fuscis in apice convergentibus .   grammica.

B. - - rotundatus; vittæ.albæ, media elevata: strigata.

C. - - acute productus, striæ pallidæ, elevatæ glabræ, tres scutelli   albolineata.

B. Sine vittis   nigellæ.

22. Cydnus.

I. Pilosi.

1. Partis coriacei margo posticus profunde bisinuatus   tristis.

2. - - - - subrectus.

A. Ovalis, antice posticeque æqualiter subattenuatus, ant. art. tertius sequentibus multo brevior; scutellum anguste acuminatum, ante apicem foveolatum   brunneus.

B. Quadrato-ovatus, scutello late acuminato, ante apicem utrinque tuberculo transverso lævi; antennarum art. 3-5 fere longitudine æquales   pilosus.

C. Breviter ovalis, subdepressus, scutello late acuminato, apice punctulato, depresso, subfoveolato; capitis bifoveolati et thoracis marginibus externis ferrugineis; major; capitis margo spinosus: flavicornis Pz.

D. Brevius ovalis, subconvexus, scutello apice rotundato, capite utrinque 3 sulcato; minor: flavicornis H.

E. Obovatus, convexus, scutello subacuminato, capite bisculato   nigrita Pz.

II. Nudi.

1. Pedes inter spinas non pilosi; (nigri abdominis margine immaculato).

A. Ant. art. 2 tertio vix longior.

A. Niger, punctatissimus, ant. art. 2 et tarsi ferruginei; magnitudo Cydni tristis   affinis.

B. Subæneo-niger, transverse rugulosus, ant. art. 2 et tarsis ferrugineis; magnitudo Cim. oleracei   morio.

C. Subopacus, antennis et tarsis fuscis; scutelli apice subfoveolato, thorace medio transversim impresso, hemelytris brunneis; magnitudo Cim. oleracei duplo minor   nanus.

B. Ant. art. secundus tertio multo brevior; cœruleoniger, elytrorum costa alba aut testaca: albomarginatus.

2. Pedes inter spinas pilosi.

A. Elytra macula media alba   biguttatus.

B. Elytrorum et thoracis margine externo albo.

A. Membrana alba, subhyalina · · ·albomarginellus.
B. - fusca : marginibus pallidioribus melanopterus.
- ·C. Elytra fascia basali et ·apicali·, thoracis margine'
  externo late albis bicolor.

23. Sciocoris.

I. Thoracis. latera rotundato-prominula macula utrinque
antica scutellique apice albis ' marginatus.
II. Breviter ovatus, caput thorace multo angustius : umbrinus.
III. Ovatus, caput thoracis latitudine lusitanicus.

24. Eurydema.

I. Thorax niger margine omni et striga' media longitudinali rubra aut,albida '
  1. Tibiæ annulo medio rufo aut albo oleraceum,
  2. Pedes omino nigri dominulus,
II. Thorax ruber macula utrinque nigra aut retrorsum bi-
loba aut in maculas 3 divisa.
  1. Caput et pedes omnino nigra. ,ornatum.
  2. - marginibus rubris, pedes nigri.
  A. Nigrum, subtus rubrum serie triplici macularum ni-
     grarum ' festivum.
  B. - - - ventris medio spiraculisque nigris ‹ decoratum.
  C. Viridi-nigrum , subtus aut margine externo et ano
     rubro-maculatis, aut rubrum serie triplici macula-
     rum cyanearum , , herbaceum.
  3. Caput rubro-aut flavo-maculatum, pedes flavo-variega-
     ti ; subtus flavum (interdum rufum) serie triplici.
     punctorum nigrorum · pictum.

25. Aelia.

I. Elytra grisea, costa pallida, vittæ longitudinales 2, caput, thoracem et scutellum percurrentes, utrinque
altera obsoletiori divisæ acuminata.
II. Elytra grisea, ante costam pallidam nigra; vittæ longitudinales 2, nulla obsoletiori divisæ ' Klugii.

26. Pentatoma.

I. Capitis conici dorsum convexum, declive, triangulare,
  1. Apice subbifidum lobo medio breviori, lateralibus
     antice contiguis. '
  A. Abdominis margo albus immaculatus, scutelli apex
     concolor, puncto fusco ; obovatus inflexum.
  B. - - - nigro maculatus, scutelli apex lunato-albus;
     breviter obovatus intermedium.
  2. Lobus medius lateralibus paullo longior impressum.
II. Capitis dorsum planiusculum, subhorizontale, subqua-
dratum, lobo medio parallelo, plerumque paullo
breviori; lateralibus recta productis, singulatim rotundatis.

1. Thoracis margines laterales incrassato-elevati, glabri, pallidi.
A. Thoracis anguli laterales acuti   perlatum.
B. - - - obtusi.
  A. Scutelli basis macula semicirculari ænea
                          melanocephalus.
  B. - - - utrinque callosa pallida.
    a. Brevissime obovatus, scutelli apex angustissime
      pallidus, membrana hyalina   pusillum.
    b. Obovatus, scutelli apex lunula alba, membrana
      fusca   bipunctatum.
    c. Ovalis, striga media longitudinalis et annulus
      tibiarum pallidus aut rufus   dumosum.
2. Thoracis latera immarginata   cœruleum.
3. - margines laterales acuti, antice serrati.
A. Tibiæ annulo lato pallido   punctatum.
B. Thoracis anguli in spinam acutissimam producti
                           bidens.
C. Ferrugineum, thorace utrinque rectangulo   custos.
D. Ant. articulo 4 apice late fulvo   luridum.
III. Capitis dorsum planum, subhorizontale, ellipticum, lobo
   medio plerumque paullo breviori, lateralibus antice
   attenuatis, convergentibus.
1. Thoracis margines laterales acuti, antice serrati, anguli retusi acutissimi   rufipes.
2. - - - subacuti, plus minus incrassato-elevati.
A. Margo concolor.
  A. Ant. art. 2-5 nigris, abdominis margo maculis alternantibus æqualibus fuscis et pallidis.
    a. Ant. art. 2-4 thoracis cum capite longitudine,
      scutelli basi, thoraceque antico immaculato
                          nigricorne.
    b. Ant. art. 2-4 thorace cum capite evidenter longioribus, scutelli basi et thorace antico maculis nigerrimis   varium.
  B. Ant. art. 4-5 fuscis, abdominis margo maculis geminis nigris   lynx.
  C. Antennæ ferrugineæ aut virides, aut his coloribus variegatæ   prasinum et dissimile.
B. Thoracis margines laterales albi aut flavi
  A. Antennæ virides   juniperinum.
  B. Ant. art. 4-5 nigri basi albi aut fulvi   vernale.
  C. Ant. art. 3-5 nigri, basi albi, scutellum lunula apicis alba   sphacelatum.
  D. Ant. art. 2-5 nigri, basi albi, scutellum apice sensim pallidius   baccarum.

27. Rhaphigaster.

I. Viridis, punctis 3 flavis ad basin scutelli smaragdulus.
II. Viridis, capite, thoraceque antico flavis torquatus.
III. Viridis aut incarnatus, lateribus anguste pallidis
  incarnatus.
IV. Griseus, fusco-irroratus, antennis nigro-flavoque variis
  griseus.

28. Acanthosoma.

I. Thorax utrinque acutangulus aut obtusus.
 1. Membrana maculata.
  A. Caput longius ac latius, membrana puncto pone
   basin medio fusco, lineaque dentata obliqua postica
   lituratum.
  B. Caput latius ac longius, membrana macula magna
   triangulari fusca in medio, marginis exterioris (viridis thoracis margine postico, elytrorum interno
   omni late sanguineo haemagaster.
  C. Caput vix longius ac latius, membrana fusco-nebulosa (versicolor, virescens, griseus, rufescens)
   agathinum.
 2. Membrana immaculata haemorrhoidalis.
II. Thoracis anguli in spinam longam acutissimam producti ferrugator.

29. Syrtis.

I. Ochracea, fusco-mixta, thorace utrinque 4 dentato, abdominis marginibus rotundatis crassipes.
II. Testacea, nigro-fusco-mixta thorace et abdomine
   utrinque 6 dentatis monstrosa.

30. Tingis.

1. Antennae pilosae.
 1. Ant. art. 3 et 4 crassissimi, subaequales; caput inerme
  clavicornis.
 2. Ant. art. 3 et 4 tenues, 3 quarto multo longior, caput spinosum.
  A. Ant. crassiusculae dense piloso-squamatae, art. 4 tertio fere tenuior, (thoracis et elytrorum margo nudus; collum, carinae, scutellum thoracis latera nec
   non elytra subdiaphana, opaca, dense reticulata)
   A. Carinae thoracis omnes vage reticulatae, spinae capitis mediae contiguae, laterales acutae pilicornis.
   B. Carina solum media reticulata, spinae capitis mediae remotae, laterales obtusae crassicornis.
  B. Antennae graciles, parce longe pilosae, art. 4 tertio
   paullo crassior.

A. Thoracis et elytrorum margo nudus, collum, carinae, scutellum, thoracis latera nec non elytra hya-,
lina.

  a. Thorax medio lobis 2 concavis, subglobosis, scu- .ij.
tellum conicum.

    α. Major, longior immaculata, elytra vix gibba cel- .;
lula utrinque juxta apicem scutelli plana   spinifrons.

    β. Minor, brevior, globis thoracis, scutello et ma-
cula stellari elytrorum fuscis, cellula utrinque
juxta apicem scutelli concava ·   · affinis.

    γ. Minor, iterum brevior, nervi omnes in margine
macula fusca; elytra elevatione globosa   ' pyri.

  b. Thorax unicarinatus, scutellum simplex, breve

                            cristata.

  c. Thorax 3 carinatus, scutellum carina media elevata, vage reticulata   foliacea.

B. Thoracis et elytrorum margo pilosus, collum, carinae, margo thoracis, scutellum et elytra subdiaphana, opaca, reticulata; thorax tricarinatus,
carina media etiam per scutellum elevata, vage
reticulata.

  a. Elytra serie duplici cellularum costalium, carinae thoracis laterales flexuosae   · gracilis.

  b. - serie triplici cellularum radialium, carinae
thoracis laterales rectae ,   reticulata.

II. Antennae nudae.

  1. Elytra decussata.

  A. Thorax totus tricarinatus.

    A. Thoracis latera plana, diaphana, reticulata.

      a. Testaceus, fusco-maculatus   cardui.

      b. Nigricans, undique reticulatus   nigrinus.

    B. Thoracis latera reflexa, vix diaphana aut reticu-
lata

      a. Fusco-nebulosa   costata.

      b. Carinae vix elevatae, ferruginea margine, thora-
cis foliaceo   . melanocephala.

      c. - - - Testacea, margine regulariter nigro-macu-
lata   · grisea.

      d. - omnes valde elevatae, acute membranaceae; testa-
cea, immaculata,   testacea.

    C. Thoracis latera incrassata, opaca, reticulata: 4 maculata.

  B. Thorax solum postice tricarinatus, lateribus incrassatis, pallidis reticulatis.

    A. Carinae laterales flexuosae, postice divergentes

                         humuli.

    B. - - rectissimae.

a. Thoracis discus lateribus incrassatis non latior
convergens.

b. - - - - multo latior . echii.

C. - sub margine reniformiter inflato subabscon-.
ditae, postice convergentes · rotundata.

C. Thorax utrinque elevatione rotundata, carinam so-
· lum mediam relinquente simplex.

D. Thorax planus, carina solum media obsoletissima.

A. Antennae nigrae laeta.

B. - fulvae ruficornis.

E. Thorax antice bicarinatus; scutellum sejunctum
capitata.

II. Elytra non decussata.

A. Thorax tricarinatus, antennarum clava pilosa.

a. Ovalis, convexior, testacea, scutelli apice obtuso
cassidea.

b. Ovalis, plana, antice subacuminata, nigricans
scutelli apice acuto - pusilla.

B. Thorax antice obsolete bicarinatus, scutellum sejunctum pedicularis.

31. A r a d u s.

I. Elytra abdomine multo angustiora.

1. Corpus aequilatum, thorax impressione transversa
media tremulae.

2. - postice dilatatum, thorax carinis 4 longitudinalibus.

A. Ant. art. 2 tertio longior.

A. Ant. gracilium art. 2 evidenter longior ac 3 cum 4
betulae.

B. - crassarum art. 2 non aut vix longior ac 3 cum 4

a. Pedes unicolores, ad summum femorum tibiarum-
que apice, horumque basi pallidis.

α. Ant. art. 2 brevior ac 3 cum 4, basi attenuatus
cinnamomeus.

β. - - - longior ac 3 cum 4, aequilatus.

* Scutelli apex concolor, margo posticus thoracis
basisque elytrorum pallida corticalis.

** - - albus, thorax evidentius canaliculatus et
humeri innotati brevicollis.

b. Femorum basi et annulo anteapicali, tibiis annulis antebasalibus et anteapicalibus pallidis
conspicuus.

B. Antenarum art. 2 tertio multo brevior versicolor.

II. Elytra abdomen omnino tegunt depressus.

32. A n e u r u s.

I. Elytris omnino hyalinis, scutello semicirculari laevis.

II. Elytris angustatis coriaceis, scutello lanceolato

leptopterus.

33. A n t h o c o r i s.

I. Thorax sulco medio transverso.
  1. Thorax in forma colli productus.
    A. Antennae capite cum thorace longiores, tenues.
      A. Antennarum artt. 2. 3. flavi, 2 apice, 3 dimidio
      apicali fusco, elytris ante appendicem et apice ap-
      pendicis fuseis, pedibus testaceis   nemorum.
      B. Totus fuscus, tibiis flavis, elytris fascia ante ba-
      sin et puncto ante membranam albo   pusillus.
    B. Antennae capite cum thorace breviores, crassae.
      mas. fuscus, ant. art 2. basi late, 2 et 3 apice
      anguste testacei; elytra basi et ante membranam
      pallida, membrana fascia media alba; pedes lutei;
      femora ante apicem fusca, caput plerumque ferru-
      gineum.
      foem. capite et thorace antice ferrugineis; elytrorum
      dimidio basali albo apicali fusco.
      A. Ant. art 2 basi late flavus el. testacea ante append-
      cem fuscum puncto albido, membr. 3 maculata: nemoralis.
      B. Antt. art. 1 et basi secundi brunneis, apice secundi
      angustissime albido; capite cum collo rufescentibus,
      elytris fuscis, basi et striga ante apicem albis;
      membr. fascia media alba; pedes testacei   austriacus.
  2. Thorax antice rotundatus, late emarginatus.
    A. Hemelytra sine cellulis.
      A. Fronte producta, emarginata, subbicorni   bicuspis.
      B. - vix producta subtrifida.
      a. Brunneus elytris pedibusque testaceis, membrana
      enervi   lucorum.
      b. Nigrofuscus, ant. art. 2-4, elytris (excepto appendi-
      ce) pedibusque pallide testaceis: femorum basi fusca.
    mas.: antennis brevioribus, praesertim articulo 2 com-
    presso, lato   minutus.
    B. Hemelytra cellulis apicalibus 2, membrana basali
    una   exilis.
II. Thorax sulco longitudinali   tardus.

34. S a l d a.

I. Thorax latior ac longior antrorsum sensim angustior.
  1. Hirsutissima grisea   pilosa.
  2. Subnudae pilis parcis.
    A. Membrana albida, marginibus, nervis, maculaque
    oblonga inter binos nervos fuscis.
      A. Elytra alba, basi maculisque costalibus nigris
        pallipes.

B. Elytra nigra, alboguttata,
  a. Major, thoracis lateribus vix dilatato rotundatis
    elytris macula costali ante apicem majori alba: riparia.
  b. Minor, thoracis lateribus rotundato-dilatatis, an-
    tennis brevioribus, membrana obscuriore et bre-
    viore   saltatoria.
 B. Membrana pallida, margine omni et macula media
    fuscis, annulo albo in basi tarsorum et ante apicem
    tibiarum   variabilis.
 C. Membrana pallida, nervis crassis, lunula media et
    macula in medio marginis exterioris fuscis, anten-
    narum art. 1. 2 et pedibus luteis; punctis et fas-
    cia ante apicem hemelytri albis   luteipes,
 D. Membrana fusca, puncto albo.
II. Thorax longior ac latior, dimidio antico subito atte-
    nuato.
  1. Costa lutea, intus hyalino-bimaculata; art. 1 apice,
    (2 medio) 4 basi pedibusque luteis   elegantula.
  2. - et macula ante membranam pellucidam membrana-
    que lutescentibus, femorum basi et apice tibiarum
    pallidis   marginalis.
            35. A c a n t h i a.
Fusca, pedibus pallidis, membrana hyalina: intrusa.
            36. C i m e x.
Aptera, ferruginea   lectularia.
          37. R e d u v i u s.
I. Thorax postice truncatus, antennarum art. primus se-
    cundo brevior.
  1. Collum utrinque spinosum, thoracis anguli postici
    acuti   maurus.
  2. Thorax angulis omnibus inermibus   personatus.
II. Thorax postice bilobus, medio emarginatus, antenna-
    rum articulo primo secundo longiore.
 •1. Scutelli apice plano (tibiae sanguineae).
 A. Femoribus anticis et posticis rubro biannulatis (niger
    abdominis maculis marginalibus rubris) annulatus.
 B. - rubris nigro vittatis aut maculatis.
  A. Sanguineus nigro-varius   crucutus.
  B. Lateritius, nigro-varius, abdominis lateribus ple-
    rumque flavo-maculatis, thoracis lobis posticis et
    scutelli apice flavis   haemorrhoidalis.
  2. - apice elevato (grisea, tibiis prope basin annulo
    pallido)   ægyptius F.
       33. P e i r a t e s.
I. Pedibus nigris   stridulus.
II. - rufis   ululans.

39. P r o s t e.m.m.a.

Niger, pedibus hemelytrisque rufis; appendice nigro
apice albo   guttula.

40. M y o d o c h a ?.

Testacea, membrana macula basali fusca rotunda,
media elongata   pilicornis.

41. P y g o l a m p i s.

Fusca, abdomine ochraceo   bifurcata.

42. N a b i s.

1. Membrana fusco-nervosa, femora antica extus lineis
   transversis subtilissimis fuscis   ferus.
2. - dense fusco-irrorata; femora ante apicem, tibiæ
    prope hasm annulis 2 latis fuscis   apterus.

43. P l o i a r i a.

                                              vagabunda.
                                               erratica.

44. V e l i a.

I. Ant. art. 1. 2. sequentibus paullo breviores et crassiores, pedes ferruginei   pusilla.
II. - - - sequentibus paullo longior et crassior, abdominis
    margines miniacei.
   1. Thoracis lateribus ferrugineis, macula media elytro-
      rum postice acuminata, abdomine aurantiaco, subtus
      utrinque serie macularum nigrarum   currens.
   2. Thorace fusco, macula elytrorum media rotunda, ab-
      domine immaculato   rivulorum.

.45. G e r r i s.

I. Sgm. abdominis sextum utrinque in spinam acutam
   longam terminatum.
   1. Thorax utrinque tuberculatus; ant. art. 2 cum 3 bre-
      viores primo   paludum.
   2. Antennae capite cum thorace longiores, art. 2 cum
      3 longiores primo   rofoscutellata.
   3. Antennarum ait. 2 cum 3 breviores primo, thorax
      sine tuberculis   aptera.
II. Sgm. abdominis sextum utrinque triangulariter pro-
    ductum.
   1. Sgm. 6 in mare subtus bihamatum, 7 in fœmina
      transverse impressum; elytra nigro-cœrulea micant
      vittis fuscis   odontogaster.
   2. - - - - - inerme, 7 in fœmina carinatum, basi sub-
      impressum, elytra inter nervos ferruginea: lateralis.
   3. - - - - - - 7 in fœmina carinatum.
   A. Thorax postice carinatus.
      a. Postpectus maris tuberculo, venter fœminæ ui-
         ger lateribus fulvis (interdum etiam striga media)
                                              gibbifera.

b. Postpectus'maris sine'tubercnlo, venter fœminæ
fulvus, vittis 3 fuscis . . lacustris.
B. Thorax non carinatus. '
  a. Postice ferrugineus fusco-marginatus, elytra vitfis
    2 approximatis fuscis , thoracica.
  b. Margine postico, interdum et linea media argentea
                                        argeutata.
            46. H y d r o m e t r a.
Filiformis, fusca, capite longitudine $\frac{1}{3}$ corporis
                             stag. orum.
      47· R a n a t r a.
Fusco-testacea, capite transverso   linearis.
            48. N e p a.
Ovata, postice acuminata, depressa. . cinerea.
            49. N a u c o r i s.
Ovalis subconvexa   cimicoides.
            50. N o t o n e c t a.
I. Omnino immaculata   unicolor.
II. Scutello maculisque costae nigris   glauca
III. - et elytris nigricautibus, his maculis 2 humerali-
   bus pallidis   furcata.
IV. - nigro, atomisque multis elytrorum in fascias duas
  subcongestis fuscis   marmorea.
           51. S i g a r a.
Ovata, gibba, testacea, elytris fusco-maculatis: minutissima.
          52. C o r i x a.
I. Frons convexa.
  1. Testacea, elytris vittis obsoletis fuscioribus
                  minutissima.
  2. Elytra striis transversis undulatis.
  A. Thorax cariua media longitudirali percurrente
                    carinata.
  B. - solum tuberculo antico
  A. Thorax lineis 6 tenuibus flavis; elytrornm striæ
    tenues, usque ad apicem contiguæ.
    a. Elytrorum striis undulatis costam tangentibus
                   undulata.
    b. Minor, pallidior, lineis thoracis latioribus, elytro-
    rum in costa in maculas triangulares dissolutis
                 fossarum.
  B. - - 7-9, nonnullis furcatis.   Hellensii.
  3. - atomis non in strias congestis   striata.
II. Frons concava, thorax striis 8-10, elytra punetis nu- [
  merosissimis vix transversim confluentibus fuscis
                   Bonsdorffii.
III. Frons plana, elytrorum margo externus et stria juxta

hunc acuta fusca, vittae praeterea·nonnullae obsolete fuscae coleoptrata.

⟨⟩ /⟨ 53- C i c a d a.

I. Elytrorum nervi ante apicem maculati ⟨⟩ orni.
II. - - - - immaculati.
  1. Femora antica dentibus duobus æqualibus, remotis
    (tertius minimus secundo proximus) ⟨⟩ fraxini.
  2. - - - tribus æquali fere spatio distantibus, anteriori-
    bus minoribus, paullo propinquioribus. •
  A. Nervi rufescentes, apicem versus fusci.
    A. - transversi centrales fusco-nebulosae ⟨⟩ concinna.
    B, - - innotati.
      a. Thoracis anguli anteriores magis prominentes
      ac postici ⟨⟩ picta.
      b. - - postici magis prominent ac antici.
      α. Elytra albido hyalina, nervis gracilibus testaceo-
      ferrugineis, apice fuscis; collaris margo anterior
      et posterior ferrugineus.
      * Caput collaris postico multo angustius. ·exot?
      ** - - - perparum angustius.
      𐐣 Nuda ⟨⟩ calva.
      𐐣𐐣 Dense argenteo-squamata ⟨⟩ sericans.
      β. Elytra hyalina, nervis crassioribus rubris, apice
      nigris, collaris ad summum margine postico rufo
      ⟨⟩ hæmatodes.
  B. Nervi virescentes ⟨⟩ virens.

⟨⟩/⟨ ⟨⟩ 54. D i c t y o p h o r a.

europaea.♂
pannonica.♂

⟨⟩/⟨ ⟨⟩ 55. F l a t a.

I. Nervus costalis impunctatus.
  1. Tibiæ posticæ muticæ ∨musiva. ⟨⟩
  2. - - armatæ.
  A. Elytra albo-hyalina, nervis subfuscis, nigropunc-
    tatis, stigmate nigro-fusco, basi late albo, cellulam
    radialem primam intrante; cellulæ apicales 4. 6. 9.
    petiolatae leporinus. ⟨⟩
  B. Elytra flavescenti-hyalina, nervis flavis, apicem·ver-
    sus fusco-alternantibus, stigmate albo intus·linea
    fusca terminato; cell.·rad. 2-4. 6. 9. petiolatae
    pallidus. ⟨⟩
II. Nervus costalis punctatus. ·
  1. Elytra immaculata, solum margine apicali infuscato;
    stigmate fusco basi·late albo,·punctis·nervorum
    in series simplices aequalibus intervallis dispositis
    ·simplex. ⟨⟩

2· Elytra maculata, punctis nervorum in series irregulares, interdum duplices inaequalibus intervallis dispositis.
A. Stigmate reliquis maculis non obscuriore, nervis transversis tenuibus (minores).
A. Puncta costæ non majora ac reliquorum nervorum, at ter in maculas congregata, e quarum prima interdum fascia obliqua ad suturam currit.
  a. Hemelytra æqualiter fusco fumata, vix obscurius maculata; striga lactea ante stigma   albicincta. *O*
  b. Hemelytris albo hyalinis, apice fusco maculatis, basi fuscis   contaminata. O
B. Puncta costæ majora ac reliquorum nervorum, intervallis inæqualibus disposita, at non in maculas condensata   stigmatica. *O*
B. Stigma maculis reliquis multo obscurius; puncta costæ reliquorum nervorum majora, passim confluxa   nervosa. *O*

56. J s s u s.

I. Vertex longior ac latior, triangularis   nasutus. *O* ✓
II. - latior ac longior, transverse quadratus.
  1. Elytra apice adscendente   adscendens. *O* ✓
  2. - - declivia.
  A. Verticis margo anterior subrectus, apteri.
  A. Frons carina media longitudinali et marginali circulari, subobsoletis, elytrorum margine apicali, frontis marginali nigropunctato   reticulatus. *O* ✓
  B. Fuscotestaceus, frontis carina media longitudinali et semicirculari supera   apterus. *O* ✓
  C. Testaceus, fronte solum carina media longitudinali   grylloides. *O*
  B. Verticis margo anterior fere rectangulariter fractus   coleoptratus. *O* ✓

✓ *O* **57. D e r b e.**

        ✓*O* Bonellii.

O **58. D e l p h a x.**

I. Carina frontis unica media.
  1. Vertice multo longiori ac latiori, triangulari.
  A. Genis immaculatis   *O* lineola.
  ·B. - macula magna nigerrima   *O* guttula.
  2. Vertice latiori ac longiori, quadrato.
  A. Elytris striga baseos fasciaq. lunata ante apicem fuscis   *O* basilinea.
  B. - fusco nebulosis   *O* 'limbata.
  C. - immaculatis.

A. Pallide flava, solum ventris segmentis medio fuscis
ꝺ unicolor.

B. Flava clytris albidis, nervis dimidii apicalis, praesertim marginali fuscis·
ꝺ dispar.

C. Flava, frontis foveis·maculaque media suturae ely-
trorum·fuscis
o notula.

D. Nigra, carinis capitis, colli margine postico pedibusque fusco-testaceis, elytris albo-hyalinis: nervis
fusco punctatis
ꝺ pellucida.

II. Carinis frontis duabus mediis
o bicarinata.

59. A s.i r a c a. O

I. Pedibus anticis latissime compressis, elytrorum nervis
punctatis
ꝺ clavicornis.

II. - omnibus aequalibus, elytrorum nervis impunctatis
O crassicornis.

60. T e t t i g o m e t r a.

I. Verticis margo anterior semicircularis.

1. Fuscoferruginea, pedibus pallidioribus, fronte supra
clypeum elytrisque viridibus, pedibus virescentibus
O laeta.ꝺ

2. Fusconigra, ventris basi, tibiarum apice tarsisque
flavescentibus, foeminae ventre medio sanguineo: atra.ꝺ

II. Verticis margo anterior obtusangulus.

1. Frons linea elevata semicirculari, antico scindens;
vertex tricarinatus
obliqua.ꝺ

2. Frons obtusa, convexiuscula, vertex planus
virescens.O

61. ꝺS m i l i a.

Thorax inermis
ꝺgenistae.

62. ꝺC e n t r o t u s.

Thorax bicornis
ꝺcornutus.

ꝺ 63. C e r c o p i s.

I. Elytra rubra, maculis tribus et apice nigris ꝺ5,maculata.

II. - nigra maculis tribus rubris.

1. Pedes omnino nigri.

A. Macula apicalis lunata, venter niger, in foemina
anguste rubro-marginatus
ꝺvulnerata.

B. Macula apicalis fasciam transversam, in singulo
elytro obtusangulam format; venter ruber, serie
unica aut tribus macularum nigrarum
ꝺmactata.

2. Genua latissime rubra
ꝺsanguinolenta.

III. Omnino nigra
ꝺatra.

ꝺ 64. A p h r o p h o r a.

I. Fuscotestacea, frontis punctis permagnis in series duas
longitudinales omnino regulares digestis
ꝺ salicis.

II. Fuscogrisea, elytra maculis duabus lateralibus albidis
ꝺ alni.

III. Brunneo cinereoque varia
ꝺcorticea.

q 65. P·t·y·e·l·a. ᵗ ʳ ᵗ ᵗ ᵗ

I. Frons in sulco longitudinali lato et in striis transversis
dense subtile rugoso-punctata.
1. Elongato ovalis, elytris pone medium paullo dilatatis *o* spumaria.
2. Elongata, elytra subparallela *b* campestris.
3. Breviter ovata, elytra basi ventricoso-dilatata : *♂* angulata.
II. Frons lævis, nitida, subtilissime vage punctulata.
1. Pallide ochracea, elytrum costa alba, intus a basi
ultra medium recte fuseo terminata *♀* lineata L.
2. Nigricans, costa a basi ultra medium vitta, dein macula latiori albida *♂* exclamationis.
3. Fuscescens, elytra alba, stria intramarginali a basi
usque ad medium, striga e media costa ad angulum
ani, margineque apieali fuscis *♂* albipennis.
· 66.*♂* U l o p a.
I. Brunnea elytris fasciis 2 obliquis albidis obtecta. *♀*
II. Griseotestacea elytrorum nervis pallidis fusco punctatis
decussata (var. lugens.) *♀*
III. Albida, capite vittis 2, collaris antico elytrorumque
strigis 3 abbreviatis atris trivia. *♂*
67. L e d r a. aurita.
68. P e n t h i m i a. atra.
69. T e t t i g o n i a. viridis.
70. E u a c a n t h u s.
I. Flavus elytris vittis 2 nigris, altera suturali postice-,
altera apicali, antice abbreviata interruptus. *♀*
II. Pallidus, elytrorum cellulis fusco repletis, macula relie-
ta pallida costali anteapicali acuminatus. *♀*
III. Ater, elytrorum margine pallido-hyalino moestus Z. *♀*
71. T y p h l o c y b a.
I. Elongatae, elytris hyalinis aut diaphanis
1. Immaculatae
A. Flava rosae.
var. a. Elytris et alis lacteis
b. elytris macula costali baseos alba
c. elytris flavis, nervis et costa latius citrinis
d. citrina, elytris hyalinis, nervis praesertim costali et medio flavo virentibus.
B. Læte viridis, elytrorum sutura tenue fusca, thorace
et scutello vitta media alba smaragdula.
2. Capite et thorace immaculatis.
A. Elytris apice fusco notatis.
A. Elytra lineis transversis costalibus 2, suturali una
fuscis concinna.
B. Elytrorum nervis apicalibus 4 infuscatis pulchella.

5 *

B. Elytra maculis disci sanguineis, lunulisque lateralibus brunneis .   . .   ьi quercus.*0*

C. Elytra vitta media recta et cellularum. apicalium
disco fuscis; scutello nigro, puncto medio pallido: lineatella.*b*

 , D. Elytra vitta longitudinali media sanguinea: · tiliae.*0*

3. Thorace et scutello vittis 2 aurantiacis, (albida, elytra
vittis 3 aurantiacis)   , .   elegantula.*I*

4. Capite et thorace vitta media fusca, scutello· nigro.

A.. Elytra fascia media transversa, fusca   discicollis.*0*

B. Elytra striga longitudinali undulata. purpurea: blandula.*0*

5. Capite et scutello nigromaculatis. ·

 : A., Caput maculis 2 nigris, thorax punctis aut lineolis
transversis 4 fuscis   .   10 punctata*D*

 . B. Caput maculis 3, (maxima occipitali nigra) . · tenella.*0*

6. Capite et thorace nigromaculatis, caput punctis 2 minimis apicalibus, thorax duobus anticis, unoque utrin-
, que laterali   . 6. punctata.*P*

7. Capite,. thorace et scutello nigro maculatis. ,

A. Capite, thorace scutello et elytro singulo maculis
binis nigris, ,thorax antice punctis 2 parvis   aurata*D*

β. Caput maculis 4, thorax pluribus, plerumque con-
, junctis nigris; elytrorum cellulæ interrupte fusco re-
pletae   ,   urticae.*0*

8. Thorace. et scutello nigerrimis, elytris fuscis maculis
magnis, 2 costalibus, una suturali albis, pluribus apicalibus parvis   · vittata*0*

II. Abbreviatæ, elytris coriaceis (læte viridis, facie testa-
/ cea, pedibus croceopurpureis)   aureola.*0*

        72.*C* B y t h o. s. c o p u s.

I. Vertex desuper lunatus, cornubus rotundatis.

1. Elytra punctis impressis magnis rugosa; areolis mar-
ginalibus apicis ultra 6   · lanio.*l*

2. - vix punctata, areolis apicalibus 3 - 5. ;

A. Nervi elytris concolores, parum conspicui.

A. Sutura immaculata   prasinus*f*

B. - lituris 2 albis.

a. Basis scutelli maculis 2 nigris, elytra intus et
apice fusco-aurata   populi.*0*

b. Albido-virens, scutello,ferrugineo, maculis 2 baseos
et margine omni flavo.; elytris hyalinis, nitidissime
. ' irescentibus, albo-, summo apice ferrugineo-nervosis,
sutura anguste ferruginea   . nitidissimus.*l*

B. - - obscuriores,

A. Nervi colore albo interrupti '

. a. Elytrorum costa innotata.   '

   α. Vertex irregulariter· fusco-adspersus, antennarum
seta simplex   crenatus*0*

β. - punctis 2 magnis nigris; seta,in mare clavata
* Minor, thorax vitta media pallida, elytrorum nervis undique, excepto apice, albo interruptis   scurra. *
** Major, nebulosus, nervi in foemina vix, in mare per fascias duas albidas interruptis, quarum
prima e maculis duabus rotundis formatur: lituratus. *
b. Elytrorum costa variegata.
· α. Facies punctis duobus parvis mediis et utrinque
arcu lineolarum transversarum   '   varius.*
β. - vittis 4 longitudinalibus nigris. ,·   ·   pœcilus. *
γ. - strigis multis irregularibus ferrugineis; una
media   ·   notatus. *
B. Nervi omnino fusci. · ,   *
a. Facies vitta lata media nigra ·   larvæ. *
b. · - irregulariter maculata   · venosus. *
II. Vertex desuper linearis, angulum obtusum formans,
cujus brachia extus incrassata.   ,
1. Series tres cellularum discoidalium, quarum singula
e pluribus quam quatuor composita   reticulatus. *
2. Cellulæ tres discoidales, quarum una alterave in duas
aut tres divisa.
A. Viridis immaculatus   ·   .   virescens *
B. Niger, capite, macula basali scutelli elytrorumque
costa late flavis   ,   marginalis. *
C. Colore varians, scutello macula utrinque triangulari
nigra, elytris unicoloribus, nervis gracilibus   nassatus. *
D. Colore varians, elytrorum nervis jam gracilibus, jam
crassis, fascias tres obscuriores simulantibus, thoracis lobo laterali immaculato   fruticola. *
E. Colore varians, nervis maris a basi ultra medium,
fœminæ in medio incrassatis, thoracis lobo laterali
puncto medio nigro   .   nitidulus. *
F. Flavus, capite et scutello subtile nigro pictis, elytris testaceis, nervis nigris, fasciis nullis, thoracis lobo laterali puncto nigro   .   diadema. *
G. Elytra hyalina, nervis subtilibus pallidis, solum
apice fuscis   nanus. *

73. Jassus.

I. Vertex lunatus (linea longitudinali media lateralibus
non longiore)
1. Caput thorace angustius; viridis elytris plerumque,
interdum etiam thorace, capite et scutello, fusco punctatis   punctatus. *
2. Caput thorace latius; pallidus, facie nigromaculata, ·
vertice strigis 4 transversis nigris, tertia retrorsum
acuminata. quarta interrupta.   puncticollis. *

II. Vertex 'obtusius aut acutius triangularis, (linea longitudinali media lateralibus longiore)
1. Parvi angusti, subcompressi, capite anti ce rotundato,
tumidulo.
A. Pallidi, capite nigro maculato.
A. Fronte innotata ; clypeo nigro marginato, subtus
niger, flavo marginatus   4 notatus. O
B. Fronte utrinque transversim fuscostriata, tibiis vix
fusco punctatis; subtus flavi rima anali et abdominis dorso nigris.
a. Scutello immaculato, omnino flavus, frons maeu-
lis 2 apicalibus magnis, lunatis, antrorsum emargi-
natis, una utrinque parva oblique lineari inter ocu-
lum et ocellum et 2 posticis subrotundis, invicem
remotioribus ac in sp. seq. elytra' longiora et ma-
gis infuscata videntur   variati? var? cf alpinus Z.O
b. Scutello bimaculato
maculae verticis apicales subquadratæ, ocelli pur-
purei majores   variatus?O
C. Fronte utrinque transversim fusco striata; longitudinali stria media etiam clypeum percurrente; femo·
ribus et tibiis fusco lineatis   6 notatus.O
variat. maculis verticis mediis nullis, aut cum posticis, aut etiam cum anticis confluxis, scutello inno·
tato, aut inter maculas punctis 2 parvis, pone quas
linea transversa nigra.   var. strigipes. O
D. Fronte utrinque transversim fusco striata, 'stria
longitudinali duplici, in clypeo simplici   striola.C
B. Obscuri
A. testaceus, undique fusco nebuloso-maculatus, capite interdum ochraceo   pulicaris$P$
B. nigerrimus, elytris apice hyalino guttatis: fenestratus. O
2. Medii, angusti, Capite antice rotundato-tumidulo.
A. Flavoviridis, facie macula cordata ferruginea, supra
punctis 2 parvis terminata, vertice maculis 2 rotundis
nigris   punctifrons.O
B. Testaceus, vertice antice maculis 2 rotundis nigris,
pone quas interdum puncta 2 remotiora; elytris fusco-
aureis, costa flava   frontalis. O
C. Testaceus, vertice utrinque maculis 3 irregularibus, circa ocellum fere confluentibus   splendidula. C
3. Parvi, elytris postice compressis, angustatis, capite subacuto.
A. Viridis, el. subhyalinus, mas vitta ventris basali, foemina punctis 2 apicalibus nigris   assimilis. O
B. Viridis facie pedibusque fusco striatis, pectore ventreque nigris, flavo marginatis   pascuellus. O

C. Testaceus, elytrorum cellulis costam · et apicem
versus fusco-maculatis　　　　　　. striatus. ◊

D. Testaceus, elytris maculis 2 costalibus,· 3 discoidalibus fuscis　　.　,　　.　· attenuatus.*O*

E. pallidus, dense et subtile fusco pictus, elytrorum ner-
, vis pallidis undique · anguste fusco cinctis　striatellus. **0**

4. Parvi, capite acuto, · elytris abdomine fere breviori-
bus, postice dilatatis.

A. Viridis, fronte pedibusque obsoletissime testaceo-
pictis, elytris sub coriaceis, summo apice hyalinis,
ventre utrinque linea, medio fascia maculari nigra,*ↄ*
　　　　　　　　russeola Fall. *O*

B. Colore et pictura varians, elytrorum nervis saltem
apicalibus fusco cinctis　　　.　　ocellaris.o

5. Mediæ magnitudinis, lati, elytris dilatatis breviusculis　·
A. Virides. - .

A. Caput obtusum, pedes fusco picti, elytra summo apice
fusco marginata　　　　　· pallens.*O*

B. Caput acutius; subtus · niger, pedibus plerumque　.
nigris, elytris stria intra-apicali fusca. , abdominalis.ↄ

C. Caput acutius, punctis 6 nigris, thx duobus : ventralis. *O*

B. Versicolores, pallidi.　✓　.　.

A. Caput et thorax maculis rotundis nigris, elytra vit-·
. tis fuscis　　　　,　·　. lineatus. *O*

B. Caput et thorax fascia transversa irregulari nigra,
elytrorum cellulæ fusco repletæ ; ,　. transversus. *ↄ*

C. Caput fasciis transversis nigris duabus dentatis,
· thorax unica, elytra nervis. et fascia anteapicali
fusca　　　　,. . histrionicus. *O*

D. Elytra fasciis 3 nigris, interdum interruptis, tertia
anteapicali　　　　　　serratulæ.*O*

E. Testaceus, capite plerumque ochraceo picto, elytrorum nervis pallidis, cellulis parce et subtile fusco-
irroratis　　.　　　　plebejus.*cↄ*

F. Nigricans, pallide · pictus elytris pallidis, intra
nervos dense et grosse nigro irroratis　· sordidus.◊

G. Brunneus, pedibus pulchre pictis, elytris inter nervos grosse, in costa, maculatim fusco-adspersis : brevis. *0*

6. Medii aut majores elytris elongatis.
A. Capite multo latiori ac longiori.;
A. Antice latiores, capite obtuso.
a. Vitta inter oculos verticali arcuata nigra　auratus.*O*
b. Vertice antice punctis 4 nigris, mediis approximatis
(interdum 6, mediis in quadratum positis): procerus. *O*
c. Vertice antice maculis 4 (lateralibus transversis) facie 6 nigris, magnis　　　　flavovarius. *O*

B. Antice angustiores, capite plus minus triangulari.

a. Testacei

   a. elytra immaculata, nervis pallidis, vertex antice

    arcu nigro, medio interrupto   subfusculus. ♭

   b. Elytra fusco irrorata, nervis passim albis.

   - *α.* Cellulis transversim irroratis, capite et scutello

     regulariter pictis (minor)   reticulatus. *O Fal*

    β. Undique irregulariter irroratus   atomarius. *O*

b. Virides

 - *α.* unicolores,   *O*prasinus et simplex. *O*

   β. Undique purpureo adspersus   cruentatus. *O*

   γ. Elytrorum sutura guttis 2 albis, disco pluribus

    fasciis. var. capite, thorace et scutello purpureo

    irroratis   abietinus. *O*

B. Capite longiori ac latiori, pyramidato.

 A. Viridis, capite et thorace in medio, scutello et

  elytrorum dimidio suturali, extus tridentato ferrugi-

  neis   undatus. *C*

 B. Testaceus, ferrugineo reticulatus   rostratus. *O*

     O 74. S e l e n o c e p h a l u s.

    O   } conspersus. *O*

   75. A c u c e p h a l u s.

I. Aut immaculatus, aut mas: capite et thorace fascia me-

  dia transversa pallida, elytrorum nervis pallidis; fae-

  mina irregulariter fusco adspersa, maculis costalibus

  nullis fuscioribus.   *♂* rusticus.

II. Mas niger fasciis elytrorum transversis albis, foemina

  grisea fusco adspersa, maculis ad margines elytrorum ·

  obscurioribus aut fasciis obsolete pallidioribus.

  1. Alatus, mas fascia thoracis postica lata duabusque

   elytrorum albis

   foem: nervis fusco-alboque alternantibus, quare ely-

   tra obsolete pallido-bifasciata apparent   *O*bifasciatus.

  2 Plerumque apterus; mas: fascia thoracis postica,

   duabus et apice elytrorum albis

   foem.: margine elytrorum omni fusco alboque alter-

   nante   *O*albifrons.

     O 76. E u p e l i x.   *O* cuspidata.

     ✓*O* 77. P a r o p i a.   *♪* scanica.

SYNONYMA HEMIPTERORUM.

1. **Phyllomorpha**. Lap.
Syromastes Ltr.
Coreus F. Grm. **W.**

—

. histrix Ltr-Lap.
Syrom. Ltr.
Cor. paradoxus W; 5.184-
Grm. fn. 1. 24 ,exclus.
cit : F. Stoll. Sparrm.
Hisp. 5
- laceratus Mus. Berol.
Pedem. 7

———

2. **Coreus** F. Fall. Schill. Z.

—

: alternans m. Pz. 135. 4. Hisp. 4
. annulipes m. cf. dentator ·
dentator H. 189. Nor. 2
capitatus F. R - Fall. m.
v. Corizus.
— Pz; v. Coriz. crassicornis.
clavicornis F.'R Heterogaster
ericae.
— F. R. 32. v. Coreus typhaecornis.
: cornutus m. Pz. sub C.
scapha · · , · · : Lusit. 4
crassicornis F. R. - Fll. 'm.
v. Corizus.

: Dalmanni Schill. 5 t. 1. f.
1 - H; 193. Monach. 4;
- dentator F. R. 30. Grm. fn.
1. 23. cf. Cor. annulipes.
. denticulatus Schill. 8. t. 4.
. f. 6 - Wolff; 2. 71. t. 7.
.. f.. 68 - H. 188. ·
Cor. hirticornis Pz. 92.
. 17 - F. R. 31 - E. S. 17.-
. Coq. t. 10. f. 8.
Fall. h. 3-Mon. sppl. p. 5. * 1
— scabricornis Pz. 83. 21.
equestris Fall. v. Lygaeus.
errans F. R. v. Rhopalus.
,· Fallenii Schill. 9. t. 1. f. 2.
Pz. sub C. Waltlii - H. 192.
ι Norimb. 2
: fundator m. Pz. sub C. mar-
. ginato · · Lusit. 4
; gracilicornis m. P. '135. 5.
Ital? 6
hirticornis F. R. - Fall. Mon.
sppl.-Coq. v. C. denticulatus.
- insidiator F. E. S. 15 - S. R.
28. Hisp. 5
- juniperi Dahl· ·' 'Hung. 4
;· laticornis Schill. 7. t. 2. f. 2.
P. 135. 3. ' 4
magnicornis F. R; v. Corizus.
ɔ .!!'./ '·

. marginatus L - F. E. S. 1.-
S. R. 6 - Fall. h. 1 - Mon. 1.-
Pz. 117. 11 - Wolff. t. 3. f,
20 - Schill. 1. t. 4. f. 1.-
Zett. 1. H. 185.
Cim. L. fn. 923 - S, N. 28.-
Deg. 3. 272. 17. C. auriculatus.
Geoff. 1. 446. 20 - Schff. 41.
4. 5 - Stoll. 2. t. 5. f. 37. *
mirifoimis Fll. · v. Rhop.
nubilus Fall. h. 5 - Mon. 4. -
Grm. fn. 6. 22 - Schill.
10 - H. 191.   1
nugax F. R. - Wolff
'v. Dicranomerus.
paradoxus Grm. W.
  v: Phyllomorpha histrix.
- purgator F. R. 40 - E. S.
sppl. 23.   Ital. 6
. quadratus F. E. S. 20 - S.
R. 36 -, Wolff. t. 7. f. 67.-
Fall. h. 2 - M. 2 - Pz.
118. 12 - Schill. 3. t. 4.
f. 3 - Stoll. 2. t. 5. f. 36,-
H. 187.   * 1
scabricornis Pz. 83. 21.
     v. Cor. denticulatus.
: scapha F. E. S. 2 - S. R. 9.-
Wolff. t. 7. f. 66 - Pz.
116. 9. - Schill. 2. t. 4. f.
2 - H. 186.   2
. Spiniger F. E. S. 3 - S.
R. 10. - Pz. 127. 5. Hisp. 4
: spinipes Fall. h. 4 - M. 3.-
Schill. 8. t. 1. f. 3 - Pz.
127. 8 - H. 190.   3
: sulcicornis F. R. 34 - E.
S. 18 - Coq. p. 40. t. 10.
f. 9 - Pz. sub C. quadrat
                Ital. 4
: typhaecornis F. S. R. 32.
(falso clavicornis) Pz.
127. 7.   Hisp. 6
. venator F. E. S. 4 - S. R.
12 - Wolff. t. 3. f. 21.-
Schill. 4 - Pz. 116. 15. *

. Walthii Pz. 127. 6.   Hisp. 4

— — —

3. Dicranomerus Hahn.

Coreus F. Pz. Schill. - Lyg.
F. E. S - Wolff.
Cim. Gmel. Schr.

—

. nugax F. Hahn. f. 13.   *
'Coreus F. R. 42 - Pz. 121.
9 - Schill. 11. t. 5. f. 2.
Lyg. E. S. 93 - Wolff f. 30.
Cim. Gmel. 397.
Cim. agilis Schr. fn. 1125.-
Scop. 366.
Cim. 5 punctatus Goeze 2.
278. 23.
Stoll. t. 11. f. 79.
. neglectus m.   * 3

— — —

4 et 5. Corizus Fal. et
Rhopalus m.

Coreus F. Fll. M. - Lyg. F. E.
S. Wolff. L.

—

. capitatus F - Fll. h. 2. Z. 2.
Coreus F. R. 49 - Fll. M. 6.
Lyg. E. S. 112 - Wolff. 2.
75. t. 8. f. 72.
Rhop. Schill. 2. P. 135. 20. *
. crassicornis L. - Fll. h. 1-
Z. 1.   *
Coreus F. R. 46 - Fll. m. 5.-
Pz. 92. 18.
Lyg. E. S. 112 - Wolff
4. 146. t. 14. f. 140.
Cim. L. fn. 952.
Rhop. Schill. 1. t. 6. f. 2.
var. Rhop rufus Schill. 3.
coreus capitatus Pz. 92. 19.
: errans Rhopalus F. Pz.
127. 1.   Ital. 3.
Coreus E. R. 43.

Lyg. F. E. S. 59 - Coq.
1. 40. t. 10. f. 11.
: gracilis Pz. 127. 2. Hisp. 4
. hyoscyami L. - Fll. h. 6.-
Hahn f. 10.   *
Coreus Fall. m. 9.
Alyd Schill. 2.
Lyg. F. E. S. 47 - S. R. 63.-
Pz. 79. 21 - Wolff. f. 27.
Cim. L. fn. 945 - S. N. 76.
Deg. 3. t. 14. f. 14. 15-
Schr. En. 539.
Sulz. kennz. t. 11. f. 75.-
Rossi fn. 1321.
Geofl. l. 12. p. 441- Schff. 2.
. miriformis Rhopalus Fll.
h. 4 - Z. 3 - Pz. 121, 11. 12. * 1
Cor. Fall. m. 8.
Rhop. Schill. 6 t. 6. f. 3.
Myrmus Hahn f. 46. 47.
. parumpunctatus Schill. 4.-
Pz. 117. 10. (Rhop.) * 1
Cor. magnicornis Fall. m. 7.
pratensis Fall. h. 3.
pratensis Fall. h. 3.
Coriz. parump.
rufus (Rhop.) Schill.
Coriz. crassicorn.
- Schillingii Rhopalus
Schill. 7.   6
: tigrinus Schill. 5. t. 2. f. 1.-
(Rhop.) Pz. 127. 3.   2

6. Alydus F. Fall. Schill.
Lyg. F. E. S. - Cim. L. - Coreus
Grm. fn.

. calcaratus L. - F. R. 15.-
Schill. 1. t. 5. f. 1 - Fall.
h. 1 - Mon. 1.- Pz. 121.
10 - Hahn f. 101.   * 1
Lyg. E. S. 94-Wolff. f. 138.
Cim. L. fn. 968 S. N. 114.

Schff. 123. 2. 3 - Deg.
3. 280. 24. t. 14: f. 23. 24.
hyoscyami Schill. v. Corizus.
. lateralis Grm. it. Dalm. 491.
                : Ital. 3
Cor. Grm. fn. 8. 21.
Al. occipes Berl. Mus.
: limbatus -P. 135. 12. Hisp. 6
———
7. Berytus F. Wolff. Fall. h.
Neides Ltr - Gerris Fall. M-
F. E. S - Cim. L.
—
. clavipes F. Schill. p. 56.
t. 7. f. 3 - F. R. 2 - Fll.
h. 2 - Hahn f. 69. - P. 135.
6. a.
Gerris Fall. Mon. 8 - F.
E. S. 20.   * 2
. crassipes P. 135. 6. b.   3
: minor m. P. 135. 7.   * 3
. punctipes Grm. fn. 7. 21. * 3
: rufescens P. 135. 8.   * 4
. tipularius L. - Schill. p. 56.
t. 7. f. 3 - F. S. R. 1.
Fall. h. 1 - Hahn. f. 68.-
Wolff. f. 198.
Neides Latr.
Gerris Fall. Mon. 7. - F.
E. S. 121.
Cimex L. S. N. 120 - fn.
973 - Frisch. 7. t. 20.
Sehr. fn 1168.   * 1
———
8. Pyrrhocoris Dalm. Fll. h.
Lyg. F. Ltr. Fll. Wolff-
Cim. L.
—
. apterus L. -Dalm. - Fall. m.
spl. p. 6 - Hahn. Icon. 1. 22. *
Lyg. F. R. 116.- E. S.
90 - Ltr. 7. 122 - Ill.
Mg. 1. 229 et 491 -Wolff.
t. 11. f. 102.
Cim. L. S. N. 727. 78.

Stoll. 2. 15. 103 - Geoff.
440. 11. - Sulz. t. 10. f.
14 - Deg. 3. 276. 20.
Platynotus Schill. p. 57.-
Hahn. f 11.
Pyrrh. calmariensis Fall.
h. 1.
italieus Rossi.   Hisp. 3
Lyg. Rossi fn, 1323.
Lyg. aegyptius F. R. 87.-
E. S. 69.
Cim. L. S. N. 79.
Platynotus ital. Pz. 118. 14.
- aegypt. Hahn. f. 121.

———

9. Lygacus F. etc.
Cimex L.
Coreus Fll. m.

—

abietis Fll. m.   Platygast.
aegyptius F. E. S - Ross.
          Pyrrhocoris italieus.
agilis F. E. S   C.
     (indicat genus Capsus.)
agrestis Fll. m - Z.   P.
(indicat genus Pachymerus.)
albomarginatus E. S.   C.
alni F. R - E. S.   C.
ambiguus Fll. m.   C.
angulatus Fll. m.   . C.
apterus F. R- E.S.   Pyrrh.
arbustorum F. R - E. S.-
* Fll. m.   C.
arenarius F. R . E. S.
          Pach. cf. P. nubilus.
ater E. S.   . C.
aterrimus F. S. R - E. S.
     Coq.   P. echii.
austriacus F. S. R - E. S.
     . '   Anth.
bifasciatus E. S.   C.
bimaculatus Fll. h - M.
' sppl. - Z.   P. varius.
binotatus F. S. R - E. S.-
Fll. m.   C.

bipunctatus F. S. R - E.
S. Fll. m.   . C.
bistriguttatus F. S. R-E.S.C.
calcaratus E. S.   Alydus.
campestris F. S. R. - E.
S - Fll. m.   .   C.
capillaris F. E. S. '   C.
capitatus F. E. S.   Coriz.
caricis Z. F. h. Het. claviculus.
chenopodii Fll. m. .   C.
chiragra F. S. R. - E. S.-
'Fll. m.   . . P.
chorizans Fll. m - Pz. C.
clavicornis F. E. S. Coriz.
claviculus Fll. m. Grm. fu. Het.
contaminatus Fll. m.   . C.
coryli F. S. R - E. S.-
Fll. m.   , C.
crassicornis E. S. Coriz.
cursitans Fll. m.   Anth.
danicus E. S - Fll. m. C.
dentator E. S. .. Coreus.
didymus Fll. h. 4. Z. act. h.
          . Het. resedae.
echii Pz. - F. R. .   P.
elatus F. E. S.   C.
. equestris L - F. R. 57.-
E. S. 43 - Schill. 1. t.
5. f. 4 . Pz. 79. 19.-
Wolff. f. 24 - Hahn f. 12.
Cim. L. fn. 946 - S. N.
77 - Deg. 3. 276. 19.
Corcos Fall. m. 10,
Geoff. 1. 442. 14 - Schf.
48. 8 - Elem. 44. 2.   *
ericetorum Fll. m.   . C.
errans F. E. S.   . Coriz.
erraticus F. S. R - E. S.-
Fll. m - Z.   Pach.
exilis Fll. m.   Anth.
- familiaris F. R. 64 . E. S. .
' 48. excl. cit. Pz.   1
— Pz. v. Lyg. venustus.
fasciatus F. R - E. S. Anth.
ferrugatus F. R - E. S.-
Fll. m.   C.

filicis Fll. m.
flavicollis E. S.
flavomaculatus E. S.
flavovarius E. S - Fll. m,
floralis F, R - E. S.
fraxini F. R - E. S.
fulvomaculatus Fll. m.
gothicus E. S - Fll. m. C.
grylloides Fll. m. Geocor.
Gyllenhalii Fll. m. C.
hyalinatus F. E. S. C.
hyoscyami F. R - E. S - Pz.
  Wolff. Coriz.
inquinatus F. R - E. S. C.
lavaterae F. R. Het.
leucocephalus F. R - E. S.-
  Fll. m. C.
limbatus Fll. m. C.
litoralis Fll. h. Pach.
luridus Fll. m. C.
luscus F. R - E. S. v. P.
lynceus F. R - E. S. P.
magnicornis E. S. Coriz.
maurus F. R. C.
: melanocephalus F. R. 95,-
  E. S, sppl. 75 - Coq. 1,
  37. t. 39. f. 11 - Schil. 5. 3
. militaris F. R. 56 - E. S.
  42 - Grm. fn. 12, 19, Ital. 3
  ? L. civilis Wolff 25 ex
  Tranquebar.
  ? - - surinamensis Wolff
  f. 105.
minutus Fll. m. Anth.
modestus Fll. m. P.
mutabilis Fll. m. C.
nassatus F.R-E.S.-Fll. m. C.
nebulosus Fll. m - Z. P.
nemoralis F. E. S. C.
nemorum Fll, m. Anth.
nigrita Fll. m. Cps.
nubilus Fll. m - Z. P.
nugax E. S. Dicran.
olivaceus E. S. C.
pabulinus Fll. m C.
palliatus F. E. S. (Barb.) C.

pallicornis Fll. m. C.
pastinaca'e Fll. m. C.
Paykullii Fll. m. C.
pedestris: Pz. P.
  — Fll. m - Z. P. sabulosus.
pilifrons Fll. h - Zett. act.
  P. marginepunct.
pinastri Fll. m. C.
pini F. E. S - S. R - Wolff.-
  Fll. m - Z. P.
plebejus Fll. m. P. svlvestris.
podagricus F. R - E. S.
  Fll. P. pictus.
populi F. R - E. S - Fll. Phyt.
pratensis F.R-E.S-Fll.m. C.
pulicarius Fll. m. C.
. punctatoguttatus F. R. 97.-
  E. S. 77 - Pz. 118. 8. cf.
    Schummelii 4
punctulatus Fll. m. C.
. punctum F. R. 94 - E. S. 75.-
  Coq. 1, 41. t. 10. f. 14 - Wolff
  f. 70 - Pz. 118. 11 - Geoff.
  1. 443. 15. * 3
pusillus Fll. m. Velia.
pygmaeus Fll. m. Anth.
quadratus F. R - E. S. sppl.-
  Coq. P.
  — Pz. v. P. luseus.
4 punctatns F. R - E. S. C.
resedae Pz. Het.
revestitus Fll. m. C.
: Roeselii Schil. 4. t. 3. f. 2. * 4
Rolandri F.R-E. S-Fll. m. P.
roseus F. R - E. S - Fll. m. C.
rubicundus Fll. m. C.
rubricatus Fll. m. C.
ruficollis E. S. C.
rufipennis Fll. m. C.
rusticus Fll. m - Z. P.
sabuleti Fll. m. sppl. et h.P.
Sahlbergii Fll. h. P.
saltatorius F. R - E.S. Salda.
saltitans Fll. m. C.
sanguineus F. R - E.S - Fll. C.
. saxatilis L - F. R. 62. - E.

S. 46 - Schil. 2)-·Pz.
)79. 22 - Woiff. f.·26.-
'Hahn f..119. [
Cim. L S. N. 81 - 'Scop.
371 '- Schr. .Eu. '538·-
Rossi 1317 - Schff. 13. 11.*1
schach E. S.   C.
: Schummelii' Schill. 3. t. 2.·
. f. 4.   ·   3
scriptus E. S - S. R.   C.
scutellaris E. S.   C.
seladonicus Fll. m.   ·C.
seticornis E. S.   C.
semiflavus Fll. m.   C.,
6 guttatus F. R - E. S.-
Fll. m. ,   .   C.
6 punctatus S. R - E. S.   C.
spissicornis E.. S.   C.
striatellus F. R-E. S-Fl.m.C.
striatus Fll.; m.   C,
sylvaticus F. R-E. S.Fl.m.P.
— Pz.   v. P. agrestis.
. sylvestris F. R - E. S- cf.
P. luniger.
— Pz.   P.
— Fll. h et m. v. P.
fracticollis.
tanaceti Fll. m.   C.
tenellus Fll. m.   C.
thoracicus Fll. m.   C.
Thunbergii Fll. m.   C.
thymi Fll. m - h - Z. Het.
tiliae F. R -.E. S - Fll.
m.   Phyt.
transversalis F. R-E. S.   C.
3 color   C.
3 fasciatus E. S.   C.
3 guttatus F. R - E. S.   C.
3 pustulatus F. R - E. S.
, Fll.   C.
tunicatus F. R - E. S-Fll.
Lopus.
tyrannus E. S.   C.
ulmi Fll. m.   Phyt.
umbratilis E. S.   C.
unifasciatus E. S.   C.

urticae F. S. R.∟ E. S.-
Fll. m. h. Z. v. Heterog.
variabilis E..S.   ·C.
: venustus Böb.
Lyg. Familiaris Pz.79. 20.
.   ·   ' 'Helv. 3
verbasci·F. S. R.   Heter.
viridis Fll. ·m.   . ·C.
vividus F. S. R.   · Phyt.

10. Pachymerus Schill. et
12. Aphanus m.

Lygaeus F. Fll. Z.
—

affinis Schill. 25.var. P.picti.
. agrestis Fall. - Schill. 9 t.
. 6. f. 6 - Hahn f. 15. * 1
Lyg. Fall. h. 12 - m. 8.
var. -Z. 8. (cit. C. arenarius L?)
— sylvaticus Pz. 93. 16.
- antennatus Schill. 18. t. 8.
f. 10 - Pz. 120. 7 - Hahn. f.
35.   * 3
- arenarius L. a Fall. apud
·P. nubilum citatur ·   3
Lyg. F. R. 146 - E. S. 119.
. Cim. L. S. N. 95 - fn. 955.
arenarius Hahn. f. 27. vix
div. a. P. sabuloso
Aphanus 3
: brevipennis Schill. 17. t. 6.
f. 10 - Hahn. f. 36.   * 2
. chiragra F. Schil. 16. t. 6.
f. 9 - Pz. 122. 8 - Hahn.
f. 34.   *
Lyg. F. R. 144 - E. S.
113 - Fall. h. 16. m. 9.
var. tibialis Hahn. f. 14.
: conctractus Pz.   3
decoratus Hahn. f. 71. v. P.
pict.
. echii Pz - Schill. 13.-
Hahn. f. 70.   * 2

Lyg. Pz. 72. 22 - F. R.
160·
Lyg. aterrimns. F. E. S.
sppl. 96 - S. R. .124.-
Coq. 1. 37. t. 9. f. 10. .
Wolff. f. 192.
: enervis Pz.   Aphanus 4
: erraticus F. (non L.) Schil.
15 - Pz. 121. 3. - Grm.
fn. 16. 14. ·
Lyg. F. R. 139 - E. S.
109 - Fall. h. 19. m. 21.
Z. 9 (excl. cit. Pz.)   3
: fracticollis Schill. 27. t. 7.
f. 6 - Hahn. f. 40.   3
' Lyg. sylvestris Fll. h. 22.
(cit. L. et F.) - M. 15.
Z. 10.   3
geniculatus Hahn. f. 41.
v. P. nubilus.
griseus Wolff. v. marginepunct.
- hemipterus Schill. 20. t. 6.
f. 11.   2
lavaterae Pz.   v. Het.
- litoralis Lyg. Fll. h. 9.-
Zett. act. holm. p 73.-
m. suppl. p. 9. - Suec. 4
. luniger Schill. 5. t. 3. f. 1.-
Pz. 121. -1.   * 1.
Cf. Lyg. sylvestris F. E.
S. 108 - R. 138.
. luridus Hahn. Monogr. . * 3
. luscus Schill. 6. t. 6. f. 4. -
Hahn. f. 30.   * 1
Lyg. F. R. 133 - E. S.
103. - Wolff. 139.
— quadratus Pz. 92. 11.
. lynceus F - Schill. 3. t. 5.
f. 7 -Pz. 118. 10 -Hahn.
f. 28.   * 1
Lyg. F. R. 137 - E. S. 107.
var. L. pini Fall. m. 5.
. marginepunctatus Wolff. -
Schill. 11. t. 6. f. 8 -Pz.
118. 7 - Hahn. fr 32. * 2

Lyg. Wolff. 144.
— griseus Wolff. - 107.
— pilifrons Fll. h. 8. -
. Zett. act. holm. 1819.
p. 71 - Mon. sppl. p. 8.
- modestus Fll. h. 14. (Lyg.)
Suec. 4
: nebulosus Fall. Shcill. 8. t.
6. f. 5 - Pz. 121. 7. -
. Hahn. f. 29.
Lyg. Fall. h. 11. - M. 7.-
Z. 6.   * 1
. nubilus Fall. - Sehill. 7. t.
7. f. 2 - Pz. 121. 5.   * 1
Lyg. Fall h. 10 - M. 6.
(cit. cum ? C. arenarius
L.) Z. 7.
P. geniculatus Hahn. f. 41.
. pallipes Pz. 121. 2 Aphanus.
Lyg. rufipes Wolff. 145. * 2
. pedestris Pz. - Schill. 10.
t. 6. f. 7 - Hahn. f. 38.
Lyg. Pz. 92. 14.   * 1
. phoeniceus Pz. 118. 15. -
Rossi   v. P. pini.
. pictus Schill. 22. t. 7. f. 1.-
Pz. 120. 5 - Hahn f. 39.
Lyg. podagricus Fall. h.
24 - M. 16. (cit. falso F.)
P. decoratus Hahn. f. 71. * 2
: pineti Pz.   Lusit 4
. pini L. - Schill. 1. t. 5. f. 3.-
· Hahn. f. 25. potius ad
vulgarem   * 1
Lyg. F. R. 125 - E. S. 97.-
Fll. h. 6 - M. 5 - Z. 5.
Cim. L. fn. 956 - S. N.
96 - Dg. 3. 279. 22. t.
4. f. 22.
Geoff. 1. 449. 28 - Schff.
42. 12.
var. phoeniceus Pz.
- podagricus   3
Lyg. F. R. 142 - E. S. 111.
: praetextatus Pz.   Hisp. 4
: pulcher Pz.   Ital. 3

лlineolatus'Schill.'8. t..8. f.'
  4 - Pz. 121. 8. "   * 3
; resedae Pz. 40. 20.- Schill.
  '9.' t. 8. f. 5.   * 1
  Lyg. didymus Fll. h. 4.-
  Zett.act. h. 1819. p. 71.-
  M. sppl. p. 7.
: rufescens Pz. 135. 17.   3
. salviae Schil. 2. t. 3. f.3.-
  P. 135. 16..   * 2
. senecionis Schill. 5. t. 8.
  f. 5'- P. 135. 14.   * 1
. thymi Wolff - Schill. 3. t.
  7. f. 9 - P. 135. 13. * 1
  Lyg. Wolff Z. Fll. h. 3.-
  m. 3.
  L. thymi var. b. Fall.
. urticae F. - Schill. 1. t. 7.
  f. 8 - Hahn f. 43.   * 1
  Lyg. F.'R. 136 -'E. S.
  106 - Fll. h. 2 - M. 2.-
  Z.
- verbasci F..   2
  Lyg. S. R. 161.

14. Geocoris Fall.
Salda F. R - Acanthia E. S. -
  Ophthalmcius Schill.'

- albipennis Fall. h. 2.   3
  Salda F. R. 5.
: ater- Fall. h. 3.   2
  Salda F. R. 4 - Pz. 92. 20.
  Acanth. E. S. 4 - Wolff. 40.
  Ophthalmicus Hahn. f. 49.
  50.- Schill.
: grylloides L. Fall. h. 1; 2
  Lyg. Fll. mon...1.
  Cim. L. fn. 910.
  Acanth. F. E. S. 6 - Wolff.
  41.
  Salda F. R. 7.
  Ophthalmicus Hahn f. 48.-
  Schill. 1. t. 8. f. 7.
- lonicerae Schill. 3. t. 2. f. 3. 3

15. Miris F, Fll. Z. H. W.
Cim. L. - Mirides Germari (fn.)
  quaere in G. Capsus.

abbreviatus W. v. Lop. dolabr.
abietis F. E. S - S. R.
          v. Platygaster.
albidus H. 162. v. M. hol-
          satus.
. calcaratus Fll. h. 5'- m. 5.
  excl. cit. virens - Z. 13.
      excl. iisd. cit.
  dentata H. 8.   * 2
  decrepitus F. v. Capsus.
  dentata H. v. calcarat.
  dolabratus Fll. h et m - H.
  Z. v. Lopus dolabr.
  — F. v. Lopus ferrug.
. erraticus L - Fll. h. 6. H.
  163 4 - Z. anot. 4. *. 1.
  Cim. L. fn. 961.
  M hortorum Wolff. f. 154.
ferrugatus Fll. h et m.
          v. Lopus.
ferus F - Fll - Z. v. Nabis.
. holsatus F. R. 4 - E. S. 4.-
  Fll. h. 7 - m. 7 - Z. 4. * 1
  M. albidus H. f. 162.
  hortorum W v. M. erraticus.
. laevigatus F. R. 2 - E. S.
  2 - Fll. m. 4 - Z. 2 - h.
  4 - W. 1. f. 36.
  Cim. L. fn. 958 - S. N.
  101 - Geoff. 1. 452. 26.-
  Dg. 3. 292. 30.
  M. virens H. f. 165.
  — H. 191. v. M. virens.
lateralis F. R - Wolff.
    v. Lopus dolabratus'.
. longicornis Fll. h. 3 - M. 3. * 1
marginellus F. E. S. - S.
  R. v. Capsus.
pabulinus F. E. S - S. R.
          v. Capsus.
pallens F. E. S - S. R.
          v. Capsus.

.: Bohemanni Phyt. Fll. h. 58.
      'Lapp. 2
- borcellus Z. 6.   Lapp. 2
: brevis Lyg, Pz. 19. 8.   *
. brunnicornis m.   2
.. campestris Fll. F. 154 E.
    S. 125? L fn. 950 - S.
    N. 125.   *
    Lyg. Fll. h. 29 - Z. 11.-
    H. f. 113.
    var 1? viridis Fll.
      2? rufipennis Fll. m.
      3? rubicundus Fll.
      4? limbatus Fll.
    — F. R. 154. E. S. 125.
    Lyg. L. 87. Cim - Geoff.
    34.   cf. ferrugatus.
capillaris F. R. 19 - Lyg.
    E. S. 161. · v. tricolor.
: capitatus m.   2
. carieis Fll. m. 4 - h. 15.-
    H. f. 184. -   *
    var. fœm. ambulans Fll.
    m. 18 - h. 20 - Z. 7.
    — rufifrons Fll. m. 19.
. chenopodii Lyg. Fll. m. 25.*
    Ph. Fll. h. 1.
    — binotatus H. f. 103.
    Mir. laevigatus Pz. 93.
    21 - W. 36.
    var. Lyg. 4 punctatus F.
    R. 157 - E. S. 120.
: chorizans Lyg. Fll. m. 33.-
    Pz. 18. 21 - Ph. Fll. h.
    10.   * 2
chrysanthemi Lopus H. f. 4.
        v. C. discolor.
: — W. 151.   * 1
. clavatus L ! Z. 3.   * 2
    Cim, L. S. N. 97.
    Cps. bifasciat. Fll. m. 5
    exclus. Diagn.
    Pilophor. bifasc. Hahn I. 23.
: collaris Fll. m. 17. (18.)
    h. 19.   * 2
    Gerr. errans W. 155.

. contaminatus Fll.   * 1
    Lyg. Fll. h. 29.
    Ph. Fll. h. 5 - Z. 3.
    Lygus H. f. 76.
: cordiger Hahn f. 171. (Ph.)* 2
. coryli L.   * 1
    Lyg. F. R. 150 - E. S.
    123 - Fll. m. 49.
    Cim. L. fn. 974. S. N. 121.
    Ph. Fll. h. 27.
    Phylus pallipes H. f. 16.
: crassicornis F. R. 29.   3
    Acanth. E. S. 11.
    — Hahn f. 176. v, terminatus.
: Dalmanni Fll.   2
    Ph. Fll. h. 22 - Hahn f.
    108.
    Lyg. vulneratus Pz. 100.
    22.   3
danieus F.
    Cps. F. R - Hahn.
    Lyg. E. S - Wolff. - Fll. m.
    Ph. Fll. h.   v. tricolor.
. decolor Fll. m. 15 - h. 16. * 2
    Lopus chrysanthemi Hahn
    f. 4.
- decrepitus F.   3
    Mir. F. R. 6.
    Cim. E. S. 178.
. dolabratus Lopus   * 2
    Mir. Fll. m. 1 - h. 1 - Z. 1.
    Cim. L. fn. 959.
    Mir. lateralis F. R. 3 -
    E. S. 4 - Wolf 3. 115.
    t. 11. f. 109.
    — abbreviatus Wolff f.
    110. fœm. larva.
: elatus F. R. 1.   * 2
    Lyg. E. S. 148 - Wolff
    1. 4. 31 - Pz. 73. 20.
    Cps. trifasciatus F. R. 16.
    E. S. Lyg. 158.
    var. rufipes F. R. 3.
- ericetorum Fall.   3
    Ph. Fll. h, 55 - Z. p.
    494. not.

trifasciatus F. . v..elatus.
. triguttatus L. - Fll. m.111.
  h. 12.-   1 1   *2
  Cim. L. S. N. 94.
  Cyllocoris H. 183.
  Lyg. F. R. 183 - E. S.1146.
. tripustulatus Lyg. F. R.182.-
  E. S. 45 - Fll. m. 59. *
  Ph. Z. 16 - Fll. h. 38.-
  H. 111.
  ? bistriguttatus F. R. 166.-
  .E. L. 135. Lyg.
. tumidicornis m.   *.2
. tunicatus Lopus   1 * 2
  Lyg. F. R. 148 - E. 1S.
  131. - Fll. m. 41.   -
  Ph. Fll. h. 18.
  Mir. Grm. 5. 23.
ttyrannus F. - W. v. ater.
. ulmi Cim. L. fn. 964 - S.
  N. 110.   *1
  Lyg. Fll. m. 47.
  Mir. F. R. 17 - E. S. 16.
  Ph. Fll. h. 25.
  Mir. longicornis Wolff. f.
  149.
  Lyg. vividus F. R. 170.
umbellatarum Pz. 93. 19.
  v. pratensis.
: umbratilis F. R. 12 - Fll.
  m. 10 - h. 11.   2
  Lyg. F. E. S. 155 - excl.
  cit. L.
. unicolor H. 179. a. b.   1
: unifasciatus F. R. 9.   *
  Lyg. E. E. S. 153.
  Lyg. semiflavus Fll. m.
  44. Wolff. f. 148.
  Ph. Fll. h. 21.
  Ph. H. 107.
  Ph. lateralis H. 169.
  Ph. marginatus H. 170.
: ustulatus m.   3
- vandalicus Geoff. 1. 454. 372. 3
. variabilis Lyg. Fll. m. 62. * 2
  Ph. Fll. h. 18 - Z. 18.

- varius F. R. 134. - * 3
  Lyg. E. S. 173. H
- virens Fll. m. 12 - h. 13. * 2
  - W. 75 potius Capsus ac
  Miris.
: virgula m.   3
- viridis Lyg. Fll. m. 55. 2
  - Ph. Fll. h. 33. cf. campestris.
. viridulus Lyg. Fll. h. 69.
  Ph. Fll. h. 54. 1
: vittipennis m.   2
- vividus F. 1 v. ulmi.
vulneratus Lyg. Pz. 101. 23.
  v. Dalmanni.
: Waltlii m.   Hisp 2

———

.19. Coptosoma Lap.
Tetyra F. - Cim. L. W. Pz.

———

, globus   *1
  Tet. F. R. 71.
  Cim. scarabaeoides Pz.
  36. 23.
  Cim. E. S. 36 - Wolff. f.
  3 - Coq. 1. 39. t. 10. f. 6.
  Globocoris Hahn. f. 137.

———

20. Odontoscelis Lap.
Tetyra F. Fll. - Cim. L. W.

———

. fuliginosa   * 2
  Tet. F. R. 50 - Fll. m.
  - 2 - h. 5 - Pz. 112. 14.
  Cim. L. fn. 914 - W. f.
  47.
  Ursocoris H. f. 142.
  Schff. 11. f. 10 et 11.
  var. litura F. R. 51 - E. -
  S. 43.
  Ursoc. H. f. 143.
  var. dorsalis F. R. 54.
  Ursoc. H. f. 144.
: var? T. carbonaria Fll. h.
  3 - Z. act. h. 1819. p. 70.

———

21. T'etyra F. W. Fll.
‘Cimex L. · ᵒ⁰ᵈ

—   \

albolineata F. R. 58. ᵗ·ᵗ 3
Cim. E.ˢS: 32 - Pz. 66.
·'20 -- Rossi 1295 - W.89.
Ventocoris H. 135.· ˢ
·-carbonaria Fll. h. v: Odon-ᶠ
l ᴬ   ⠂   , toscelis.
- caudata·Mus. Berol. Lusit. 4
- Desfontainii F. R. 61 Lusit. 4
dorsalis F. (R. v. Odontosc.
-' falcata Cyrill. ·⠂ Neapol. 4
flavolineata F: - Coq. v.ᵘ
grammica.
fuliginosa F: Fll.v.Odontosc. ·
- galii W! 91. ·ᵗ 'Austr. 4
globus ·F. · v. Coptosoma.
. grammica F: R. 43 ᴶᵗGrm.
fn. 8. 20 - W. 166: ·ᵗ 3
Cim. E.ˢS: 26ᶠ - L. S. N.
7 - Schr. fn. 1093? ·ᵗ
Bellocoris purpureo · line-
·ata H.'138ᶠ - Rossi 1291.
t. 7.ᴵfᴸ2.
T: flavolineata F. R. '60·ᴶᶠ
Cim. E. S. sppl. 33 - Coq.
ᴵ1! 36. t. 9! f. 6. -·⠂ᴸ⁹ᶠ
. hottentota F. R. 3ᵗ -ᴶPzᴵ
⸝111! 7 -- Cim: E. S. 31.
C. maura var. b b. c.ᴵW.
* 129 - Geoff. 1. 467. 66.
var.·'nigra : F. R. 39. ᴸ-
Geoff. 1. 435. ·3! - ⁾ᴵ * 2
- humeralis ' Mus.· Berol. ᵗ
Russ. m. 5
—   · Fll.-h. 4 - Dalm. anal.
p. 94. ⁱⁱ Lapp. 5
. inuncta F. R. 53. ·ⁱᵗⁱⁱⁱⁱ⁰ⁱ2
Cim. E. S. 44 - W. f. 5.
Pz. 36. 24. ·⠂
Tet. tangira ·F. R.·49. ᴸ
Fll. h. 7.
- lanata F. R. 65. ·⠂ Russ. 5
Cim. E.·S: 35. ⁱ ᴬ
Stoll. 2. t. 9. f. 61 - Pall. ·

·lit.· 2: 729. 82ᵗᵃ'ᵇ²ⁿⁱᵠⁱᵒ¹·⠂
- lapponica Z. 1. ᵘˢ Lapp. 5
litura F! R. ᵗ v. Odontosc.
: maroccana F. R. 35 - Pz.
114. 6. ·ᵗ ·ᵗ Hisp. 4
Cim. E. S. sppl. 31.ⁱⁱ
·' maura F. R. 36 ᴸᶠ Fll. m!
(1.ᴸ h. 2 - P. 112. 15!ᵃ * ᵗ
·Cim. L. S. N. 5 - fn. 913.-
'E. S. 30 - Rossi 1290.-
·ᴵ Wolff. 129. a. d: ·ᵗ'
Geoff. 1. 435. 3 - Schff.
43. f. 3. 4. 15: 16 - Sulz.
·Gesch. t: 11! fᵇ D.ᴵ ᵗ
var. picta F. R. 38.
Bellocoris H. f. 140.
—·H: f. 139.' v. hottentota. ·
: nigellae F. R. 55. 3
Cim. E.·S. 8 - Pz. 66. 19. ᴵᵘ
· Wolff. 86.
Ventocoris H. f. 133! ⁱ
nigra F. R. 39. v! hottentota.
. nigrolineata F. R. 132 ᴸ Fll.
h. 1. ᴸ f ᵃ'ᵠᵗⁱⁱᵠ ⁿⁱᵗᵗ *
Cim. L. S. N. 6 - F. E.
'S. 24ᴸ Wolff 1 - Sulz.
ᴵGesch. t. 10. f. 6 - Pz.
·'1. 2 ᴸ Scop! 351 ᴸ Ros-
·si 1286. ·ᵗⁱⁱ f! f ᵗᵃⁱⁱ
Scutellera H. f! 90 ⁱᵇᵛ! ⁱ
Geoff. 1. 468 68 - Schff.
·El. 44!P·ᵗ ᵗⁱ⁰!2.!3 - Stoll.
·ⁿᵗᵗ 11. f! 9 ⁱⁱⁱ·ⁱᵗ ᵗⁱ ᵗⁱ
. pedemontana F. R. 42 - P.
111. 6.⁰ⁱᵗ ⁱᵗᵗᵗ ·ⁱᵗᵗ * 3
Cim. E. S! 27 - Rossi 1292!-
ᵗ Wolff 88. ·ᵗ - ·ᴵ ᵗᵉˡᵒᵛⁱᵈ
Ventocoris H. f. 184 ᴸ
picta ·F.- R.· 38.⁰ᵗ v. maura!
. scarabaeoides F. R. 70 - Fll.
·fm. 3 - hl 6·ᴵ·ᵗ Pz. 1!12.
13 - Thyreocoris Schr. fn. *
Cim. E. S. 37 ᴸ L. S. N.
·4⁰ᴸ fn. 912 ᴸ W. f. 4ᵗ
Ross. 1293.1 ·ᴵ³ᵗ ᵗⁱᴬᵈ
Sulz. f. 70 - Geoff. 1! 435! 2!⁰ ·

: semipunctata F. R. 33-Grm.
fn. 2. 20, ' N ... 3
Cim. E. S. 23 · Wolff. f.
2 - Ross. 1289 - Stoll.
t. 11. f. 8. 1
Scutellera H. f. 91.
: strigata Pz. 135. 1. Hisp. 4
tangira F. R. 44 - Fll. h.
v. inuncta.
: tuberculata F. R. 52 - Pz.
135. 2., Ital. 4
Cim. E. S. 40.

22. Cydnus F. Fll. W.
Cimex L.

. affinis P. 114. 8. var. Cydni
morio? * 2
. albomarginatus F. - H. f.
86. * 2
Cim. F. R. 1121 - E. S.
168 - Wolff. 2. 7. f. 62.
Geoff. 470. 72.
Cydn. picipes Fll. h. 5.-
m. 4.
— Pz. 33. 22 v. C. albomar-
ginell.
. albomarginellus F. R. * 1
Cim. F. R. 120 - E. S. 167.
Cydn. dubius H. f. 98. -
W. t. 7. f. 61.
Cim. albomarginatus Pz.
33. 22. exclus. cit.-Schr.
En. 275 - L. S. N. 348.
* sec. Fall - Scop.
Cydn. Fll. h. 4.
. bicolor L. - Fll. m. 2 - h.
2 - H. f. 99 -. Z. 2. *
Cim. L. fn. 936 - S. N.
155 - F. R. 169 - E. S.
161 - Wolff. 1. 7. f. 60.
* Pz. 32. 11.
Geoff. 1. 470. 473 - Schff.
41. 8 et 9 - Scop. 357.-
Deg. 268. 12.
. biguttatus L. - Fll. m. 3.-

h. 3. exclus. cit. Pz. al-
bomarginati -. H. f. 88.
Z. 3.
Cim. L. fn. 935 - S. N.
54 - F. R. 116. - E. S.
164 - Pz. 32. 14 - Scop.
356. 2
. brunneus F. R. 5. Hisp. 3
. flavicornis F. R. 2. * 1
Cim. E. S. 170 - W. 2. 7.
f. 63 - Pz. 33. 22.
Cydn. nigrit. H. f. 85.
: — Hahn. f. 89. 2
melanocephalus F. R. 14.
v. Pentat.
. melanopterus m. Hisp. 3
morio F. R. 3 - Fll. h. 1.-
m. 1 excl. cit. Pz. tris-
tis et Deg. H. f. 84. *
Cim. L. fn. 932 - S. N.
51 - F. E. S. 171 - W.
2. 7. f. 64 - Pz. 32. 15.
Sulz. Kennz. t. 11. f. 77.-
Schff. 57. 11 et 82. 6.-
Stoll. 223? Geoff.
- nigrita F. R. 1? - Pz. 126.
23. 3
perlatus F. R. 15. v. Pentat.
picipes Fll. m. 4 - h. 5.
v. albomarginatus.
— H. f. 85. v.
. tristis F. R. 7 - H. f. 83. * 2
Cim. E. S. 172 - Pz. 32.
16 - Rossi 1315.
Cim. spinipes. Schr. en.
527.
Geoff. 470. n. 70 - Cyr.
t. f. 14.
umbrinus Z., v. Sciocoris.

23. Sciocoris Fall.
Edessa F. Acanthia, F. Pz.

: lusitanicus Pz. Lusit. 4
Halys Pz. 114. 7.
. marginatus F. 3

Edessa F. R. 43. ɯ ɾ . ı ɨ̵
.Cim. F. E. S. sppl. 99.
Acanth. umbraculosa F.
E. S. 31 - Pz. 33. 14.
C. umbraculatus Wolff. 96.
. umbrinus Pz. - Fll. b. 1.-
H. f. 100. . . ' . . /*.1
Cim. Pz. 93. 15 - W. 4.
.142. t. 14. f. 136. . ɩ
Cydn.' Fll. m. 5 ± Z. 3. ɪ

24. Eurydema Lap.
Cimex L. F. Fll. - Pentatoma
Ltr.

. decoratum Pz. - *.3
Pent. 116. 14.
.C. festiv. W. 58.
. dominulus Pz. : * 3
Pent. Pz. 112. 16.
. festivum L. * 1.
Cim. L. S. N. 57 - F. R.
95 - E. S. 151 - W. Pz.
6. 19.
Pent. fimbriolatum Grm.
fn. 17.. 9.
C. dominulus Scop. 362.
Strachia H. t. 93.
: herbaceum Pz. 115. 12.
. . Lusit. 3
. oleraceum L. *
Cim. L. fn. 934 - S. N.
.53 - F. R. 112 - E. S.
162.
Wolff. 1. 2. f. 16 - Pz.
32. 12 = Fll. m. 16 = h.
16 - Z. 8. ɾ
Strachia H. f. 94. '.ı
Geoff. 1. 471. 74 - Schff.
46. 4. 5 - Deg. 3. t. 15.
f. 22. ɩ. " ɨ̵
Stoll. 2. 5. f. 32-33.
. ornatum L. ' . * 1
Cim. L. fn. 937 - S. N.
56 - F. R. 93 - E. S. 150.
Wolff. 1. 2. f. 15 - Pz.

.· 33. 21 - Fll. m. 15 - . h.
ɩ 15. exclus. varr. ɩ.ı ɩ.
Scop. 364 - Schff. 60. 10.-
.' Snlz. Kennz. t. 11. f. 73.
Geoff. 469. 69.
. pictum Pz. 'ɾ ·: 3
.C. ornati. Fall. var. 6 ?
Pent. Pz. 116. 12. 13. '
.· . '
. . .

'25. Aelia F. - Fll. Z.
Cimex L. etc. '
ɩ.

. acuminata L. ' . *
F. R. 6 - Fll. m. 1 - h.
1 - H. f. 63.
Cim. L. S. N. 59 - fn. 939.-
' F. E. S. 179 - W. f. 19.-
Rossi 1316 - Pz. 32. 17.
Deg. 3. p. 271. 16. t. 14.
f. 12 - 3. - Geoff. u. 77.
Schff. 42. 11.
. Klugii H. f. 64. * 3

26. Pentatoma Latr.
Cimices et nonnulli Cydni
Fabricii.

agathinus F. - Fll. - Pz.
v. Acanthosoma.
albomarginatus F. v. Cydn.
albipes F. R - E. S.
. v. P. sphacelat.
albomarginellus F. v. Cydn.
alliaceum Grm. fn. 9. 14.
Cim. prasinus Schr. fn.
1105. v. Rhaphig. incarn.
. baccarum L. - H. f. 152. *
Cim. L. fn. 928 - S. N.
' - 45 - F. R. 92 - E. S. 144.
W. 2. 6. f. 57 - Pz. 33.
20 - Fll. m. 13 - h. 13.
Z. 6.
Schff. 57. 1. 2 - Geoff. 1.
466. 64. - Deg. 3. 254.

Arma ,H. f. 54. .
, lynx F - P. 113. 8. Hung. 3
'Cim. F. R. 68,- E.S,48.'
. '(excl. cit.) Pz. 33,.17.-
: Wolff. 94-male .
— Pz. 33. 17. v. P: spha-
.celatum.
marginata F. Edessa S. R.
43. ' v. Sciocoris.
Cim. E. S. sppl. 99.
, melanocephalum, F. *
Cydn. F. R. 14 - E. S.
176 - Pz. 26. 24 - W.
134.
. nigricornis F. - H. f. 147.-
' P. 113.'9.' *.
Cim. F. R. 8 - E. S. 59.-
Fll. m. 9 - h. 9 - W.
132 a - d.
-.purpureipennis Deg. 3.
258. 5: t. 13. f. 15.
var. eryngii H. f 148.
, nigridens Cim. F. R. 4.
Hisp, 4
olerarum L. - F - Fll. etc.
v. Eurydema,
ornatum L. - F ;;Fll.:etc.
v. Eurydema.
, perlatum F. - Pz. 113. 7.*
Cim. F. R. 15 - E.S.177.-
W. 2. 7. 65 - Fll. m. 18.-
h. 18:
Eysarcoris H. f. 155.
— Pz. 33. 27. v. P. inflexum.
. prasinum L. - H. f. 149. -
P. 115. 8. *
Cim. L. S. N. 49 - fn.
931 - F. R. 58 - E. S.
111 - W. 2. 6. f. 49? -
Fll. m. 11 - h. 10.
Deg. 3. 266. 9 - Stoll.2.
19. 127.
. punctatum L - Pz. 113. 5.-
Eysarcoris H. f. 157. * 2
F. R. 12 - L. S. N. 34.-
fn. 924 - Fll. m. 6 - h. 6 Z.5.'

. Deg. 3. 269. 14 - W. 173.
purpuripennis H. f. 151.
v. Rhaphig. incarnatum.
. pusillum Pz. 115. 9. I * 3
- reflexum Cim. F. R. 10. -
E. S. sppl. 60. Paris ? 4
, rufipes L - P. 113. 11 *
Cim. L. fn. 922 - S. N.
24 - F. R. 5. - E. S. 56.-
W. 1. f. 9 - Fll. m. 7. -
b. 7 Z: 2.
Tropicoris H. f. 145
Schll. 57. 6 et 7 - Deg.
3. 253. 2.
- sanguinipes Cim. F. R. 3.-
E. S. 55. Ital. 4
. sphacelatus F. *
Cim. F. R. 103- E. S. 156.- 1
' W. 95.
— Lynx Pz. 33. 17.
— albipes F.
- strictus F. R. 123. (Cim.)
Tanger cf. P. vernale.
torquatus F. v. Acanthos.
- tristriatus Cim. F. R. 74.-
E. S. 125. Ital. 4
. varium F.-Pz.126, 20. Hisp. 3
Cim. F. R. 13 - E. S. 63.
P. eryngii Grm. fn. 2, 21.
. vernalis W. - H. f. 153.-
Pz. 113. 6. * 2
Cim. W. 4. t. 14. f. 135.-
Fll. m. 14 - h. 14.

27. Rhaphigaster Lap.
Pentatoma Ltr. Grm. - Cimex
L. F.

alliaceus Grm.
Pent. Grm. fn. 9. 14.
v. incarnatum.
. griseus L. 2
Cim. L. fn. 926 - S. N. 43.-
F. R. 87 - E. S. 140. -

Pz..33. 19 ᷍W. 2. 6. 56.
Deg. 3. 261. 8. t. 14. f. 9.
. incarnatus Grm. 	* 2
Pent. Grm. fn. 4. 23.
— purpuripennis H. f. 151.
— alliaceum Grm. fn. 9. 14.
: smaragdulus F. Hisp. 3
Cim. F. R. 61 - E. S. 114.-
W. 2. f. 53 ?
Pentat.. Pz. 115. 7
var? torquatus.
Cim. F. R. 56 - E. S. 107.

28. Acanthosoma Lap.
Pentatoma Ltr. - Cimex L.
F. Fll.

. agathinum F. - P. 114. 10.
11.	*
Cim. S. R. 82 - E. S. 133.-
W. 2. t. 6. f. 55 - Fll.
m. 4. (cit. griseus L. fn.
926) h. 5 - Z. 4.
var? collaris F. R. 83.
— interstinctus F. R. 88.-
E. S. 141 - L. fn. 927.-
S. N. 44.
— Cim. betulae Deg. 3.
261. 8. t. 14. f. 9.
. ferrugator F.	* 1
Cim. F. R. 37 - E. S. 86.
Clinocoris H. f. 159.
Cim. bispinus Pz. 26. 23.-
Fll. m. 2 - h. 2 - W. 1.
f. 8.
. haemagaster Schr.	* 2
Pentat. Pz. 115. 13. 14.
. haemorrhoidale L. - Pent.
P. 114. 12.	* 2
Cim. L. fn. 925 - S. N. ;
35 - F. R. 27 - E. S. 76.
Fall. m. 3 - h. 3 - W. 1.
f. 10.
Clinocoris H. f. 158.
Geoff. 1. 465. 63 - Deg. 3.

254. 3. t. 35. f. 7 - Schff.
y 57. 8. . 4 -
. lituratum F.	* 2
Cim. F. R. 84 - E. S. 134.-
Pz. 40: 19 - Fll. m. 4.-
h. 4 - Z. 3. - W. 14.
Cim. dentatus Deg. 3.
260. 8.

29. Syrtis F. R.
Acanthia W - F. E. S.
Cim. L. etc.

. crassipes F. R. 121 1. * 1
-Acanth. W. 82 - F. E. S. 28.
Cim. L. S. - N. 134 - Rossi
fn. 1286 - Pz. 23. 24. -
Schff. Zweifel f. 7. - Icon.
57. 12 - Schell. t. 6. f 3.
. monstrosa. F. R. 122. 4.-
Ac. E. S. 30. Lusit. 4

30. Tingis F. R. - Fll. - Z.
Acanthia E. S - W.

alata F. R. 2 - E. S. 38.
Acanth. cf. Arad. depr.
. capitata W. f. 124 - Fll. h.
14. m. 12 - Pz. 100. 19. * 1
carinata P. v. cassidea.
. cardui F. R. 3 - Fll. h. 2.
Acanth. E. S. 42 - W. 42.
Cim. L. fn. 920 - Dg. 3.
309. 38. t. 16. f. 1.
Acanth. clavicornis P. 3.
24.	* 1
. cassidea Fll. h. 7 - m. 6.-
W. f. 42.
carinata P. 99. 20.
cf. Cim. musci Schr. En.
p. 265.	* 2
. clavicornis F. R. 1.	* 2

'Ac. E. S. 10 '- P. 23. 23.
Cim. L. fn. 911 - S. N. 16.
cf. Reaum. 3. t. 34. f. 1-4.
: convergens m.   ; . lf * 3
corticea Pz. v. 4 maculata.
- costata F. R. 2 - Fll. h. 1.
excl. cit. Panz.   · i 2
Acanth. E. S. 39.
. crassicornis Fll. h. 10 - m. 8.
erythrophthalma Grm. fn.
3. 25.
cf. T. alata F. R. 2 -   :
Acanth. E. S. 38.   * 3
: cristata P. 99. 19.   '   * 3
. echii F. R. 8 - Ac. W. 124 * 1:
erythrophthalma . Grm. fn.
v. crassicorn. :
: foliacea Fll. h. 12. - Pz.
118. 18.   ·   - i.   * 3
. gracilis P. 118. 20.   * 3
grisea Grm. fn. v. parvula.
. humuli F. R. 7. - Fll. 3. -
Ac. E. S. 43.   * 2
: laeta Fll. h. 15 - M. 13.-
Grm. fn. 10. 14.   * 3
. melanocephala Pz. 100. 21. * 2
: nigrina Fll. h. 5 - M. 4.
P. 118. 16.   :   * 3
. parvula Fll. h. 6. -   i :
grisea Grm. fn. 15. 13. * 2
: pedicularis P. 118. 19. ; * 2
. pilicornis P. 118. 17. * 3
. pusilla Fll. h. 8 - M. 7. * 2
A. marginata W. 126. '
: pyri F. R. 9 - Fll. h. 13.-
. M. 11.
Ac. E. S. 44 - Geoff. 1.
461. 57.   3
. 4 maculata Fll. h. 4.
Ac. W. f. 127.
T. corticea, P. 118. 22. * 3
. reticulata m.   3
: rotundata. m.   3
- ruficornis Grm. fn. 15. 12. 3
. simplex P. 118. 21.   * 3
. spinifrons Fll. h. 11 - M. 1

. 9 - Grm. fn. 13. 18. * 3
- testacea P. 118. 23.   * 4
- verna Fll. h. 9 m. sppl.
p. 16.   3

31. Aradus F. Pz. Fall. Ltr.
Acanthia - F. E. S. - W. -
. Cimex L.
annulicornis F. R. S - Grm.
fn. 1. 22. (unkenntlich)
v. A betulae var.
: betulae L. Fll. h. 3.   3
Cim. L. fn. 918 - Dg. 3.
305. 36. t. 15. f. 16 et 17.
var. Arad. annulicornis F.
R. 7. -
— F. R. 11. v. betulinus.
: betulinus, Fll. h. 1.
betulae F. R. 11. exclus.
cit. L. Dg.   3
. brevicollis Fll. h. 4 - Mon 4. * 2
: cinnamomeus Pz. 100. 20. 3
: conspicuus coll.
an idem ac varius?
: corticalis L. - F. R. 9. -
Fll. h. 2.   3.
Acanth. F. E. S. 21 - W.
3. 87. 81. t. 9. uf. 81.
Cim. L. fn. 917.
: depressus F. R. 10 - Fll.
h. 7.   3.
Acanth. F. E. S. 22 - Wolff
4. 129. t. 13. f. 123.
- erosus Fll. h. 5 - Mon. 5. 3
laevis Fll. h. 10 - F. R. 12.
Acanth. F. E. S, 25.
v. Aneurus.
leptopterus Grm. fn. 17. 8.
v. Aneurus.
- lugubris Fall. h. 8.   3
- nigricornis F. R. 16.   3
Acanth. F. E. S. 9.;

planus F. R. 115. vix. div.
ab Ar. depresso.1
- rugosus Fll. h. 9 L F. R. 1. 3
Acanth. F. E. S. 19. q
Cim. L. fn. 916 - S. N.
717.
- tremulae. Grm. fn. 5. 21. 3
: varius F. R. 17 - Fll. h. 6. 3
Acanth. F. E. S. sppl. 26.
: versicolor m. 3

32. Ancurus Curt.
Aradus F. R.
Acanthia E. S.

: laevis. Curt. 2. pl. 86 - Ar.
F. R. 119. 12 - Ac. E.
S. 25. — 3
- leptopterus Grm. fn. 17. 8. 4

33. Anthocoris Fll. Z.
Lyg. Fll. m. - F. - Salda F.
R. - W. - Acanthia F. E. S.

. austriacus Hahn.
Rhynarius Hahn. f. 58. * 2
- bicuspis m. Bohem. 3
: cursitans Fall. h. 6.
Lyg. Mon. 24. * 2
: exilis Fall. h. 5.
Lyg. Mon. 23. var. * 2
. fruticum Fall. h. 4.
Lyg. minutus Fll. Mon. 22*
Cim. L. fn. 941.
Rhynarius minutus Hahn.
f. 60.
: lucorum Fall. h. 3. * 3
Lyg. pygmaeus Fall. Mon.
21. var. nigra.
minutns (Rhynarius) Hahn.
f. 60. v. fruticum.
: nemoralis Fall. h. 2.

Salda F. R. 15. * 2
Acanth. F. E. S. 35.
Lyg. nem. var. γ. Fall.
Mon. 72.
Cim. gallarum ulmi Dg.
3. 279. 23.
? Lyg. austriacus F. R. 181
. nemorum Fall. h. A
Cim. L. fn. 953.
Acanth. sylvestris W. 84.
male.
: obscurus Hahn. * 3
Rhynarius Hahn f. 159 A
Salda nigra W. 161. male.
: pratensis Hahn. 2
Rhynarius Hahn f. 57.
: pusillus m. 3
sylvestris Hahn.
Rhynarius Hahn f. 56 J
- tardus m. Helvet. 3

34. Salda F. Fll.

: albipennis F. R. 5.
v. Geocoris.
atra F. R. 4 v. Geocoris.
- campestris F. R. 14. 4
coleoptrata Fall. Mon. 73
v. Bryocoris.
- coriacea F. R. 8.
- elegantula Fll. M. 5 - h. 7.
Hahn. f. 168. 3
flavipes F. R. 3.
Acanth. E. S. 3
v. Cps. flavicorn.
. grylloides F. R. 7. v. Geocoris.
- lateralis Fll. m. 4 - h. 6. 3
- littoralis L. - Fll. h. 1. m 12
Cim. L. fn. 915 - Dg. 3.
278. t. 14. f. 17.
Acanth. zosterae F. E. S. 2
Salda - F. R. 1.
— F. R. 13. v. S. saltatoria.
: luteipes m. 2
- marginalis Fll. m. 6 - h. 8. 3

- nemoralis F. R. 15.
- pallicornis F. R. 6. ... b ...
- pallipes F. R. 12. - Fll. h. 4. 2
    Sald. saltat. var. β Fall.
    Mon. sppl. 12. ...
- pilosa Fll. h. 5 - Grm. fn.
    10. 15. 3
- pratensis F. R. 16.
- riparia Fll. h. 2 - Mon.
    sppl. p. 11. 2
    — Hahn. f. 166. v. varia-
    bilis m.
- saltatoria L. - Fll. h. 3. -
    Hahn. f. 167. * 1
    Cim. L. fn. 954 - Schr.
    En. 510.
    Lyg. Wolff. 2. 77. 74. t.
    8. f. 74 - F. R. 184.
    Salda litt. F. R. 13.
    Acanth. F. E. S. 18. excl.
    syn. L. et Dg. = Schr.
    fn. 1085.
    serratulae F. R. 10. v. Anth.?
- striata F. R. 2.
- sylvestris F. R. 18.
- variabilis m.
    riparia Hahn 166. 2
    zostcrae F. R. 1. v. S.
    littoralis.
    Acanth. E. S.

35. Acanthia m.

- intrusa m. Austr. 4.

36. Cimex L.
    Acanthia F.
Cimices reliquas Linnei quaere in Generibus reliquis. Fabricii, Fallenii et Zett. - in G.
Pentatoma, Cydnus, Eurydema.

- lectularius L. fn. 909 - E.
    S. 1. *
    Acanth. F. E. S. 1 - S.
    R. 1 - W. 121.

Schr. fn. 1084. - En. 507.
    Geoff. 1. 434. 1. -. Deg.
    3. lt. 17. f. 11. Sulz. t.
    10. f. 69. - Stoll. 2. t.
    10. f. 131.

37. Reduvius F. etc.

aegyptius F. E. S. 44 - S.
    R. 62 - W. 2. f. 80.
    cf. subapterus.
- albipes F. E. S. 43 - S. R.
    61. 3
- annulatus F. E. S. 16 - S.
    R. 24 - W. 2. f. 78)-
    Pz. 88. 23 - Fll. h. 2.
    m. 2. * 1
    Rhynocoris H. f. 128.
    Cim. L. fn. 943 - S. N.
    16.
    Geoff. 1. 457. 5 - Sulz.
    hist. 10. f. 13 - Schff.
    5. f. 9. 11.
    Deg. 3. 286. 26.
    apterus F. E. S. sppl. 54.-
    S. R. 72. v. subapterus.
- cruentus F. E. S. 18 - S.
    R. 28 - W. 1. f. 38 - Pz.
    88. 24. * 1
    Rhynocoris H. f. 127.
    Schff. 5. f. 9. 10 - Sulz.
    hist. t. 10. f. 13.
    var. rubricus Grm. fn. 2. 22.
    griseus (Colliocoris) H.
    129. (cit. Fall. subapte-
    rus cum ?) v. aegyptius.
    guttula F. E. S - S. R. - P.
    101. 21. v. Prostemma.
    Nabis H. f. 130.
- haemorrhoidalis F. E. 28.-
    S. R. 41. 3
    R. tesselatus Mant. 2.
    313. 38.
- iracundus F. E. S. 38 - S.

R. 59. 3
Cim. Scop. 378 - Pod.
Mus. 58. 17 - Schr. Beitr.
81. 37. t. 3. f. 17. »t
: maurus F. E. S. 51. - S.
R. 68. (Maurit.) Ital. 4
- minutus F. E. S. 55 - S.
R. 71. 4
plumicornis Grm. fn. 5. 24.
v. Gen. Myodocha.
. personatus Cim. L. fn. 492.- *
S. N. 64 - W. 76. -
F. E. S. 2 - S. R. 7. -
Pz. 88. 22 - Scop. 379.
Wolff. 2. f. 76 - Fll. h.
1 - m. 1 - H. f. 125.
Geoff. 2. 436. 4. t. 9. f.
3 - Frisch. 10 t. 10. -
Sulz. t. 11. f. 74 - Schff.
13. 6. 7 - Deg. 3. 281.
5. t. 15. f. 7 - Stoll. t. 5.
f. 38.
rubricus Grm. fn. 2. 22.
v. cruentus.
- sanguineus F. E. S. 27. -
S. R. 26. (Barb.) 4
- squalidus W. 117 - Rossi
1364. cf. Myodoch. 3
stridulus F. E. S. 6 - S. R.
10. v. Peirates.
- subapterus Deg. 3. 287.
27. t. 15. f. 10. 2
R. apterus F. E. S. sppl.
54 - S. R. 72.
Colliocoris griseus H. f.
129.
- villosus F. E. S. 3 - S. R.
6. (Barb.) 3
? R. aegyptius F. R. 62.-
E. S. 44 - W. 2. f. 80.
R. pedestris W. 199. -

38. Peirates. Lap.
Reduv. F.
Cimex L.

: niger m. Hisp. 4
: stridulus Reduv. F. E. S.
6. - S. R. 10 - W. 119.
Ital. 3
Cim. L. S. N. 557 - Schell.
t. 7. f. 2.
- ululans Rossi. fn. 1360. t.
7. f. 5. Ital. 4

———

39. Prostemma. Lap.
Reduvius F.

—

. guttula Reduv. F. E. S. 54.-
S. R. 70 - Pz. 101. 21. * 3
Nabis H. f. 130.

———

40. Myodocha?
Reduvius Grm. W.

—

: plumicornis Grm. Hisp. 4
Reduv. Grm. fn. 5. 24.
? Red. squalidus W. 117.
Rossi n. 1364.

———

41. Pygolampis Grm.
Emesa Fall. h - Gerris Fll. m.

—

. bifurcata Gmel - Grm. fn.
8. 22. * 3
Cim. L. Gmel. 457.
Gerris denticollis Fll. m. 3.
Emesa - Fll. h. 1.
Acanth. denticulata Rossi
1284.
Pygolampis - Grm. it in
Dalm.
Schff. 11. f. 15. 17.
Ochetopus spinicollis H.
f. 92.

———

42. **N a b i s.**
Cim. L. - Miris F. - Fll.

—

. ferus L.   *
  Cim. L. fn. 962.
  Mir. F. R. 11 - E. S. 10.-
  Fll. m. 9 - h. 9 - Z. 6.
  Mir. vagans F. R. 12. -
  E. S. 11 - W. 153.
  Coriscus crassipes Schr.
  fn. 1171.
. subapterus.   * 2
  Aptus H. f. 24 excl. cit.
  F.
  R. apterus W. 200.

———

43. **P l o i a r i a Latr.**
Gerris Fll. - F. W.
Cimex L.

—

- erratica Gerr. Fll. m. 6-h.2. * 2
. vagabunda L.   * 1
  Gerr. F. R. 9 - E. S. 19.-
  Fll. b. 1 - W. 197.
  Cim. L. fn. 972 - Schr.
  En. 558. fn. 1169.
  Deg. 3. 332. t. 17. f. 1. 2.

———

44. **V e l i a Ltr.**
Gerris F. E. S - Fll. -
Hydrometra F. R.

—

- aptera F.
  Hydr. F. R. 11 -
  Gerris E. S. 21.   2
. currens Schummel. Beitr. 1.
           larv. *
  Gerr. F. E. S. 22 - Fll.
  m. 2.
  Hydr. F. R. 12 - Ltr. gen.
  3. p. 132 - Fll. h. 2 -

Zett. act. h. 1819. p. 75.
. pusilla Fll.   4
  Lyg. Grm. 15. 11 - Fll.
  h. 27 - m. 19.
: rivulorum F.   3
  Hydrom. F. R. 8 - W. 195.
  Grr. E. S. 5.

———

45. **G e r r i s Ltr - F. E. S. - Fll.**
Cim. L - Hydrometra F. R.
Emesa Fll. h.

—

- abbreviata F. R. 7.   3
. aptera Wimmer. Schumm. 3. * 2
  — F. R. 7.   v. Velia.
: argentata Schummel. 9. * 1
  currens F. E. S - Fll. v. Velia.
- fossularum F. E. sppl. 543. 5. 3
  Hydr. F. R. 9 -
  Cim. Rossi 1354.
: gibbifera Schummel 6.   * 2
  G. lacustris Ltr. gen. var a.
. lacustris L. Schumm. 7 - F.
  E. S. 1.   * 1
  Cim. L. fn. 970 - S. N.
  117 - Geoff. 1. 463. 39.
  Sulz. ins. 11. f. 78 - Dg.
  3. 311. 39. t. 16. f. 7.
  Schr. en. 587 - fn. 1166.
  Hydr. Fll. h. 1 - M. 1. -
  F. R. 1 - Z. 2.
  — majores Fll. m. v. rufosc.
  — var. a. Ltr. cf. gibbifera.
: lateralis Schummel 5.   3
: odontogaster Z - Schum. 4
  Hydrom. Z. 3.   2
  Gerr. lacustr. var. c. Ltr.
  gen.
: paludum F. E. S. 2. Ltr.
  hist. t. 12. f. 273. 2. -
  Ltr. gen. p. 133. Schum. 1. 1

Hydrom. F. .R. 3 -. Z. 1.
: rufoscutellatus Ltr. gen. 2-.
Schummel 2. ;) * 1 2
G. lacustris Fll. majores.
Stoll. t. 15. f. 108., I
stagnorum F. E. S. ,4.
v. Hydrometra.
: thoracica Schummel 8.
vagabundus F. v. Ploiaria.

---

46. Hydrometra Ltr.-F.R.
Cimex L. - Gerris F. E. S. -
Fll. M. - Emesa Fll. h.
Hydrometras auctorum alias
quaere sub G.
Velia et Gerris.

. stagnorum F. R. 6 - Ltr.
gen. 13. p. 131 - Schum-
mel Beitr. 1.   * 2
Gerris F. E. S. 4.
Cim. L. fn. 971 - Geoff.
1. 463. 60 - Müll. Zool.
d. n. 1247 - Schr. fn.
1167.
— acus Dg. 3. p. 211. n.
40. t. 15. f. 24. 25.
Emesa stagn. Fll. h. 2.
Scop. 395.

---

47. Ranatra F. etc.
Nepa L.

. linearis L. F. R. 2 - E.
S. 2 - Fll. h. 1 - P.95.
15 - H. f. 131.   * 1
Nepa L. fn. 908. S. N.7.
Deg. 3. 369. t. 19. f. 1. 2.
Frisch. 7.24. t. 10 - Sulz.
hist. t. 10. f. 4.
Geoff. 1. 480. t. 10. f. 1.-
Schell. t. 13 - Schff. 5.

5 et 6 - Stoll. Cim. t.
12. f. 7 - Roes. 3. t. 23.

---

48. Nepa L. etc.

. cinerea L. fn. 906 - S. ,N.
5 - F. R. 8 - E. S. 7.-
Fll. h. 1 - Pz. 95. 14 * 1
Scop. 350 - Z. 1.
Deg. 3. t. 18. f. 1.
Frisch. 7. t. 15. - Schell.
t. 14 - Stoll. 1. f. 11. 2. a.
Geoff. 1. 481 - Roes. 3.
t. 22. f. 6-8 - Sulz. t. 10.
f. 68 - Schaeff. 33. 7. 9.
linearis L.   v. Ranatra.

---

49. Naucoris F. etc.
Nepa L.

- aestivalis F. E. S. 2. -
S. R. 3 - Coq. 1. 38. t.
10. f. 4.   Gal. 3
. cimicoides F. R. 1 - E. S.
1 - Fll. h. 1 - P. 95.6. * 2
Nepa L. fn. 907 - S. N. 6.
Deg. 3. t. 19. f. 8. 9.
Geoff. 1. 474. 1. t. 9. f.
5 - Frisch. 6. 31. t. 14.
Roes. 3. t. 28 - Schell. t.
12 - Schff. 33. 3. 4.
Elem. t. 87 - Sulz. h t.
10 f. 3 - Stoll. 2. t. 12.
f. 8. B.
- cursitans F. E. S. 4 - S.
R. 8.   3
- maculata F. E. S. sppl. 325.
2 - S. R. 2.   3

---

50. Notonecta L. etc.

: furcata F. R. 2 - E. S. 2.-
Fll. h. 2 - Coq. 1. 38.
t. 10. f. 2.   2

. glauca L. fn. - S. N. 1.
905 - Pz. 3. 20 - F. R.
102. 1 - E. S. 1 - Z. 1.
Fll. h. 1.- Scop. 348. * 1
Deg. 3. 382. t. 18. f. 16.
17 - Schellenb. t. 10.-
Sulz. t. 12. f. 19.
Geoff. 1. 476. 1. t. 9. f.
6 - Stoll. 2. t. 12. f. 9.
10 - Frisch. 6. 28. t.
13 - Roes. 3. t. 27 - Schff.
. 33. 5. 6.
: lutca Müll. Zool. d. 1176.-
Weber u. Mohr Reise p.
66 - Fll. h. 1.   3
- maculata F. R. ^{4} - E. S.
3 - Coq. 1. 38. t. 10. f. 1. 3
: marmorea F. R. 3.   3
minutissima L. F. v. Sigara.
- rostrata Mus. Berol.
         Lusitan. 4
- vitrea Mus. Berol. Lusit. 4

———

51. Sigara F. etc.
Plea Leach.
Reliquas Sigaras quaere in
Genere Corixa.

—

- minuta F. E. S. 4. 60. 4 - S.
R. 6 - Coq. 1. 38. t. 10.
f. 3.   4
: minutissima L - Fll. h. 1. 3
Noton. L. fn. 905 - S. N.
3 - Sahlb. Noton. Fennicae
p. 8. 1 - P. 2. 14.
N. coriacea Berl. Mus.

———

52. Corixa Fll. Sahlb.
Sigara F.
Notonecta L.

—

: Bonsdorffii Sahlb. Not. 13.
6 - Fll. h. 6-   3

- carinata Sahlb. 12. 4 - Fll.
h. 5 - Z. 3.   4
. coleoptrata F - Sahlb. 14.
7 - Fll. h. 7.   * 2
Sigar. F. R. 4 - E. S. 3.-
P. 50. 24.
. fossarum Sahlb. 10 2 - Fll. 3. * 2
Geoffroyi Z. Sahlb.
        v. striata.
. Hellensii Sahlb. 11. 3 - Fll.
h. 4.   * 3
: minuta F. E. S. 4 - S. R.
. 6 - Coq. 38. t. 10. f. 3. 3
. striata F. - Fll. h. 1.   * 2
. Sig. F. R. 2 - E. S. 2.-
Pz. 50. 23.
Cor. Geoff. Leach. Trans.
. art. 7 - Sahlb. 12. 5 - Z. 1.
Noton. L. fn. 904 - S. N.
2 - Scop. 349.
Corixa Geoff. 478. 1. t.
. 9. f. 7 - Stoll. Cic. 2: t.
15. f. 13 - Roes. 3. 29.-
Schell. t. 11 - Deg. 3.
389. 6. t. 20. f. 1. 2. -
Schff. 97. 2.
. undulata Fll. mon. 2 - Fll.
h. 2.   * 2
C. striata Sahlb. 1 - Z. 2.
Noton. striata L. fn. 904.-
Deg. 3. 389. t. 20. 1 ?

53. Cicada L. etc.
Tettigonia F.

—

abbreviata F. E. S.
           Aphrophora.
abdominalis Fall. Z.
     J. (indicat Jassus.)
abietina Fll.   J.
acuminata F. Euacanthus.
affinis Fll. act. Acuc. albifrons.
agrestis Fll. act. h.
        Selenoceph.

albifrons L - Fll. h. Acuc.
albiger Grm. J. serratulae.
albostriatella Fll. h. Typhl.
algira Grm. Arch. n. 65.
Eur. austr. 4
Tett. F. R. 51
Cic. pygmaea Ol. Enc. n.66.
alpina Z. J.
aptera L. fn. Larva?
argentata F. E. S - R. J.
arunci Scop. Ptyela sp.
assimilis Fll. act. h. J.
atomaria F. E. S. J.
atra Ol. Enc. 63. cf. C.
concinna; Eur. austr. 4
aurata L - F - Fll. act. h.
Typhl.
aureola Fll. act. b. J.
aurita L. S. N. Ledra.
bicolor F. E. S. J. abdominalis.
bicordata Scop. C.
Euacanthus interruptus.
bifasciata L. fn. S. N. Fall.
act. Hem. - Zett.
Aeucephalus
biguttata F. E. S. Bytho-
scopus populi.
— Fall. act. Hem. Zett.
v. J. abiet.
bipunctata Scop. Pt. spum.
bipustulata F. E. S.
Byth. frutic.
blandula Fall. act. hem.
Ross. Typhl.
brunnea F. E. S. Byth.
lanio.
calva m. ? 6
citrinella Zett. Typhl.
clavicornis F. E. S. Asiraca.
coleoptrata L. fn. S. N.
v. Ptyela.
concinna Grm. Arch. n. 42.-
fn. 13. 17. Dalm. 4
Cic. atra Ol. Enc. n. 63?
C. querula Pall. it. 11.
app. 83 - Stoll. f. 6?

confinis Zett. J.
cornuta L. fn. - S. N.-Scop.
Centrotus.
coryli L. fn. - S. N.
Byth. populi mas sec. Z.
costalis Fall. Hem. Jass.
costata Pz. Acuc. rust.
crassicornis Pz. Asiraca.
cruentata Zett. Fall. act.
Hem. Pz. Jass.
cunicularia L. S. N. Flata.
cuspidata F. E. S. - S. R.
Eupelix.
cynosbatis F. E. S. Flata.
decempunctata Z. Fall. act.
Hem. Typhl.
diadema F. E. S. Byth.
dispar Zett. Acuc.
dubia Pz. Asiraca.
elegantula Zett. Typhl.
exaltata F. S. R.
Byth. notat.
festiva F. E. S.
Typhl. aurata.
flava L. fn. - S. N. ?
— L. S. N. ?
flavescens F. E. S. - S. R.
Fall. act. hem. Typhl.
flavicollis L. fn. S. N. - F.
E. S. - S. R.
Byth. frutic. aut Aphr.
— Schr. En. Pty. sp.
flavipennis Zett. Jass.
fraxini Eur. merid. 3
Grm. n. 1. Arch. n. 46.
Tett. F. S. R. 40. 37.
Tett. orni F. E. S. excl.
diff.
Roes. II. t. 25. f. 4. t. 26
f. 4 - Reaum. V. 151. t.
16. f. 1-6 - Geoff. 1. 1.
429. 1.
Cic. plebeja Scop. 345. -
Ol. 33.

fulgida F. E. S. Typh. vittata.
    sec. Fall. Byth. populi.
graminea F. E. S. sppl. -
    S. R. , Byth.
grisea F. E. S. Byth. liturat?
grisescens Z. J. transvers.
haematodes Grm. Arch. n.
    41 - L. S. N. 2. 707. 14. *2
Tett. F. S. R. 42. 50.
Cic. montana Scop. ann.
    V. 109. 108.
Tett. tibialis Pz. 59. 5.
    Schff. 121. 1. 2 - Stoll.
    f. 133.
    — Scop. - Ol. - F. E. S.-
    Pz.   plebeja.
helvola Grm. n. 12. Arch.
    n. 48.   Eur. mer. 4
histrionica Z. - Fall. - Grm.
                    Jass.
hyalina Grm. n. 8. Arch.
    n. 68.   Russ. m. 4
Tettig. F. S. R. 42. 48.-
    E. S. sppl. 516. 32.
interrupta L - F. E. S - Fall.
                Euac. interr.
interstincta Fall. act. hem.
                Euac. acum.
interstitialis Grm.
                Jass. argent.
Janio L - F - Pz.   Byth.
lateralis L - F. E. S - Geoff.
                O Pt. spum.
leporina L.   Flata.
leucocephala L. Pt. spum.
leucophthalma L. Pt. spum.
lineata L.   Pt. lin.
    — Scop.   Pt. sp.
    — F. E. S - Grm. Mg. Jass.
lineatella Z - Fall. Typhl.
maculata F. E. S. cf. Jass.
                    plebej.
marginalis Scop. Pt. spum.
marginata Scop.   Typhl.
                geometrica.
mixta F. E. S. - Jass. retic.

moesta Z.   Euacanth.
montana Scop. Cic. haema-
                    todes.
nervosa L - F. E. S. -
    Scop.   Flata.
    — Schr. En. Acuc. rust.
    — Fall. hem. Jass. atom.
nigropunctata Schr. En.
                Typhl. aurata?
nitidula F. E. S. 87. Byth.
    — — 83. im S. R. tiu
splendidula geändert
                    Typhl.
notata F. R. 82. (falso ex-
    altata)   v. Byth.
    — Scop.   J. punctat.
obscura Grm. arch. 49.
Tett. F. R. 14 - E. S.
    sppl. 32.   Austr. 4
ocellaris Fll. act. h. 13. J.
ocellata Scop. J. ocellar.
oenotherae Scop. Pt. sp.
orni Grm. n. 4. arch. n.
    39 - L. S. N. 2. 707.
    18 - Ol. Enc. V. 753.
    32 - Scop. 346 - Geoff.
    1. 429. 2 - Sulz. Kennz.
    t. 10. f. 65 - Schff. 4.
    12 - Reaum. V. 151. t.
    16. f. 7 - Roes. II. t. 25.
    f - 1. 2. t. 26. f. 3. 5. 3
Tett. F. S. R. 40. 35 - E.
    S. 4. 23 - Pz. 50. 22.
T. punctata F. E. S.
pallens Zett.   J.
pascuella Fall.   J.
picta F.   Typhl. aurata.
picta Grm. Arch. n. 66.
Tett. F. S. R. 43 - Coq.
    1. 31. t. 8. f. 2. - Reaum.
    V. 152. t. 16. 8. 9.
Cic. tomentosa Ol. Enc.
    n. 62.   Gal. m. 4
plebeja Zett. Fall.   J.
    — Scop... Cic. fraxini.

:(plebeja L. S. N. 15\- Grm. (
arch. 47. .. Eur. mer..3
Tett. F. S. R. 32 - E. S.
22.
OCic. haematodes Scop.
347 -. Ol. 31.
Tett. F. (E. S. (31 -)Pz.
50.121.
(Tett. sanguinea F. S. R.
.11- Stoll. f. 11. 131 139.-
Roes. II. t. 25. f. 3.
populi L. Byth.
prasina F. Byth.
-- Zett. Fall. (cit.F.)Jass.
pulicaris Fall - Z. Jass.
punctata Fall - Z. Jass.
— F. Geoff. ?
punctifrons Fll. Jass.
punctipes Zett. Jass.
pygmaea Ol. C. algira.
4 maculata Schr. En. Pt. sp.
4 notata F - Z - Fall. Pz.
... Jass.
4 punctata Fall. Jass.
quadriverrucata F. E. S. J.
quercus F. - Fll. - Typhl.
reticulata Fall. Thb. Zett J.
rosae L. Typhl.
-- F. E. S. 77. Byth. fulgid.
russcola Fall. J.
rustica Fall. Zett. Acuceph.
sanguinea F. C. plebeja.
sanguinolenta L. S. N.
v. Cercopis.
— Scop. v. C. maculata.
septemnotata Fall. Zett. J.
sericans m. Hisp. 6
serratulae F. E. S. J.
sexnotata Fall. Zett. J.
6 punctata Fall. J.
smaragdula Fll. Zett. Typhl.
sordida Zett. J.
splendidula F. S. R. (cit.
nitidula E. S. 83.)
Typhl. urticae
Fall. cit. F.

spumaria (L. T. Scop. 8
Aphroph. alni.
spuria Zett... Acuceph.
striata L - Fall. Z -F. Jass.
striatula Fall. Z. Jass.
strigipes Z. Jass.
striola Fll. Jass.
subfuscula Fall Z. Jass.
subrustica Fall. act.
Acuc. albifrons foem.
sulphurella Zett. Jass.
tenella Fall. Typhl.
tibialis -Pz. C. haematodes.
tiliae Fall - Geoff. Typhl.
tomentosa Ol. - C. picta.
torneella Zett. J.
transversa Fall. J.
triangularis F. E. S.
Byth. frutic.
trifasciata Deg. Ac. bifasc.
ulmi L - F - Fll. J.
undata Fll. J.
urticae F - Fll - Z. Typhl.
varia F. E. S. Byth.
variata Fll. J.
venosa Fll. Byth.
ventralis Fll. J.
violacea L. S. N. 21 - Mus.
Lud. 162. 8 - Ol. Enc.
n. 51.
Tett. F. R. 56 - E. S.
36. Eur. merid. 4
— Scop. Ptyela sp.
virens m. cf. lutescens Ol.
Enc. 56 - Stoll. f. 138.
Hisp. 7
— Fll. Byth.
virescens F. Byth.
— Fll. Typhl.
viridis L - F -Scop. - Fll.
Pz. - Z. Euacanth.
viridula Fll. Typhl.
vitrea F. Byth.
vittata L. - Z. - Fll. Typhl.
—F. excl. cit. L. J. undatus.

ᴑ𝐾

ᴓstriata Fll. act. 6.
ᴓ striatella Fll. n. 3.
ᴓ pellucida F. R. 6 - Grm.
  Mg. 3 - Arch. 3 - Z 2. * 1
  Fall. act. 5 - h. 4.
  ᴑ Fulg. E. S. 22.
  ᴑ D. venosa Grm. Arch. 5.
ᴓ striata Fll. Z. annot. notula.
ᴑ unicolor m.   * 3
ᴒ venosa Grm. Arch. pellucida.

———

  ᴑ 59. Asiraca Latr. Grm.
    ᴑ Delphax F.

—

ᴑ . clavicornis Ltr. gen. 3. 167.
    1. Grm. Arch. p. 57. 4
    Pz. 111. 8.   * 2
  ᴓ Delph. F. S. R. 83. 1.
    E. S. sppl. 522. 2.
    Coq. 1. 33. t. 8. f. 7.
ᴓ : crassicoris Creutz. Grm.
    Arch. n. 7.   3
  ᴑ Delph. F. S. R. 83. 2.
    E. S. sppl. 522. 1.
  ᴑ Cic. Pz. 35. 19.
ᴑ - dubia Grm. Arch. n. 8. 2
    Pz. 35. 20.

ᴓ𝑅 60. ᴓ Tettigometra Latr.
    ᴑ Fulgora Pz.

—

ᴒ : atra Hag. Symbol. n. 27. -
    Pz. 128. 2.   3
  ᴑ : laeta m. Pz. 128. 1.   3
  ᴓ . obliqua Latr. Grm. Mg. 4.
    6. 1.   *
    Fulgora Pz. 61. 13.
ᴑ - umbrosa Germ. Mg. 4. 7. 3. 3
ᴒ . virescens Ltr. Grm. 4. 5. 2. * 2
    Fulg. Pz. 16. 12.

———

· 61. ᴓSmilia Grm.
ᴒCentrotus F. S. R ᴓMembra-
    cis F. E. S.

—

. ᴒgenistae Mem. E. S. - Geoff.
  2. 424. 19 - Grm. Mg.
  22 - Pz. 50. 20.   * 1
ᴒCentrot. F. S. R. 26.

———

62 ᴒCentrotus Germ. F. -
    Fall.
ᴒCicada L - ᴓMembracis F. E. S.

—

ᴒcornutus F. S. R. 19. 15.
    Grm. Mg. 4. 32. 1.   *
  ᴒMembr. E. S. 22. Pz. 50.
    19.
  ᴓCic. L. S. N. 6 - fn. 879.
    Geoff. 1. 423. 18.
    Schreb. 11. f. 3. 4.
    Petiv. t. 47. f. 2. 3.
    Sulz. Ins. t. 10. f. 63.
    Schff. 96. 2.
    Deg. 3. 181. 3. t. 11. f. 22.
  genistae F. S. R. Smilia.

———

ᴒ 63. ᴒCercopis F. - Germ.
    ᴒ Cicada L.

—

ᴒ abbreviata F. S. R. Ptyela.
ᴒ abdominalis F. S. R. Jassus.
ᴒ albipennis F. S. R. Ptyela.
ᴒ alni Fall.   Aphroph.
ᴑ angulata F. E. S - S. R.
    Fall.   Ptyela.
  aptera F. E. S   Jssus.
ᴒ atomaria F. S. R. Jassus.
ᴒ atra F. E. S - S. R - Coq.
    Pz.   ᴒPenthimia.

- atra Pz.   4
ᴒMembracis Pz. fn. 33. 13.

64. **Aphrophora** Grm! (reliquas omnes Aphrophoras Germari quaere in G. Ptyela.)
δ Cicada L. - Fall. -Z. Cercop. F.

—

♂. alni Fall.   *
'Cerc.' Fall. act. - Hem.
2 - Zett. 1.
"Cerc.l bifasciata F. E. S.
40 - S. R. 57. exclus. cit.
L. et Deg. Pz. 7. 20.
Cerc. spumaria Pz. 103.
. 8. exclus. Syn. - Schff.
el. t. 42.
Aphr. Grm. Mg. 1.
δ Cic. cincta Thunb. Ups.
4. 23. 39.
corticea Germ, Mg. 2 - fn.
8. 19.   2
salicis Cerc. Fall. Hem. 1.
δ Cic. spumaria salicis Dg.
! 3. 180. 2.   2

—

65. **Ptyela** Grm. in Guerin.
Aphrophora Grm. Mg.
Cercopis F - Fll - Z.

—

. abbreviata F. Aphr. Grm.
Mg. n. 10.
Cerc. Pz. 103. 9 - F. S.
R. 47. 96 - E. S. 91. 36.
v. lineata L.
: albipennis F. Aphr. Pz. 112.
18.   * 3
Cerc. F. S. R. 98. 60. -
E. S. sppl. 524. 44.
angulata (Cerc.) F. S. R.
97. 49 - E. S. 4. 53. 27.
vid. coleoptrata.
apicalis Aphr. Ahr. fn. 9.
17 - Grm. Mg. n. 7.
var? spum. 2
: campestris Cerc. Zett. n.
3 - Fall. Hem. 20. 7 - Act.

Holm. p. 252! ')   2
cincta Thb. Ups. 4. 23. 39.
v. Aphr. salicis.
coleoptrata L. Grm. Mg.
n. 11.   *
Cicada L. fn.
Cerc. angulata Pz. fn. 103.
10 - F. S. R. 49. 97. -
E. S. 4. 53. 27 - Fall.
Hem. 13. 3.
coriacea Fall. Hem. 14. 4.   3
dimidiata Pz. 112. 17. spum.
exclamationis Thunb. Pz.
112. 18.   * 1
Cic. Thunb. act. ups. 4.
24. 40.
Cerc. Fall. act. holm. 1803.
n. 7 - Zett. n. 4 - Fall.
Hem. 21. 8.
Aphr. lateralis Grm. Mg. 9.
gibba F. Zett. var. b.
spumaria.
lateralis Germ. Mg. 9.
exclamationis.
— Zett. var. g. spumaria.
leucocephala Zett. var f.
spumaria.
leucophthalma Zett. var. d.
: spumaria.
lineata Cic. L. fn. 888.   * 1
Cerc. Fall. act. hem. 6.
Cerc. abbreviata F. E. S.
41 - S. R. 47 - Pz. 103. 9.
Aphr. abbr. Grm. Mg. 10.
Cerc. F. S. R. 96. 42 -
— E. S. 52. 24. var. i. Zet.
spumaria.
maculata Cerc. Zett. var.
d.   spumaria.
marginella Grm. Mg. 8.
Cerc. Zett. var. h. spum.
obscura Cerc. Zett. var. e.
spumaria.
oenotherae Grm. Mg. n. 5-
spumaria.

A. pallida Cerc. Zett. var. c.
       C spumaria.,
O spumaria L.   *
  O Cic. L. fn. 881.- Deg. 3.
    163. 1. t. 11. f. 1,- 21.
    et act. holm. 1741. p.
    221. t. 7 · Fall. act. 1805.
    p. 246. 4 - Zett. 2 - Fall.
    Hem. Su. 14. 5.
    — Grm. n. 1. Aphr. alni.
  O vittata F. Zett. var. k. excl.
  cit. Abr.   spumaria.

———

66. Ulopa Grm. Mg. IV. p.
    54. Fall.

O decussata Grm. 2.   * 3
O lugeus Grm. 3.   3
O obtecta Grm. 1.   * 1
  O Cerc. ericae Ahr. 3 24.
O scanica Fll. hem. v. Paropia
O trivia Grm. 4. Ahr. 4. 21. 3

———

O 67. Ledra F. etc.

O aurita F. S. R. 24. 1. -
    Grm. Mg. 4. 54. 1.   * 2
  O Membr. E. S. Cic. L.
    S. N. - Geoff. 422. 17.
    Schrb. 8. f. 1. 2. - Schff.
    96. 3. - Pz. 50. 18.- Sulz.
    t. 9. f. 7.

———

O 68. Penthimia Grm. Mg.
    4. p. 46.
  O Cercopis F.

O atra Grm. 1.   * 2
  O Cerc. F. E. S. 12 - S.
    R. 27 - Coq. 1. 34. t. 8.
    f. 9.

Cicad. aethiops Pz. 61. 17.
  var. Cic. haemorrhoa Schr.
  Pz. 61. 16.
O sanguinicollis F. R. 29.
O thoracica Pz. 61. 18.

———

69. Tettigonia Grm. in
    Guerin.
Cicada autorum, reliquorum.

———

viridis L. - Grm. Mg. 25. *
  Cic. L. fn. 895 - S. N.
  46 - F. E. S. 43' - S.
  R. 65 · Pz. 32. 9 - Fall.
  act. - hem. 4 - Zett. 5.
Tettigonias reliquas Ger-
  mari Mg. v. Euacanthus
      et Typhlocyba.
Fabricii   v. Cicada.

———

70. Euacanthus. Grm. in
    Guerin.
O Tettigonia Grm. Mg.
O Cicada L - F - Fll. - Z.

O acuminata   * 2
  Tett. Grm. 27 - Pz. 111. 9.
  Cic. F. R. 68 - E. S. 40.
  — interstincta Fll. act.
  h. 6.
interruptus   *
  Cic. L. S. N. 35 .- fn.
  889 - F. E. S. 38 - S.
  R. 67 - Pz. 32. 8 - Z. 6.
  Geoff. 1. 419. 9.
moestus Z. Cic. 7. Lapp. 5

———

71. Typhlocyba Grm. in
    Guerin.
Tettigonia Grm. Mg.
Cicada F - Fll - Z.

———

aurata Cic. L. fn. 899 - Fll.

act. p. 39 -- h. 40 - F.
E. S. 80 - S. R. 80.
C. picta F. E. S. 67 - S.
R. 75.
Tett. Grm. Mg. 29 - Pz.
112. 23.
Cic. nigropunctata Schr.
En. 499.   * 1
aureola Cic. Fll. 22.
Typhl. chlorophana Pz.
124. 9.   * 2
blandula Cic. Rossi fn.1263.-
Fll. act. p. 42 - h. 56.
Typhl. quercus Pz.124.7.*4
chlorophana Pz. aureola.
citrinella P. 124. 7. Cic.
Z. 36.   * 1
concinna Pz. 124. 10. b. * 3
Tett. Grm. fn. 14. 12.
decempunctata P. 124. 5.
Cic. Fll. act. p. 41 - h.
42 - Z. 41.   2
Typhl. elegantula P.124 5.
discicollis P. 124. 8.   3
elegantula Zett. -Pz. 124.3.
Cic. Zett. 536. 35.   3
Cic. albostriella Fall.Hem.
54. 49.
flavescens F. Fall. Cic.
Grm. Tett.   v. rosae.
geometrica Schr.   3
Cic. Schr. fn.
Tett. Grm. Mg. n. 31.
lineatella Fall.   3
Cic. Fall. act. p. 36. -
Hem. 54. 50 - Zett. 539.
40.
pulchella Cic. Fall. act. p.
36 - Hem. 55. 51 - Zett.
540. 42.   3
Typhl. tenerrima Pz. 124.
10. a.
— Pz. 124.6.   v. tenella.
pusilla Rossi Tettig. Grm.
Mg. 30.   3
quercus Cic. F. E. S. 4.

47. 88 - S. R. 79. 89.-
Fall. act. p. 42 - Hem.
56. 54.   3
— Pz.   v. blandula.
rosae L - Pz. 124. 1.   *
Cic. L. fn. 902 - Deg. 3.
193. 9 - Zett. 538. 39.
— flavescens F. E. S.
4. 46. 85 - S. R. 79. 85.-
Fall. act. p. 35 - Hem.
53. 48.
sexpunctata Cic. Fall. Hem.
51. 43.   3
smaragdula Fall. Pz. 124.
8. annot.   * 2
Cic. Fall. act. p. 37 - Hem.
53. 46 - Zett. 535. 33.
tenella Cic. Fall. act. p. 43.-
Hem. 52. 44.   * 2
Typhl. pulchella Pz. 124. 6.
tenerrima Pz. v. pulchella.
tiliae Geoff.   3
Cic. Geoff. 1. 426. 24. -
Fall. act. p. 42 - Hem.
57. 55.
ulmi L.   3
Cic. L. fn. 900 - Deg.
189. 8. t. 12. f. 12. 19.-
F. E. S. 4. 45. 81 - S.
R. 78. 81 - Fall. act. p.
38 - Hem. 49. 39.
urticae F. - Pz. 124. 4. * 1
Cic. F. S. R. 77. 76 - Fal.
act. p.40 - Hem. 50. 41.-
Zett. 537. 37.
virescens Fall.   2
Cic. Fall. act. p. 33 - Hem.
52. 45 - F. S. 4. 46. 84?
S. R. 79. 84?
viridula Fall.   2
Cic. Fall. act. 47. Hem.
53 47.
vittata L.   * 1
Cic. L. fn. 893 - Fall act.
p. 39 - Hem. 56. 53 - Zet.
538. 38.

72. Bythoscopus Germ. in Guerin.
Cicada L . F. Jass. F - Germ. Fall. Z.

assimilis Jass. Grm. fn. 17. 15. (cit falso Cic. assim. Fall.) div. videtur a virescente. 2
cereus Jass. Grm. fn. 17. 14. vix. div. a nitidulo. 2
crenatus Jass. Grm. fn. 17. 10. * 3
diadema Jass. F. S. R. 14.- Cic. E. S. 74. * 2
frenatus Jass. Grm. Mg. 16. 2
fruticola Jass. Fall. act.- Hem. 5. (citat? diadema at falso.) Z. 4. * 1
var. α. bipustulatus F. S. R. 18. Cic. E. S. 79.
var. β. triangularis F. S. R. 19. Cic. E. S. 82.
— γ. flavicollis Cic. L. 891 - S. N. 33 - F. E. S. 42 - Jass. S. R. 64.- Ahr. fn. 3. 23.
— δ. rosae Cic. F. E. S. 77 - Jass. S. R. 16.
— ε. tiliae Grm. fn. 14. 14.
Gyllenhalii Jass. Fall. Hem., 3
lanio Jass. F. S. R. 4 - Grm. Mg. 1-Fall. act.-Hem. 1. * 1
Cic. F. E. S. 50 - L. fn. 892 - Pz. 32. 10 et 4. 23.
Jass. brunneus. F. S. R. 87. 10 - Grm. Mg. 3. -
Cic. E. S. 68.
larvatus m. 3
lituratus Jass. Fall. act. Hem 2 - Zett. 2. *2
Jass. varius Grm. fn. 16. 18.
marginatus m. * 3
nanus m. * 3

nassatus Jass. Grm. fn. 17. 13. * 2
nigritula Jass. Zett. 5. 3
nitidulus Cic. F. S. R. 88.- E. S. 87. * 2
? Jass. cereus Grm. fn. 17. 14.
notatus Jass. F. S. R. 82. (exaltatus in indice in notatum mutatus). 3
poecilus m. 3
populi Jass. Fall. act.- Hem. 3 -. Zett. 1. * 2
Cic. biguttata F. E. S. 70.- Jass. S. R. 11. - Grm. Mg. 9.
Cic. populi L. fn. 890. - S. N. 32.
Cic. fulgida F. E. S. 4. 44. 73 - Jass. S. R. 13.
Cic. coryli L. fn. 901. mas.
prasinus Jass. Grm. Mg. 2. *2
Cic. F. E. S. 46 - S. R. 70.
puncticeps Jass. Grm. fn. 17. 12. cf. Byth. venosus., 2
reticulatus J. Pz. 126. 4., * 4
Oscurra Grm. Jass. Grm. fn. 17. 11.
tremulae Jass. Zett., 3. -
Cic. Estlund act., holm. 1796. p. 129. t. 5. f. 3. Oscurra? 3
varius Flata. F. S. R. 49.- Cic. E S. 65 - Jass. Grm. Mg. 4 fn. 16. 18. * 3
venosus Cic. Fall. act. Hem. Zett. 6. * 2
Jass. Grm. Mg. 18.- fn. 5. 20.
? Jass. puncticeps Grm. fn. 17. 12.
virescens Cic. F. E. S. 34.- S. R. 84 - Jass. Grm 45. *2
var? gramineus F. S. R. Cic. F. E. sppl. 521 et S. 71.

O 73. Jassus F. Germ.
O Cicada L - F - Z - Fall.

—

O. abdominalis Grm. Mg. 29.-
   fn. 17. 19 - P. 125. 4: * 1
  O Cic. Fall. act. hem. 10. -
   Zett. 8.
O. abietinus * 2
  O Cic. Fall. act. hem. 28.
  O var. Cic. biguttata Fall.
   act. hem. 26 - Z. 19.
  O var. torneella Z. 21
O albiger Germ. Mg. 22. fn.
  17. 17. O v. serratulae.
O alpinus Cic. Zett. Cic. 30.
   Lapp. 4
O : argentatus Cic. F. E. S.
  47 - S. R. 72 - P. 126. 5. 3
  interstitialis Grm. Mg. 27.
  fn. 17. 20.
O : assimilis Cic. Fall. act. hem.
  16 * 2
O — Germ. fn. 17. 15.
   C v. Byth.
O atomarius F. E. S. 45 -
  Grm. Mg. 8 - fn. 16.
  16. P. 130. 6. * 1
O Cic. nervosa Fall. hem. 23.
O attenuatus Grm. Mg. 31. -
  Pz. fn. 130. 9. * 1
C bicolor F. E. S.
  O J. abdominalis.
O biguttatus F. S. R. Grm.
  O Byth. populi.
O bipustulatus F. S. R - Grm.
  c Byth. frutetorum.
O brunneus F. S. Grm.
  O Byth. lanio.
o cephalotes P. 125. 6. * 2
C cereus Grm. fn.
  O Byth. nitidulus.
O confinis Cic. Zett. 18. Lapp. 3
C conspersus P. v. Selenoc.
O costatus Grm. Acuceph. rust.
O costalis Cic. Fall. hem. 12. * 2

O crenatus Grm. fn. O Byth.
O cruentatus Cic. Pz. 16.15.-
  Zett. 20 - Fall. act.
  Hem. 27.   3
C diadema F. E. S. O Byth.
O fenestratus P. 122. 5.   4
O festivus F. S. R. O Typhl.
O flavicollis Grm. Mg. fn.
  O Byth. fruticola.
O flavipennis Cic. Zett. 15.
   Lapp. 3
O flavovarius P. 129. 9. *. 2
O frenatus Grm. Mg. Byth.
O fruticola Fall. Z. Byth.
O fulgidus F. R. Grm. Byth.
O graminens Grm. Byth.
O grisescens Z. 25 - P. 124.
  14. * 2
Gyllenhalii Fall. Hem. Byth.
O histronicus F - Grm. Mg.
  25 - Pz. 122. 3. *. 2
O Cerc. F. S. R. 62 - E. S. 44.
O Cic. Fall. act. hem. 8.
O interstitialis Grm. Mg. fn.
  v. J. argentat. 3
O anio F. S. R. - Grm. Mg.
  Fall. v. Byth.
O lineatus F. S. R. 9. zieht
  Z u. Fall. zu J. reticulat.
  — Grm. Mg. 17 - fn. 5. 19. -
  P. 124. 13. * 2
O lituratus Fall. act. hem.
   Byth.
O maculatus F. S. R. 17.
  ? Jass. plebejus.
O mixtus F. S. R. - Grm. Mg.
  O fn. v. J. reticulat.
O nassatus Grm. fn. Byth.
O nasutus m. Norimb. 6
O nigritulus Zett. Byth.
O notatus F. S. R. et 2 (in-
  dex) Byth.
O obliquus Grm. Mg.
  O Acuceph. albifrons foem.
O obsoletus Grm. Mg.
   Selenocephalus.

ocellaris Cic. Fall. act -hem.
13- Zett. 11 - P. 129. 11. *
Cerc. reticulata F. R. 64.-
E. S. 46.
ocellatus Sc. Grm. Mg. 20.-
fn. 17. 18 - Cic. Scop.
343. J. ocellaris.
pallens Cic. Z. 9 -P. 125. 5. * 2
pascuellus Cic. Fall. hem.
11. * 1
C. punctipes Z. 14.
pectoralis Grm. Mg.
J. subfusculus.
plebejus Cic. Fall. act. -hem.
19 - Z. 24 - P. 130. 7. * 2
C. erythrophthalma Schr.
populi Fall. act. hem. Byth.
prasinus Grm. Mg. Byth.
prasinus Cic. Fall. act. hem.
25. * 2
procerus m. P. 129. 10. 3
proteus P. 125. 8. * 2
pulicaris Cic. Fall. act. -
hem. 15 - Zett. 12 - P.
127. 4. * 1
punctatus Cic. Fall. act.-
hem. 52 - Zett. 34 - P.
122. 6. * 2
puncticeps Grm. fn.
Byth. venosus.
puncticollis m. P. 126. 7. * 2
punctifrons Grm. Mg. P.
122 1. Jass. ventralis.
— Pz. 126. 6- Fll. h. 29. * 1
quadrinotatus Cic. Pz. 103.
7 - F. E. S. 71 - S. R.
77 - P. 122. 4. c. * 2
quadripunctatus Fall. Grm.
fn. 14. 15. 2
Cic. Fall. act. - hem. 34.
quadriverrucatus F. R. 12.
Cic. F. E. S. 72. 2
reticulatus Cic. Fall. act.-
hem. 24 - Thunb. - Z.
16 - P. 130. 11. * 2
Cic. mixta F. S. R. 7. -

Jass. Grm. Mg. 7. fn.
16. 17.
— Pz. 126. 4. v. Byth.
rivularis Grm. Mg. 26. 3
rosae F. S. R. Byth. fruticola
rostratus P. 122. 2. 6
russeola Cic. Fall. hem.
14. * 2
scurra Grm. fn. Byth.
septemnotatus Cic. Fall.
act. - hem. 38 - Z. 31. 3
serratulae F. Grm. Mg. 20. * 2
Cic. E. S. 63.
J. albiger Grm. Mg. 22.-
fn. 17. 17.
- notatus Fall. - Grm. fn.
14. 13 - P. 122. 4. d. * 1
Cic. Fall. act - hem. 36.
6 punctata Cic. Fall. hem. 43. 3
simplex P. 126. 7. * 2
sordidus Cic. Zett. 26 - P.
130. 12. * 2
C. plebejae var. γ. Fall.
splendidulus Cic. F. S. R.
83 - Fall. act. -hem. 30.-
P. 126. 8.
Cic. nitidula F. E. S. 83. 3
stigma Grm. Mg.
Byth. populi.
striatus Cic. L. fn. 887. -
S. N. 30 - Fall. act.-
hem. 17 - Z. 13 - (F.
E. S. 51 - S. R. 74. cf.
subfusculus.) P. 130. 10. *
— Grm. Mg. Acuc. rust.
striatulus Cic. Fall. act.-hem
33 - Z. 28 - P. 130. 8. * 2
strigatus Grm. striatus.
strigipes Cic. Z. 29. * 2
P. 122. 4. a. b. g - i.
striola Fall. - Grm. fn. 15
15 - P. 122. 4. f. * 1
Cic. Fall. act. - hem. 32.
subfusculus Fall. - Grm.
fn. 16. 19 -P. 130. 4. * 1

Cic. Fall. act. - hem. 31-
Z 22.

J. pectoralis Grm. Mg. 30.
subrusticus Grm. fn. :
    v. Acuc. albifrons.
sulphurellus Cic. Z. 32. * 2
tenuis Grm. Mg. 32.   2
tiliae Grm. fn. Byth. frut.
torneellus Cic. Zett.
      cf. J. abietinus.
transversus Cic. Hem. 20. * 2
C. grisescens Z. 25.
tremulae Zett.   Byth.
triangularis F. S. R. - Grm.
  Mg.   Byth. frutic.
trifasciatus Grm. Mg.
      v. Acuc. bifasc.
ulmi Cic. fn. L 900 - S. N.
  49 - Fall. act. - hem. 39.-
  F. E. S. 81 - S. R. 81-
  Deg. 3. 189. 8. t. 12. f.
  12 - Geoff. 1. 427. 27. 2
undatus Cic. Fall. act. -
  hem. 7 - Deg. 3. 183. 5.
  t. 11. f. 24 - Grm. fn.
       J. undat. 2
varius Grm. Mg. fn. 16.
  18. Text.   Byth.
— Grm. fn. 16. 18. icon.
    Byth. lituratus.
variatus Cic. Fall. act. -
  hem. 37.   3
venosus Grm. Mg. fn.
      Byth.
ventralis Cic. Fall. act. -
  hem. 9.
J. punctifrons Grm. Mg.
  28 - P. 122. 1.   3
virescens F. - Grm. Mg.
      Byth.
vitreus F - Grm. Mg.
      Byth.
vittatus Grm. fn.
      J. undatus.

———

74. **Selenocephalus** Grm.
   in Guerin.
  Cicada Fll.
Jassus Grm. Reise.

—

: agrestis Cic. Fall. act. -
  hem. 18 - P. 124. 12. * 4
- obsoletus Grm.   4
  Jass. Grm. Reise pg. 231.
  Mg.

———

75. **Acucephalus** Germ. in
   Guerin.
  Cicada L - Fall - Z.
Cercopis F. Jass. Grm.

—

albifrons L. - Pz. 125. 2.
  foem. bifasciatus falso * 2
Cic. L. fn. 881 - S. N.
  27 - Fall. Hem. 2
Cic. dispar Zett. 4.
Mas: Cic. affinis Fall.
  act.
  Foem : Cerc. subrustica
  Grm. fn. 17. 16.
Jass. obliquus Grm. Mg.
bifasciatus L. - Pz. 125. 1.
  mas. 125. 3. foem. Ac.
  dispar falso.   * 2
Cic. L. fn. 898 - S. N.
  10 - Fall. act - Hem. 3.-
  Zett. 3.
Cic. trifasciata Deg. 3.
  186. 6. t. 11. f. 25.
Cerc. — F. E. S. 4. 56.
  42 - S. R 58.
rusticus F. - Pz. 124. 15.
  mas.   *
Cercop. F. E. S. 33 - S.
  R. 51.
Cic. Fall. act. Hem. 1.-
  Zett. 1.

8 *

· 🐝 Cerc. costata Pz. 61. 14.·
foem.
Cerc. striata F. E. S. 23.-
S. R. 40.
— variegata F. E. S. 37.-
— striatella F. E. S. 43.-
S. R. 59.
— transversa F. sppl. 23.
24 - S. R. 41.
Cic. nervosa Schr. En.
Jass. striatus Grm. Mg. 24.
— costatus Grm. Mg. 36.
spurius Cic. Z. 2.   3
Cic. bifasciaſae var. spur.
Fll. act.

76. Eupelix Grm. Fall.
Cicada F.
—
cuspidata Grm. Mg. 4. 94.
1 - Fall. hem.   * 3
Cic. F. R. 76. 86. Fall.
act. - Abr. 4. 22.
—
77. Paropia Grm. in Guerin.
Coelidia Grm. Mg. Ulopa Fll.
—
scanica Fall. Pz. 126. 1. * 2
Ulopa scan. Fall. hem. 1.
Coelidia scutata Grm. Mg.
5 - fn. 11. 21.

Erklärungen zur Synopsis.

L: Linne. fn: dessen fauna suecica. S. N. dessen Systema naturae ed.
xiij. — Gmel. die Ausgabe von Gmelin,
F: Fabricius. E. S. dessen Entomologia systematica. S. R. dessen Sys-
tema Ryngotorum.
Fll. oder Fall: Fallen. act. dessen Arbeiten in den Actis Holm. — Cim.
oder Mon. oder m. dessen Monographia Cimicum. — Hem. oder h.
dessen Hemiptera Sueciae Lund. 1819,
Z. oder Zett: Zetterstedt fauna insectorum lapponica 1828.
P. oder Pz: Panzer Deutschlands Insecten Heft. I - 135.
W. oder Wolff: dessen Abbildungen der Wanzen, 5 Hefte
H. oder Hahn: dessen wanzenartige Insecten, bis jetzt 11 Hefte; wenn eine
römische Zahl dabei ist, dessen icones ad monographiam Cimicum.
Ein Heft.
Grm: Germar. Mg. dessen Magazin für Entomologie. — Arch. dessen Ar-
beit über Cicaden in Thons Archiv. — fn. dessen (früher Ahrens)
fauna. — Guer. dessen Aufsatz über Cicaden in Guerins Magasin
d'Entomologie.
Ltr: Latreille genera crust. et insectorum. 4 Bände.
Lap: Laporte uber Eintheilung der Wanzen in Guerins Magasin..
Schill: Schilling Beiträge zur Entomologie.
Schummel ebendaselbst.
Geoff: Geoffroy. — Deg: Degeer Abhandlungen. — Schff: Schaeffer icones. — El: dessen Elementa. — Schr: Schrank. — En. dessen Enu
meratio insectorum Austriae. — fn: dessen fauna boica. — Scop: Scopoli Entomologia carniolica.
Bei den Hemipteris führen die zur Gattung gehörigen Arten vorne
ein Zeichen; einen Doppelpunct, wenn ich die Art besitze, aber nicht mittheilen kann, einen Punct wenn ich sie abgeben kann, einen Querstrich,
wenn ich sie wünsche. Alle Namen denen eines dieser Zeichen fehlt, sind
nur Synonyma, und ist die Stelle wohin sie gehören mit oder ohne v.
(vide) am Ende der Zeile angegeben; cf. (confer) zeigt an, dass ich dies
Synonym nicht mit voller Gewissheit zur bezeichneten Art ziehe. Das
Sternchen vor der Preiszahl bedeutet das Vorkommen bei Regensburg; wo
sonst kein Vaterland angegeben ist, ist Deutschland verstanden.

Nomenclator entomologicus.

Verzeichniss

der

europäischen Insecten;

zur

Erleichterung des Tauschverkehrs

mit Preisen versehen.

Von

Dr. Herrich-Schäffer,

K. B. Kreis- und Stadtgerichtsarzt zu Regensburg.

Zweites Heft.

Coleoptera, Orthoptera, Dermatoptera und Hymenoptera.

Mit 8 lithographirten Tafeln.

Regensburg.

Bei Friedrich Pustet.

1840.

Vorrede.

Später, als bei Herausgabe des ersten Heftes meine Absicht war, folgt dieses zweite, umfangreichere. Der Druck des Käferverzeichnisses hatte gleich nach dem Erscheinen jenes ersten Heftes begonnen und war bald bis zur pag. 32 vorgeschritten, als unvorgesehene Hindernisse den weiteren Fortgang aufhielten, so dass ich noch vor Kurzem unschlüssig war, ob ich das Ganze beenden solle oder nicht; zumal als seit jener Zeit in der Käferkunde Fortschritte geschehen sind, welche vorliegendes Verzeichniss weniger zeitgemäss erscheinen lassen. Aufmunterung von einigen mir beachtenswerthen Seiten bestimmten mich zum ersteren und so lasse ich denn das nur als einen Auszug der europäischen (und sibirischen) Arten aus Dejean's Catalog von 1833 anzusehende Verzeichniss der Käfer zugleich mit der synoptischen Bearbeitung der *Orthopteren*, *Dermatopteren* und *Hymenopteren* erscheinen. Es fehlen darin drei der schwierigsten Familien, die *Staphliniden*, *Xylophagen* und *Curculioniden*, weil damals weder Erichson's Käfer der Mark Brandenburg und *Genera et Species Staphylinorum*, noch Ratzeburg's Forstinsekten, noch Schönherrs *Curculionen* erschienen waren. Diese drei Familien hoffe ich im nächsten Hefte in vollständigerer Ausarbeitung nachzuliefern. Aber auch für die anderen Familien haben sich seit der Zeit reichhaltige Nachträge angesammelt, so wie meine Sammlung selbst durch den Ankauf der des verstorbenen Grafen Jenison sich bedeutend bereichert hat und ich jezt weit mehr als mit dem Punkt (.) bezeichnete Arten mittheilen kann; der Doppelpunkt (:) bedeutet, dass ich die Art besitze, ohne sie mittheilen zu können; der Strich (-) dass sie mir fehlt; der Stern dass sie bei Regensburg —, die mangelnde Angabe eines Vaterlandes, dass sie in Deutschland vorkommt, die Zahl hinten den Tauschwerth in der Art dass

0 ½ ggr.	4 5 ggr.	7 1½ Thlr.
1 1 ggr.	5 12 ggr.	8 3 Thlr.
2 3 ggr.	6 1 preuss. Thlr.	9 6 Thlr.
3 4 ggr.		

bezeichnet.

Die anderen Zahlen, es mag Pz. oder P. dabei stehen oder nicht, ist das Citat aus den von mir bis jezt bis zum 172sten Hefte fortgesetzten Panzer'schen Insekten Deutschlands in der Art, dass die erste Zahl das Heft, die zweite (und einigemale noch mehre) das Blatt bezeichnen, unbekümmert um den in jenem Werk gegebenen Namen. Ich bitte desshalb vor dem Gebrauche des Verzeichnisses in Beziehung zu Panzers Abbildungen die Corrigenda zu beachten, in welchen einige der Panzer'schen Citata berichtiget sind. Auf diese Weise bildet dieser Nomenclator auch einen dem jetzigen Stand der Entomologie entsprechenden Index zu Panzers Fauna, vorläufig für *Coleoptera*, *Orthoptera*, *Dermatoptera*, *Hymenoptera*, *Hemiptera* und *Lepidoptera*.

Was die *Orthopteren* und *Dermatopteren* anbelangt, ist dort berührt; hier habe ich nur zu erwähnen, dass in der Synopsis der Gattung *Tetrix* nur die zwei Haupt-Arten angeführt sind, während in der Synonymie alle jene von Zetterstedt aus den unbedeutendsten Varietaeten gebildeten Arten aufgezählt werden.

Ueber die *Hymenoptera* habe ich mehr zu sagen. Diese reiche Klasse, von welcher über 3000 europäische Arten beschrieben sind, und ich allerwenigstens noch 500 bestimmt verschiedene neue Arten besitze, die Zahl der schon jezt von verschiedenen Sammlern zusammengebrachten Europäer gewiss schon Viertausende weit übersteigt, — diese Klasse halte ich vor allen anderen Insektenklassen für die geeignetste zum Studium für Anfänger. Diese Klasse ist es, in welcher mit Leichtigkeit die Gattung bestimmt werden kann, weil fast jede Gattung, durch scharfe, mit wenigen Worten auszudrückende oder mit einem einfachen Umriss darzustellende Merkmale zu umgrenzen ist. Die Flügeladern sind auch bei den kleinsten Arten mit einfacher Loupe zu erkennen, sie fordern keinerlei Zubereitung oder Zerstörung des Thieres, und sind fast bei allen Arten zu unterscheiden, ohne dass man nöthig hat, die Nadel an der das Insekt steckt, aus der Schachtel oder dem Schranke herauszunehmen. So lange ich von den Flügeln Gattungsmerkmale hernehmen konnte, habe ich sie desshalb allen anderen vorgezogen. Selbst Hartigs schöne Entdeckung von zwei und nur Einem Schenkelring benuzte ich nur aushilfsweise, weil ich sie nicht so leicht in der Ausführung fand, als sie nach den einfachen Worten scheinen möchte und ich bei manchen getrockneten Exemplaren von *Pteromalinen* und *Proctotrupien* nicht zu entscheiden wagte, ob zwei oder nur Ein Schenkelring vorhanden seyen.

Der Einwurf, welcher wegen Mangel der Flügel bei manchen Gattungen und bei dem einen Geschlechte mehrerer gemacht werden kann, scheint mir gegen die Brauchbarkeit der Sache selbst nicht erheblich, und ich ziehe das sichere, so leicht und auf den ersten Blick sichtbare Merkmal, das mich unter 310-320 Gattungen etwa nur 20mal in Zweifel lässt, jenen von den Mundtheilen hergenommenen, complicirten Merkmalen vor, deren Untersuchung, zumal bei getrockneten Hymenopteren, höcht selten ohne Aufweichen, und auch dann noch fast nie ohne Abreissen des Kopfes geschehen kann. Selbst dem Einwurf, dass die Mundtheile mit dem Wesen des Insektes in genauerem Zusammenhange stehen als die Flügel, lässt sich entgegnen,

dass das entwickelte Insekt viel mehr Bewegungs- als Fress-Thier ist, und
dass der Hauptzweck der lezten Lebensperiode Sorge für die Nachkommen-
schaft sei. Es möchten sich sogar hinsichtlich des Grades und der Art dieser Sorge einige den natürlichen Familien der *Hymonopteren* entsprechende
Unterschiede anführen lassen, welche wiederum der Entwicklung des Flü-
gelgeäders theilweise entsprechen. Je unbestimmter im allgemeinen diese
Sorge nun ist, desto grössere Entwicklung und Mannigfaltigkeit finden wir
im Flügelgeäder; je specieller auf eine bestimmte Lebensweise der Larve sie
sich bezieht, desto einfacher und einförmiger ist es, und zwingt uns dann,
andere Merkmale zu Hilfe zu nehmen. Von dieser Seite betrachtet geben
die *Hymenopteren* vier scharf geschiedene Gruppen :

1) Wo die Sorge sich auf Aufsuchung der geeigneten Pflanze
zum Eyerlegen beschränkt, da haben die Flügel das entschiedenste
Uebergewicht; sie sind es, welche bei den Blatt- und Holzwespen so
scharfe und sichere Gattungen bilden lassen, während die Mundtheile
keine auffallende Unterschiede darbieten.

2) Bei den *Ichneumoniden* und *Pteromaliden*, wo es sich um Aufsuchen
des geeigneten Thieres zum Eyerlegen handelt, reichen die
Adern schon weniger aus; so mannigfaltig dieselben sind, so stehen
sie doch nicht in so genauem Einklang mit der übrigen Körperbildung,
um auf sie allein Gattungen gründen zu dürfen. Zwischen Nr. 1 und
2 dürften die Gallwespen stehen.

3) Herbeischaffung der geeigneten (animalischen) Nahrung für die auskriechende Larve (*Fossores*). Hier sind die Mandibeln stark entwickelt, weil sie mit zum Fangen und Tödten der Beute
gehören; eben so auch die Beine; doch geben die Flügel wieder schär-
fere Merkmale als bei den *Ichneumoniden*.

4) Erbauen von Nestern, Füttern der Brut mit zubereite-
ter vegetabilischer Nahrung, selbst Ansammeln von Vorrä-
then; Wespen, Ameisen, Bienen. —

Hier reichen die Flügel am wenigsten aus, und die Mundtheile, welche
nicht mehr nur allein den Anfang des Darmkanals darstellen, son-
dern auch als Organe der Kunsttriebe zur Auswahl, zum Einsammeln
und Verarbeiten der Nahrungs- und Wohnungs-Stoffe für die Brut
betrachtet werden müssen, laufen hier den Flügeln den Rang ab.
Dessenungeachtet habe ich an den Flügeln auch dieser Familie scharfe, wiewohl meistens feine Trennungsmerkmale für die meisten Gat.
tungen aufgefunden.

Bei den *Tenthrediniden*, *Siriciden*, den *Ichneumonidis adscitis*, *Formiciden*, *Mutilliden*, *Sphegiden* (*Fossores Van der Linden*), *Cyniphiden*,
Evaniden und *Dryiniden* reicht das Flügelgeäder vollkommen zur Unter-
scheidung der bisher angenommenen Gattungen und zur Absonderung noch
mancher schönen Gruppen hin; auch die meisten Gattungen der *Pteromaliden* (mit *Codriden Nees*) und *Apiden* lassen sich dadurch begrenzen; von
lezteren stimmen nur die ohnehin äusserst nah verwandten Gattungen *Melecta, Crocisa, Epeolus*, dann *Osmia, Megachile, Coelioxys, Heriades, Chelostoma, Rhophites, Panurgus* und *Eucera* sehr überein; weniger zureichend

und bei offenbar weit, verschiedenen Gattungen oft fast ganz gleich sind die Adern bei den *Ichneumonidis veris*. Bei den *Vespiden, Chrysididen* stimmen die im Geäder gleichen Gattungen auch im Aeussern sehr überein.

Ich gebe hier zuerst eine Uebersicht der Familien. Alle aufgeführten scheinen mir scharf abgeschlossen, und auch durch einfache Merkmale bezeichnet. Bei den *Tenthrediniden* und *Siriciden* habe ich mich ganz an H a r t i g s vortreffliche Arbeit gehalten , und alle seine Gattungen (die mindestens schöne Gruppen darstellen) beibehalten. — Die *Ichneumonidae verae* und *adscitae* dürften nach meiner Ansicht zwei eigne Familien bilden, sie sind durch die Adern schärfer geschieden als z. B. die *Mutilliden, Sphegiden*, *Vespiden* und *Apiden* unter einand. Bei den *Ichneumonidis veris* habe ich die von G r a v e n h o r s t angeführte Gattungen beibehalten, obgleich ich für manche keine scharfen Grenzen finden konnte, am wenigsten an den Flügeln, und eine grosse Zahl der G r a v e n h o r s t i schen Merkmale nur auf einem, mehr oder minder beruhen, wie denn schon seine Hauptabtheilungen nach comprimirtem und deprimirtem oder convexem, nach gestieltem oder nicht gestieltem Hinterleib durchaus nicht scharf bezeichnend sind. Viel strenger sind bei den *Ichn. adscitis* die Gattungen von N e e s gesondert. Bei den *Formiciden* stellen sich nach dem Geäder mehr Gruppen als bisher angenommen worden heraus, bei den *Apiden* weniger; bei diesen tritt auch noch der Uebelstand ein, dass die *Andreneten* und *Apiarien* Ltr. unter einander gemengt werden. Bei der speciellen Angabe der Gattungen im nächsten Heft werden hier die Mundtheile genauer gewürdigt werden. Mit den *Vespiden* lasse ich die *Masariden* vereinigt, denen *Ceramius* näher steht, als ersteren; nur auf die gewichtigsten Autoritäten hin kann ich es glauben, dass diese Gattung nicht gefaltete Vorderflügel haben soll. — Die Wespengattungen mit 3 Geschlechtern sind auch durch den Aderverlauf von den übrigen zu unterscheiden, welche unter sich in demselben ganz übereinstimmen. — Zu den *Mutilliden* ziehe ich *Myzine* und *Tengyra*, wegen der flügellosen Weiber; sollte diess nicht gut geheissen werden, so möchte ich lieber die *Mutillen* ganz mit meinen *Sphegiden* verbinden. — Leztere umfassen V a n d e r L i n d e n s sämmtliche *Fossores*, deren von Lezterem und L a t r e i l l e angeführte Familien gewiss nicht gleichen Rang wie die bisher erwähnten einnehmen können, und deren Unterscheidungsmerkmale mir sehr difficil und unsicher scheinen. —

Da ich nach dem Geäder, mit Zuziehung der Augen und der Form der Hinterleibsbasis alle Gattungen scharf unterscheide, aber keine so sichere Merkmale für jede einzelne der Latreill'schen Familien finden komte, so habe ich diese nicht weiter berücksichtigt, und es stehen seine *Larraten*, *Crabroniten, Bembeciden* und *Sphegimae* unter einander. Aus der grossen Anzahl der mir bekannten *Cynips* - Arten möchten nach dem Geäder wohl gute Gattungen gesondert werden können. (H a r t i g 's Arbeit in Germar's Zeitschrift kommt mir eben jezt erst zu Gesicht). — Die *Evaniden* stellen vier höchst verschiedene Formen dar; bei den *Chrysididen* möchte die Zahl der Gattungen schon den höchsten Grad erreicht haben. — Die *Dryiniden* nach H a r t i g mit den *Sphegiden* zu verbinden, nehme ich noch Anstand und würde sie, wenn sie keine eigene Familie bleiben sollen, lieber mit den

Pteromaliden vereinen. — Wenn von lezteren die *Codriden* getrennt werden sollen, so müssen auch noch andere Gruppen von ihnen weggenommen werden, namentlich jene mit deutlichem Stigma: z. B. *Ceraphron* u. *Calliceras.*

Mehreren mir neu scheinenden Gattungen habe ich noch keinen Namen gegeben, weil ich hoffe bis zum Druck der *Synopsis specierum* hierüber noch Aufklärungen und Belehrungen zu erhalten. Dieser wird übrigens bald beginnen und mit der Ergänzung der Käfer das dritte Heft reichlich ausfüllen.

In der Synonymie bezeichnet gesperrte Schrift eine anerkannte Art, gewöhnliche Schrift dazu gehörige Synonyme, cursive Schrift eine von irgend einem Autor in die abgehandelte Gattung gezogene Art, deren richtige Stelle durch ein v. (vide) oder wenn Ungewissheit obwaltet, durch ein cf. (confer.) angegeben wird. Eben so sind auch die nicht beibehaltenen Gattungsnamen cursiv gesetzt. Bei den *Ichneum. ver.* sind jene Arten, welche Grav. ohne sie zu kennen anführte, eingeschlossen. Bei den *Ichneumoniden, Pteromaliden, Codriden* und *Dryiniden* sind die Synonyme weggelassen, indem diese Familien doch nicht ohne die Werke von Gravenhorst und Nees untersucht werden können. Die *Ichneum. ver.* habe ich nach Gravenhorst's Hauptgattungen gegeben und jeder Art den Anfangsbuchstaben ihrer Untergattung vorgesetzt; wo dieser Buchstabe fehlt, gehört die Art zu der mit der Hauptgattung gleichnamigen Untergattung. Bei den *Tenthrediniden* habe ich Hartigs sämmtliche Gattungen beibehalten, die Synonymie aber unter der Hauptgattung *Tenthredo* zusammengestellt.

Für die Synonymie der *Hymenopteren* konnte Zetterstetts *ins. lappon.* Shukard *fossorial hymeropt.* und Lepeletier's *hist. nat. des Hym.* nicht mehr benuzt werden. — Am unliebsten aber vermisse ich Curtis *british Entom.* und Stephens *Illustrat.* — Diese beiden Werke würden mir im Tausche gegen eines oder einige der folgenden, completten und gut erhaltenen, welche ich übrigens auch käuflich ablasse, sehr angenehm seyn.

Panzer Deutschlands Insek., H. 1—172 complett mit Index und Revis.

Hahn wanzenart, Insek. und Arachniden, erstere von mir, leztere von Koch fortgesezt, pr. Heft 1 fl, 30 kr.

Koch Crustaceen, Myriap. und Arachn. Heft 1—30.

Sturm Deutschl. Insekt.

Hübners und Freyers sämmtliche Schmetterlingswerke. — Alle diese Werke so weit sie bis jezt erschienen sind; dann von ältern:

Scopoli Deliciae et annus; Schaeffers Abhandlungen 3 Bde.; Geoffroy; Voet in Original und Panzers Uebersetzung, Fuessly Archiv und Magazin; Pallas *icon. ins.* Erlang; Klug *Sirices* und viele andere.

Ausser den im ersten Hefte erklärten Abkürzungen sind hier noch zu bemerken:

fn. fr. — *faune francaise p. Lepeletier et Audinet Serville. Paris* 1821.

F. P. — *Fabricii Syst. Piezator.*.

Grm. Ztschr. — *Germar Zeitschrift f. Entom.*

Gr. — *Gravenhorst Ichneumonologia Europaea.*

Hart. oder *H.* — *Hartig* die Aderflügler.

Jur. — *Jurine nouvelle Methode de class. l. Hym.*

Kl. — *Klug* die Blattwespen (in d. Schrift. d. Berlin. Gesells. naturf. Frennde.)

Ltr. cons. — *Latreille considerations.*

— fourm. — *Latreille fourmis.*

Lep. oder *St. F.* — *Lepeletiers de Saint-Fargeau Monogr. Tenthredinetarum* 1823.

N. et Nees. Monographiae Hym. Ichneumonibus affinium.

P. et Pz. — *Panzer* Deutschlands Insekten, fortgesezt v. *Herrich-Schäffer* Heft 1—172.

Pz. Rev. — Revision d. Ins. faune Deutschlands.

Sp. et Spin. — *Spinola insecta Liguriae.*

Steph. — *Stephens Catal. of british. Ins.*

Van d. Lind. — *Van der Linden Observat. s. l. Hymen. d'Europe.*

Walck. — *Walckenaer faune parisienne.*

Z. et Zett. — *Zetterstedt Ins. Lapponiae ed II.*

COLEOPTERA.

Pentamera.

I. CARABICINI.

1. CICINDELA.

: coeruiea *Pall.* Sibir. 4
- concolor *D.* Candia 6
- ismenia *Buq.* Græc. 5
- maura Hisp. 3
- nigrita *D.* Corsic. 5
/ campestris 85. 3.   * 0
: var. *maroccana* Hisp. 3
- var. *affinis Boeb.*
   Russ. m. 4
- desertorum *Boeb.* id. 5
.. hybrida 85. 4.   * 2
- riparia *Meg.*   * 2
- transversalis *Ziegl.* 2
- maritima *D.* Gal. bor. 3
- sylvicola *Meg.*   * 0
: chloris *D.* Gal. m. 5
: tricolor *Adams.* Sibir. 6
- Sahlbergi *Fisch.* id. 6
- lateralis *Gebl.* id. 6
- var. *Pallasii. Fisch.* id. 6
: soluta *Meg.* 3
- sylvatica 85. 5.   * 1
- sinuata 2. 13.   3
- Sturmii *Mén.* Russ. m. 6
- trisignata *Ill.* Russ. m. 6
: lugdunensis *D.* Gal. or. 3
- strigata *D.* Russ. m. 6
: chiloleuca *Fisch.* id. 4
- Besseri *D.* id. 5
- volgensis *Bess.* id. 5
~ Goudotii *D.* Sard. 6
: circumdata *D.* Gal. m. 4
- dilacerata *Parr.* Græc. 6
- contorta *Stév.* Russ. m. 6
- ægyptiaca *Kl.* Sic. 4
- Fischeri *Ad.* Russ. m. 5
. littoralis Gal. m. 4

- var. *discors Meg.* Dalm. 4
- sardea *Dahl.* Sard. 6
. flexuosa 2. 12. Gal. m. 3
- circumflexa *Dahl.* Sic. 5
: distans *Fisch.* Russ. m. 5
: Zwickii *Fisch.* id. 4
- Stevenii *D* id. 6
- scalaris *Latr.* Gal. m. 3
/ germanica 6. 5.   * 1
: gracilis *Pall.* , Sib. 5

2. ODACANTHA.

. melanura 11. 1.   2

3. DRYPTA.

. emarginata 28. 5.   2
- cylindricollis Gal. m. 4
- lineola   Russ. m. 4

4. ZUPHIUM.

- olens   Gal. m. 4

5. POLISTICHUS.

: fasciolatus Gal. m. 3
- discoideus *Stév.*
   Russ. m. 5

6. CYMINDIS.

- cruciata *Fisch.*
   Russ. m. 5
- discoidea *D.* Hisp. 6
- lateralis *Fisch.* Russ. m. 6
- humeralis 30. 8.   * 1
- dorsalis *Fisch.* Russ. m. 5
- lineata *Schönh.* Gal. m. 4
- homagrica *Dft.*   * 2
- cingulata *Ziegl.* 3
- coadunata *D.* Gal. m. 4
- melanocephala *D.* Pyr. 4
- axillaris *Dft.* Gal. m. 2
: angularis *Gyll.* Suec. 3

: macularis *Mann.* Finl. 4
: ornata *Stév.* Russ m. 5
- rufipes *Gebl.* Sib. 5
- binotata *Fisch.* id. 5
: punctata *Bon.* Helv. 4
   basalis *Gyll.*
- pilosa *Gebl.* Sib. 5
: miliaris Gall. 4
- onychina *Hffg,* Hisp. 5
- Faminii *D.* Sic. 6

7. DEMETRIAS.

. imperialis *Meg.* 3
: unipunctatus *Creutz.* 3
/ atricapillus *L.* 30. 9. * 1
. elongatulus *Zenk.* * 1

8. DROMIUS.

- longiceps *D.* Volhyn. 3
- linearis *Oliv.*   * 1
: melanocephalus *D.* * 1
   pallidus *St.*
: sigma *Ross.* 2
- quadrisignatus *D.* 2
- bifasciatus *Perroud.* 3
: fasciatus Suec. 3
- quadrinotatus 73. 5. * 2
- quadrimaculat 75. 10. * 2
- fenestratus Suec. * 2
- agilis 75. 11.   * 1
- meridionalis *D.* Gal. m. 3
- marginellus Suec. 3
- scapularis *D.* Hisp. 4
: glabratus *Dft.*   * 2
: corticalis *Duf.* Gal. m. 3
: pallipes *Egl.*
: spilotus *Ziegl.* 2
   signatus *St.*
: punctatellus *Dft.* 2
   foveola *Gyll.*

: ferruginea *Bon.* Helv. 3
: brunnea *Dft.* Styr. 3
  ferrugina Str.
: atrata *D.* 3
- caucasica*Mén.*Russ.m.4
: angustata *D.* Helv. 4
: angusticollis *Bon.* id. 4
- intricata *Stév.* Russ m.5
- Marschallii *Stév.* id. 5

26. OMOPHRON. *Ltr.*

- limbatum 2. 7. 2
- variegatum *Oliv.* Hisp. 4

27. PELOPHILA. *D.*

- borealis 75. 8. 4

28. BLETHISA. *Bon.*

- multipunctata 11. 5. 2
- Eschsholtzii *Zoubk.*
    Russ. m. 4
- arctica *Gyll.* Lapp. 4

29. ELAPHRUS.

: uliginosus *2
. cupreus *Meg.* *2
  uliginosus Gyll.
- arcticus *Sehönh.*Lapp. 4
- lapponicus *Gyll.* id. 4
- riparius 20. 1. *2
: littoralis*Meg.* Hung. 3

30. NOTIOHPILUS. *Dum.*

- aquaticus 20. 3. *1
- biguttatus *1
  var. *semipunctatus.*
- quadripunctatus *D.* 3
- geminatus *D.* Hisp. m. 3

31. PANAGAEUS. *Ltr.*

- crux major 16. 1. *1
- quadripustulatus *Str.* 3
- trimaculatus *D.* 4

32. LORICERA. *Ltr.*

: pilicornis 11. 10. *2

33. CALLISTUS. *Bon.*

- lunatus 16. 5. *2

34. CHLAENIUS. *Bon.*

. velutinus *Dft.* 31. 7? 3
: festivus 3
: Borgiæ *Lef.* Sic. 5
- spoliatus 31. 6. 3
. agrorum *Oliv.* *2
- terminatus *D.* Russ.m.4
- extensus *Eschs.* Sib. 4
. vestitus 31. 5. *1
- flavipes *Mén.* Russ.m.4
- pailipes *Gebl.* 4

. Schrankii *Dft.* *1
. melanocornis *Ziegl.* *1
  nigricornis Dft.
: nigricornis *2
: tibialis *D.* Gal. m. *2
- nigripes *D.* Pyr. or. 4
- dives *Hffgg.* Hisp. 5
- holosericeus 11. 9. 3
: sulcicollis *Payk.* 5
: cælatus *Web.* 5
  quadrisulcatus Payk.
  sulcicollis Gyll.
- quadrisulcatus *Ill.* 5
: chrysocephalus *Ross.*
  30. 7. Gal. m. 4
: æneocephalus *D.*
    Russ. m. 5
. gracilis *Sol.* Græc. 5
- azureus *Str.* Hisp. m. 5
- cœruleus*Stév.* Russ.m.5
: Steveni *Schönh.* id. 5

35. EPOMIS. *Bon.*

: circumscriptus *Dft.*
    Gal. m. 5
- Dejeanii *Sol.* Græc. 5

36. DINODES. *Bon.*

: rufipes *Bon.* 3
- viridis *Mén.* Russ. m. 5
: Maillei *Sol.* Græc. 5

37. OODES. *Bon.*

. helopioides 30. 11. *1
  obtusus Str.
- hispanicus *D.* Hisp. 4

38. LICINUS. *Ltr.*

- agricola *Ol.* Gal. m. 2
. silphoides 92. 2. 2
. granulatus *D.* Hisp. 2
: siculus *D.* Sic. 4
: peltoides *Ill.* Lusit. 3
: æquatus *D.* Gal. m. 4
: cassideus 81. 8. *2
  depressus Str.
: depressus *Payk.* *3
  cossyphoides Dft.
: Hoffmanseggii 89. 5. 3
  nebrioides Str.
: oblongus *D.* Al. Gall. 4

39. BADISTER. *Clairv.*

: cephalotes *D.* 3
- bipustulatus 16. 3. *0
: lacertosus *Knoch.* 2
: peltatus *Pz.* 37. 20. 2
  chalybeus Str.
- humeralis *Bon.* 3
  sodalis Str.

40. OMPHREUS. *Parr.*

- morio *Parr.* Monten. 5

41. POGONUS. *Ziegl.*

: pallidipennis *D.* Gal. m. 3
: flavipennis *D.* Hisp. 4
- luridipennis *Germ.* 3
- fulvipennis *Str.* 4
: iridipennis *Nicol.* 3
: littoralis *Meg.* Gal. m. 3
: halophilus *Germ.* 3
- viridanus *D.* Hisp. 4
- gilvipes *D.* 3
: riparius *D.* Gal. m. 3
- orientalis *D.*Russ. m. 5
- meridionalis*D.*Gal. m.3
- punctulatus*D.*Russ.m. 5
- gracilis.*D.* Gal m. 4
- rufoæneus *Gebl.* Sib. 5
: testaceus *D.* Gal. m. 3
- filiformis *Ziegl.* Sard. 4

42. CARDIADERUS. *D.*

- chloroticus *Gebl.* Sib. 3
  luridus Str.

43. PATROBUS. *Meg.*

. rufipes 34. 2. *2
- septentrionis *Schönh.*,
    Lapp. 5
- depressus *Gebl.* Sib. 4
: rufipennis *Hffg.* Gal.m. 4

44. DOLICHUS. *Bon.*

. flavicornis *2

45. PRISTONYCHUS. *D.*

- terricola *Oliv.* 30. 3. *1
  subcyaneus Gyll. 30.18.
- punctatus *Meg.* Hung. 3
: cimmerius *Stév.*
    Russ. m. 4
- tauricus *D.* id. 4
- oblongus *D.* Gal. m. 4
- angustatus *D.* id. 4
- elongatus *D.* Croat. 4
- dalmatinus *D.* Dalm. 4
- cœruleus *Bon.* Ital. 4
- amethystinus *D.* id. 4
: janthinus *Dft.* 3
- alpinus *D.* Gal. m. 4
- chalybeus *D.* id. 4
- cyanipennis *Eschsch.*
    Russ. m. 5
- complanatus*D.* Gal.m.4
- caspicus*Mén.*Russ.m.5
: elegans *D.* 4
: venustus *Clairv.*
    Gal. m. 4

46. CALATHUS. Bon.
- giganteus *Parr.* Corf. 5
- ovalis *D.* Græc. 5
: latus *D.* Gal. m. 4
   angusticollis Str.
- græcus *D.* Græc. 5
. cisteloides *Ill.*11.12. * 0
   frigidus Str.
- glabricollis *Ullr.* Illyr. 3
- luctuosus *Hffg.* Lusit. 4
- rubripes *D.* Ital. 4
- montivagus *Dhl.* Sicil. 5
. fulvipes *Gyll.* * 1
   flavipes Dft.
. fuscus * 0
. limbatus *D.* * 2
   marginellus Str.
: metallicus *Dhl.* Hung. 4
. rotundicollis *D.* 3
- elongatus *D.* 3
. microcephalus *Ziegl.* * 2
. ochropterus *Ziegl.* * 3
. melanocephal *30.*19. * 0
- alpinus *D.* 3

47. TAPHRIA. Bon.
: vivalis *Ill.* 37. 19.
   108. 7. * 3

48. SPHODRUS. Clairv.
/ planus 11. 4. * 2
- gigas *Fisch.* Russ. m.
- laticollis *D.* Sib. 4
- Tilesii *Boeb.* id. 4
- parallelus *D.* id. 4
- longicollis *Stév,*
   Russ. m. 4

49. PLATYNUS. Bon.
- elongatus *Stév.* Russ. m 4
- complanatus *Bon.* Ped. 3
: depressus *Lass.* Helv. 3
/ scrobiculatus 109. 7. 2

50. ANCHOMENUS. Bon·
: longiventris *Eschsch.*
   Sib. 4
- Mannerheimii *Sahlb.*
   Finn. 4
. angusticollis 73. 9. 0
- cyaneus *D.* Pyr. 4
: memnonius *Knoch.* 3
   livens Gyll.
   bipunctatus Str.
. prasinus 16. 6. * 0
- melanocephalus *D.*
   Hisp.
. pallipes 73. 7. * 1
. oblongus 34. 3. * 1
. bicolor *Eschsch.* Sib. 4

51. AGONUM. Bon.
. marginatum *30.* 14. * 1

: impressum *Pz.* 37. 17. 2
: austriacum 6. 4. * 2
. modestum *Str.* * 1
. sexpunctatum *30.*13. * 0
: bifoveolatum *Sahlb.*
   108. 6. Lapp. 4
. parumpunct 92.14. * 0
: elongatum *D.* * 2
- latipenne *Eschsch.*
   Sib. 4
- triste *D.* Suec. 3
. viduum *Pz.* 37. 18. * 1
: læve *Ziegl.* 2
   versutum Gyll.
: lugens *Ziegl.* 2
: emarginatum *Gyll.* 2
- lugubre *Andersch?* 3
- sordidum *Parr.* Corf. 4
: angustatum *D.* Hung. 3
: nigrum *D.* 3
- Menetriesii *D.* Russ. m. 4
: subæneum *Ziegl.* 2
   subcyaneum Str.
: chalconatum *Mén.*
   Russ. m. 4
: pelidnum *Dft.* 3
- scitulum *D.*
: gracile *Str.* 2
: fuliginosum 108. 5. 2
: picipes *30.* 20. 2
: Thoreyi *Winth.* 2
: puellum *D.* 2
: quadripunctatum *Payk.*
   Suec. 3
- Bogemanni *Gyll.* id. 8

52. OLISTHOPUS. D.
: rotundatus 108, 4. * 3
- hispanicus *D.* Hisp. 4
: punctulatus *D.* Gal. m. 4
- fuscatus *D.* 4
- Sturmii *Dft.* 108. 9. 3

53. FERONIA. Latr.
   1. POECILUS.
. punctulata *30.* 10. * 2
. cuprea 75, 2. * 0
   affinis Str.
: cursoria *D.* Gal. m. 3
: dimidiata 39. 8. * 2
- crenulata *D.* Hung. 2
. viatica *Bon.* 3
. lepida * 1
- Gebleri *Eschsch.* Sib. 3
- gressoria *D.* Gal. m. 3
: striatopunctata *Dft.* 2
: infuscata *Hffg.* Gal. m. 3
: crenata *Hffg.* Lusit. 3
- lugubris *Stév.* Russ. m. 3
- nitida *D.* Hisp. 3
: puncticollis *D.* Gal. m. 3

- rugosa *Gebl.* Sib. 3
   2. ARGUTOR.
. vernalis *30.* 17. * 0
: rubripes *Hoffm.* Gal. m. 2
: negligens *Meg.* 2
   longicollis Str.
- inquieta *Meg.* 2
   inquinata Str.
- Sturmii *D.* 2
   negligens Str.
: erudita *Meg.* * 2
   intersticta Str.
: strenua *Pz.* 38. 6. 2
- pulla *Gyll.* 2
   diligens Str.
- pusilla *D.* Pyren. 2
- amoena *D.* id. 2
- pumilio *D.* id. 2
- lusitanica *D.* Lusit. 2
- depressa *D.* Gall. 2
. ruta *Meg.* 2
- hispanica *D.* Hisp. 2
- barbara *D.* Gal. m. 2
- spadicea *D.* Gal. or. 2
- subsinuata *D.* 2
: unctulata *Creutz.* 2
- apennina *Géné.* Ital. 2
- amaroides *D.* Pyren. 2
   attenuata Str. (amara)
- abaxoides *D.* id. 2
- striatocollis *D.* Croat. 2
   picipes Str.
   3 OMASEUS.
: cophosioides *Dahl.*
   Hung. 4
- pennata *D.* 3
. melanaria *Ill.* * 1
   var. *nigerrima Str.*
- Eschscholtzii *Gebl.*
   Sib. 4
. melas *Creutz.* * 2
. hungarica *D.* Hung. 4
- altaica *Gebl.* Sib. 4
. magus *Eschsch.* id. 4
- nigrita * 1
. anthracina *Ill.* 11.11 * 1
. gracilis *Str.* Gall. 3
. minor *D.* Suec. 3
   anthracina Gyll.
: elongata *Meg.* 3
: meridionalis *D.* Gal. m. 3
: aterrima *30.*12. Gall. 2
: nigerrima *D.* Hisp. 3
   4. STEROPUS.
: concinna *Str.* * 2
: madida 3
   humida Str.
: Hoffmanseggii *D.* Lusit. 4
: gagatina *D.* Hisp. 4
- Mannerheimii *D.* Russ. 4
. æthiops *Ill.* 37. 22. * 2

: rufitarsis *Parr.* Hung. 3
: Illigeri *Meg.* 89. 6.　2
＞ 5. PLATYSMA. ,
- variabilis *Mén.* Russ.m. 4
- picimana *Creutz.*　3
- graja *Bon.* ·· Ped. 4
- cognata *D.*.` ··Hung. 3
- extensa *Parr.* Corf. 4
- caucasica *Mén.* Russ-m. 4
- marginepunctata *D.* lt. 3
: edura *D.* ': id. 3
: maura *Dft.* , , 3
conformis Str., ,
plana .Str. : ,
- Tamsii *D.* Russ. m. 4
- Findelii *Dhl.*. ■ 3
- oblongopunct 73. 2. * 1
- angustata *Meg.*　3
. 6. COPHOSUS.
: magna *Meg.* Hung. 5
: cylindrica *Hrbt.* id. 4
: filiformis *Meg.* id. 5
- Duponchelii *D.* Græc. 6
7. PTEROSTICHUS.
- nigra 31. 1. * 1
- fasciatopunctata 67. 9. 2
- parumpunctata *D.* 3
- ambigua *D.* Cor. 4
- Honnoratii *D.* 3
- rufipes *D.* - Gal. m. 3
: femorata *B.* L. Gal.or. 3.
: Dufourii *D.* Pyren. 4
- truncata *Bon.* Alp.Gall 3
- obscura *Stév.* Russ. m. 4
: Panzeri *Meg.* 89. 8. 3
: Ziegleri *Dhl.* ' ' 3
- flavofemorata *Bon.*
, . Ped. 3
- pinguis *Bon.* id. 3
- cribrata *Bon.* id. 4
- Drescheri *Fisch.* Sib. 4
- rutilans *Bon.* Ped. 3
- Welensii *Dhl.* 4
- variolata *D.* 3
: fossulata *Schönh.* 3
: Klugii *Dhl.* Hung. 3
: Selmanni *Dft.* 3
: Prevostii *D.* 3
: Xatartii *D.* 4
- Jurinei *Pz.* 89. 7. 3
clairvillei Str.
: bicolor *Peilor.* 3
: externepunctata *Str.* 3
: multipunctata 3
- spinolæ *D.* 4
: Yvanii *D.* 3
: Muhlfeldii *Dhl.* 3
- metallica 11. 8. * 1
- transversalis *Dft.* 3
8. ABAX.
- striola * 1

: pyrenæa *D.* Pyren. 3
- exarata. *Bon.* Ped. 3
: oblonga *D.* Ital. 3
- parallelepipeda *Meg.* 3
- iata *Meg.* 3
- carinata 2
. ovalis *Meg.* 2
- parallela *Dft.* * 2
- Beckenhaupti *Dhl.* Sib. 4
- interrupta *Gebl.* Sib. 4
: Schuppelii *Dhl.* Hung. 3
9. PERCUS.
- corsica *Ltr.* Cors. 4
laevigata.Str.
- Genei *D.* Ital. 4
: Passerinii *D.* id. 4
- bilineata *D.* id. 4
- plicata *Dup.* Ins. Bal. 4
- stricta *D.* Græc. 4
- Ramburni *D.* Cors. 5
- loricata. *D.* id. 5
- Paykullii *Ross.* Ital. 4
- Dejeanii *Ziegl.* id. 4
- lacertosa *D.* Sic. 5
- sicula *D.* id. 5
- Oberleitneri *D.* Sard. 5
: stulta *Dufour.* Hisp. 4
: polita *D.* Lusit. 4
- navarica *Ltr.* Pyren. 4
10. MOLOPS.
- striolata 87. 5. 3
: robusta *Ziegl.* Hung. 3
- dalmatina. *D.* Dalm. 4
- alpestris *Meg.* Hung. 4
- elata 11. 2. * 1
- bucephala *Parr.* , 4
- longipennis *D.* 4
- terricola * 1
- caspica *Mén.* Russ. m. 4
- spinicollis *D.* 4
54. MYAS. *Ziegl.*
: chalybeus *Ziegl.* 4
55. CEPHALOTES *Bon.*
- vulgaris *Bon.* 83. 1. * 0
- politus *D.* Sic. 5
56. STOMIS. *Clairv.*
- pumicatus *Pz.* * 2
- rostratus *Dft.* 3
57. PELOR. *Bon.*
- rugosus *Mén.* Russ. m. 6
: blaptoides 96. 2. 4
58. ZABRUS. *Clairv.*
: femoratus *D.* Græc. 6
- gravis. *D.* Hisp. 4
- silphoides *Hffgg.* id. 4
- marginicollis *D.* id 4
- amaroides *D.* Ital. 4
: robustus *Z.* 4
: lentipes *Z.* 4

: curtus *Ltr.* Gall. 3
: inflatus *D.* Gal. m. oc 5
: obesus *Ltr.* Pyr. 4
- Fontenayi *Sol.* Græc. 5
: græcus *D.* id. 5
: incrassatus *Germ.*
Dalm. 5
- pinguis *Hffgg.* Lusit. 4
- Trinii *Fisch.* Russ. m. 5
- gibbosus *Mén.* 3
: Orsinii *Gén.* Ital. 5
; piger *D.* 4
: gibbus 83. 3. 1
: aurichalceus *Ad.*
Ross. m. 5

59. AMARA. *Bon.*
- eurynota *Kug.* 37. 23. 2
- obsoleta *Dft.* 2
montivaga Str.
- similata *Gyll.* 2
- saphyrea *Ziegl.* Hung. 3
- vulgaris 40. 1. * 0
trivialis Dft. 0
- spreta *Zimmerm.* 2
- plebeja *Gyll.* * 1
- communis 40. 2. * 0
ferrea Sturm.
: tricuspidata *Str.* 2
- curta *D.* Gall. 2
: familiaris *Dft.* * 0
var. *cursor Str.*
- perplexa *D.* Volbyn. 3
: tibialis *Pyk.* 2
- rufipes *L.* Gal. m. 2
- striatopunctata *D.* Gall. 2
- monticola *Zim.* Sabaud. 3
: Quénselii *Gyll.* Lapp. 3
- modesta *D.* 3
- biunnea *Gyll.* Suec. 3
- lapponica *Mann.* Lapp. 3
- rufocincta *Mann.* Finl. 3
- bifrons *Gyll.* 2
brunnea Str.
- sabulosa *D.* Gall. 3
: montana *D.* Pyr. 3
- affinis *D.* Hisp. 3
- glabrata *D.* Gall. 3
- granaria *D.* Suec. 3
infima Gyll.
- infima *Knoch.* 3
brevis Str.
- rotundata *D.* Hisp. 3
- brevis *D.* id. 3
- simplex *D.* id. 3
- eximia *D.* Gal. m. 3
- dalmatina *D.* Dalm. 3
- metallescens *Dhl.* Sard. 3
- complanata *D.* Dalm. 3
- fusca *Str.* Gal. m. 3
: ingenua *Creutz.* Gall. 2

lata' *Sturm.*
- rufoænea. *D.* ' Hisp. 3
- ruficornis *D.* Gal. m. 3
: consularis *Dft.* 2
  patricia Str.
- pastica *Zimm.* Russ.m.3
- patricia *Creutz.*' 3
  mancipium Str.
  equestris Str.'
- zabroides *D.* Gal. m. 3
- sicula *Dhl.* Sic. 3
: nobilis *Creutz.* 3
- cardui *D.* Helv. 3
- cordicollis *Mén.*
  Russ. m 3
- apricaria 40. 3. ' * 1
- crenata Gal. m. 3
- cuniculina *And.* Styr. 3
- alpicola *D.* id. 3
- fulva *Deg.* 39. 10. * 1
- aurichalcea *Gebl.* Sib. 4
- harpaloides *D.* id. 3
- Gebleri *D.* 3
- aulica *Ill.* 28. 3. * 1
  picea Str.
- convexiuscula *Marsh.*
  Angl. 3
- fodinæ *Eschsch.* Sib. 3
  torrida *Ill.* 38. 2. * 2
  alpina *Str.* 75. 7.
  alpina Suec. 3
- puncticollis *D.* Pyr. or. 3
- pyrenæa *D.* id. 3

60. MASOREUS. *Ziegl.*
- luxatus *Creutz.* 3
  laticollis Str. (Trechus)
  '*Weterhallii Gyll.* '

61. DAPTUS. *Fisch.*
: vittatus *Gebl.* Hisp. 3
, var. scaritoides *D.*
  Dalm. 4

62. ACINOPUS. *Ziegl.*-
: megacephalus *Ill.* 3
  sabulosos Str.
: ambiguus Sic. 5
: bucephalus Gal. m. 5
- giganteus , Hisp. 6
- ammophilus Russ. m. 6

63. SELENOPHORUS. *D.*
- scaritides *Ziegl.* 5

64. ANISODACTYLUS. *D.*
- heros Lusit. 4
- virens *D.* Gal. m. 3
- pseudoæneus *Stév.*
  Russ. m. 4
- signatus *Ill.* 38. 4. * 1

- intermedius *D.* Gal. m. 3
- binotatus 92. 3. * 1
- spurcaticornis *Ziegl.* *2
- gilvipes *Ziegl.* * 2

65. GYNANDROMOR-PHUS. *D.*
: etruscus *Schonh.* Ital. 3

66. HARPALUS. *Ltr.*
  OPHONUS.
: columbinus *Germ.*
  Gal. m. 2
- sabulicola *Pz.* 2
: monticola *D.* Gal. m.or. 3
: diffinis *D.* id. 3
- obscurus 30. 4. 2
: quadricollis *Dhl.* Sic. 3
- oblongiusculus *D.* Gall. 3
- ditomoides *D.* Gal. m. 3
: incisus *D.* 3
: punctatulus *Dft.* 2
: laticollis *Mannerh.* Sib. 3
- similis *Str.* 3
- chlorophanus 73. 3. * 1
: azureus *Ill.* 3
: cribricollis *Stév.*
  Russ. m. 3
: cordicollis *D.* id. 4
: subquadratus *D.* Gal.m.3
: meridionalis *D.* id. 3
: pumilio *D.* Sic. 4
- rotundatus *D.* Dalm. 3
: cordatus *Dft.* 3
  var. *denigratus Str.*
: subcordatus *D.* 3
  nigripennis Str.
- puncticollis *Payk.* 3
: brevicollis *D.* 3
- parallelus *D.* Hisp. 4
- complanatus *D.* 3
- convexicollis *Mén.*
  Russ. m. 4
: maculicornis *Meg.* 6
  interstitialis Str.
: signaticornis *Meg.* 3
- hirsutulus *Stév.*
  Russ. m. 4
  griseus Str.
- planicollis *Sanv.* Dalm. 3
- mendax *Ross.* Ital. 3
  Reichenbachii Str.
- germanus 16. 4. * 1
: obsoletus *D.* Gal. m.
- dorsalis *D.* Gall. 3
: chloroticus *D.* Sic. 4
- pallidus *D.* Hisp. 4
: ustulatus *Gebl.* Sib. 4
: pubescens *Payk.*
  Gal. bor. 3
- Stevenii *D.* Russ. m. 4

' Harpali iveri.
: hospes *Creutz.* Huug. 3
: Sturmii ? id. 3
  hospes Sturm.
- ruficornis 30. 2. * 0
- griseus *Pz.* 38. 1. * 2
- erosus *Gebl.* Sib. 3
- dispar *D.* Gal. m. 3
- semipunctatus *D.* Hisp. 3
- æneus 75. 3. 4. * 0
  confusus *D.* * 0
- oblitus *D.* Dalm. 2
- diversus *D.* id. 2
  distinguendus *Dft.* * 0
- patruelis *D.* Gal. m. 2
  Roserii Sturm.
- fastiditus *D.* Hisp. 3
- contemptus *D.* id. 3
- minutus *D.* id. 3
- lateralis *D.* id. 3
- cupreus *D.* Dalm. 3
- honestus. *Andrsch.* * 1
  ignavus Sturm.
  nitidus Sturm.
  Frolichii Sturm.
- impressipennis *D.* Hisp. 3
: sulphuripes *Kor.* 3
  chalybeipennis Sturm.
: consentaneus *D.* Gal.m.3
- pygmæus *D.* id. 3
  brunicornis Sturm.
- pumilus *D.* 3
  femoralis Sturm.
  tibialis Sturm.
- Goudotii *D.* Alp. 3
- neglectus *D.* 3
  piger Gyll.
- decipiens *D.* 3
- perplexus *D.* * 1
- saxicola *God.* Russ. m. 3
- siculus *D.* Sic. 3
- incertus *D.* Dalm. 3
- punctatostriatus *Ziegl.*
  Gal. m. 3
- calceatus *Creutz.* * 2
- ferrugineus 39. 9. 2
- hottentotta *Dft.* *2
: quadripunctatus *D.* Gal. 3
: limbatus *Dft.* * 1
: maxillosus *Stév.*
  Russ. m. 3
- luteicornis *Dft.* * 2
: satyrus *Knoch.* 3
: marginellus *Ziegl.* 3
: rubripes *Crentz.* * 2
  azurescens Gyll.
- sobrinus *D.* Pyr. or. 3
- salinus *Fisch.* Sib. 3
- zabroides *D.* Russ. 3
- brevicornis *Gebl.* Sib. 3
- hirtipes *Pz.* 38. 5. 3

. semiviolaceus *Brong.* * 1
corvus Dft.
depressus Dft.
melampus . Dft.
Schreibersii Dft.
crassipes Dft.
- hypocrita *D.* Hisp. 3
- optabilis *Fald.* Sib. 3
- lumbaris *Eschsch.* id. 3
: impiger *Meg.* 2
var. *inunctus Sturm.*
seriepunctatus Sturm.
: tenebrosus *D.* 2
- Solieri *D.* Gal. m. 3
: melancholicus *D.* 2
: litigiosus *D.* id. 2
: ineditus *D.* ' 2
- tardus *Gyll.* 37. 24. * 1
: *fulvitarsis Sturm.*
: segnis *D.* . 2
.- flavicornis *D.* 2
: modestus *D.* 2
: politus *Fald.* Sib. 3
: serripes *Dft.* 2
. taciturnus *D.* 2
: fuscipalpis *Ziegl.* 2
- subcylindricus *D.* Hisp. 3
- anxius *Dft.* 2
- servus *Creutz.* 2
complanatus Sturm.
: flavitarsis *Sturm.* 2
: picipennis *Meg.* 2
assimilis Sturm.
- brachypus *Stév.*
Russ. m. 3
- morio *Mén.* id. 3

67. STENOLOPHUS. *Meg*
- vaporariorum 16. 7. * 0
- discophorus *Fisch.*
Russ. 3
- elegans *D.* 2
- proximus *D.* Gal. m. 2
- vespertinus 108.8 -37.21*1
- marginatus *D.* Gal. m. 3

68. ACUPALPUS. *Ltr.*
- discicollis *D.* Russ. m. 3
- rufithorax *Mannerh.*
Finl. 3
- cognatus *Gyll.* Suec. 3
: placidus *Gyll.* id. 3
: consputus *Dft.* 2
ephippiger Gyll.
- ephippium *D.* Russ. m 3
- dorsalis . 2
var. *dorsiger Sturm.*
: suturalis *Ziegl.* Dalm. 2
- atratus *D.* 2
brunnipes Sturm.
- pallipes *D.* . Daim 2

- meridianus *L.* 75. 9. * 0
- nigriceps *D.* Gall. 2
- luridus *D.* 2
fuscipennis Sturm.
flavicollis Sturm.
- exiguus *D.* Sib. 3
- lusitanicus *D.* Lusit. 3
- distinctus *D.* Gal. m. 3
- rufulus *D.* id. 3
- harpalinus *D.* 2
: collaris *Payk.* 2
- similis *D.* 2
- metallescens *D.* 2

69. TRECHUS. *Clairv.*
: discus 38. 7. Hung. 2
: micros *Herbst.* 40. 4. 2
- littoralis *Ziegl.* 2
longicornis Sturm.
- paludosus *Gyll.* Suec. 3
- fulvus *D.* • 3
- ochreatus *D.* 2
- rubens 73. 6. . . * 1
nigriceps Sturm.
- austriacus *D.* 2
- rufulus *D.* 3
- rivularis *Gyll.* Suec. 3
- palpalis *Dft.* 2
- bannaticus *D.* Hung. 3
- pyrenæus *D.* Pyr. or. 3
- alpinus *D.* 2
: croaticus *D.* Croat. 3
- rotundatus *D.* 2
- limacodes *Ziegl.* 2
: secalis *Payk.* Suec. 3
- fulvescens *Leach.* Angl. 3

70. BEMBIDIUM. *Ltr.*
1. CILLENUM.
- Leachii *D.* Gal. bor. 3
2. BLEMUS.
: areolatum *Creutz.* 3
3. TACHYS.
- fulvicolle *D.* 3
: scutellare *D.* 2
substriatum Sturm.
- elongatulum *D.* Hisp. 3
- bistriatum *Meg.* 2
: rufescens *Hffg.* Gall. 2
: pumilio *Dft.* 2
quinquestriatum Gyll.
- silaceum *D.* 3
latipenne Sturm.
: nanum *Gyll* 2
quadristriatum Sturm.
: quadrisignatum *Creutz.* 2
: angustatum *D.* Gal. m. 3
- parvulum *D.* id. 3
- hæmorrhoidale *D.* 3
- globulum *D.* Hisp. 3
- pulicarium *D.* 3

4. NOTAPHUS. . .
. undulatum *Sturm.* 2
majus Gyll.
- ustulatum 40. 7. 2
- sibiricum *Eschsch.*
Sib. 3
: obliquum *Sturm.* 2
ustulatum Gyll.
: fugimatum *Creutz.* 2
- pallidipenne *D.* Gal. m. 3
: venustulum *Ziegl.* 2
metallicum Sturm.
: laticolle *Meg.*
5. * * *
. paludosum *Pz.* 20. 4. 2
: impressum 40. 8. 2
- foraminosum *Sturm.* 2
: orichalcicum *Dft.* 2
: foveolatum *D.* 2
6. * * *
: striatum 2
- ruficolle 38. 21. Suec. 3
: andreæ *Gyll.* 3
. bipunctatum 2
7. PERYPHUS.
- eques *Sturm.* Gal. or. 3
: tricolor 3
- scapulare *D.* Gal. m.
- conforme *D.* id. 3
. modestum * 2
- ustum *Schönh.* Russ. m.3
. lunatum *And.* * 1
- infuscatum *D.* Sib. 3
- bisignatum *Mén.*
Russ. m. 3
- rupestre 40. 6. * 1
. fluviatile *D.* 2
: cruciatum *D.* 2
signatum Sturm.
- hispanicum *D.* Hisp. 3
. femoratum *D.* 1
albosignatum Sturm.
: obsoletum *D.* 2
: saxatile *Gyll.* 3
: oblongum *D.* Gal. m. 3
- combustum *Még.* 3
: præstum *D.* 3
- deletum *D.* 3
- dentellum *Stév.*
Russ. m. 3
- Hastii *Sahl.* Lapp. 3
- Pfeiffii *Sahlb.* Suec. 3
- prasinum *Még.* id. 2
olivaceum Gyll.
- Felmanni *Mann.* Lapp. 3
- depressum *Mén.*
Russ. m. 3
: fasciolatum *Még.* 3
: cœruleum *D.* 2
: tibiale *Még.* 2
: decorum *Zenk.* 83. 4. 2

: siculum *D.* Sic. 3
: distinctum *D.* 2
. perplexum *D.* 2
: fuscicorne *D.* 2
  monticolum Sturm.
: brunnicorne *D.*
. rufipes *Gyll.* 2
  brunnipes Sturm.
- alpinum *D.* 3
- Sahlbergii *D.* Finl. 3
. brunnipes *Meg.* 2
- stomoides *D.* 2
  oblongum Sturm.
- crenatum *D.* 2
- Dahlii *D.* Sic. 3
: elongatum *D.* Gal. m. 3

8. LEJA.

: chalcopterum *Z.*38.11. 2
- ambiguum *D.* Hisp. 3
- nigricorne *Gyll.* Suec. 3
. celere 2
: pyrenæum *D.* Pyr. or. 3
. Sturmii *Panz.* 89. 9. 2
- maculatum *D.* Gal. m. 3
- rivulare *Sturm.* 2
- normannum *D.* Gall. 3
. pusillum *Gyll.* 2
  atratum Sturm.
: Kollari *D.* Buchov. 3
- Mannerheimii *Shlb.* 3
- pulchrum *Gyll.* 3
- lepidum *D.* 3
. doris *Ill.* 38.•9. 10. 2
: hypocrita *D.* Pyr. or. 3
: gratiosum *D.* Ital. 3
. Schüppelii *D.* 3
: assimile *Gyll.* 2
. obtusum *D.* 2
. guttula 2
. biguttatum * 2
  nigroaeneum Sturm.
- vulneratum *D.* 2
  biguttatum Sturm.

9. LOPHA.

quadriguttatum 40. 5.-
  38. 8. * 1
: laterale *D.* 2
: quadripustulatum 2
. quadrimaculatum *L.* * 1
. articulatum *Dft.*30.21* 2

10. TACHYPUS.

. picipes *Meg.* * 1
. pallipes *Meg.* * 2
. flavipes 20. 2. * 1

II. HYDROCAN-THARI.

1. DYTISCUS. *Linn.*

. latissimus 86. 1.2. * 2
. dimidiatus *Ill.* * 2
. circumscriptus *D.* * 3
  dubius Gyll.
. circumcinctus *Ahr.* 3
. marginalis 86. 3 4. * 1
: circumductus *Ziegl.* 2
  conformis Kunze.
- hispanicus *D.* Hisp. 4
- lapponicus *Gyll.* Lapp.5
- septentrionalis *Germ.* 5
- perplexus *D.* Gal. bor. 4
- circumflexus 3
  flavoscutellatus Ltr.
: punctulatus 110. 13.14. 2

2. TROCHALUS. *Eschs.*

. Rœselii * 2
  dispar Sturm.
- capensis Sic. 4

3. ACILIUS. *Leach.*

. sulcatus 31. 9. 10. * 1
- canaliculatus *Ill.*Hisp. 4
: dispar *Ziegl.* * 3
  canaliculatus Gyll.

4. NOGRUS. *Eschs.*

- griseus Gal. m. 4

5. GRAPHODERUS. *Esch.*

. bilineatus *Pk.* Gal.b.* 3
- cinereus 31.11. * 2
. zonatus 38. 3. —* 2
. austriacus *D.* 3
- verrucifer *Shlb.* Finl. 5

6. HYDATICUS. *Leach.*

. stagnalis 91.7. * 2
: strigatus *D.* Ital. 5
. transversalis 86. 6. * 2
. Hybneri * 2
- distinctus *D.* Gal. m. 4

7. SCUTOPTERUS. *Esch.*

: coriaceus *Hffg.* Gal.m. 4
- pustulatus *Rossi.* Ital. 5

8. CYMATOPTERUS. E.

. fuscus 86. 5. * 1
  striatus Oliv.
: striatus 3
- Bogemanni *Gyll.* 3
: dolabratus *Payk.* 3

9. LIOPTERUS. *Eschs.*

. oblongus *Ill.* * 1

---

10. AGABUS. *Leach.*

: serricornis *Payk.* 4

11. RANTUS. *Eschs.*

. suturalis *D.* * 1
  notatus Gyll.
. notatus * 1
  conspersus Gyll.
  pulverosus Knoch.
. agilis 90. 2. * 1
. adspersus 38. 18. * 1
  collaris Gyll.

12. COLYMBETES. *Clair.*

. niger *Ill* * 2
  Grapii Gyll.
. bipustulatus 101.2. * 1
  carbonarius Gyll.
  var. *chalconatus Gyll.*
: chalcouatus *Pz.*38.17. *2
- angustior *Gyll.* Lapp. 3
- biguttatus *Oliv.* 3
- guttatus *Payk.* 90. 1. 3
- vittiger *Gyll.* Lapp. 4
- aquilus *D.* Gal. m. 4
- confinis *Gyll.* Lapp. 4
- ater 38. 15. * 1
. quadriguttatus *D.* 2
. fenestratus 38. 16. * 1
: guttiger *Gyll.* Lapp. 3
. fuliginosus 38. 14. * 1
  lacustris Fabr.
- meridionalis *D.*Gal.m. 3
. bipunctatus 91. 6. * 1
- basalis *D.* Gal. m. 3
. maculatus, 14. 8. * 1
- abbreviatus 14. 1. * 2
: didymus *Oliv.* 2
: fuscipennis *Gyll.*Lapp.3
- convexus *D.* Gall. 3
: brunneus 3
. Sturmii *Schönh.* * 2
- nigricollis *Dhl.* Sic. 3
. paludosus * 3
. congener *Gyll.* * 3
: arcticus *Payk.* Lapp. 3
: uliginosus Suec. 3
- striolatus *Gyll.* Finl. 3
- Wasastjernæ *Shlb.*id. 3
: femoralis *Payk.* * 3
: affinis *Payk.* Suec. 3
- angustus *D.* Lapp. 3
  elongatus Gyll.

13. LACOPHILUS. *Leach.*

. minutus 26. 3. 5. *.0
: variegatus *Knoch.*G.m. 3

14. NOTERUS. *Ltr.*

. crassicornis 101.5. * 1
: capricornis *Herbst.* * 2

erassicornis Gyll.
lævis *D.*   Gal. m. 3

15. HYGROBIA. *Ltr.*
: Hermanni .10L. 1. 3

16. HALIPLUS *Ltr.*
': elevatus *Pz.* 14. 9 * 2
: obliquus 14.6. * 1
,. ferrugineus .*Linn.* '* 1
., variegatus *D.* 3
'. impressus 14.7.10. '.* 1
var. *marginepunctatus*
  Sturm.
,: histriolatus *Dft.* * 2
lineatocollis Gyll.
: cæsus *Dft.* * 2
:.'rotundatus *Dhl.* Gal.m.2

17. HYDROPORUS. *Ltr.*
: duodecimpustulatus 2
'- depressus 24. 5. *3
- luctuosus *D.* 'Gal. m. 3
- marginicollis *D.* 3
': alpinus *Payk.* Lapp. 3
- bidentatus *Gyll.* id. 3
: canaliculatus *Ill.* 3
': areolatus *Ill.* * 1
: striolatus *D.* Anglia? 3
- carinatus *D.* 'Hisp. 3
- opatrinus *Ill.* Gal. m. 3
': fluviatilis *Leach.* * 2
rotundatus Knoch.
-- hyperboreus*Gyll.*Lapp.4
- assimilis *Payk.* id.' 3
- nigrofineatus *Stev.* 3
parallelogrammus Ahr.
: griseostriatus *Gyll.* 3
- distinctus *D.* 3
. lineellus *Gyll.* * 2
/ picipes 14. 3. * 0
Marklini *Gyll.* Suec. 3
. dorsalis 14. 2. * 1
. sexpustulatus14.4. -* 1
- obsoletus *D.* Hisp. 3
: neglectus *D.* * 2
- incertus *D.* Gall. 3
- lapponum *Gyll.* Lapp.'3
. erythrocephalus
  101. 3. * 1
- rufifrons *Gyll.* -Snec. 2
.. planus * 1
melanocephalus Gyll.
pubescens Gyll.
- deplanatus *Gyll.* Suec.3
. morio '*D.* * 2
. nigrita * 2
. tristis *Payk.* * 1
var. *striola Gyll.*
. umbrosus *Gyll.*
scapularis Sturm.

. granularis * 1.
. flavipes *Oliv.* * 1
: varius *D.* Gal. m. 3
. pictus 26. 1. * 1
- fasciatus *Dhl.* Ital. 3
. geminus 26. 2. * 1
: cristatus *D.* 2
: pumilus *D.* 3
. unistriatus*Gyll.*99.2.*2
- minutissimus *D.* 2
. lineatus 101. 4. * 1
. lepidus *Schönh.*Gal.m. 3
. confluens 14. 5. * 1
. reticulatus 26. 4. * 1
.. inæqualis * 1
- cuspidatus *Germ.* 2
: decoratus *Gyll.* 2
- bicolor *Dhl.* Sard. 3

18. HYPHIDRUS. *Ltr.*
. ovatus *Linn.* 91.5. * 1
: variegatus *Ill.* Gal. m. 3

19. GYRINUS. *Linn.*
: striatus 2
: lineatus *Hffg.* 2
. natator 3. 5. * 1
var. *mergus Ahr.*
. marinus *Gyll.* * 1
- dorsalis *Gyll.* 3
- minutus 101. 6. * 1
: bicolor *Payk.* Suec. 2
- angustatus *Dhl.* 3
- elongatus *Dhl.* 3

20. ORECTOCHILUS. *E.*
. villosus 101. 7. 2

III.
BRACHELYTRA.
vid. fasc. III.

IV. STERNOXI.
1. JULODIS. *Eschsch.*
- variolaris Rus. m. 7
. onopordinis Græc. 5
- fidelissima *Hffg.* Hisp. 7
2. ACMAEODERA. *Esch.*
- pulchra Hisp. m.6
: octodecimguttata*Hrbst.*
    Hung. 4
. tæniata 90. 6. 3
'- pedemontana *D.* Ped. 5
- hirsutula '*D.* Hisp. 5
- pilosellæ *Bon.* Gal. m. 5

- sexpustulata *D.* id. 5
- variegata *D.* id. 5
- hispidula *D.* Hisp. 5
- cylindrica id. 5
- villosula *D.* id. 5
- vestita *D.* Gal. m. 5

3. CAPNODIS. *Eschsch.*
- cariosa Ital. 4
. tenebrionis Gal.m.3
. tenebricosa id. 3

4. DICEREA. *Eschsch.*
- pisana *Rossi.* Ital. 3
: mœsta Aust. 5
. ænea *Linné.* Gal. m. 4
- berolinensis 68. 16. * 4
- acuminata68.20. Suec.5

5. CHALCOPHORA. *Serv.*
. mariana 101.9., * 1
- Fabricii *Rossi.* Ital. 5

6. PEROTIS. *Meg.*
. lugubris 1. 21. 4

7. ANCYLOCHEIRA. *Esc.*
- cupressi *D.* Dalm. 5
. rustica 90. 7. *3
. punctata Gall. *3
. flavomaculata 22.9. * 4
. octoguttata * 2

8. EURYTHYREA. *Serv.*
- austriaca 68. 19. 3
: micans Gall. m.4

9. LAMPRA. *Meg.*
. conspersa *Gyll.* * 3
. rutilans 22. 8. * 2
- decipiens *D.* Rus. 5
: festiva Gal. m. 4

10. CYPHONOTA. *D.*
- sibirica Sib. 5

11. PTOSIMA. *Serv.*
. novemmaculata
  68. 17. Gal. m. 4

12. PHAENOPS. *Meg.*
. decostigma 29. 18. 19. 4
- Gebleri *D.* Sib. 5
: appendiculata 68. 12. 4
- tarda *Ent. sys.* 68. 21. 3

13. CHRYSOBOTHRIS.
  Eschscholtz.
: chrysostigma 68. 18. 3
. affinis * 2
- consentanea*D.*Gal. m.4

14. ANTHAXIA. Eschsch.
: cyanicornis 29. 22. , 3
: auricolor Hrbst.101.10.4
. manca 22. 10. , 3
: candens 1. 9. 4
. salicis 12. !!!.!.*2
. nitida Rossi. , 2
: hypomelæna Ill. Hisp. 3
- nitidicollis D. id. 3
: signaticollis D.Russ.m.3
. læta 101. 14. * 1
. nitidula 101. 13, * 1
- cyanipennis D. Dalm. 3
- viminalis Ziegl. Gal.m.3
: cichorii Oliv. *.2
var. millefolii
? inculta Germ. , 2
- lucidiceps D. Russ. m. 3
- cyanescens D. Hisp. 4
- bannatica D. Hung. 3
: funerula Ill. , 3
- confusa D. 3
- umbellatarum 3
: sepulcralis , 3
. quadripunctata , * 1
: morio? 3

15. SPHENOPTERA. D.
- glabrata Mén.Russ.m.4
- arnacanthæ God. id. 4
- Dejeanii Zoub.Russ.m.6
: litigiosa D. 6
- ardua. Duf. Hisp. 6
- dianthi Stév. Russ. m.6
- gemellata D. 6
- antiqua Ill. 4
- geminata Ill. Gal. m. 4
- pumila D. Hisp. 5
- metallica Hung. 5

16. AGRILUS. Meg.,
: bifasciatus Oliv. Gal.m.4
. undatas 29. 21. * 3
: rubi 29. 20. 3
. elatus 35. 13. * 3
: amethystinus Oliv.
Gal. m. 3
- episcopalis D. Dalm. 3
- æneicollis D. Gal. m. 3
- cylindraceus D. id. 3
- Guerinii D. 3
. biguttatus 90. 8. * 2
- mendax D. Russ. bor. 3
: sexguttatus Herbst.
Gall. 3
. sinuatus Oliv. 3
- cinctus Oliv. 3
- albogularis Friv.Hung.3
- binotatus D. Ital. 3
. viridis 101. 11. * 1
. cyaneus Oliv. * 1

. angustulus Ill. 66. 8. * 1
. linearis 101. 12. * 1
: derasofasciatus Ziegl. 2
: hyperici Creutz.67.18.*1
. sulcicollis D. * 1
olivaceus Gyll.
- laticornis Ill. Gal. m. 3
- filum Schönh. Hung. 3
- tauricus D. Russ. m. 4

17. TRACHYS.
. minuta 95. 8. * 1
. pygmæa * 2
: nana 95. 9. Suec. 3
: ænea D. 3

18. APHANISTICUS. Ltr.
: emarginatus 3
: pusillus Oliv. 3

19. MELASIS.
- flabellicornis 3 9 3
: Lepaigei D. Gal. or. 5

20. CEROPHYTUM. Ltr.
: elateroides Ltr. 3

21. PHYLLOCERUS. D.
- flavipennis D. Dalm. 4

22. DRAPETES. Meg.
: equestris 31. 21. 2

23. EUCNEMIS. Ahr.
: capucinus Ahr. 3

24. MICRORHAGUS. Eschscholtz.
- pygmæus 3
- Sahlbergii Mann. Finl. 4

25. HYPOCAELUS. Esch.
- buprestoides Ross. Ital. 4
- filum 3

26. NEMATODES. Ltr.
- procerulus Mann. 3
- flavescens D. 3

27. XYLOECUS. Serv.
- alni 4

28. DIMA. Ziegl.
: elateroides Ziegl. 4
- dalmatina D. Dalm. 5

29. SYNAPTUS. Esch.
- filiformis Gall. 4

30. CRATONYCHUS. D.
. obscurus * 1

. brunnipes Ziegl. * 2
- fusciceps Stév.Russ.m.3
- aquilus D. Dalm. 3
- Menetriesii D. Rus. m. 4
- cinerascens D.Gal. n.3
. niger 101. 16. 104 * 1

31. AGRYPNUS. Eschch.
: atomarius 76. 1. 3
: fasciatus 76. 2. 5. 3
: conspersus Gyll. 3
- lepidopterus Gyll.76. 4. 4
: varius 76. 3. 3
: murinus * 0
. crenicollis Men R. m. 4

32. ALAUS. Eschsch.
: Parreyssii Stév. Rus.m.5

33. ATHOUS. Eschsch.
. rufus 10. 11. * 3
- angusticollis Meg. 3
- rhombeus. Oliv. 2
: undulatus Payk. 3. 4. 3
trifasciatus Gyll.
- bifasciatus Gyll. Lapp. 3
- Puzosii D. Pyr. 4
tenebricosus D.Gal.m.3
- Dejeanii Yvan. id. 3
- tauricus D. Russ. m. 4
- coarctatus D. Gal. m. 4
- scrutator Herbst. Suec.3
testaceus Payk.
. hirtus Herbst. * 0
- ater D. Gal. or. 3
- vestitus D. Pyr. 3
- cervinus D. Gal. or. 2
: procerus Ill. Hisp. 3
- parallelus D. Gal. m. 3
- longicollis 93. 12. * 0
- difformis Ziegl. Gall. 2
- hæmorrhoidalis * 2
: leucophæus D. 2
- inunctus Pz. 2
- crassicollis D. 2
- vittatus 98. 6. * 1
- subfuscus Gyll. * 0

34. CAMPYLUS. Fisch.
: denticollis Ficsh. 8.10.*3
: linearis 8. 11. * 1
- mesomelas 7. 6. * 2
- borealis Payk. Lapp. 3

35. LIMONIUS. Esch.
- cœrulescens D. 3
- russus D. Hisp. 3
- cylindricus Payk. * 1
. nigripes. Gyll. * 1
. mus Ill. 61. 7. * 2
: serraticornis Payk. 2
. minutus * 1
- minusculus D. 2

. lythrodes * 1
. Bructeri 34. 13. * 2
. bipustulatus 76. 10.* 2
. nigritarsis Stév.
           Russ. m. 3

36. AEOLUS. Eschsch.
: crucifer Rossi. 76. 7. 3

37. CARDIOPOHORUS.
   Eschscholtz.
. thoracicus 6. 12. * 2
: ruficollis 2
. corsicus D. Cors 3
. siculus D. Sic. 3
: discicollis Herbt. 2
. sardeus D. Sard. 3
- submaculatus D.Gal.m.3
- ornatus D. id. 3
: biguttatus id. 3
  sexpunctatus Ill.Hisp. 3
: bipunctatus Ital. 3
. bisignatus D. Hisp. 3
: testaceus * 1
. Equiseti Herbst. * 2
: advena 2
. luridipes D, 2
- serricornis Ziegl. 2
. rufipes 93. 14. * 1
- albipes Meg. 2
- exaratus D. 2
- bivittatus D. Sic. 3

38. AMPEDUS. Meg.
. sanguineus 5. 13. * 1
. ephippium 5. 14. * 2
. praeustus 93. 8. * 3
- ferrugatus Ziegl. 2
. crocatus Ziegl. * 2
- ochropterus D.Russ.m.3
: elongatulus * 2
- balteatus 93. 9. * 2
- austriacus Ziegl. 2
- tristis 2
: sanguinicollis Pz. 6.3.3
- sinuatus Ziegl. 3
- auritus Herbst. Finl. 3
- Megerlei D. Gal. or. 3
- foveicollis D. 2
- aethiops Froehl. 2
- morio Ziegl. 2
- nigerrimus D. 2
- nigrinus Gyll. 2
- anthracinus D. 2
- nigellus D. 2
- tibialis Meg. 2

: 39. CRYPTOHYPNUS.
   Eschscholtz.
: riparius 34. 12. 2
- rivularis Gyll. Lapp. 3
- hyperboreus Gyll. id. 3

; pulchellus 76. 8. * 2
- troglodytes D. Gal. m.3
: quadripustulatus 2
- minimus D Gal. m. 3
- Höpfneri D. 3
: quadrum Gyll. 2
- exiguus D. Gal. m. 3
. minutissimus Peir. * 0

40. DRASTERIUS. Esch.
: bimaculatus 76. 9.
         Gal. m. 3
: caucasicus Gd.Russ.m.4
: Rossii Stév. id. 4

41. MACRODES. D.
- strictus D. Hisp. m. 4

42. STEATODERUS.
   Eschscholtz.
. ferrugineus 10. 10. * 4

43. LUDIUS. Latr.
- aulicus Pz. 77. 6. 3
: signatus Pz. 77. 5. 3
- cupreus 77. 2. * 1
- aeruginosus 77. 3. * 1
- pectinicornis 77. 1. * 1
- haematodes 77. 7. 8. * 2
- castaneus 77. 4. * 2
- Bœberi Eschsch. Sib. 3
- apicalis D. Pyr. 3
- tessellatus * 0
: assimilis Gyll. * 1
: cruciatus 76. 6. 2
- holosericeus ● * 0
- chrysocomus Dahl.
         Hung. 3
: sericeus Gebl. Sib. 3
. æneus * 0
: pyrenæus D. Pyrn. 3
: rugosus Meg. 3
. latus 93. 7. * 1
- melancholicus 93. 11.
         Lapp. 3
. impressus * 3
. metallicus Payk. * 2
. costalis Payk. Lapp. 3
- guttatus D. 3
- depressus Ziegl. 3
: sibiricus Gebt. Sib. 3
- affinis Payk. Snec. 3
: quercus Oliv. 2
: longulus Gyll. 2

44. AGRIOTES. Eschs.
. pilosus 93. 10. * 1
- fuscicollis Parr. Gal.m-3
- fulvescens D. Gal. or. 3
: gallicus D. * 2
- gilvellus Ziegl. 61.5. * 0

- rusticus D. 2
. segetis Gyll. 93.13. * 0
. variabilis * 0
. sputator 61. 6. * 0
: rufulus D. 77. 9? * 2

45. SERICOSOMUS. Serv.
. brunneus * 1
: fugax * 0

46. DOLOPIUS. Meg.
. marginatus * 0
. rufipennis D. Gal. m. 2

47. ECTINUS. Eschsh.
- theseus Germ. Dalm. 4
- aterrimus Linn.101.15. 2
. volhynensis Ziegl. 3
- subæneus Ziegl. 3

48. ADRASTUS. Meg.
. limbatus * 0
. umbrinus Germ. 2
- styriacus D. Gal. m. 2
- quadrimaculatus 2
  bisbimaculatus Schönh.
- terminatus Dahl. 2

———

V. MALACODER-
   MATA.
1. CEBRIO.
: gigas Gal. m. 3
: xanthomerus Hffy. 3
- morio Duf. Hisp. 4
- ustulatus D. id. 4
- testaceus D. id. 4
- siculus D. Sic. 4
- melanocephalus D. id.4

2. ATOPA.
. cervina * 1
. cinerea * 1

3. CYPHON.
. pallidus 8. 8. * 1
- limbatus D. 2
- flavicollis D. Gall. 2
. marginatus 24. 15. * 2
. lividus 8. 7. * 1
. griseus * 1
. pubescens * 0
. Padi Gyll. 99. 8. ♥ 1
- pusillus D. Dalm. 2
- nigricans D. id.
- testaceus D.

4. EUBRIA. Ziegl.
: palustris Ziegl. * 3

5. SCYRTES? *Latr.*
. hemisphæricus 96. 7. 1
: orbicularis *Pz.* 8. 6. 2

6. NYCTEUS. *Latr.*
: hæmorrhous *Ziegl.* * 3
- hispanicus *D.* Hisp. 4
- testaceus *D.* Lusit. 4

7. LYGISTOPTERUS. *D.*
. sanguincus 41. 9. * 0

8. DYCTYOPTERUS. *Ltr*
. aurora 41. 10. * 2
. rubens *Meg.* * 3
. affinis *Payk.* * 2
: minutus 41. 11. * 2
- maculicollis *D.* Hung. 3

9. OMALISUS. *Geoffr.*
- sanguinipennis *D.* Dal. 4
. suturalis 55. 12. * 1

10. LAMPYRIS. *Linn.*
. noctiluca 41. 7. * 2
: Zenkeri *Germ.* Dalm. 3
. splendidula 41. 8. * 1

11. GEOPYRIS. *D.*
- hemiptera 2

12. COLOPHOTIA. *D.*
: mehadiensis *Dahl.* Hung. 3
. italica Gal. m. 2
- pedemontana *Bon.* Ital. bor. 3
: illyrica *D.* 2

13. DRILUS. *Oliv.*
: flavescens 2
- fulvicollis *D.* Dalm. 4
. ater *D.* * 1
- fulvitarsis *Stév.* Rus.m.3

14. CTENIDION. *D.*
- thoracicum *D.* Sic. 4

15. PODABRUS. *Fisch.*
- alpinus *Payk.* Suec. 4

16. CANTHARIS. *Linn.*
-. oculata *Gebl.* Russ. 4
- illyrica *D.* Dalm. 3
. antica *Mak.* * 0
- hispanica *D.* Hisp. 3
. fusca * 0
- varipes *D.* Gal. m. 2
. dispar * 0
. pellucida * 2
- fuscipennis *D.* 2

: cyanipennis *Ziegl.* 3
- violacea *Payl.* Suec. 3
? collaris *D.* Russ. m. 3
: abdominalis 84. 5. 2
tristis 84. 6. 2
nigricans * 2
obscura * 1
: discicollis *Ziegl.* 2
: marginella *D.* Lusit. 2
- affinis *D.* Hisp. 3
. lateralis * 1
- thoracica *Gyll.* 2
; fulvicollis * 1
: flavilabris *Gyll.* Suec. 2
- ruficollis 2
? italica *D.* Ital. * 2
- læta 2
- vittigera *And.* 3
-- coronata *Schönh.* Hisp. 3
- Menetriesii *D.* Russ.m. 4
. livida * 1
: translucida *D.* 2
. rufa *Linn.* 2
. bicolor 39. 13.-57. 3. * 1
: vicina *D.* Russ. m. 3
- unicolor *Fald.* id. 2
- proxima *D.* id. 2
- binotata *D.* 2
- humeralis *Sturm.* 2
: fumigata *Ziegl.* 2
- præusta *D.* 2
. melanura 85. 6. * 0
- consentanea *D.* Ital. 2
- capitata *D.* 2
- pilosa *Payk.* Suec. 3
- alpestris *D.* 2
. fuscicornis *Oliv.* 39.12.*1
- styriaca *D.* 2
- marginipennis *D.* Russ. m. 3
: assimilis *Gyll.* Suec. 2
. nigricornis *Meg.* * 2
. liturata *Gyll.* * 2
: clypeata *Ill.* 57. 5. * 1
- sibirica *Fald.* Sibr. 3
- daurica *D.* id. 3
- intermedia *D.* 2
- nigrifrons *D.* Russ.m.3
. testacea 57. 4. * 1
- pallipes * 1
. pallida 85. 7. * 4
- sulcicollis *D.* Græc. 2
: femoralis *Ziegl.* 2
: pallidipennis *D.* * 2
: atrata *D.* Gal. or. 3
: opaca *D.* Lusit. 3
: elongata *Gyll.* 2
: atra 2
: paludosa *Gyll.* Suec. 2
: rufitibia *Oesk.* Hung. 2

17. SILIS. *Meg.*
. spinicollis *Meg.* * 3
- rubricollis *D.* 4
18. MALTHINUS. *Latr.*
. flavus *Latr.* * 1.
: fasciatus *Oliv.* * 2
- angusticollis *D.* Pyr.or.3
. biguttulus *Payk.* * 1
- longicornis *Oesk.* Hung. 3
. biguttatus * 1
: marginatus *Ltr.* 11.15.* 1
- rubricollis *D.* Gal. or. 3
. sanguinicollis *Schön.* * 1
- cephalotes *D.* Dalm. 2
- longiceps *D.* Gal. m. 2
- nigricollis *D.* 2
- marginicollis *D.* Dalm. 2
- discicollis *D.* Gal. m. 2
.: sulcifrons *D.* 2
: maurus *Ziegl.* 2
- atratus *D.* Pyr. or. 2
- pallipes *D.* 2
- longipennis *D.* * 1
- pusillus *Dft.* 2
. brevicollis *Payk.* * 1

19. MALACHIUS.
. rufus Gal. m. 2
. æneus 10 2. * 1
- rubidus *Ziegl.* 2
. bipustulatus 10. 3. * 1
: geniculatus *D.* 2
: spinipennis *Ziegl.* * 1
- atfinis *D.* Russ. m. 3
- spinosus *D.* Dalm. 3
- macrocephalus *D* Hisp. 3
: elegans *Oliv.* 2
. viridis * 1
var. *elegans Fabr.*
- dilaticornis *D.* Dalm. 3
- dentifrons *D.* Gal. m. 3
: cornutus *Gebl.* Sibr. 3
. marginellus * 2
- immaculatus *D.* Pyr.or.3
- unicolor *D.* id. 3
- gracilis *D.* Dalm. 3
- lepidus *D.* Gal. m. 3
abdominalis Ill. mas.
- rotundipennis *D.* Dalm. 3
- rufilabris *D.* Gal. m. 3
abdominalis Ill. foem.
- Ramburii *D.* Cors. 3
- siculus *D.* Sic. 3
- rufitarsis *D.* Gal. m. 3
. pulicarius 10. 4. * 1
. marginalis *Meg.* * 1
. rubricollis *Gyll.* * 1
- cyanipennis *D.* Hisp. 3
: lateralis *D.* 3
: sanguinolentus 2

- zusmesbausense Beck.3

13. OCHINA. Ziegl.
-sanguinicollis Ziegl. 2
: hederæ Germ. 2
: anobioides. D. 2

14. ANOBIUM:
. tessellatum 66..3. * 1
- vestitum D. Gal. m. 3
. striatum 66. 4. * 1
. denticolle Pz. 35. 8. * 2
. crenatum D. 2
: rufipes * 2
: fucatum D. * 1
- affine D. 2
: nitidum Gyll. 2
- pertinax 66.5. * 1
. cylindricum .D.
- castaneum 2
: oblongum Ziegl.
- variabile D.
: molle * 2
. abietis 66. 7. *
. abietinum Gyll. *
- filiforme Ilopf. 2
- villosum Bon. Gal. m. 2
. tomentosum D. id.
. paniceum 66 6. * 1
- pusillum Gyll. * 2

15. HEDOBIA. Ziegl.
: pubescens * 3

16. PTINUS. Linn.
. imperialis 5. 7. * 2
- regalis Ziegl. 3
. sexpunctatus Pz. 1.
20, * 1
. rufipes * 1
: ornatus Dahl. 2
- quadriguttatus D.
Gal. m. o 3
- lapidarius D. Croat. 3
- fascus D. 2
. fur 99. 4. * 0
- sulcicollis D. 2
- pygmæus D. Gal. or. 2
. crenatus * 1

17. GIBBIUM. Scop.
. scotias 5. 8. * 0
. attine Ullr. - 2

18. MASTIGUS. Hffg.
. palpalis Hffg. Lusit. 3

19. SCYDMAENUS. Ltr.
: Linnei D. 3
- Fabricii D. 3
- Olivieri D. Hisp. 4

: Hellwigii 23. 5. 3
: Godartii Latr. 3
- Schönherri D. 3
: Illigeri D. 3
hirticollis Ill.
: Panzeri D. 3
minutus Gyll.
- Megerlei Schüpp. 3
- Sahlbergii Mann. 4
: Geoffroyi D. 3
- Rossii D. Dalm. 3
- Reaumurii. D. Gal. m. 3

VII.
CLAVICORNIA.
1. NECROPHORUS.
: germanicus 41. 1. * 2
- morio Gbl. Sib. 4
. humator 41. 2. * 2
- stygius Dahl. Illyr. 3
: vespillo 2. 21. * 1
: cadaverinus D. 2
- basalis D. 2
: sepultor D. • * 2
.- interruptus D. Hisp. 3
. vestigator Ill. * 2
- corsicus D. Cors. 3
. mortuorum 41. 3. * 2

2. NECRODES. Wilk.
. littoralis * 2
. simplicipes D. 40.25. *2

3. SILPHA. Linn.
- thoracica 40. 16. -*0
- tuberculata D. Hisp. 4
: rugosa 5. 9. * 0
! lapponica Lapp. 3
: sibirica Eschsch. Sib. 4
- subsinuata D. 3
. sinuata * 1
: dispar Ill. 3
. opaca * 2
. quadripunctata 40. 18. 2
. reticulata 40. 17. * 1
. granulata Oliv. Gal. m. 3
- hispanica D. id. 4
. tristis Ill. 2
. carinata Ill. * 3
- perforata Gebl. Sib. 4
- orientalis D. Græc. 4
. obscura * 0
. nigrita Creutz. 2
: alpina Bon. 2
- montana Find. Hung. 3
- oblonga Dahl. id. 3
- cribrata Fald. Russ. m. 4
. iævigata * 2

. atrata 105. 1. * 0

4. NECROPHILUS. Ltr.
: subterraneus Ill. 4

5. SPHAERITES. Dft.
. glabratus 3

6. AGYRTES. Froehl.
: castaneus 3
- subniger D. 4
- glaber Pyk. Lapp. 4

7. SCAPHIDIUM.
. quadrimaculatum2.1.*1
: immaculatum 2
- limbatum Dahl. 3
. agaricinum 4. 2. -
12. 16. * 2

8. CATOPS.
: rufescens 2
- oblongus Ltr. 2
- ovatus D. 2
- major D. 3
- tristis Latr. 3
- morio 8. 1. 2
- tibialis D. 3
: fuscus Hffg. 2
- chrysomeloides Latr.
57. 1. 3
: agilis 94. 10. * 1
: truncatus 57. 2. 73.10. 2
- transversostriatus D. 3
- lnridus D. Hisp. 3
- flavescens D. 3
- minutus D. 3
- brevicornis Pyk. 3
- bidentatus Sahlb. 3
- serripes Sahlb. 3

9. PELTIS.
. grossa 75 16. 3
. ferruginea 75. 17. * 2
. oblonga 75. 18. * 3
: dentata 5

10. THYMALUS. Latr.
. limbatus 91. 8. 3

11. COLOBICUS. Latr.
: marginatus Latr. 2

12. IPS.
. quadripunctata Pyk. 2
. quadripustulata * 3
: quadrinotata 2
. quadriguttata 3. 18. * 1
. ferruginea 8. 15. 2
. abbreviata Pz. (Lyctus) * 2

. bimaculata *Gyll.*
  (Nitidula)   2
13. STRONGYLUS. *Hbst.*
: glabratus   2
. quadripunctatus Ill.   2
. luteus 83. 3. - 84. 1.   1
. ferrugineus 84. 2.   1
. sericeus *Sturm.*   1
. strigatus 83. 4.   2
: imperialis   3
: floralis *D.*   2

14. NITIDULA.
: punctatissima *Ill.*
  25. 7.   2
, varia 105. 2.   * 1
. sordida   2
: marginata 55. 10.   2
. limbata   2
- decemguttata   2
- deleta *D.*   2
: bipunctata *D.*   2
. depressa *Ill.* 84. 7.   * 1
: aestiva   * 0
. obsoleta   * 0
- loeviuscula *Gylt.*   2
- sinuatocollis *D.*   2
: quadripustulata *Str.*   3
. flexuosa   3
. colon   * 1
. discoides 83. 5.   * 1
. bipustulata 3. 10.   * 1
. obscura   2
. rufipes *Gyll.*   * 3
. pedicularia   * 0
  var. *subrugosa Gyll.*
  erythropa Gyll.
  serripes Gyll.
  solida Ill.
. aenea 83. 6.   * 0
. var. *viridescens*
  83. 7.   * 0
. dulcamarae *Ill.*   2
: symphiti *Kunze*   2
15. CERCUS. *Latr.*
. atratus *D.*   * 1
. pulicarius *Latr.*   * 1
- quadratus *Dahl.*   2
. urticae 4. 11.   * 1
- rufilabris *Latr.*   2
- rubicundus *D?*   2
: testaceus *D.*   2
- dalmatinus *D.* Dalm.   2
- ferrugineus *D.*   2
. bipustulatus   2
. pedicularius 7. 5.   * 1
- ochraceus *D.* Volh.   2
16. MICROPEPLUS. Ltr.
: sulcatus *Herbst.*   * 1

- caelatus *Schüpp.*   2
- Maillei *D.*   2
- staphylinoides *Gyll.*
                     Finl.   2
17. BYTURUS. *Latr.*
. tomentosus 40. 12. -
  37. 3.   * 1

18. ENGIS.
. sanguinicollis 6. 6.   3
. humeralis 4. 9.   * 1
: rufifrons 36. 19.   3
- bipustulata 4. 8.   3
19. ANTHEROPHAGUS.
  Knoch.
. nigricornis (Myce-
  tophagus)   * 2
- pallens (Tenebrio)   3
20. CRYPTOPHAGUS.
  Herbst.
Species collectionis meae
nondum rite examinatae.
Frivaldskyi *D.* Hung. 3
typhae *Gyll.*   1
carieis *Latr.*   1
sparganii *Sturm.*   1
tibialis *D.*   Dalm.   3
rotundicollis *D.*Hisp.   3
brevicollis *D.* Dalm.   3
Schönherri*Gyll.* Suec.   2
undatus *D.*   Croat.   3
populi *Gyll.*   Suec.   2
cellaris 40. 19.   * 0
fumatus, acutangulus,
subdepressus, lycoper-
di, pilosus, abietis,
Gylt.
quadricollis *D,*   3
crenatus *Gyll.* Suec.   2
serratus *Gyll.*   id.   2
rufipennis *D.*   3
fungorum Gyll.
ipsoides *Herbst.*   2
Fimetarii Gyll.
umbrinus *Schüpp.*   2
dumetorum *Vogt.*   2
longulus Schüpp.
bimaculatus*Gyll.*17. 7.   2
fasciatus *D.*   Gall.   2
mesomelas Payk.   2
fuscipes Gyll.
var. *obsoletus Schüpp.*
bicolor *D.*   2
nigripennis *Payk.*
  99). 13.   2
testaceus *D.*   2
fimetarius 23. 10.   3
ater *Gylt.*

pusillus *Payk.*   2
hirtus *Gylt.*   2
globulus *Payk.*   2
pilicornis *D.*   2
brunnipes *Gyll.*   3
armadillo *Gylt.* (Sca-
  phidium)   2
21. PTILIUM. *Schüpp.*
: flavum *D.*   3
: fasciculare *Herbst.*   3
  atomarium Gylt.
  (Scaphidium)
- pallidum *N.*   3
: pusillum *Gyll.* (Sca-
  phidium)   3
22. DERMESTES. *Linn.*
: dimidiatus *Schönh.*
                  Russ. m.   4
. lardarius   * 3
: carnivorus   3
- vulpinus 40 10.   * 2
- domesticus *Gebl.* Sib.   3
- holosericeus *Bon.*Ped.   3
  murinus   * 2
  affinis Gyll.
- thoracicus *D.* Gal. m.   3
- coronatus*Stév.*Rus. m.   4
: tessellatus   2
. catta *Pz.* 40. 11.   * 1
  murinus Gylt.
: laniarius *Ill.*   3
- ater *Oliv.*   Gal. m.   3
: bicolor   Ital.   3

23. ATTAGENUS. *Latr.*
: obtusus *Gylt.* Hisp.   3
. trifasciatus Gal. m.   2
- repandus *D.*   Hisp.   3
- dalmatinus *D.* Dalm.   3
: nigripes   2
. vigintiguttatus 22. 1.   2
- Niseteoi *D.*   Dalm.   3
- bifasciatus *Rossi.* Ital. 3
- signatus *D.* Russ. m.   3
. undatus 75. 13.   1
- fuscus *Gebt.*   Sib.   3
. pellio   * 0
: megatoma   * 2
. flavicornis *D.*   * 2
. marginatus *Payk.*   2
: Schaefferi *Ill.*   3

24. MEGATOMA. *Latr.*
. serra   3

25 TROGODERMA. *Ltr.*
. elongatulum   3
: versicolor *Creutz.*   3

26. ANTHRENUS. α
scrophulariæ 3. II. *0
fulvicornis D. Hisp. '3
pimpinellæ 100. 1. * 1
albidus D. Gal. m. 3
tricolor Herbst. " 1
  var. verbasci. Gyll. i
museorum 100. 2. * 1
  var. festivus Hffg. Lust.
varius 108. 8. 2
glabratus 35. 11. * 2

27. TRINODES. Meg.
hi u 11. 16. * 3
u rt s
28. ASPIDIPHORUS. Z.
orbiculatus Gyll. 3

29. HISTER. Linn.
I. DIVISION.
inæqualis 43. 8. Gall. m. 3
major 43. 7. id. 3
grandicollis Ill. Lusit. 4
lunatus 80. 1. * 2
terricola Dahl. 3
unicolor 4. 2. * 0
cadaverinus Payk. * 2
distinctus Meg. 3
merdarius Payk. *2
binotatus D. Gall. m. 3
II. DIVISION.
quadrimaculatus
  80. 2. * 0
sinuatus Payk. 80. 3. * 2
politus Dahl. 3
sibiricus D. Sib. 3
nigerrimus D. Gal. m. 3
bissexstriatus Payk. *2
senarius Sturm. 3

III. DIVISION.
corvinus Germ. 3
scutellaris Dahl Sic. 3
bimaculatus 80. 4. * 2
duodecimstriatus Pk. *2

IV. DIVISION.
quatuordecimstriatus
  Gyll. 2
purpurascens * 1
carbonarius Payk. * 1
stercorarius Payk. * 1
græcus D. Græc. 3
fimetarius Payk. * 2

V. DIVISION.
cruciatus Pk. Eur. m. 4
externus Fisch. Rus. m. 4
semipunctatus 3
intricatus Ltr. Gall. m. 3

massiliensis D. Id. 3
nitidulus 93. 1. 0
algericus Pk. Hisp. 3
caucasicus D. Russ. m. 3
virens D. Hung. 3

VI. DIVISION.
biguttatus Stév Rus. m. 3
quadristriatus Payk. 3
speculifer Payk. 3
cribellatus Stv. Rus. m. 3
æneus 93. 2. * 1
affinis Payk. 2
virescens Payk. 2
rufipes Payk. 3
arenarius Dahl. 3
sardeus D. Sard. 3
æreus D. Hisp. 3
conjungens Payk. 3
dimidiatus Payk. 3
sabulosus D. Gal. bor. 3
metallescens D. 3
metallicus * 2
crassipes D. Hisp. 3
latipes D. Ital. 3

30. DENDROPHILUS.
Leach.
rotundatus 2
minimus D. Gall. 3
troglodytes Pk. Gal. m 3
italicus Payk. 3
punctatus Payk. 3
pygmæus Payk. 3

31. ABRAEUS. Leach.
globulus Payk. 3
nitens D. Dalm. 3
globosus Payk. 3
minutus 2
vulneratus Pz. 37. 6. 3
cæsus 2

32. HAETERIUS. God.
quadratus Payk. 37. 5. 3

33. ONTHOPHILUS.
Leach.
sulcatus 80. 5. 2
striatus * 2
catenulatus Dahl. 3

34. PLATYSOMA. Leach.
frontale Payk. * 1
deplanatum Gyll. 3
depressum 80 6. * 1
complanatum Payk.
  37. 7. 67. 8. 3
oblongum 93. 5. 1
angustatum Payk. 2
flavicorne Payk. 93. 2. 2

pictpes 93. 6. 2
35. HOLOLEPTA. Payk.
plana 93. 4. 3
36. CEUTHOCERUS.
Schüppel.
advena Schüpp. 4
37. THROSCUS. Latr.
adstrictor (Dermestes)
  75. 15. * 0
38. NOSODENDRON. Ltr.
fasciculare 21. 2. 2

39. BYRRHUS.
gigas 104. 1.
alpinus D.
pyrenæus D. Pyr. 2
dianæ 104. 2. 3
ornatus Pz. 24. 1. 3
luniger Germ. 119. 8.
coronatus Ill. 3
  var. dianae Sturm.
pilula 4. 3. * 0
fasciatus 52. 1. * 2
arcuatus Sf. * 2
  fasciatus var. b. Gyll.
dorsalis 104. 3. * 2
vestitus D. 3
varius 32. 3. * 1
stoicus Müll. m
crinitus D. Russ. m. 4
tomentosus D. 2
lariensis Villa. Ital. 3
murinus 25. 1. 2
  undulatus Pz. 37. 14.
æneus 91. 3. 2
auratus Sturm. 110.11. 2
nitens 25. 4. * 1
  punctatus Sturm.
concolor Sturm. * 2
substriatus D. 3
semistriatus 25. 2. 3
striatopunctatus D
  Hisp. 3
erinaceus Ziegl. Croat. 3
setiger Ill. ε
arenarius Dft. 3

40. LIMNICHUS. Ziegl.
riparius D. 3
sericeus Dft. 2

41. GEORISSUS. Latr.
pygmæus (Pimelia.)
  62. 5. 3
canaliculatus D. Hisp. 4
striatus D. Gall. m. 3
sulcatus D. Hisp. 4

3

42. ELMIS. Latr.
- canaliculatus Gyll. 3
- Volckmari Müll. 3
- Dargelasii Latr. 3
- rufipes D. 2
- troglodytes Schönh. 3
- parallelepipedus Müll. 3
- aeneus Müll. * 0
- Maugetii Latr. Gall. 3
- scabricollis D. 3
- obscurus Müll. 3
- subviolaceus Nees. 3
- nitidus D. 2
- cupreus Müll. 3

43. MACRONYCHUS.
Müller.
- quadrituberculatus M.4

44. POTAMOPHILUS.
Germar.
- acuminatus 6. 8. 4

45. PARNUS.
- striatopunctatus D.
  Gall. m. 3
- prolifericornis 13. 1. 2
  auriculatus Oliv.
- viennensis Dahl. 2
- obscurus Duft.
- auriculatus Ill. 38. 15. 2
- rufipes Dahl. Hung. 3
- Dumerilii Ltr. Gall. m.3
- striatus D. Pedem. 3

46. HETEROCERUS.
- marginatus 23. 11. 12. *2
  var. laevigatus Fabr.
- minutus D. Hisp. 3

VIII.
PALPICORNES.

1. ELOPHORUS.
- grandis Ill. 26. 6. * 1
- minutus * 1
  granularis Gyll.
  var: griseus Gyll.
- intermedius D. 3
- fennicus Gyll. 3
- sulcatus Dahl. Hung. 3
- tuberculatus Gyll. 3
- nubelus * 1
- costatus Schönh. R. m.3
- rugosus Oliv. Gall. m.3
- villosus Dft. 3
- nanus St. 2

2. HYDROCHUS Germ.
- brevis Payk. 3
- nitidicollis D. 4
- costatus D. 4
- elongatus 26. 7. 3
- crenatus 3

3. OCHTHEBIUS. Leach.
- granulatus D. 3
- exsculptus Müll. 3
- sulcicollis St. 3
- lacunosus Müll. 3
- impressifrons D. 3
- foveolatus Müll. 2
- impressicollis D.
  Gall. m. 3
- riparius Ill. * 1
- marinus Payk. 2
- meridionalis D. Gall.m.3
- obscurus D. id. 3
- pallidus D. Dalm. 3
- hybernicus St. 3
- gibbosus St. 3

4. HYDRAENA. Kugell.
- longipalpis Schönh. * 2
- angustata D. Illyr. 3
- gracilis Müll.
- nigrita Müll.
- elegans Müll.
- minutissima Gyll.
- pulchella St.
- flavipes St. 3

5. SPERCHEUS.
- emarginatus 91. 4. 3

6. BEROSUS. Leach.
- spinosus Stév. 4
- signaticollis Meg. 3
- punctatissimus D. 3
- luridus * 2

7. HYDROPHILUS.
- piceus 110. 12. * 2
- morio D. Volhyn. 4
- pistaceus Dahl. Sic. 4
- caraboides 67. 10. * 1
- scrobiculatus Pz.67.11.4
- flavipes Stév.Russ.m.4

8 HYDROBIUS. Leach.
- convexus Ill. 3
- picipes 3
- fuscipes Stév. Rus.m. 4
- scarabaeoides 67. 12. * 0
- marginatus D. Hisp. 3
- grisescens D. * 2
- melanocephalus * 1
- bicolor * 1
- affinis Payk. * 1

- punctulatus St. 2
- griseus 67. 14. * 1
- melanophthalmus Duf.
  Hisp. 3
- truncatellus * 1
- globulus Payk. * 1
- bipunctatus.67. 15. * 1
- orbicularis 67., 13. * 0
- aeneus D. 2
- minutissimus St. 2
- hemisphaericus D.Gal. 2
- seminulum Payk.

9. SPHAERIDIUM.
- scarabaeoides 6. 2. * 0
- bipustulatum * 1
- substriatum D. 2

10. CERCYON. Leach.
- littorale Gyll. 2
- obsoletum Sturm. * 0
- haemorrhoidale 61. 1. * 0
- terminatum Sturm. 2
- pygmaeum Ill. 2
- haemorrhoum Gyll. 2
- aquaticum D. 1
- flavipes 103. 2. 1
- minutum Gyll. * 2
- bicolor D.
- atomarium 23. 3. * 0
- unipunctatum 3. 1. * 0
- centrimaculatum Str. 2

IX.
LAMELLICORNES.

1. ATEUCHUS.
- sacer 48. 7. Gal. m. 4
- striatus D. Hisp. 5
- pius Ill. Hung. 3
- puncticollis D. Hisp. 4
- semipunctatus 67. 6. 3
- variolosus 67. 7. 3
- laticollis 48. 8. 3

2. GYMNOPLEURUS. Ill.
- pillularius 49. 10. * 2
- asperatus Stév. Rus.m.4
- serratus Fisch. Sib. 4
- flagellatus Gall. 4

3. SISYPHUS. Latr.
- Schaefferi 48. 9. * 1
  var. Tauscheri Fisch.
  Russ. m.
- Boschnakii Fisch. id.

4. COPRIS. ...
: paniscus 'Gall. m. 3
: hispana id. 3
. lunaris '49. 4. * 1
. emarginata 49. 5. * 1

5. ONTHOPHAGUS. Ltr.
. lucidus Hung. 4
> austriacus Pz. 12. 6. 3
. medius 37. 4. 3
. affinis Sturm. * 3
. vacca' 12. 4. * 2
. cœnobita 48. 6. * 1
. fracticornis 49. 9.-8. * 0
. nuchicornis 4. 1. * 0
- laticornis Gebl. 4
- marginalis Gebl. Sib. 4
- circumscriptus D.
          Russ. m. 4
: fissicornis Stév. id. 4
. hirtus Ill. Lusit. 4
- Maki Ill. id. 4
. leucostigma Pall.
          Russ. m. 4
. nutans 6. 1. * 1
- viridis Mén. Russ. m. 4
. lemur 48. 5. * 2
. camelus 49. 6. * 3
. Hybneri 67. 5. * 3
. taurus 12. 3. * 1
. capra 49. 7. * 1
. Schreberi 28. 14. * 1
: anthracinus D. Rus. m. 4
- nigellus Ill. Lusit. 4
- furcatus 12. 5. 3
: semicornis Pz. 58. 10.* 4
- emarginatus D. Gal. m. 4
. ovatus 48. II. * 0
- cruciatus Russ. m 4

6. BUBAS. Meg.
. bison Gall. m. 2
: bubalus Latr. id. 3

7. ONITIS.
: Olivieri Ill. Gall. m. 5
- Inuus. Eur. aust. 4
- Menalcas Russ. m. 4
. furcifer Ross. Ital. 3
- Damon D. Hisp. 4
: Mœris Pall. Russ. m. 3
: Damætas Stév. id. 3
. irroratus Rossi. Ital. 3
: Clinias Hung. 3
. Amyntas Stév. Russ. m. 3
- Pamphilus D. id. 4
: Schreibersii D. ht. Sard. 5
. Vandelli Lusit. 3

8. ONITICELLUS. Ziegl.
: festivus Stév. Russ. m. 4
. flavipes 48. 11. 2
: pallipes "- Ital. 3
  9 APHODIUS.
. fossor 28. 4. * 0
. conjugatus Pz. 28. 6. 3
. fœtens 48. 1. * 1
. fimetarius 31. 2. * 0
- discus D. Hisp. 3
: lapponum Schönh.
          Lapp. 3
- rubens D. 3
- picimanus D. 2
. fœtidus 39. 2. * 2
: serotinus Duft. 47. 2. 2
. scybalarius 47. 1. 2. * 1
. limbatus Ziegl. 2
- anachoreta 67. 3. 4.
  58. 6. 2
: hydrochœris 3
: rufescens * 1
. sordidus 48. 2. * 1
: immundus Sturm. * 1
: lugens Dufts. * 2
. nitidulus 91. 2.-18. 3. * 2
. merdarius 48. 4. * 0
- ferrugineus D. Hisp. 3
: rufus Duft. 3
- cyclocephalus D.
          Russ. m. 3
sericatus Ziegl. 2
: obscurus 91. 1. Illyr. 2
- punctatissimus D.
          Græc. 3
- lutarius 47. 11. Suec. 3
- porcus 35. 1. 2
- prodromus 58. 2. 4.
  67. 7. * 1
. hirtellus Ziegl. 1
. pubescens Ziegl. * 0
. consputus 58. 5. * 0
. contaminatus 110. 2. 2
: ciliatus Ziegl. 2
. sticticus Duft. * 1
: lineolatus Ill. Lusit. 3
. conspurcatus 47. 5. * 0
- inquinatus 58. 3.-
  22. 7. * 0
var. centrolineatus Pz.
  58. 1.
: pictus Duft. 1
. tessulatus Pk. 67. 7. * 2
- gibbulus D. Croat. 3
. luridus 47. 6 8. * 1
. nigripes 47. 9. * 0
. depressus 39. 1. * 1
. pecari 31. 3. 3
- Menetriesii D. Rus. m. 3
. bipunctatus 28. 9. 3

. rufipes '47. 10. * 1
: obliteratus 110. 3. * 2
- affinis 110. 1. * 2
- foriorum 58. 9. 2
- tristis 73. 1. 2
- badius D. Hisp. 3
- castaneus Ill. id. 3
- scrutator 31. 3. 2
- erraticus 47. 4. * 0
- striolatus Eschs. Sib. 3
- subterraneus 28. 3. * 1
- hæmorrhoidalis 28.9.* 1
: sulcatus 43. 1. * 2
. terrestris 47. 3. * 1
- constans Duft. 2
- brunipennis D. Græc. 3
- piceus Gyll. Lapp. 3
- borealis Gyll. id. 3
. carbonarius Sturm. 1
: tristis Pz. 2
. granarius 49 3 * 1
  granum Gyll.
  coenosus Ullr. 55. 7.
. pusillus Str. 49. 11. * 1
. arenarius 49. 8. * 1
- gibbus Germ. 3
- monticola D. Gall. m. 3
- cylindricus D. Hisp. 3
  niger Gyll. 37. 7 * 2
- bimaculatus 43. 2. * 2
- plagiatus 42. 6. 2
- bipustulatus D. Hisp. 3
- quadripustulatus
  43. 5. * 2
var. sanguinolentus
  Ullr. 43. 4.
- quadrimaculatus 28.
  10. * 2
- sus 28. 11. 2
: villosus Gyll. 3
- carinatus Gebl. Sib. 3
- testudinarius 18. 12. 2
: scrofa 47. 12. 2
: elevatus 87. 1. 2

10. OXYOMUS. Eschs.
: sabuleti 87. 3. 2
: asper 47. 13. 2
: sabulosus D. 2
- porcatus 28. 13. * 0
- cæsus 35. 2. * 2

11. PSAMMODIUS. Gyll.
- porcicollis Ill. Gall. m. 3
. sulcicollis Ill. 99. 1. * 2
: vulneratus Sturm. 2

12. AEGIALA. Latr.
- globosa Ill. 37. 2. 2

3 *

13. TROX.

- cadaverinus *Ill.* 3
: granulatus Hisp. 4
. perlatus *Sturm.* * 2
- sabulosus 7. 1. Suec. 0
. hispidus 2
, arenarius 97. 1. * 0
- conclunus *Schüp.* 3

14. LETHRUS.

, cephalotes 28. 1. 3
- longimanus *Fisch.*
     Rus. m. or. 5

15. GEOTRUPES. *Latr.*

: Ammon *Pall.* Rus. m.6
: HoffmanseggiiD. Hisp.6
* FischeriZwick.Rus.m.6
· Typhæus 2. 3. * 2
· snbarmatus *D.* Græc. 5
: Momus Lusit. 5
: siculus *Dahl.* Sic. 6
- hypocrita *Schn.* * 1
. stercorarius 49. 1. * 0
: sylvaticus 49. 3. 0
. alpinus *Dahl.* 2
, vernalis 49. 2. 0
   var. *autumnalisZiegl.*2
: glabratus *Hopp.* 2
- geminatus *D.* Cors. 4
. lævigatus Gall. m. 2

16.HYBOSORUS.*MLeay.*

: arator Gal. m. 4

17. OCHODAEUS. *Meg.*

. chrysomelinus 34. 11.3

18.BOLBOCERAS.*Kirby.*

: Aeneas *Pz.* 12. 1. 4
- lusitanicus *D.* Lusit. 6
. mobilicornis 12. 2.-
   28. 5. * 3

19. ORYCTES. *Ill.*

: Grypus *Ill.* Gall. m. 3
. nasicornis 28. 2. 2
, Silenus 3
: latus *D.* Hisp. 5
- cephalotes *D.* Sic. 6

20. SCARABAEUS. *Ltr.*

- puncticollis*D.*Gall.m. 4
. monodon 2
. punctatus 2

21. PACHYPUS. *D.*

¹ truncatifrons*D.*Gal.m.4

22. ANOMALA. *Meg.*

- aurata 4
· auricollis *Ziegl.* 3
, ; vitis 97. 11. 2

: Julii 97. 9. 16. * 6
  var. *Frischii.*
, *oblonga*
· *Ahrensii Dahl.*
- Junii *Dft.* Gall. m. 3
. etrusca *D.* Etruria 3
- devota *Dahl.* id 3
- confusa *D.* Hisp. 3
- signaticollis *D.* id. 3
: errans Russ. m. 3

23.TRIGONOSTOMA.*D.*

: nigrifrons*Stév.*Rus.m.4

24. ANISOPLIA. *Meg.*

. austriaca*Herbst.*47.17.2
  var. *caucasica Stév.*
      Russ. m.
: crucifera *Hbst.* 47. 18. 2
. agricola * 1
. arvicola ·Gall. m. 3
- fruticola 47. 16. · 2
: leucaspis *Stév.*Rus.m. 4
: nigroœnea *Stév.* id. 4
: depressicollis*D.*Volhy.3
- floricola Hisp. 3
. horticola 47. 15. * 0
- lineata *Latr.* Græc. 3
: lineolata *D.* Russ. m.4
- arenaria *D.* Gal.m.oc.4
: campestris*Ltr.* Gal.m. 3

25. MELOLONTHA.

. fullo 101. 8. * 3
- hololeuca*Pall.*Rus.m. 5
- albida *D.* Gal. m. 4
· vulgaris 95. 6. * 0
, hippocastani 97. 8. * 1
- aceris *Ziegl.* 2
- fuscata *Hfg.* Hisp. 4
: papposa *Ill.* Lusit. 6

26. LEPTOPUS. *D.*

- denticornis *Duf.* Hisp.5
- Bedeau*Duf.* Hisp. m. 5

27. CATALASIS. *D.*

- Anketeri*Hbst.* Rus.m. 6
: orientalis *Zgl.* Hung.5
: australis*Schön.* Gal.m.3
: matutinalis *Dahl.* Ital. 4
. pilosa 31. 20. 3
  var. *villosa* 31. 19.

28. CAELODERA. *D.*

- excavata Cors. 4

29. RHISOTROGUS. *Ltr.*

- vulpinus *Sch.* Rus. m. 4
. æquinoctialis 3
: tauricus*Stév.* Russ.m. 4

: vernalis·*Ziegl.* · 3
, autumnalis *D.* Illy. 4
: æstivus *Oliv.* 110. 6. * 2
- thoracicus *D.* Helv. 3
· Faldermannii*D.* R. m. 4
- flavicans *D.* Hisp. 4
: meridionalis*D.* Gal.m.3
, submarginatus *D.*
       Hisp. 3
: pilicollis *Ziegl.* Hung. 3
  vicinus *D.* Gall. m. 3
  transversus Dalm. 3
  fuliginosus *D.* Hisp. 4
  siculus *D.* Sic. 4
, carbonarius *D.* Græc. 4
. ater 47. 14. * 2
- fulvicornis *D.* Hisp. 4
. pini Gall. m. 4
. solstitialis * 0
  volgensis*Fisch.* R. m. 4
: tropicus *Schönh.*
    110. 7. Gall. m. 3
- Fallenii*Schönh.* Suec.4
- hispanicus *D.* Hisp. 4
- Menetriesii *D.* Rus. m.4
- perplexus *D.* Gal. m. 3
: rufescens *Ltr.* 3
. aprilinus *Duft.* * 2
- fuscatus *D.* Croat. 4
. paganus *Oliv.* Gall. 3
: ruficornis *Sch.* 110. 5. 3
- lusitanicns *Sch.*Lusit. 4
- oblongiusculus*D.*R.m.4

30. SCHIZONYCHA. *D.*

- Henningii *Gebl.* Sib. 5

31. OMALOPLIA. *Meg.*

. brunnea 95. 7. * 2
- mutata *Schön.* Hisp. 4
. variabilis 97. 12. * 1
. ruricola * 1
  humeralis *Oliv.* 34. 10.
- carbonaria *D.* Dalm. 4
: erythroptera *Dahl.* id.3
- puberula *Stév.* Rus m.4
. aquila *D.* Gall. m. 3
: sericans *Schön.* Ital. 3

32.HYMENONTIA.*Esch.*

. strigosa *Ill.* Gall. m. 4

33. CHASMATOPTE-
    RUS. *D.*

: villosulus *Ill.* Hisp. 4
- pilosulus *Ill.* id. 4
: hirtulus *Ill.* id. 4

34. HOPLIA. *Ill.*

. farinosa 28. 16. 3
- aulica *Lin.* Hisp. 4

↓ rorida *Ziegl.* Croat. 4
. sqaomosa 28. 17. 2
- pulvisera *And.* Dalm. 3
- pubicollis *D.* Cors. 3
: pollinosa *Ziegl.* 28. 20.
    Volhy. 3
: flavipes *D.* Dalm. 3
. dubia *Rossi.* Etruria 3
- lepidota *Ill.* Ital. 3
- praticola *Duft.* 3
. argentea*Oliv.* 28. 18. *1
. graminicola 28. 19. 2
: nuda *Ziegl.* 3
: duodecimpunctata
    Oliv. Sib. 4
- sibirica *Ol.* id. 4

35. HYPERIS. *D.*
. Eversmanni*Fald.* Sib. 5

36. GLAPHYRUS. *Latr.*
- oxypterus *Pall.* Sib. 5

37. AMPHICOMA. *Ltr.*
: arctos *Pall.* Russ. m. 3
: bombyliformis id. 4
: psilotrichius *Parr.* id. 4
. vulpes Russ. m. 3
: Lasserrei *Parr.* Græc. 5

38. ANTHIPNA. *Eschs.*
: abdominalis 5

39. OSMODERMA. *Ency.*
. eremita 41. 12. *2

40. GNORIMUS. *Encycl.*
. octopunctatus 41. 14. 3
. nobilis 41. 13. *1
- subcostatus*Mén.* R.m.5

41. TRICHIUS.
. fasciatus *1
: gallicus *D.* 2
: abdominalis *D.* 2
- dauricus *Gebl.* Sib. 4

42. VALGUS. *Scriba.*
. hemipterus *3

43. CETONIA.
. fastuosa 41. 16 3
- speciosa *Ad.* Russ.m. 5
. affinis *Dft.* 110. 4. 2
: metallica 41. 19. 2
: sicula *D.* Sic. 3
.. angustata*Germ.*Dalm.3
- hieroglyphica *Mén.*
    Russ. m. 5
: ænea *Gyll.* 2
: volhynensis*D.* Volhy. 4
. obscura *Duft.* *1
. marmorata 41. 17. *2
. aurata 41. 15. *0
. lucidula *Ziegl.* 3
- Godetii *D.* Russ. m. 5

. viridis 41. 18. *3
: sardea *Dahl.* Sard. 5
: cardui *D.* Gal. m. 4
. morio 4
. oblonga *D.* 4
- assimilis *D.* Græc. 4
- vidua *D.* Russ. m. 4
: squamosa *D.* Sic. 4
. ursina *D.* Græc. 5
. hirta 1. 3. *1
. stictica 1. 4. *2
. albella *Pall.* Russ. m. 4

44. LUCANUS. *Linn.*
. cervus *1
. capreolus 58. 11. *3
- tetraodon *Thun.* Ital. 6

45. DORCUS. *Meg.*
. parallelepipedus 2.
    19. - 58. 12. *1

46. TARANDUS. *Meg.*
. tenebrioides 62. I. 2. 4
- silesiacus *Meg.* Siles. 4

47. PLATYCERUS. *Ltr.*
. caraboides 58. 13. *2
: rufipes 58. 14. *3

48. AESALUS.
. scarabæoides 26. 15. 16. 4

49. SINODENDRON.
. cylindricum 1. 1. *2

HETEROMERA.

I. MELASOMATA.

1. ERODIUS.

: orientalis *D.* Græc. 4
. europæus *D.* Eur. m. 3
. gibbus id. 3

2. ZOPHOSIS. *Latr.*

. minuta *Herbst.* Lusit. 3
- græca *D.* Græc. 4
: punctata *D.* id. 3
- ovata *Latr.* Russ. m. 4

3. PIMELIA.

- dubia *Fald.* Russ. m. 4
. cephalotes *Pall.* id. 4

: sicula *D.* Sic. 4
- hesperica *D.* Hisp. m. 4
- rugulosa *Dahl.* Ital. 4
. muricata Hisp. 4
. bipunctata Gall. m. 2
  var.*cicatricosa*Dhl. It. 4
- bætica *D.* Hisp. or. 4
- brevicollis *D.* Hisp. 4
- hispanica *Sol.* Hisp.or.4
: sardea *M. Del.* Sard. 4
- subscabra *D.* Sic. 4
- punctata *D.* Hisp. 4
- variolosa *Sol.* Hisp.or.4
- denticulata *D.*Ins.Bal.4
: suturalis *Fisch.* Rus. 4
: Schönherri *D.* id. 4

- lævigata *D.* Græc. 4
- obesa *D.* Hisp. m. 4
: sericella *Latr.* Græc. 4
- græca *Stév.* id. 4
- exanthematica *D.* id. 4
- scabiosa *D.* id. 4
: subglobosa *Pall.* R.m. 4
  var.*odessana Stév.* id. 4

4. PTEROCOMA. *Sol.*

- piligera *Gebl.* Sib. 6
- sarpæ *Fisch.* Russ.m. 5
  costata? *Pall.*

5. BRACHYSCELIS. *Sol.*

: granulosa *Latr.* Græc. 4

- granifera *God.* Rus.m. 4
- gastridula *Fisch.* id. 4
: quadricollis *D.* Græc. 4

6.TRACHYDERMA. *Ltr.*
- setosa *Fald.* Russ. m. 4
: hastata *D.* Sic. 4

7. PLATYOPE. *Fisch.*
: leucographa Russ. m. 4
var. *leucogramma Esch.* Sib.

8. SEPIDIUM.
: siculum *D.* Sic. 4
: affine *D.* Hisp or. 4
- bidentatum *Duf.* id. 4
- hispanicum *D.* Hisp. 4

9. MORICA. *D.*
: planata Hisp. m. 4
- obtusa *Ltr.* Hisp. or. 4

10. AKIS.
- discoidea *Sch.* Hisp.m. 4
- acuminata id. 2
- carinata *D.* Hisp. 4
: spinosa id. 2
var. *trilineata Hbst.* Sic.
- granulifera *Shlb.* Lusit.4
: angusticollis *Dhl.* Sard.4
var. *amplicollis Dhl.*
. italica *D.* Ital. 4
: anrita *Pall.* Russ. m. 4
var. *laticollis Stév.* id.
: subterranea *Dhl.* Sic. 4
. punctata *Thunb.* G. m. 3
reflexa Oliv.

11. ELENOPHORUS. *Mg.*
. collaris Gall. m. 4

12. SCAURUS.
: tristis *Oliv.* Gall. m. 3
calcaratus Herbst.
- hespericus *D.* Hisp.m. 4
. striatus Gall. m. 3
- rugosulus *Ltr.* Hisp.or.4
: punctatus *Hbst.* Hisp. 3
. atratus Gall. m. 3

13. CEPHALOSTENUS. *Solier.*
. elegans *D.* Græc. 4
- Dejeanii *Solier.* id. 4

14. ADELOSTOMA. *Dup.*
- carinatum *D.* Hisp.m. 4

15. TAGENIA. *Latr.*
. filiformis Gall. m. 2

- cylindrica *D.* Hisp. 3
. hesperica *D.* Hisp m.3
- italica *D.* Ital. 3
- græca *D.* Græc. 3
- taurica *D.* Russ. m. 3
: subcostata *D.* Hisp. 3
. minuta *Latr.* id. 2
var. *pygmaea Latr.*

16. TETROMMA. *Solier.*
- minuta *Tsch.* Rus. m. 4

17. LAENA. *Meg.*
. pimelia Auttr. 4
viennensis Sturm.
- pubella *Zgl.* Russ. m. 4
pulchella Fiseh.

18. TENTYRIA. *Latr.*
: grandis *D.* Sic. 4
: grossa *D.* Græc. 4
: glabrata *Ill.* Hisp. 3
- lævis *Solier.* Hisp. or. 3
: mucronata *Stév.* Gai.m.3
glabra Oliv.
: orbiculata Gal. m. oc. 3
curculionoides Germ.
: curculionoides *Hbst.* Hisp. 4
. substriata *D.* Lusit. 4
- subrugosa *D.* Hisp. 4
- ligurica *D.* Cors. 4
- sicula *D.* Sic. 4
. taurica *Fisch.* Rus.m. 4
- sardea *D.* Sard. 4
- sibirica *Gebl.* Sib. 4
. nomas *Pall.* Russ. m. 4
var. *podolica Bess.* Pod.
- punctulata *Mén.* R. m.4
- striatopunctata *Mén.* id.4
- lusitanica *D.* Lusit. 4
- grandicollis *D.* Sic. 4
- corsica *D.* Cors. 4
- deserta *Tausch.* Rus.m.4
dorsalis Fisch.
- globithorax *Stév.* Sib. 4
convexa Gebl.
- campestris *Stév.* R. m. 4
- convexa *Tausch.* id. 4
globosa Fisch.
nana Mann.
elegans Mén.
- tassulata *Tausch.* R.m. 4

19. COLPOSCELIS. *Slo.*
- quadrata *Tausch.* Sib. 4
- subquadrata *Tausch.*
angustata Gebl. Sib. 4

- abbreviata *Gbl.* Sib. 4
- strigosa *Gebl.* id. 4
- gibbosa *Gebl.* id. 4
: eremita *Stév.* Russ.m. 4
.var. *inaequalis Stév.*
- angulosa *Fisch.* Sib. 4
- angusticollis *Gebl.* id. 4
- glaberrima *Fald.* id. 4

20. GNATHOSIA. *Fisch.*
: caraboides *D.* Græc. 4
laticollis Parr. 4
laevigata Fald.
- vicina *D.* Græc. 4
- depressicornis *Fald.* 4
aequalis Tausch. R. m.
- quadricollis *D.* Græc. 4

21. ACISBA. *Ziegl.*
: subovata *Koll.* Sic. 4
- laticollis *D.* Græc. 4

22. ASIDA. *Latr.*
- lævigata *D.* Hisp. 3
gigas Duf.
orbiculata Duf.
- variolosa *D.* Hisp. 3
: sicula *D.* Sic. 3
grossa Dahl.
- sulcata *D.* Hisp. 3
- costata *D.* Cors. 3
- limbata *D.* Hisp. m. 3
- cristata *D.* Cors. 3
- hesperica *D.* Hisp. m. 3
- angustata *D.* Cors. 3
- tomentosa *D.* id. 3
- perplexa *D.* id. 3
- lutosa *Stév.* Rus. m. 4
cinerea Sturm.
- mœsta *D.* Sard. 4
obscura Dahl.
- porcata *D.* Hisp. 3
- obscura *D.* id. 3
. grisea *Grm.* 74. 1. 2
: fascicularis *Grm.* Dalm.3
morbillosa?
: sabulosa *D.* Gall. m. 3
- acuticollis *D.* Dalm. 3
- lineatocollis *D.* Ital. 3
- marginata *D.* id. 3
elongata Dahl.
: oblonga *D.* Hisp.
: pyrenæa *D.* Pyr. or. 3
- opatroides *D.* Ital. m. 3
- scaphidium *Hffg.* Hisp. 3

23. GNAPTOR. *Meg.*
. spinimanus *Pal.* 59.
1. Russ. m. 3
laevigata Fabr.

24. BLAPS.

. gages 96. 1. Gal. m. 3
: producta D. id. 3
- hispanica D, Hisp..3
- abbreviata D. Hisp. or.3
- canaliculata Fiseh.
 Russ. m. 3
elongata Mann.
. mortisaga 3. 3. *1
var. substriata Fald.
. obtusa Sturm. *1
mortisaga Oliv.
dilatata Daht.
- marginata Fisch.
 Russ. m. 3
- carbo Stév. id. 3
Jaegeri Hummel.
var. callosa Fald.
: reflexicollis Ziegl.
 Russ. m. 3
pannonica Friv. Hung.
. fatidica Ill? ... 3
var. similis Latr.
pterotapha Mén.
opaca Fald.
- intrusa Fisch. Rus. m. 4
- obesa D. Hung. 3
- pinguis D. Græc. 4
: australis D. Ital. 3
gibba Parr.
var. marginella Ziegl.
var. halophila Fisch.
- acuminata Fisch.
 Russ. m. 3
- rugosa Gebl. Sib. 3
exarata Fald.
- holosericea D. Sib. 4
granulata Hummel.
. cylindrica Herbst.
 Russ. m. 3
attenuata Fisch.
♀ convexa Fisch.
pastica Fisch.

25. MISOLAMPUS. Ltr.

- Hoffmanseggii Latr.
 Hisp. 4

26. ACANTHOPUS. Meg.

. caraboides Germ.
 Dalm. 3
dentipes Pz. (Helops.)
50. 1.

27. PLATYSCELIS. Ltr.

: hypolithos Pall. R. m. 3
- rugifrons Fisch. Sib. 4
reflexus Mann.
: melas Fisch. Volhy. 4
: gages Fisch. Rus. ni. 4
politus Gebl.

28. ISOCERUS. Meg.

. ferrugineus (Tenebrio)
purpurascens Herbst.
(Tenebrio) Lusit. 4

29. PEDINUS. Latr.

. helopioides Grm. Dalm.3
laticollis Ziegl.
var. siculus Dahl.
. femoralis 39. 5. 6. P. 1
♀ dermestoides Fabr.
: meridianus D. Gal. m.3
elongatus Dahl.
- gracilis Ziegl. Dalm. 3
laevigatus Friv.
: tauricus D. Russ. m. 3
femoralis Stév.
- sericeicollis Dhl. Etru.3
- quadratus D. Græc. 3
coarctatus Parr.
: cylindricus Par. Corf.3
: punctatostriatus Ullr.
 Sic. 3
. gibbosus D. Græc. 3

30. HELIOPATES. D.

. hybridus Ltr. Gal. m. 3
var. etruscus Dahl.
. hispanicus D. Hisp. 3
: lusitanicus Hffg. Lusit.3
- agrestis D. Hisp. 3
- ambiguus D. Græc. 3
- iners Mén. Russ. m. 3
- subsulcatus D. Hisp m.3
- elongatus Sol. Hisp.or.3
. gibbus 39. 4. 3
- picipes Stév. (Crypticus) Russ. m. 3
glaber Mén. (Crypticus)
fuscus Fald (Pedinus)
var. rugulosus Fald.

31. PANDARUS. Meg.

. tristis Rossi. Gall. m. 3
: emarginatus D. Hisp. 3
: dalmatinus D. Dalm. 3
emarginatus Germ.
- lugens Dahl. Ital. m. 3
- carbonarius D. Corf. 4
: græcus D. Græc. 4
emarginatus Parr.
- orientalis D. Græc. 4
- dardanus Stév. Hellesp.4
foveolatns Fisch.
cribratus Fald.
var. extensus Fald.
: punctatus Stév. R. m. 4
laticollis Sturm.
var. odessanus Stév.
- porcatus D. Cors. 4
- corcyricus Par. Corf. 4

32. MELANESTHES. D.

- laticollis Fald. (Pedinus) Sib. 4
- sibiricus Fald. (Opatrum) id. 4

33. OPATRINUS. D.

- oblongus Stév. Rus.m. 4

34. PHILAX. Meg.

- melancholicus D. Hisp.3
- lugubris D. id. 3
. ulyssiponensis Hff. id. 3
striatus Latr.
- rotundatus D. Græc. 3
. meridionalis D. Gal.m.3
brevis Stév.
- agricola D. Hisp. 3
- crenatus D. Gall. m. 3
gibbus Bon.
- istriatus Sol. Hisp. or 3
- punctatostriatus Sol. id 3
- punctulatus D. Græc. 3

35. PACHYPPTERUS. S.

- pusillus D. Cors. 4

36. OPATRUM.

: corsicum D. Cors. 3
: Dahlii D. Sard. 3
laticolle Dahl.
- verrucosum Gr. Dalm.3
: triste D. Russ. m. 3
politum Parr.
- salebrosum D. Cors. 3
perforatum Buq.
- perlatum D. Hisp. 3
- sabulosum 3. 2. *0
: gibbum Parr. Corf. 3
convexum Dahl.
- dardanum Stv. Hellesp.4
- pusillum 97. 2. *2
- pygmæum D. Gal. or. 3
rotundicolle Dahl.
: viennense Dft. *2
- pesthiense Friv. Hung. 3
- sordidum D. Græc. 4
- hespericum D. Hisp. m.3
- vestitum D. id. 3
: fuscum Hbst. Gall. m. 3

37. SCLERUM. D.

- lineatum D. Hisp. m. 4

38. MICROZOUM. D.

- tibiale 2
- minutissimum D.
 Hisp. m. 4

39. LEICHENUM. D.

. pictum Austr. 3

- pulchellum *Klug.* G. m. 3
tigrinum *Dahl.*
var. *variegatum Dahl.*

40. CRYPTICUS. *Latr.*
. glaber 36. 1.-50. 1. 6. * 1
qnisquilius Payk.
caucasicus Mén.
- alpinus *Gén.* Ital. 3
- pusillus *Hffg.* Hisp. 3
- variegatus *D.* id. 3
: pruinosus *Duf.* id. 3
: gibbulus *Schön.* G, m. 3
harpalinus Hffmg.
;pubescens *Duf.*

II. TAXICORNES.
1. CHEIRODES. D.
-opatroides *D.* Hisp. 4
2. TRACHYSCELIS. *Ltr.*
: aphodioides *Ltr.* G. m. 3
: rufus. *Latr.* id. 3
villosum Sturm.
3. PHALERIA. *Latr.*
. cadaverina. Gall. m. 3
var. *bimaculata D.* id.
- limbata *Dahl.* Sard. 4
- hemisphærica *D.* G. m. 4
var. *arenicola Duf.*
4. LITHOPHILUS. *Meg.*
-connatus 36. 18.
(Tritoma.) Austr. 3
ruficollis Dahl.
5. ENDOPHLOEUS. D.
: spinosulus *Latr.* P. 3
- exculptus *Parr.* Rus. m. 3
6. BOLITOPHAGUS.
. crenatus Suec. 3
. interruptus *Ill.* 94. 1.
Styr.
. armatus 61. 2. Austr. 2
. agaricola *Ltr.* 43. 9. * 1
7. ANISOTOMA.
Species collectionis meæ
nondum rite examinatæ.
. cinnamomeum *Pz.*
12. 15. Germ.
simplicipes *D.* Gal. br.
. piceum *Gyll.* 37. 8.
Suec.
femorale *D.* Gall.
. ferrugineum Germ.
rufipenne *Gyll.* 39.
22. Suec.

dubium Ill.
. pallens *Sturm.* Aust.
rubiginosum Schüpp.
rufum *D.* Styr.
lævigatum *D.* Gal. br.
. punctatum *Str.* Aust.
spinipes Gyll.
. subrufum *Ziegl.* Aust.
minutum Ahr.
- brunneum *Gyll.* Suec.
crassipes *Ziegl.* Aust.
minutum *D.* Styr.
punctulatum Ziegl.
lividum *D.* Lusit.
. axillare *Gyll.* Suec.
humerale Sturm.
bipustulatum Ahr.
.; humerale Suec.
castaneum Sturm.
. abdominale 37. 9. Suec.
;glabrum *Ill.*
castaneum; *Pk.* Suec.
punctulatum And.
glabrum *Dft.* (tritoma)
orbiculare *Gyll.* Suec.
gibbulum *Schüp.* Germ.
;subtestaceum *Gyll.*

8. TETRATOMA.
: fungorum. 9. 9. 3
- Desmarestii *Latr.* 4
- variegatum *D.* Croat. 4
9. PENTAPHYLLUS *Mg.*
- melanophthalmus *Mg.*
Gall. m. 3
testaceus parr.
: testaceus *Gyll.* (My-
cetophagus 3
10. PHYLETHUS. *Meg.*
: populi *Meg.* 2
11. PLATYDEMA.
De Laporte.
. Petitii *Perr.* Gall. m. 4
12. NEOMIDA. *Ziegl.*
. violacea 3. 19. * 2
: Dejeanii *De Lap.* Styr. 3
cornigera Meg.
armata Dahl.
- tristis *Stév.* Russ. m. 4
. bicolor 94. 9.-8. 2. Gal. *2
aenea Payk.
. hæmorrhoidalis 13.
16. (Ips.) Styr. 3
- bituberculata *Oliv.* 3
13. DIAPERIS.
. boleti * 1

- bipustulata *D.* Hisp. 4
- morio *Stentz.* 4
14. COSSYPHUS.
- deplanatus *Schönh.*
Russ. m. 5
tauricus Stéc.
: siculus *D.* Sic. 5
Hoffmanseggi Ullr.
. Hoffmanseggii *Herbst.*
Hisp. 4
depressus Schönh.
- ovatus *D.* Cors. 5
15. HETEROPHAGA. D.
- opatroides *D.*
unicolor Ullr. Sic.
diaperina Dahl. Sil. 4
: mauritanica (Tenebrio)
fagi Pz. 61. 3. Grm. br. 3
: chrysomelina Austr. 3
16. CATAPHRONETIS.
Dejean.
- brunnea *D.* Gall. m. 4
crenata Parr.
17. ULOMA. *Meg.*
. culinaris 9. 4. 2. * 2
var. *badia Ziegl.*
18. PHTORA. D.
- crenata *D.* Gal. m. oc. 4
19. MARGUS. D.
: ferrugineus (Trogosita)
castaneus Seh. (Te-
nebrio.) Gall. 3
20. CERANDRIA. D.
- cornuta (Trogosita)
Hisp. 4
- testacea *D.* Gall. 4
21. HYPOPHLOEUS.
- siculus *D.* Sic. 3
. castaneus 12. 13. * 1
. pini *Pz.* 67. 19. 2
fraxini Payk.
- longulus *Gyll.* 2
: minutus *D.* Dalm. 3
: suturalis *Payk.* 3
- linearis *Gyll.* 6. 16. 3
- bicolor 12. 14. 3
: fasciatus 6. 17. Suec. 3
. depressus 1. 23. 2
22. SARROTRIUM.
. muticum 1. 8. 2

23. CORTICUS. D.
: celtis D.   Dalm. 3
- tuberculatus Dahl.
(Bolitophagus) Hung. 4
tauricus Parr.

24. COXELUS. Ziegl.
: pictus Sturm. (Bolitophagus) Gall. or. 3
var. variegatus Ziegl.

25. DIODESMA. Meg.
- subterranea Zgl.Gal.or.3
unicolor Meg.

III.

TENEBRIONITES.

1. EUSTROPHUS. Ill.
: dermestoides 57. 2. P. 3

2. ORCHESIA. Latr.
: micans (Dircæa)
16. 18.   P. 3
: fasciata Payk. (Hallomenus)   Suec. 3

3. HALLOMENUS. Pk.
: humeralis 16. 12. Germ. 3
bipunctatus Payk.
: fuscus Gyll.   Suec. 3
axillaris Ill.
bipunctatus var. Payk.
: affinis Payk. Suec. 3
: flexuosus Payk. id. 3
undatus Pz.

4. DIRCAEA.
. discolor 97. 6.-24.16. *3
buprestoides Pk(Xylita)
laevigata Bess.
var. rufipes Bess.
- rufipes Gyll.   Finl. 3
livida D.   Austr.
- laevigata Ziegl. Styr. 3
: Parreyssii D. Russ. m. 4
modesta Parr.
- modesta D   id. 4
: quadriguttata Croat. 6
- ferruginea Payk.
(Xylita)   Suec. 4
- variegata Gall. 4
- undulata D.Gall. occ. 4
: triguttata Gyll. Suec. 4

5. MYCETOMA. Ziegl.
- suturale Pz.(Dryops)
45. 12.   Germ. 5
phalerata Ziegl.

6. HYPULUS. Payk.
: bifasciatus 6 3. Austr. 4
: quercinus Pk. 11. 13. id. 4
dubius

7. SERROPALPUS. Payk.
. barbatus 105. 5. Suec. 5
striatus Latr.
- Vaudoueri Ltr. Gal. oc 5

8. CONOPALPUS. Gyll.
: flavicollis Gyll.   4
- thoracicus D. Dalm. 5
- collaris D. Gall. occ. 5

9. SCOTODES. Eschs.
- annulatus Eschs. Liv. 6
Hummelii Fisch.
(Pelmatopus.)

10. MELANDRYA.
. serrata 9. 3.   3
caraboides Oliv.
dentata Pass
var barbata Jenis.
- sulcata D.   3
: canaliculata 9. 4.   3
var. serrata Bess.
castanea Bess.   -
- flavicornis Dft.   4
barbata Sturm.
- ruficollis (Dircæa.)
105. 4.   Finl. 5

11. PYTHO.
. depressus Lin. 95. 2. 4
castaneus 91. 3.

12. IPHTHINUS. D.
- clypeatus Germ.
(Blaps.)   Lusit. 4

13. UPIS.
: ceramboides   Suec. 4
: italica Vill.   Ital. 4

14. TENEBRIO.
. obscurus 43. 3.   * 2
opacus Parr.
. molitor 43. 12.   * 0
: transversalis Dft.
Austr. 3
: curvipes 11. 3.   id. 3
var. vicinus D.

15. HAEMEROPHYGUS.
Dejean.
- asperatus D. Cat.
(Tenebrio.) Græc. 6

16. BOROS. Herbst.
: elongatus Herbst.
31. 1.   Suec. 6
boros (Hypophlœus.)
corticalis Pk. (Trogosita.)

17. BIUS. D.
: thoracicus (Trogosita)
Suec. 6

18. CALCAR. D.
. elongatus Herbst.
(Tenebrio.) Hisp. 3
variabilis (Tenebrio.)
- procerus Schüpp.
Gall. m. 4

19 ANTHRACIAS. Stev.
- bicornis Stev. Russ.m. 6

IV. HELOPII.

1. HELOPS.
: anthracinus D. Sic. 4
: coriaceus Hffg. Hisp. 3
: cœruleus   Gall. m. 3
- Reichii Parr. Corf. 4
- subcyaneus D. Græc. 4
- Fischeri D. Russ. m. 4
- quadraticollis Mén.
(Hedyphanes) id. 4
- Menetriesii Fisch.
(Hedyphanes) id. 4
- tentyrioides Fald.
(Hedyphanes)   4
var. cruralis Fisch.
- subrugosus Creutz.
Hung. 3
. lanipes 50. 2.   * 1
- picipes Bon.   Ped. 3
- villipes Hffg. Lusit. 3
tenebrioides? Germ.
- serropalpus Hffg.Hisp. 4
- Duponchelii D. Græc. 5
. exaratus Germ. Dalm. 3
var. gagatinus Ziegl.
- badius Dahl Hung. 3
- gibbicollis Koll. It. m. 3
- meridianus D. Gal. m. 3
: assimilis D.   id. 3
: perforatus D. Cors. 3
- perplexus D. Russ. m. 3
: arboreus Stev.   id. 3
- subcrenatus Hffg.Hisp.3
: laticollis D. Pyr. or. 3
- harpaloides D. Gall.m.3
. caraboides Pz. 24. 3
38. 3.   * 2

- dermestoides *Ill.*Germ. 3
var. *ruficollis ?*
: brevicollis *Stév.*Rus.m. 3
- ægrotus *D.* Lusit. 3
- ovalis *D.* id. 3
: convexus *Lass.* Helv. 3
: testaceus *D.* Gall. m 3
- pyrenæus *D.* Pyr, or. 3
- subæneus *D.* Hisp. or. 3
- tenebrioides *Dahl.*Etr. 3
: gracilis *Ziegl.* Russ.m. 3
- monilicornis *Stév.* id. 3
- rotundicollis *D.*Gal.m. 3
- pumilus *D.* id. 3
- pygmæus *Ill.* Lusit. 3
: minutus *D.* Dalm. 3

2. NEPHODES. D.

: villiger *Hffg.* Hisp. 4

3. STENOTRACHELUS. *Latr.*

- æneus *Payk.* (Dryops)
Suec. 5

4. ALLECULA.

: aterrima *D.* (Helops.)
Styr. 4
saperdoides Ziegl.
(Upis.)
cisteloides Fin. (Upis.)
. morio 95. 1. - 25. 18. * 2
fulvipes Dft.
fuscata Gyss.

5. MYCETOCHARES.*Ltr.*

: morio *Ziegl.* 3
rufipes Friv.
: barbata *Latr.* * 2
linearis Pz. 25. 16. 17.
2 . 4. 4
brevis Pz.
: axillaris *Payk.* 3
: flavipes 3
: humeralis 25. 14. 3
scapularis Ill.
: bipustulata *Ill.* 25. 15. * 2
: quadripustulata *D.* 3

6. OMOPHLUS. *Meg.*

: lepturoides 5. 11. * 2
major Gené.
: pinicola *Meg.* 3
lepturoides var. D.
armillatus Parr. Corf. 4
: pallidipennis *Meg.* 3
: picipes 3
: curvipes *D.* Gall. m. 3
- arcuatus *Gebl.* Sib. 4
. ruficollis Hisp. 3
- rufiventris *Waltl.*Hisp. 4

---

7. CISTELA.

. ceramboides * 2
- saperdoides *D.* 4
. atra (Helops.) * 2
- morio *Dahl.* Sic. 3
: metallica *Chev.* Lomb. 3
- fusca *Pz.* 25. 19. * 1
. fulvipes id. * 1
: rufipes id. 2
. nigrita Dalm. 3
- lutea *D.* Hisp. 4
- sulphurea 105. 8. * 2
- altaica *Gebl* Sib. 3
- bicolor 34. 8. * 2
: sulphuripes *Dhl.* Hung. 3
: collaris *D.* id. 3
thoracica Meg. 34. 9.
. murina * 0
var. *Evonymi* 34. .7.
antennata Pz. 57. 8.

V.

TRACHELIDES.

1. PEDILUS. *Fisch.*

- fuscus *Fisch.* Sib. 6

2. LAGRIA.

. hirta 107. 2. * 0
. pubescens 107. 1. * 0
hirta Gyll.
- glabrata *Oliv.* Gal. m. 5
- lata Hisp. 5

3. PYROCHROA

. coccinea 13 11. Germ. * 2
. rubens 95. 5. * 2
. pectinicornis 13. 12. * 3

4. AGNATHUS. *Germ.*

- decoratus *Germ.* Gall. 5

5. STEROPES. *Stév.*

: caspius *Stév.* Russ. m. 5

6. MONOCERUS. *Meg.*

- platycerus *Hffg.* Hisp. 4
. major *D.* * 2
. monoceros 26. 8. * 0
: binotatus *Gebl.* Sib. 4
. cornutus 74. 7. 2
minor Meg.
: rhinoceros 31. 17. G. or. 3

7. ANTHICUS.

: pictus *Fisch.* Russ. m. 4
- arenarius *Dahl.* 3

---

sellatus Gyll.
var. *testaceus Dahl.*
- bimaculatus *Gyll.* Suec. 3
. antherinus 11. 14. P. * 1
var. *tricinctus Stév.*
. floralis 23. 4. 2
. hirtellus 35. 3. 3
: guttatus *Hffg.* Gall. m. 3
quadrinotatus Gyll.
- quadrimaculatus *D.*
Hisp.
- sibiricus *D.* - Sib. 2
bicinctus Gebl.
- nectarinus *Pz.* 33. 7.
Gall. m. 3
- sericeus *D.* 3
- quadripustulatus *Dahl.* 3
quadriguttatus Latr.
- affinis *D.* 3
equestris Bess.
- bicinctus *D.* Gall. m. 3
- unifasciatus *D.* 3
fasciatus Dahl.
- velutinus *D* Gall. m. 3
melanocephalus Duf.
. rufipes *Gyll.* 38. 22.
* 2
pubescens Dft.
- fenestratus *D.* Hisp. 3
- fuscus *D.* Gall. m. 3
- ater *Pz.* 31. 15. 3
niger Dahl.
- plumbeus *D.* Gall. m. 3
- morio *D.* Suec. 3
ater Gyll.
- venator *Duf.* Hisp. or. 3
- tenellus *Hffg.* Gall. m. 3
sericeus Duf.
: gracilis *Pz.* 38. 21.Germ. 3
bimaculatus Dahl.
- castaneus 31. 16. 2
. humilis *Kunze.* 2
: monogrammus *Kunze* 3
: transversalis *Vill.* Etr. 3
: instabilis *Hffg.* Gall. m. 3
rufipes Dahl.
cursor Stév.
- terminatus *D.* Græc. 3
: riparius *D.* Gall. m. 3
humilis Germ.
myrmecinus Ullr.
calycinus Stév.
- Stevenii *D.* Russ. m. 3
cruciatus Stév.
- subfasciatus *D.* Gal. or. 3
- unipunctatus *D.* Hisp 3
- humeralis *Gebl.* Sib. 3
- cœruleipennis *Duf.*
Hisp. or. 2
. pedestris 23. 6. - 74. 6. 3
formica Duf.

equestris Fald.
: pulchellus *D* Gall. m. 3
Rodriguei Latr.

8. OCHTHENOMUS. D.

⸝ punctatus *D.* Hisp. 3
- elongatus *D.* id. 3
- angustatus *D.* id. 3

9. XYLOPHILUS. Bon.

⸝ oculatus *Gyll.* Snec. 3
calycinus Pz. 8. 3.
. populneus 33. 4. P. *2
-- pygmæus *Gyll.* Snec. 3
- testaceus *D.* ⁚ Dalm. 3
- lividus⸵D. id. 3
- pumilus *D.* Gall. 3
- melanocephalus 25 ⁚25 3

10. SCRAPTIA. Latr.

: fusca *Latr.* P. 2
- minuta *D.* id. 3

11. PELECOTOMA.Fisch.

- mosquenseFisch.Russ.6

12. PTILOPHORUS. D.

: Dufourii *Latr.* Gal. m 4
Frivaldskij Str. Hung.

13. METOECUS. D.

: paradoxus 26. 14. -
90. 3. * 6

14. RIPIPHORUS.

. flabellatus 5
. bimaculatus 22. 7. 4
var. *quadrimaculatus*
Schönh.
- fulvipennis *D.* Dalm. 6

15. MYODES. Latr.

⸝ subdipterus 97. 7.
⸌ Gall. m. 6

16. MORDELLA.

. 12 punctata *Oliv.* 3
: atomaria 3
guttata Payk.
- albosignata *D.* Styr. 3
: biguttata *D.* 3
fasciata Gyll.
picta Bess.
: bipunctata *D.* Dalm. 3.
. fasciata * 1
- obsoleta *D.* Dalm. 3
- sericea *Ziegl.* 2
- cinerea *Gebl.* Sib 3
: micans *D.* Dalm. 3
villosa Gyss.
aculeata Stév.

. aculeata * 0
var. *femoralis Meg.*
- tibialis *D.* 2
pumila Stév.
: grisea *Froehl.* Gal. m. 3
. elongata *D.* * 1
pumila Gyll.
- pusilla *Meg.* *·1
parvula Gyll.
: angustata *D.* Gal m. 2
auripennis Parr.
testacea?
. abdominalis * 2
: ventralis 3
: humeralis 62. 3. 2
: axillaris *Gyll.* 3
collaris D.
. variegata 13. 15. *2
lateralis Oliv.
: testacea *Ziegl.* 2
. brunnea *D.* 36. 8. * 1

17. ANASPIS. Geoffr.

. frontalis 13. 13. * 0
var. *rufilabris Sturm.*
atra Fall.
. pulicaria *Froehl.* * 2
pygmæa *D.* Dalm. 2
. nigra *Meg.* * 1
var. *depressa Schüpp*
- brunnea *D.* P. 2
- arctica *Schönh.* Lapp. 3
- flava 13. 14. * 1
- livida *D.* Russ. m. 2
flava Stév.
- maculata *Geoffr.* 2
obscura Gyll.
bipunctata Bon.
- fasciata *D.* Hisp. 3
- pallida *D.* id 2
: quadrimaculataD.G.m.3
: bicolor *Oliv.* 3
quadrinotata Heid.
- humeralis *D.* 2
: lateralis 2
- rubricollis *D.* Dalm. 3
ruficollis Stév.
. ruficollis * 1
. collaris *D.* Gall. m. 2
. thoracica * 1

VI. VESICANTIA.

1. MELOE. °

. proscarabæus 10:
12. 16. * 1
var. *pannonicus Ziegl.*
- tauricus *D.* Russ. m. 5
var. *exaratus Fald.*

. gallicus *D.* * 1
proscarabaeus Leach.
- cyanens' 2
: siculus *D.* Sic. 5
. violaceus *Gyll.* 10. 14. *2
tectus Sturm.
- cribripennis *D.* Lusit. 5
coriarius D
⸝ autumnalis *Oliv.* * 4
glabratus Leach.
var. *variolosus Latr.*
: tuccius *Rossi.* Gal. m. 4
punctatus Leach.
- corrosus *D.* Sic. 4
⸝ semipunctatus *Ziegl.*
⸌ Styr. 4
brevicollis Gyll.
aestivus Stév.
. brevicollis 10. 15. * 3
scabriusculus Boeb.
. laticollis *Meg.* * 3
brevicollis Stév.
var. *Latreillii Leach.*
⸝ rugulosus *Zgl.* Gal. m. 4
rugosus Marsh.
autumnalis Leach.
microthorax Stév.
var. *pullus Hffg.*
murinus Brandt. Sic.
. scabrosus *Ill* 10. 13. *2
majalis Oliv.
variegatus Leach.
- æneus *Latr.* Hisp. 5
⸝ cicatricosus *Leach.* * 3
reticulatus Ziegl.
: coriarius *Hffg.* 5
punctatus Fabr.
rufiventris Friv.
- erythrocnemus *Pall.*
⸌ Illyr. 6
: limbatus Hung. 5
: uralensis *Pall.* Sib. 5
glabratus Ziegl.
: decorus *Creutz.* Hung. 5
: corallifer *Ill.* Hisp. 5
- majalis Gall. m. 4
var. *laevigatus Fabr.*
rugulosus Latr.

2. CEROCOMA.

. Schæfferi 94. 11 P. * 1
var. *affinis Stév.*
: MühlfeldiiSchön.Hung.4
patéligera Meg.
micans Fald.
. Schreberi
♀ Vahlii *Fabr.*
var. *festiva Eschs.*
: præusta *Stév.* Rus. m. 6
Stevenii Fisch.

4 *

3. DICES. *Latr.*

: Bilbergi *Schön.* Gal. m. 5
elavicornis *Ill.* ·

·4. MYLABRIS.

: cincta *Oliv.*
tiflensis *Bilberg.*
interrupta *Latr.*
var. *Malthesii Fald.*'
fasciatopunctata *Stév.*
Russ. m. 6
. variabilis *Oliv.*
var. *fasciatopunctata M.*
- lacera *Meg.* Ital. 4
: mutabilis *D.* Hisp. 5
angulosa *Duf.*
. melanura *Pall.* Eur. m. 3
quadripunctata *Bilb.*
decempunctata *Oliv.*
octopunctata *Encyc.*
var. *quadrinotata Ziegl.*
Schreibersii *Heeg.*
. floralis *Pall.* Russ. m. 4
fasciatopunctata *Fisch.*
var. *Adamsii Fisch.*
: pusilla *Oliv.* Russ. m. 6
- Frohlovii *Fisch.* Sib. 5
: Tauscheri *Esch.* id. 5
. Fuesslini Pz. 31. 18. 2
australis *Sturm.*
Tauscheri var. *Gebl.*
. Spartii *Germ.* 'Dalm. 4
var. *Gyllenhalii. D.*
: Dahlii *D.* Hung. 4
australis Parr
Fuesslini var. *Stév.*
minuta var. *Gebl.*
: minuta Sib. 6
atrata *Oliv.*
: flexuosa *Oliv.* Helv. 5
var. *alpina Mén.*
- speciosa *Pall.* Sib. 5
. 14 punctata *Bilb.* R. m. 6
combusta *Sturm.*
var. *famelica Mén.*
• sericea*Tausch.* Russ. m. 5
14 punctata var. *Bilb.*
Geblerii *Eschs.*
- Ledebourii *Gebl.* Sib. 5
- pulchella *Fald* id. 5
: bivulnera *Sch.* (OEnas)
Russ. m. 6
- aulica *Mén.* id. 5
- caspica *Mén.* id. 5
. bimaculata *Oliv.* Græc. 4
: calida *Pall.* Russ. m. 5
maculata *Bilb.*
decora *Oliv.*
decempunctata var. *Sch.*
signata *Fald.*

daurica *Mann.*
- cylindrica *D.* Hisp. 5
- cyanescens *Ill.* Gal. m. 5
. crocata *Bilb.* Hung. 5
duodecimpunctata *Tsch.*
. decempunctata Rus. m. 5
- sibirica *Gebl.* Sib. 5
- varians *D.* Hisp. 5
: geminata Gall. m. 5
, var. *grisescens Sch.*
centropunctata *Eschs.*
Besseri *Mann.*
calida var. *Gebl.*
- Dejeanii *Schön.* Hisp. 5

· 5. LYDUS. *Meg.*

: algiricus Ital. 4
: trimaculatus Hung. 4
var. *quadrisignatus*
Fisch.
quadrimaculatus *Tsch.*
. chalybeus *Tsch.* R. m. 4

6. OENAS. *Latr.*

: ater Hisp. 4
. crassicornis Hung. 3
rufiicollis *Oliv.*

· 7. LYTTA.

. collaris Græc. 6
. syriaca 41. 5. Austr. 3
: Myagri *Ziegl.* id. 3
austriaca *Meg.*
- Pallasii *Gebl.* Sib. 5
caraganae *Pall.*
- Menetriesii *Fald.*
Russ. m. 5
: clematidis *Lin.* Sib. 5
Fischeri *Gebl.*
var. *bivittis Pall.*
. vesicatoria 41. 4. *0
: segetum
nobilis *Dahl.* Sic. 4

8. EPICAUTA. *D.*

. verticalis *Ill.* 3
dubia *Oliv.*
. flabellicornis Illyr. 3
depressicornis *Sturm.*
laticornis *Ullr.*
: sibirica *Pall.* Sib. 5
. erythrocephala 41. 6.
Russ. m. 4
: megalocephala *Gebl.*
Sib. 5
•ambusta? *Pall.*

9. ZONITIS.

. præusta 36. 6. 7. Gall. m. 3
flava *Stév.*
. nigricornis *D.* Hisp. 3

- nigripennis Gall. m. 3
- mutica id. 3
- scxmaculata *Oliv.* id. 3
: fulvipennis Hung. 4
. quadripunctata (My-
labris) Gall. m. 3
quadrimaculata *Stév.*
bimaculata *Tausch.*
: bifasciata *Meg.* 5
: humeralis *D.* Hisp. 5
, atra *Meg.* ι Hung. 4
. caueasica *Pall.* Rus. m. 5
sexmaculata (Myla-
bris.)

10. NEMOGNATHA. *Ltr.*

: chrysomelina Gal. m. 4

11. APALUS.

. bimaculatus 104. 4.
Suec. 5
- binotatus *D.* Ital. 5
- bipunctatus *Ziegl.*
Hung. 5.

12. SITARIS. *Latr.*

: humeralis 6
- rufipennis *Duf.* Hisp. or. 6
: abdominalis. *D.* (Zo-
nitis) Hisp. 6
- cyanea '*D.* Sic. 6
- adusta *Ziegl.* 6
- apicalis *Ltr.* Gall. m. 6
- thoracica *D.* id. 6

———

VII.

STENELYTRA.

1. CALOPUS.

: serraticornis 3. 15. 3

2. SPAREDRUS. *Meg.*

: testaceus *Andersch.* 5

3. NOTHUS. *Ziegl.*

. clavipes *Meg.* 4
. bipunctatus *Ill.* 5

4. DITYLUS. *Fisch.*

. lævis (Helops) 5

5. NACERDES. *Stév.*

- caueasica *D.* Russ. m. 5
: notata Gall. m. 5

6. ASCLERA. D.

- rubricollis D. Ilisp. 4
: sanguinicollis 24. 19. 3
. cœrulescens   * 1
. thalassina 5. 15.   * 2
. viridissima   * 1

7. ANOGCODES. D.

. melanura   * 2
. collaris Pz. 36. 10. * 2
. melanocephala   * 2
- affinis D.   2
. ustulata   * 1
. adusta Pz.   * 2
. fulvicollis   3
- coarctata Gebl. Sib. 4
. viridipes Meg.   3
. ruficollis   3
. azurea Meg.   3

8. DRYOPS.

: femorata   6

9. OEDEMERA. Oliv.

· podagrariæ 36. 9.   * 0
- Menetriesii D. Russ.m.3
· flavescens Linn. 36.
    11.   * 0
- sicula D.   Sic. 3
- ventralis D. Gall. m. 3
: marginata 36. 12. * 2
- barbara   Gall. m. 3
: annulata Meg.   3
- croceicollis Sahl. Suec. 3
: rufofemorata D. Dalm. 3
. cœrulea   * 2
. clavipes   * 0
-. lateralis Eschs. Sib. 3
- cyanescens D. Dalm. 3
- atrata D.   Gall. m. 3
. virescens   * 1
. lurida Gyll.   * 0

10. STENOSTOMA. Ltr.

. rostrata (Leptura.)
             Gall. m. 3

.11. MYCTERUS. Oliv.

. curculioides (Rhino-
    macer 12. 8.   * 1
: umbellatarum (Bru-
    chus.) . 1 : : 14. 4

12. SALPINGUS. Gyll.

- ater Payk. (Dermes-,
    tes) . . Suec. 3
- rufilabris D.   id. 3
- bimaculatus Gyll. Finl. 3
: rufescens D.   · 2
- humeralis. D. Lomb. 3
: quadriguttatus Latr. 3
- limbatus D.   Gall. 3

13. RHINOSIMUS. Latr.

- æneus Oliv. Gall. bor. 2
- planirostris 15: 14. * 2
- ruficollis. Pz. 21. 19. * 2
: roboris 104. 5.   2

TETRAMERA.

I.

CURCULIONITES.
vid. fasc. III.

II. XYLOPHAGI.
vid. fasc. III.

III.

LONGICORNES.

1. SPONDYLIS.
. buprestoides 4 . 19. * 1

2. ERGATES. Serv.
faber 9. 5.   * 2
. ♂ obscurus Oliv. 9. 6. * 3

3. MACROTOMA. D.
- Germari D.   Dalm. 6
scutellaris Germ.

4. AEGOSOMA. Serv.
. scabricorne 12. 7. 4

5. TRAGOSOMA. D.
: depsarium 9. 7. Suec. 5

6. PRIONUS. Geoffr.
. coriarius 9. 8. . * 1

7. HAMMATICHERUS.
    Megerle.   ♦
. heros 82. 1.   * 3
- Welensii Dahl.   5
: miles Bon.   5
- velutinus D.   5
- cerdo 8 . 2.   * 1

8. PURPURICENUS. Zgl.
- budensis Goetze.   3
. Kœhleri   2
    var. Servillei Ziegl.
- globulicollis D. Gall. m. 6

9. ANOPLISTES. Serv.
- halodendri Pall. Sib. 4
: ephippium Schönh. id. 4
: sellatus Stév.   id. 4

10. ROSALIA. Serv.
. alpina 22. 2.   3

11. AROMIA. Serv.
. moschata   * 1
: rosarum Dahl. Sic. 5
: ambrosiaca Stév. R. m. 5

12. POLYZONUS. D.
. bicinctus Oliv. Sib. 6

13. STROMATIUM. Serv.
: strepens   Eur. m. 5

14. HESPEROPHANES.
- mixtus   Gall. 4
. holoserieeus Rossi.
             Eur. m. 3

. rufipes 18. 27.   2
? nigritarse Stév. Rus.m.3
. sericatúm Stév. id. 3
- velutinum Stév. id. 4
. abruptum Meg.   3
. pedestre 66. 9.   2
. seductor Dahl.   2
. decipiens Meg.18. 24. 3
- lineatum 48. 23.   3
- erythropus D. Hisp. 2
- græcum D. Græc. 5

41. PARMENA Meg.
. unifasciata Rossi. Ital. 3
. fasciata Vill. Gall. or 1
: Dahlii D.   Sic. 4
- pubescens D. Dalm. 3
- pilosa D.   Gall. m. 4

42. DEROPLIA. D.
- marginicollis Dahl.Sic.6
: Genei Chevr. Lomb. 5

43. ANAESTHETIS. D.
. testacea 45. 8.   * 2

44. SAPERDA.
. carcharias 69. 1.   * 2
. Duponchelii D. Græc. 6
- scalaris 69. 3   * 3
. Seydlii 111. 4.   3
. tremula 1. 7.   3
: punctata 45. 8.   3
- quercus Dahl.   4
. populnea 69. 7.   *.3
- sulphurata Gebl. Sib. 5

45. STENOSTOLA. D.
. nigripes 97. 15.   * 2
ferrea Sturm.

46. ANAETIA D.
. præusta   * 0
: gilvipes Stév. Russ.m. 4
: Muhlfeldii D.   3

47. OBEREA. Meg.
. oculata 1.18.   * 2
. pupillata Schönh.   * 3
: ruficeps Hffgg. Lusit. 4
- depressa Dahl.   Sib. 5
. xanthocephala D.R. m. 5
- luteicollis Gebl. Sib. 5
. erythrocephala 69.5. *2
: raguana D.   Dalm. 4
. linearis 6. 14.   * 1

48. PHYTOECIA. D.
argus 69. 2.   3
- ophthalmica D. Gal.or.4
- puncticollis Mén. R. m. 4

- affinis Pz.   3
- flavipes Stév. Rus. m. 4
- azurea Stév.   id. 5
: prætextata Stév. id. 5
. lineola 23. 18.   * 2
: punctum Ziegl.   2
- pulchella D.   Græc. 4
. rufimana 3). 15.   * 2
- sibirica Gebl.   Sib. 4
. ephippium 23. 17.   * 2
. cylindrica 69. 4.   * 2
. nigricornis 97. 14.   * 2
. globulicollis D.   3
- virescens   * 1
- malachitica Dahl.Sic. 4
. ferrea   2
. molybdæna Germ.
: hirsutula 97. 13.   3
: scutellata   3
. solidaginis   * 1

49. AGAPANTHIA.Serv.
: irrorata   Hisp. 4
: verbasci Meg.   3
: asphodeli Latr.   3
. cynaræ Germ.   2
. cardui 69. 6.   3
: angusticollis Schönh. 3
. maculicornis Dahl.   3
. suturalis 23. 16.   3
. marginella   3
. violacea 35. 14.   3
: smaragdina D. Gal.m. 4
: leucaspis Schönh.
        Russ. m. 4
: alboscutellata Dahl.
        Hung. 3

50. VESPERUS D.
: strepens   Gall. m. 4
- Xatartii D.   id. 6
- Solieri D.   id. 6
- luridus Rossi. Ital. 5

51. RHAGIUM.
. mordax 82. 4.   * 1
. inquisitor 82. 4.   * 1
. indagator 82. 5.   * 1
. bifasciatum 118. 1. * 2
: maculatum Gyss.   8

52. RHAMNUSIUM.Meg.
. salicis 117. 3.   * 2

53. TOXOTUS. Meg.
: cinctus 117. 2.   5
. dispar Pz.17. 1. 2. 3
. cursor 17. 3. 118. 2. * 2
. meridianus 45.10. * 1
. humeralis 45. 11   * 3

54. PACHYTA. Meg.
. lamed 22. 11. Suec. 4
- spadicea Payk. Lapp. 4
- quadrimaculata117.4.*1
: variabilis Gebl. Sib. 4
. interrogationis 22. 11. 5
- longipes Gebl. Sib. 3
- borealis Gyll. Lapp. 5
. octomaculata 69. 21. * 0
. sexmaculata 11). 3. 2
: trifasciata   3
: clathrata 8. 13.   3
. strigilata   Suec. 3
- angusticollis Fisch.Sib.4
: smaragdula   Lapp. 4
. virginea 117. 6.   * 1
. collaris 117. 5.   * 0
- marginata Gyll. 69.17. 4

55. OEDECNEMA. D.
- dubia   Sib. 6

56. STRANGALIA. Serv.
. annularis 8. 2.   3
. attenuata 117. 7.   * 1
. calcarata   * 0

57. STENURA. D.
- thoracica   Curon 6
: aurulenta 90. 5.   3
: quadrifasciata 117.8. * 1
. pubescens 69. 20.   3
. villica 22 13.   * 2
- labiata D.   3
- nigripes Payk. Suec. 3
. duodecimguttata Sib. 4
. atra 69. 14.   * 1
. verticalis D.   3
- nigra 69. 18.   * 1
. Jægeri Hummel.Rus.m.4
. distigma Hffgg. Hisp. 4
. melanura 69. 19.   * 0
. cruciata Oliv. 118.3. * 0
. septempunctata 90. 4. 2

58. LEPTURA.
. virens 69. 13.   3
: variicornis Dalm. Sib. 5
: rubrotestacea69.11.12.*0
: erythroptera D. Gall.m.4
: rufa D.   id. 4
- apicalis D.   4
- rubens Meg.   4
- scutellata 69.15.   2
. hastata 22.12.   2
: bisignata D.   2
. tomentosa 119. 20. * 2
- pallens Dahl. Hung. 4
- sanguinosa Gyll. Sib. 4
- extensa Gebl.   id. 4
. cincta69.9.10.-118.4.* 0

. sanguinolenta 69. 8. * 1
. maculicornis 119. 19. * 1
. livida 118. 5.   * 1
. unipunctata 45. 9.   3
: binotata D.   ' Græc. 4
. bipunctata   3
- rufiventris Gebl. Sib. 4
. sexguttata 69. 22·   * 2
. rufipes 119. 18.   * 1

59. GRAMMOPTERA.
Serville.

. lævis 34. 16.   * 0
. lurida 69. 16.   * 3
: quadriguttata 119. 21. * 4
. holosericea   4
- rufimana D.   Græc. 5
. varians Meg. 118.6. * 4
. ruficornis   * 1
. præusta 34. 17.   * 3
- superdoides Stév.
  (Eucinctes) Russ. m. 5

———

IV.

CHRYSOMELINAE.

1. DONACIA.

. crassipes 29· 1.   * 2
: dentata Ahr.   * 2
: bidens Sturm.   2
. tincta Germ.   * 2
- reticulata Sch. Illyr. 3
. temorata Ziegl. Dalm. 3
. dentipes 29· 5.   * 0
- Sparganii Ahr.   3
. leunæ 29. 12. 11.   * 2
: sagittariæ 29· 7. 8. * 2
. obscura Gyll.   * 2
. brevicornis Ahr.   2
: impressa Payk.   2
. thalassina Gyll.   2
. nympheæ 29. 2· 6. 9.-
    29· 3. 4.   * 0
. discolor Hoppe.   * 3
- affinis Kunze.   * 2
: Besseri D. Volhyn. 4
. nigra 29· 10.   3
. menyanthidis 29-13. * 1
. linearis Hoppe. 29. 15. 2
: typhæ Brahm.   3
: Malinovskyi Ahr.   3
. simplex 29· 14.   * 1
: arundinis Ahr.   4
- tomentosa Ill.   3
. hydrocharidis 29.16.17. 3

2. HAEMONIA. *Meg.*

: equiseti 24. 17.   4
- zosteræ   Suec. 5

3. RHAEBUS. *Fisch.*

- Gebleri Fisch. Sib. 6

4. ORSODACNA. *Latr.*

: limbata Oliv.   3
. cerasi 83. 8. - 34. 5. 6. * 1
- nigripennis D. Volh. 3
- humeralis Latr.   3
: oxyacanthæ Schott.   2
: nigricollis Oliv.   2

5. SYNETA. *Eschs.*

: betulæ   Suec. 4

6. AUCHENIA. *Meg.*

. subspinosa 83. 10. * 1
- flavicollis Marsh.   2
: melanocephala Bon.
            Gall. m. 3

7. LEMA.

. merdigera 45. 2·   * 0
. brunnea 45. 1.   * 1
- collaris Dahl. Hung. 3
- 12 punctata 45. 3. * 0
. dodecastigma Ziegl.   3
. 14 punctata 24. 1·   3
. quinquepunctata 91.11. 4
. paracenthesis Oliv.
            Gall. m. 3
- suturalis Oliv.   id. 3
- Dahlii D.   Sic. 4
. Asparagi 71. 2·   * 0
- maculipes Parr. R. m. 4
: campestris 3. 12. Ital. 3
. melanopa 71. 12.   * 0
- flavipes Meg.   1
- rugicollis Ill.   3
. cyanella 71. 1.   * 0

8. HISPA.

. testacea Gal. m. 3
. atra 96. 8.   * 1
- aptera Bon.   Ital. 4

9. CASSIDA.

: vittata   Hung. 4
. atrata 88. 1.   3
- illyrica D.   Illyr. 3
. austriaca 98. 2·   2
: immutabilis Ziegl.   3
: murræa   * 2
: lineola Creutz.   3
. equestris 96. 5.   * 0
. viridis 96. 4.   * 0

. sanguinolenta   * 1
: thoracica 39. 24.   3
· vibex 96. 6.   * 2
- rosea D.   0
:. azurea   3
- affinis   * 0
- ferruginea   * 1
- meridionalis D.   3
. obsoleta Ill. 1   * 0
. viridula Payk.   3
. pulchella 59. 15.   * 2
. nobilis   * 1
. margaritacea   * 1
: leucocephala Gyss.   3
. hemisphærica Hbst. * 2

10. GALLERUCA.

: brevipennis Ill. Gal. m. 4
. tanaceti 102. 2·   * 0
: littoralis   2
. rustica 102. 1.   * 1
: interrupta Oliv.   3
: Dahlii D.   3
: rufa Sturm. Russ. m. 3
- reticulata Ziegl.
            Dalm. 3
- hæmatidea Ziegl.   3
- rubicunda D. Hisp. 3
. sanguinea 102. 8.   * 1
. capreæ 102. 7.   * 0
. viburni Payk.   · * 2
. calmariensis   * 2·
. nympheæ 102. 6.   * 2
. lineola 102. 5.   * 0
: lythri Gyll.   * 2
. tenella 102. 9.   * 0
- geniculata Dahl. Ital. 3
. nigripes Encycl.
            Gall. m.
- foveicollis D. Dalm. '
. 4 maculata 48. 16.
: adusta 21. 10.
. nigricornis 91. 9.   * 3
. alni 102 3.   * 0
- terrestris D. Hisp. 4

11. LUPERUS. *Geoff.*

. rufipes 32. 5.   * 0
. flavipes 32. 4.   * 0
- viridipennis D.   2
- pallipes D.   2
- pygmæus D.   Dalm. 2
: pyrenæus D.   Hisp. 3
- cyaneus D.   Dalm. 2
. xanthopus Ziegl.   * 2
: suturella Sch. 21.18. * 3
- suturalis D. Hisp. 4
- flavus D.   id. 2

(Fortsetzung und Schluss
  siehe Heft III.)

. raphani 2
. chalybea *D.* Hisp. 4

35. PHRATORA. *Ch.*

. vitellinæ P. 44. 16. * 0

36. PHAEDON *Meg.*

. carniolicum *Meg.* 3
. pyritosnm *Rossi* * 2
: neglectum *D.* 61. 4? 3
. cochleariæ P 44. 15. -
  21. 2. * 2
. egenum *Ziegl.* 3
. auctum P. 16. 14. * 0
: peregrinum *Par.* Corfu 3

37. HELODES. *Fabr.*

. hannoveriana 16. 16. 3
. marginella 16. 15. 2
. Phellandrii 83. 9. * 1
: marginicollis*Dahl.* Sic.3
. violacea 22. 11. * 2
- chalybea *Dahl.* Sic. 3

38. FALES. *Chevrolat.*

. ulema *Meg.* Hung. 3

39. COLAPHUS. *Meg.*

- areatus *Hffgg.* Hisp. 4
: barbarus Gall. mer. 3
. sophiæ 25. 10. 2
- caucasicus *D.*Russ.m.4
- alpinus *Gebl.* Sib. 4

40. DIA. *Dejean.*

- pubens *Duf.* Hisp. 4
. ærnginea Gall.-mer. 4
- nitida *Dahl.* Etruria 4

41. BROMIUS. *Chev.*

. obscurus 5. 12. * 1
. vitis 89. 12. * 2

42. CHRYSOCHUS. *Chev.*

. asiaticus Russ. mer. 5
. pretiosus 44. 13. * 2

43. PACHNEPHORUS.
  Chevrolat.

. cylindricus *Hffg.* G. m.3
: villosus *Meg.* 3
. arenarius 39. 19. * 1
- troglodytes *D.* Gal. m. 3
- oblongulus *D.* Cors. 3
. lepidopterus *Ziegl.* 2

44. CLYTHRA. *Laich.*

. Stevenii *D.* Russ.m. 4
- novempunctata *Oliv.*
  Græcia
. quadripunctata 106.
  10. * 0

. hungarica *D.* Hung. 3
- nigrocincta *D.* Const. 5
. atraphaxidis Gall. m. 3

45. LABIDOSTOMIS. *Ch.*

. taxicornis Gall. m. 3
- longipennis *Dahl.* id. 3
. cyanicornis *Dahl.* 3
- chalybeicornis *Dahl.* 3
- viridicollis *D.* Gall.m. 3
: tridentata*Linn.*48.12.*2
- cyanicollis *Dahl.* 3
- impressihumera *Dahl.*3
. humeralis *Pz.* 48.13. * 0
  tridendata Gall. m.
- taurica *D.* Russ. m. 4
- laticollis *Dahl.* 3
: fulgida *Dahl.* 3
. scapularis *D.* Gall. m. 3
: axillaris*Dahl.* Gall.m.*2
. longimana 48. 14. * 1
- dalmatina *D.* Dalm. 3
- hispanica *D.* Hisp. 4
. centromaculata *Dahl.*
  Sardin. 4
- terminata *D.* Sicil. 4
- sibirica *D.* Sibir. 4
. chloris *Dahl* Hung. 3
: hordei Hisp. 3

46. LACHNAIA. *Chev.*

- lentisci Hisp. mer. 4
- paradoxa *Oliv.* Sicil. 4
. longipes 106. 9. * 1
: tripunctata Gall. mer. 4
: macrodactyla *D.* id. 4
: rufipennis *D.* id. 4
: vicina *D.* Hisp. mer. 4
: cylindrica*D.* Gall. m. 3
. tristigma *Hffgg.* id. 3
- puncticollis *D.* Hisp. 4

47. MACROLENUS.*Chev.*

. sexmaculata Gall.mer. 3
. macropus *Ill.* Hung. 3
- sexpunctata *Ol.*Gall.m. 3
- dispar *D.* Sicil. 4
  ruficollis Gall. mer. 3

48. COPTOCEPHALA.
  Chevrolat.

- cyanocephala *Dahl.*
  Sardin. 4
: scopolina 48.15.Gall.m.2
: tetradyma *Meg.* * 1
: quadrimaculata * 1
. Gebleri *D.* Sibir. 3
- floralis *Oliv.* Hisp. 3
- Godetii *D.* Russ. mer. 3
- apicalis *D.* id. 3
. cœrulea *D.* 2

49. CHEILOTOMA *Chev.*

- erythrostoma*D.* R. m. 2
. bucephala 45. 6. * 3

50. SMARAGDINA.*Chev.*

- Menetriesii *Falderm.*
  Russ. mer. 3
. limbata *Stév.* id. 3
. concolor Gall. mer. 3
- hypocrita*Stév.*Russ.m.3

51. CYANIRIS. *Chev*

- lateraris *Gebl.* Sibir. 3
. aurita 25. 20. * 2
. collaris *Schneider* * 3
. affinis *Ill.* 25. 21. * 1
. flavicollis *Meg.* 3
- fuscitarsis *D.* Gall-m. 3
- virens *Ramb.* Hisp. m. 3
- cyanea 45. 5. * 0

52. PACHYBRACHIS.
  Chevrolat.

- viridissimus *D.* Hisp. 4
- rubi *Mén.* Russ. m. 4
. histrio 68. 13.-116. 2. * 0
- scriptus *Dnf.* Pz. 164. 4.
  Hisp. 3
. tamarisci *D.* Pz. 143. 24.
  Gall. mer. 3
- minutissimus *D.* Pyr.
  orient.

53. PROTOPHYSUS. *Ch.*

. lobatus 13. 9.- 68. 14. * 3
- cyanipes *D.* Lomb. 4

54. HOMALOPUS. *Chev.*

- Loreyi *D.* Pz.164.3. It. 4

55. CRYPTOCEPHALUS.
  Geoffroy.

. bimaculatus *Pz.* 127. 12.
  Gall. mer. 4
. grandis *Hffg.* Gall. m. 4
- imperialis *P.* 102. 11. * 2
- bistripunctatus *Creutz.*
  Pz. 115. 3. 4
: sexmaculatus *Ol.* G.m. 4
. bipunctatus 89. 2. * 0
. lineola 102. 10.-68. 2. * 0
- temesiensis*Meg.*Hung.3
. coryli 68. 5 .6. * 1
. cordiger 13. 6. * 1
. variabilis13.7.-126. 9. * 2
. sexpunctatus 68. 7. -
  116. 4. * 2
- interruptus *Meg.* 3
. florentinus *Oliv.* Pz. 130.
  2. Etrur. 3
: ♀. variegatus 13. 8. * 3
. axillaris *Bav.*Pz.116.8.3

- fasciatopunctata *Man.* 1
: hyperborea *Payk.* P. 128.
  4. f. 9.   4
. bipunctata 106. 1. - 128.
  4. f. 2. 3. 4.   * 0
  sexpustulata   * 1
. picta *Ziegl.*   3
. undecimpunctata P. 128.
  5. f. 8.   3
- hungarica *D.*   3
- undecimnotata *Ol.*   2
. septempunctata 79. 9.
  P. 128. 6. f. 3.   * 0
- divaricata *Oliv.*   4
. quinquepunctata P. 128.
  6. f. 7.   * 0
- perplexa *D.*   3
: trifasciata P. 128. 4. f.
  10.   4
. sexdecimpunctata 79. 1.
  2.   - * 3
. impustulata   * 2
. conglobata 106. 3. 4. 128.
  5. f. 6.   * 0
. novemdecimnotata *D.* 4
- vigintipunctata 106. 2. * 0
. conglomerata 106. 5. -
  128. 6. f. 2. - 24. 7. * 0
. variabilis *Ill.* Pz. 128. 5.
  f. 7.   * 0
. quatuordecimpustulata
  106. 7.   * 0
- duodecimpustulata   2
- lyncea *Oliv.*   4
. ocellata 79. 6. - 85. 8. * 0
- Gebleri *Pald* Sib. 4
. oblongoguttata Pz. 128.
  4. f. 8.   * 0
. tigrina Pz. 128. 4. f. 5. * 2
. sexdecimguttata Pz. 128.
  4. f. 7.   * 2
. decemguttata Pz. 128.
  4. f. 4.   * 2
. bisseptemguttata Pz.
  128. 4. f. 1.   * 3
. quatuordecimguttata
  106. 5.   * 0
. bissexguttata Pz. 128. 4.
  f. 3   * 2
. octodecimguttata P. 128.
  4. f. 2.   * 0

4. HYPERASPIS. *Chev.*

: marginella   * 3
. lateralis 24. 9.   * 2

5. MICRASPIS. *Chev.*

- phalerata *Dahl.*   3
: duodecimpunctata Pz.
  128. 6. f. 5.   * 0

6. CHILOCORUS. *Leach.*

. renipustulatus *Ill.* Pz.
  111. 5.   * 1
. bipustulatus 128. 6. f.
  8.   * 1
. quadriverrucatus P. 128.
  6. f. 9.   * 1
- meridionalis *D.*   2
. auritus *Sch.* P. 128. 6.
  f. 1.   * 2
: reppensis P. 128. 7. f. 3.
: humeralis Pz. 128. 5. f. 5.

7. EPILACHNA. *Chev.*

. chrysomelina P. 112. 6. 3
. undecimmaculata 79. 4. 3

8. CYNEGETIS. *Chev.*

. globosa *Ill.*   * 0
. aptera *Payk.* 36. 4. et
  128. 7. f. 1.   * 3

9. SCYMNUS. *Herbst.*

. nigrinus *Ill.* 21. 12. * 1
. flavipes *Ill.* 2. 4.   * 2
. ater *Ill.*   * 1
. parvulus 23. 2.   * 2
. analis 13. 3.   * 2
: biverrucatus 24. 11.   2
: morio 13. 4.   3
. flavilabris *Pk.* 24. 10. * 1
. frontalis   * 1
. bisbipustulatus 13. 5. -
  24. 8.   2
- quadrinotatus *Meg.*   1
. quadrilunulatus *Ill.* * 1
- luridus *D.*   1
. discoideus   * 1
- oblongus *D.*   2
. abietis 24. 13.   * 2
- arcuatus *Rossi*   3
- fulvicollis *D.* Gall. m. 3

10. NUNDINA. *D.*

. litura 78. 6.   * 1
- discimacula *Ziegl.* 3

11. COCCIDULA. *Meg.*

. scutellata 26. 12.   * 1
. pectoralis 78. 5.   * 1

12. AGCYLOPUS. *Chev.*

- melanocephalus *Oliv.*
  Sic. 3

13. ENDOMYCHUS. *Web.*

. coccineus 44. 17.   * 2
- thoracicus *Koll.*   3

14. LYCOPERDINA. *Ltr.*

. cruciata 8. 5.   3

. fasciata 44. 18.   3
. bovistæ 8. 4.   2

15. DAPSA. *Ziegl.*

: trimaculata *Meg.*   3
- nigricollis *Dahl.*   4
- trisignata D. Hisp. 4

16. HYLAIA. *Chev.*

- rubricollis *Dahl.* Hung. 4

17. ORESTIA. *Chev.*

- alpina *Ziegl.*   4

18. LEIESTES. *Chev.*

- seminigra *Gyll.* Finl. 4

19. DASYCERUS. *Brong.*

: sulcatus *Brong.*   3

DIMERA.

1. CHENNIUM *Latr.*

- bituberculatum *Latr.* 6

2 TYRUS. *Aubé.*

. mucronatus Pz. 89. 11. * 3

3. CTENISTES. *Reich.*

- Dejeanii *Encycl.*   6

4. PSELAPHUS. *Herbst.*

. Heisei *Herbst.*   * 1
- longicollis *Reich.*   3
: dresdensis *Hbst.* 98. 1. 3

5. BRYAXIS. *Knoch.*

: longicornis *Leach.*   3
. sanguinea 11. 19.   * 2
. fossulata *Reichenb.* * 0
. hæmatica *Reichenb.* * 2
- obscura *D.*   2
- Schüppelii *D.*   3
- laminata *Victor.*   2
: Lefebvri *Aubé.*   2
. impressa Pz. 89. 10. * 1
- antennata *Aubé*   2
. juncorum   * 2

6. BYTHINUS. *Leach.*

- Curtisii *Leach.*   2
- luniger *Aubé.*   3
- securiger *Reichenb.*   2
. bulbifer *Reichenb.* * 2
- glabricollis *Reichenb.*   2
- Burrellii *Den.*   3
- clavicornis Pz. 99. 3. 3
- puncticollis *Den.*   3

7. TYCHUS. *Leach.*
niger *Payk.* 2

8. TRIMIUM. *Aubé.*
- brevicorne *Reichenb.* 2

9. BATRISUS. *Aubé.*
- oculatus *D.* 3
: formicarius 3

- venustus *R.* 3
- Delaporti *Aub.* 3

10. EUPLECTUS. *Kirby.*
- sulcicollis *Reichenb.* 3
: nanus *Reichenb.* 2
- Kirbyi *Denny.* 2
- sanguineus *Denny.* 2
- signatus *Reichenb.* 3

- bicolor *Denny.* ī
: ambiguus *Reichenb.* 3
: Fischerii *Kunze* 3
- Karstenii *R.* 3
- brevicornis *R.* 2

11. CLAVIGER. *Müll.*
: foveolatus *Müll.* 59. 3.*3
: longicornis *Mull.* 3.

Berichtigungen zu den Coleopteren.

Pag.	Sp.	Zeile
1	3	28 adde 50. 9. eher hieher als zu Demetrias.
3	2	42 lies 109. 4. *C.* angustatus sec Dej. statt 109. 3. lezte lies 109-6. statt 109. 5.
	3	11 lies 81. 9. statt 91. 9. 14 lies 30. 6. statt 30. 4. 18 adde 34. 4.
4	1	9 v. unten adde 30. 15.
—	2	15 del. 30. 7. 21 adde 30. 7.
5	3	10 v. unten adde 30. 22.
6	1	25 lies 30. 1. statt 31. 1. lezte adde 11. 6.
—	2	35 lies 11. 1. statt 11. 2. (ed.II.) 38 adde 12. 2.
—	3	13 lies 83 8. statt 83. 3.
9	3	5 die Wasserkäfer sind nach Erichson zu berichtigen. - Pz. 90. 2 gehört zu notatus F. Gyll.
—	—	v. unt. del. 26. 3 welches die neue Art: Laccoph. hyalinus.
10	1	10 del. (14) 7 gehört zu Zeile 15 H. caesus.
—	3	24 del. 90. 7 gehört zu Zeile 29. E. austriaca; und das Citat hier zu rustica.
11	3	21 lies 3. 11. statt 3. 4.
12	1	17 v. unt. lies 6. 13. statt 6. 3.
—	3	27 adde 5. 10.
13	1	18 v. unten adde 3. 8. 18 statt 97. 4 lies 40. 12.
14	2	4 v. unten adde 111. 2.
15	2	1 del. 23. 5. welcher zu tarsatus Müll. gehört. Die Gattung Scydm. Catops u. die davon abgesonderte Colon sind nach Erichson zu berichtigen.
—	3	7 adde 24. 20. 21 adde 8. 1. id. von morio weg. 21 adde 18. 1. 27 del. 99. 10.

Pag.	Sp.	Zeile
15	3	28. del. 73. 10. adde C. fumatus Er. P. 95. 10.
15	3	lezte adde 24. 21.
16	2	6 statt 40.12 u. 37. 2 seze 97. 3. 1. 32 statt 40. 19. lies 40. 14. 34 zu Lycoperdi 39. 14. 11 von unten statt 17. 7. 1. 57. 7.
—	3	17 von unten adde 97. 5. et 49. 6.
17	3	17 adde 110. 9. (et 10 ?) 21 adde 37. 15.
18	1	3 adde 7. 4. 28 lies 38. 13. (23, ed. II.)
—	2	18 v. unten add. 7. 3.
—	3	gen. Cercyon add. C. anale 103. 1.
19	2	Gen. Aphodius ist nach Schmidt in Germars Zeitschrift 11. 1. zu berichtigen.
21		29 adde 2. 9.
23		5 von unten adde 43. 10.
25	2	23 statt 16. 12. lies 16. 17. 50 adde 68. 23.
	2	19 von unten statt 91. 3. lies 95. 11.
	3	lezte adde 50. 5 statt 50. 3 der zu Cistela atra p. 26 Spalte 2 Z. ?.
26	2	unten anzuhängen Anth. castan. 31. 16.
—	—	31 adde 38. 20.
27	1	11 lies 35. 1. statt 33. 16 lies 35. 5 statt 25. 25.
	2	bei Meloë die Citate aus Pz. Heft 126 nachzutragen u. M. luctuosus Brandt. Pz. 126. 17.
29	1	7 von unten statt 4. 19. 1. 44. 19.
	2	6 von unten statt 8. 2. lies 82. 2.
	3	13 von unten statt 22. 2. I. 2. 22.
30	1	gen. Callidium adde C. pusillum P. 82. 6.
31	1	1 lies 18. 24. statt 18. 24.
	1	gen. Oberea adde O. bipuncta ta. Pz. 35. 16.
—	3	22 lies 8. 12. statt 8. 2.
32	2	25 lies 45. 4. statt 11. 4.
—	—	34 lies 91. 12. statt 71. 12.

Erklärung der Tafeln.

Tab. I.

1. *Oryssus.* — 2. *Xiphydria.* — 3. *Cephus.* — 4. *Sirex.* — 5. *Xyloterus.* — 6. *Formica.* — 7. *Myrmica rubra.* — 8. *—fugax.* — 9. *— caespitum.* — 10. *— unifasciata.* — 11. *Ponera?* — 12. *Form. 4 punctata aut Ponera contracta.* — 13. *Hylotoma.* — 14. *Schizocera.* — 15. *Lophyrus.* — 16. *Monoetenus.* — 17. *Cladius.* — 18. *Leptobatus.* — 19. *Nematus.* — 20. *Cryptocampus.* — 21. *Cimbex.* — 22. *Abia.* — 23. *Blasticotoma.* — 24. *Dolerus.* — 25. *Fenusa pumila.* — 26. *Emphytus et Phyllotoma.* — 27. *Dineura alni* (die punktirte Linie *D. opaca.*) — 28. *Athalia annulata.* — 29. *Blennocampa hyalina.* — 30. *Monophadnus luteiventris.* — 31. *Tenthredo.* — 32. *Allantus.* — 33. *Selandria.* — 34. *Taxonus et Poecilostoma.* — 35. *Tarpa.* — 36. *Lyda.* — 37. *Xyela.*

Tab. II.

1. *Coelinius.* — 2. *Bracon capito.* — 3. *— I.* — 4. *Perilitus I.* — 5. *Leiophron.* — 6. *n. gen. Microdus obscurator.* — 7. *Eubadizon I.* — 8. *n. gen.* — 9. 11. *Aylsia.* — 12-14. *Aphidius IV.* — 15. *Perilitus n. sp. aut n. gen.* — 16. *n. gen.* 17-23. *Alysia* — 24. *Spathius.* — 25. *Helcon.* — 26. *Bracon III.* — 27. *Blacus I.* — 28. *Perilitus II.* — 29. *Hormius.* — 30. *Ichneutes.* — 31. *Rogas.* — 32. *Alysia manducator.* — 33. *Alysia.* — 34. *Aphidius I.*

Tab. III.

1. *n. gen.* — 2. *Orthocentrus.* — 3. *Porizon.* — 4. *Campoplex.* — 5. *Cremastus.* — 6. *Macrus.* — 7. *Paniscus, Lissonata setosa.* — 8. *Trachynotus* HFL auch bei *Orthocentrusso.* — 9. *Ophion.* — 10. *Xylonomus filiformis.* — 11. *Xorides collaris. Ischnocerus* ohne den Zahn * — 12. *Pachymerus vulnerator.* — 13. *— calcitrator.* — 14. *n. gen.* — 15. *n. gen.* — 16. *Banchus.* — 17. *Ophion.* — 18. *Coleocentrus.* — 19. *Paniscus testaceus.* — 20. *Trachyderma.* — 21. *Lissonota decimator.* — 22. *Pimpla examinator; Rhssya.* — 23. *Rhyssa persuasoria.*

— 24. *Stephanus.* — 25. *Microdus.* — 26. *Agathis.* — 27. 28. *Microgaster.* — 29. 30. *Chelonus.* — 31. *Sigalphus.* — 32. *Hybrizon.* — 33. *Polyplanus.* — 34. *Metopius.*

Tab. IV.

1. *Ichneumon.* — 2. *Plectiscus* — 3. *Sphinctus.* — 4. *Mesostenus.* — 5. *Hemiteles.* — 6. *Mesochorus.* — 7. *Ischnus.* — 8. *Cryptus.* — 9. *Crypturus.* — 10. *Tryphon elegantulus.* — 11. *Trogus lutorius.* — 12. *Meria.* — 13. *Apis.* — 14. *Bombus.* — 15. *Crocisa.* — 16. *Nomada.* — 17. *Anthidium.* — 18. *Anthophora.* — 19. *Macrocera.* — 20. *Xylocopa.* — 21. *Nomia.* — 22. *Hylaeus; punctirt: Colletes.* — 23. *Dichroa;* bei *Systropha* ist nur das Stigma schmaler. — 24. *Megachile.* — 25. *Eucera.* — 25 b. *Dasypoda.* — 26. *Panurgus.* — 27. *Prosopis.* — 28. *Vespa.* — 29. *Pterocheilus, Odynerus, etc.* — 30. *Celonites.* — 31. *Mutilla.* — 32. *Myrmosa.* — 33. *Tengyra* (ohne die zwischen ** eingeschlossen Linie *Myzine.*) — 34. *Tiphia.*

Tab. V.

1. *Scolia insubrica.* —2.
— *interrupta.* — 3. —
hortorum. — 4. *Stizus.*
— 5. *Bembex.* — 6. *Arpactus.* — 7. *Nysson.* —8.
Dinetus.9. — 10. *Pemphredon.* — 11. *Cemonus.*
—12. *Stigmus.* —13. *Alyson.* — 14. *Mellinus.* —
— 15. *Evania minuta.* —
16, 17. *Psen.* — 18. *Astata.*
— 19. *Oxybelus*; — 20.
Crabro. —21. *n. gen.* —22.
Tripoxylon. —23. *Philanthus.* — 24. *Cerceris.* —
25. *Palarus.* —26. *Lyrops.*
— 27. *Sphex.* — 28. *Evania fuscipes.* — 29. *Ammophila.* — 30. *Miscus.*
— 31. *Miscophus.* — 32.
Trigonalys. — 33. *Pompilus.* — 34. *Aporus.* —35.
Ampulex. — 36. *Chrysis.*
— 37. *Cleptes.* — 38. *Aulacus.* — 39. *Helorus.* —
40. *Foenus.*

Tab. VI.

1. *Calliceras.* — 2. *Ceraphron.* — 3. *Aphelopus.* —
4. *Dryinus.* — 5. *n. gen.*
vix Anteon. — 6-9. *Omalus.* — 10. *n. gen.* —11. 12.
Apterogyna globularis
Dalm. Exot. — 13. *Pterostena.* —14. 15. *Diapria.*
— 16. *Chlidonia.* — 17.
Rhacodia. —18. *Anisoptera* ☿ — 19. 20. 22. *Belyta.*
—21. *Entomia.* — 23. *Anisoptera* ♀ —24. *Belyta.* —
25-28. *Codrus.* — 29. *Ibalia.* — 30-39. *Cynips et*
Figites

Tab. VII.

1. 2. *Platygaster.* — 3.
Prosacantha. —4. *Teleas.*
— 5. *n. g.* — 6. *n. g.* (*Teleas solidus.*). — 7. *Scelio.* — 8. *Sparasion* —9.
Eucharis. —10. *Aneure*
—11. *Leucospis.* —12. *Encyrtus.* — 13. *n. g.* (*Encyrtus N.*) —14. *Eupelmus.*—
15. *n. g.* — 16. 17. *Pteromalus.* — 18. *Perilampus.*
— 19. *Phacostoma.* — 20.
n. g. — 21. *Siphonura.* —
22. *Blastophaga.* — 23,
Chrysolampus (*suspensus*). —24. 25. *Eurytoma.*
— 26. *Eurytoma.* — 27.
Eulophus (*n. g.*) — 28.
Elachestus. — 29. *Torymus.* — 30. *Eulophus.* —
31-33. *Eulophus.* — 34.
Chalcis.

Tab. VIII.

I. *Lyda.* II. *Ichneumon.*
III. *Cynips.* IV. *Omalus.*

A. *Carpus, stigma* Flügelmal, Randmal, Stigma.
B. *Ciliae*, die an der Stelle
des Randmals der Hinterflügel oft befindlichen
Borsten.

C. *Margo alarum anterior*, Vorderrand der
Flügel, bisweilen auch
Aussenrand, *Costa* genannt (VR, AR.) D. *Margo posterior*, Hinterrand
(HR.) E. *Margo interior*,
Innenrand (IR.) F. *Apex*,
Flügelspitze. G. *Lobus*,
der lappenförmiger Anhang am Innenrand der
Hinterflügel.

1. **Radius**, Randader. 2.
Subradius, Unterrandoder innere Randader.
3. *Vena media*, Mittelader
(Im Text wird oft *nervus*
u. *Vena*, Ader und Nerv,
gleichbedeut. gebraucht.
4. *Vena posterior*, Hinterader. 5. *Vena aream lanceolatam includens*, die
die lanzettförmige Zelle
bildende Ader. 6. *Vena
basalis*, Grundader. 7. *Cubitus*, Cubitus. 7 * *Cubitus abbreviatus*, der fehlende Anfang d. Cubitus.
8. *Venae recurrentes*,
Rücklaufende Adern.

a. *Areae subradiales*,
Subra'ialzellen, wo sie
dunkel gefärbt sind, oder
durch das Genähertseyn
des Radius u. Subradius
zu tehlen scheinen, werden sie bisweilen auch
als Randstreif (*stria costalis*) angeführt. b. *areae radiales*, Radialzellen.
c. *areae cubitales*, Cubitalzellen. d. *areae discoidales*, Discoidalzellen. e.
area humeralis anterior,
vordreSchulterzelle, auch
Wurzelzelle (*ar. humeralis*) genannt. f. *area humeralis media*, mittlere
Schulterzelle f * bei fig. I.
nach Hartig (p. 25) innere Hinterzelle; der Zelle
f * bei Fig. II. entspricht
aber die Zelle h bei Fig.
I., und es ist f * bei Fig.
I. nur als Verlängerung
der mittleren Schulterzelle anzusehn. g. *area
humeralis interior*, innere Schulterzelle. g * *area
lanceolata*, lanzettförmige Zelle. h. *areae posticae*, hintere oder Hinterrand-Zellen (bei Fig. I. h*).
h * (bei Fig. I. h.) *area
postica interna*, innere
Hinterrandszelle.

ORTHOPTERA.

Ich lasse hier diese Ordnung folgen, obgleich ich sie im ersten Hefte nicht angekündigt hatte. Es veranlasst mich hiezu die natürliche Reihenfolge, ihr geringer Umfang, und der Umstand, dass ich die meisten bis jetzt beschriebenen Arten in der Natur vor mir habe. Es befinden sich zwar in manchen Sammlungen, besonders im königl. Museum zu Berlin noch eine beträchtliche Anzahl unbeschriebener europäischer Arten, besonders aus Ungarn und Portugal, von denen ich mir vor vielen Jahren flüchtige Beschreibungen gesammelt habe, die ich aber jetzt nicht in Natur mit den vielen mir erst später bekannt gewordenen Arten vergleichen kann und daher lieber ganz übergehe.

Erst lange nach Ausarbeitung dieser Blätter erschien von Burmeisters vortrefflichem Handbuch der hieher Bezug habende Theil; die wichtigen Resultate, die in demselben über die Stellung der *Orthopteren* im allgemeinen niedergelegt sind, üben auf gegenwärtige Arbeit nur in so ferne einen Einfluss aus, als sie die Trennung der Familie der *Forficulinen* als eigene Zunft von der Zunft der *Orthopteren* nöthig machen. Die Zünfte der *Physapoden*, *Mallophagen* und *Thysanuren* bleiben einer spätern Bearbeitung aufbehalten, zu welcher hinsichtlich der beiden lezteren Herr Forstrath Koch schon bedeutende Materialien gesammelt hat.

In der Abtheilung der *Orthopteren* folge ich der einfachen, natürlichen Arbeit Herrn Burmeisters, und lasse nur einige Gattungen eingehen, welche ich nicht für scharf geschieden halte.

SYNOPSIS
GENERUM ORTHOPTERORUM.

I. *Tarsi articulis quinque.* Hinterbeine nicht zum Springen.
  1. *Caput thorace tectum.* Hinterschienen mit 4 Reihen scharfer Dornen   *Blattina.*
    A. *Uterque sexus apterus et anelytratus.* Beide Geschlechter ungeflügelt.   1. *Polyzosteria.*
    B. *Foemina aptera.* Das Weib ungeflügelt.
                         2. *Heterogamia.*
    C. *Uterque sexus elytratus.* Beide Geschlechter geflügelt.

A. Abdominis segmento ultimo plano. After ohne
Erhabenheit   3. *Blatta.*
B. Anus foeminae subtus carinatus, maris stylis 2
longissimis. After des Weibes mit scharfem Längs-
kiel, des Mannes mit zwei langen Griffeln
                                            4. *Periplaneta.*
2. *Caput liberum.* Hinterschienen nur am Ende mit ei-
nigen Dörnchen.
A. *Pedes antici raptorii.* Vorderbeine verdickt, zum
Raub eingerichtet   *Mantodea.*
A. Frons transversa. Die 4 Hinterschenkel einfach.
                                            5. *Mantis.*
B. - conicoproducta. Die 4 Hinterschenkel mit einem
Lappen vor dem Ende   6. *Empusa.*
B. - *omnes gressorii.* Alle Beine gleich einfach.
                        Phasmodea.   7. *Bacillus.*
II. - - 3 - 4; Hinterbeine zum Springen.
1. *Tarsis omnibus conformibus.* Alle Tarsen gleich.
A. *Tarsi articulis* 3. Tarsen dreigliedrig.
                                            Acridiodea.
A. Prosterni margine antico non elevato. Decken
vom Thorax nicht bedeckt.
   a. *Antennis sensim acuminatis.* Fühler gegen die
   Spitze deutlich verschmälert   8. *Truxalis.*
        (*Pamphagus Burm.* kenne ich nicht.)
   b. - *filiformibus aut clavatis.* Fühler fadenförmig,
   oder am Ende verdickt   9. *Acridium.*
B. - - - *elevato.* Decken vom Thorax bedeckt.
                                            10. *Tetrix.*
B. - - 4. Tarsen viergliedrig. Fühler borstenförmig,
sehr lang   *Locustina.*
*A. Tarsi depressi, planta lata, articulus penultimus
cordatus.* Tarsen flach und breit, vorletztes Glied
herzförmig.
   a. *Frons inter antennas rotundata, tumida.* Stirn
   zwischen den Fühlern breit und gerundet.
       α. *Antennarum basis longe ab oculis remota.*
       Fühlerwurzel weit von den Augen entfernt
                                            11. *Callimenus.*
       β. - - *oculis proxima.* Die Fühler stehen dicht
       vor den Augen.
          * *thoracis dorsum scabrum, difforme.* Rücken
          des Thorax unförmlich; rauh 12. *Bradyporus.*
          ** - - *laeve, planum.* Rücken des Thorax glatt
          und eben   13. *Decticus.*
   b. - - - *triangularis aut tuberculata.* Stirn zwi-

schen den Fühlern in einen Knopf oder ein geran-
detes Dreieck vortretend.

α. *Tibiae anticae basi fovea ovali.* Vorderschienen gegen die Wurzel mit cylörmiger Grube.

* *Alati.* Flügel wenigstens so lang als der Hinterleib.

† *Alae elytris aeque longae.* Flügel so lang
als die Decken   14. *M e c o n e m a.*

†† - - *multo longiores.* Flügel viel länger als
die Decken   15. *P h a n e r o p t e r a.*

** *Apteri, elytris abbreviatis.* Flügel fehlen, Decken verkümmert   16. *B a r b i t i s t e s.*

β. - - *linea longitudinali impressa.* Vorderschienen mit scharf eingedrückter Längslinie gegen
die Wurzel.

* *Alati.* Flügel.

† *Alae et elytra longitudine aequales.* Decken
und Flügel gleich lang.

⊙ *Tibiae anticae seriebus duabus spinarum.*
Vorderschienen mit 2 Stachelreihen
17. *C o n o c e p h a l u s.*

⊙⊙ - - - *tribus spinarum.* Vorderschienen
mit 3 Stachelreihen   18. *L o c u s t a.*

†† - *elytris longiores.* Flügel länger als die
Decken   19. *X i p h i d i u m.*

** *Apteri.* Flügellose.

† *Pedes spinis parvis, femora anteriora mutica.* Die Dornen der Beine klein, die 4 Vor-
derschenkel unbewehrt   20. *E p h i p p i g e r a.*

†† - - *undique spinis crassissimis.* Beine uber
all mit sehr starken Dornen   21 *S a g a.*

B. - *compressi, articulo primo sequentibus longiore.*
Tarsen seitlich zusammengedrückt, Glied 1 länger
als die folgenden   22. *P h a l a n g o p s i s.*

2. *Tarsis difformibus, anticis vel posticis heteronomis;*
3 - *articulatis.* Tarsen ungleich, bald die vordern,
bald die hintern anders; alle 3 - gliedrig.   *Gryllodea.*

A. *Pedes antici gressorii.* Vorderbeine und Mittelbeine
gleich. Weib mit Legestachel.

A. Apteri. Flügellose   23. *S p h a e r i u m.*

B. Alati. Geflügelte   24. *G r y l l u s.*

B. - - *fossorii.* Vorderbeine zum Graben.

A. Antennae setaceae. Fühler lang, borstenförmig
25. *G r y l l o t a l p a.*

B. - filiformes. Fühler kurz, fadenförmig   26. *X y a.*

1 *

SYNOPSIS
SPECIERUM ORTHOPTERORUM.

1. POLYZOSTERIA.

Fusca margine omni pallido   *l i m b a t a Ch.*

2. HETEROGAMIA.

Nigra, pronoti margine antico albo, tibiis p. intus seri-
atim spinosis. Schwarzbraun, der Vorderrand des
Thorax blass   *a e g y p t i a c a.*

3. BLATTA.

1. *Alae longitudine elytrorum abdomen tegentium.*
Flügel so lang als die den Hinterleib deckenden Decken.
A. *Thorax vittis 2 nigris.* Thorax mit zwei schwarzen Längsflecken   *g e r m a n i c a.*
B. *- pallide marginatus, maris niger, foeminae ferru-*
gineus. Thorax bleich gerandet.
A. elongata, elytris testaceis, serie longitudinali
punctorum fuscorum. Decken braungelb, mit brau-
nen Fleckchen   *l a p p o n i c a.*
B. *ovata, elytris albis, cellulis omnibus minimis gri-*
seo repletis. Decken zwischen dem äusserst feinen
weissen Netz braungrau ausgefüllt   *p u n c t a t a* ♂.
2. *- abbreviatae.* Flügel kurz, oft fast fehlend.
A. *elytra abdomen fere tegunt, macula apicali maxi-*
ma fusca. Decken den Hinterleib fast deckend,
mit grossem schwarzem Fleck an der Spitze: *maculata* ♂.
B. *- ⅔ abdominis tegunt, nervo e humero excurrente*
punctisque sparsis fuscis.
var: a. *thoracis disco nigro.*
   - b. *- - rubro*
Decken ⅔ des Hinterleibs lang mit dunklem Längsnerv an der Wurzelhälfte   *h e m i p t e r a* ♀.
C. *- vix ½ abdominis tegunt, nigra, undique aequali-*
ter subtilissime albo reticulata. Decken kaum halb
so lang als der Hinterleib, das äusserst feine Netz
braungrau ausgefüllt   *p u n c t a t a* ♀.

4. PERIPLANETA.

1. *Ferruginea, subtus pallidior; pronoti fascia postica*
intramarginali pallida. Thorax mit gelbem Band
vor dem Hinterrand   *a m e r i c a n a.*
2. *Fuscocastanea, elytris pedibusque ferrugineis, alis*
abbreviatis. Thorax ungefleckt   *o r i e n t a l i s.*

5. MANTIS.

I. *majores, ultra duos pollices.* Ueber 2 Zoll lang.
1. *elytra thorace plus duplo longiora.* Decken mehr
als noch einmal so lang wie der Thorax   *religiosa.*

2. - - *non multo longiora.* Decken nicht viel länger als der Thorax. HFL mit grossem blauem Fleck

o r a t o r i a.

II. *Minores.*

1. *oculi globosi.*

A. *grisea, thorace linea media atra* — *d e c o l o r.*

B. *viridis, capite lato* *m i n i m a.*

2. - *acuminati* *n a n a.*

6. EMPUSA.

Alis in apice infuscatis *p a u p e r a t a.*

Elytrorum macula basali margineque externo albis

o r i e n t a l i s.

7. BACILLUS.

I. *glaber, subnitidus, femoribus mediis subtus 4 dentatis; antennis 19 articulatis.* Glatt *R o s s i i.*

II. *mesonoto et metanoto granulatis, linea media elevata; antennis 13 articulatis; femoribus mediis subtus bidentatis, posticis 4 dentatis.* Thorax körnig *gallicus.*

8. TRUXALIS.

I. *oculi capitis apici multo propiores ac basi.* Die Augen stehen der Spitze des Kopfes viel näher als seinem Hinterrand.

1. *capitis apice latissimo* *n a s u t a.*

2. - - *angusto* *v a r i a b i l i s.*

II. - - - *vix propiores ac basi.* Die Augen stehen der Spitze des Kopfes wenig näher als der Wurzel.

1. *viridis* *r o s e a.*

2. *atro - grisea* *l i n e a r i s.*

3. *fusca elytrorum nervis nigropunctatis, vena dorsali albo - nigroque varia* *g r y l l o i d e s.*

9. ACRIDIUM.

Die Eintheilung der *Acridiodeen,* wie sie Herr Burmeister giebt, scheint mir die verwandten Arten zu sehr zu trennen, auch sind die Merkmale, welche *Acridium* von *Oedipoda* und *Gomphocerus* trennen sollen, theils gar zu unbedeutend, theils nicht standhaft. Ich behalte daher die von mir früher entworfene Eintheilung bei und setze nur denjenigen Arten, welche nicht in die Burmeistersche Gattung *Gomphocerus* (die artenreichste) gehören, die Gattung bei, in welche sie Burmeister sezte.

Um eine brauchbare Synopsis der kleineren, einheimischen Arten der Gattung *Acridium* geben zu können, ist es nöthig die Geschlechter getrennt zu behandeln. Die Eintheilung nach der Krümmung der äusseren Kiele des Thorax ist etwas unsicher, weniger wegen der Wandelbarkeit dieser Krümmung bei ein und derselben Art, als weil keine scharfe Grenze stattfindet zwischen geraden, gekrümmten und gebrochenen Seitenkielen; doch bleibt sie das beste Trennungsmerkmal, wenn man dabei nur auch andre Dinge berücksichtigt. Am geradesten, fast vollkommen parallel sind die Kiele bei drei grossen Arten mit sehr kurzen Decken und Flügeln: *smaragdalum, decurtatum* und *abbreviatum;* dann kommt *elegans, dorsatum, parallelum, montanum;* bei *apicale* und *crassipes* neigen sich die seitlichen Kiele vorn schon merklicher zusammen.

Für die Arten mit stark gebogenen oder gebrochenen Seitenkielen lässt sich von diesen selbst kein haltbarer Unterschied mehr hernehmen, bei *parvulus* sind die Kiele noch am geradesten; dagegen ist (besonders beim männlichen Geschlecht) die Behaarung einiger Arten (*molle, biguttulum, bicolor, nigromaculatum*) sehr auffallend, eben so die beiden breiten Reihen der Randzellen bei *biguttulum,* die fast gar nicht schief gedruckten Zellen der zweiten Reihe bei *apricarium;* die bis zur Flügelspitze reichende erste Zellenreihe bei *parvulum* und *nigromaculatum.*

Nur für wenige *Acridien* giebt der Aufenthaltsort Unterscheidungsmerkmale. — Die mir im Leben bekannten grösseren Arten: *italicum, stridulum, germanicum* und *coerulescens* leben in grosser Anzahl, und in hiesiger Gegend alle vier an denselben südlichen, trockenen, unangebauten Bergabhängen, am häufigsten in den die Weinberge nach oben begrenzenden Gräben. — *A. grossum* ist auf wenige sumpfige, binsenreiche Stellen in Wiesen und auf Weideplätzen beschränkt, springt und fliegt sehr wenig und hält sich meist tief unter dem Grase auf, daher man es selten in den Schöpfer bekommt, desto leichter aber wegen seiner Grösse und Unbehülflichkeit zwischen dem Grase zappeln sieht. Die beiden Arten mit geknöpften Fühlern (*A. biguttatum* u. *rufum*) fand ich meistens auf sandigen mit Nadelholz bewachsenen Stellen. — Fast alle übrigen der hiesigen Gegenden kommen auf denselben Stellen untermischt vor; *A. parallelum* jedoch mehr auf guten Wiesen und zwar millionenweise; *A. dorsatum, apricarium* mehr unter Binsen, *nigromaculatum, haemorrhoidale, lineatum* mehr am Fuss von Bergen, *biguttulum* u. *molle* überall. *A. smaragdalum,* eine im Leben wunderschön grüne Art, fand ich nur um die Tegernheimer Berge; *montanum* einzeln unter *parallelum; elegans* sparsam unter *dorsatum, molle* unter *biguttulum.*

Wichtiger ist für einige Arten die Erscheinungs-Zeit, doch habe ich sie noch nicht mehre Jahre hinter einander beobachtet; sie kann daher wechseln. Immer zuerst entwickelt, (in den ersten Tagen des July) erscheint *A. parallelum,* bald nach ihm einzeln *apricarium,* dann *lineatum, nigromaculatum, haemorrhoidale, stridulum, coerulescens;* Mitte August *grossum, dorsatum, elegans.*

1. *Femorum posticorum carina dorsalis serrata.* Die
obere Kante der Hinterschenkel sägezähnig.
1. *thorax carina unica.* Thx mit Einem Längskiel.
A. *thoracis margo posticus flavo-elevatus.*
Thorax hinten fein gelb gesäumt.
. * *thoracis carina percurrens.* Kiel durchlaufend.
A. carina thoracis biincisa. Kiel des Thorax mit zwei
schwachen Einschnitten   *h y s t r i x* (*Oedip.*)
B. - - antice tridentata. Kiel vorn mit drei starken
rückwärts sehenden Zähnen   *m u r i c a t u m* (*Oedip.*)
C. - - postice semel incisa   *s a r d e u m St.*
** *thorax solum antice carinatus, postice acute tu-*
berculatus   *l u g u b r e* (*Oedip.*)
B. - - - *concolor.*
A. tibiae posticae coerulescentes. Thorax mit drei
Querfurchen; Hinterschenkel unten roth; Kehle mit
starkem Zapfen   *t a r t a r i c u m.*
(*Prosternum tuberculatum Ac r i d i u m Burm.*)
B. - - flavidae. Thorax mit 1 oder 2 Querfurchen, Hin-
terschenkel unten gelblich. Kehle ohne Zapfen
m i g r a t o r i u m (*Oedip.*)
C. - - sanguineae. Thorax mit zwei schwarzen Längs-
streifen   *b i s i g n a t u s St.*
Hieher wohl auch   *p l o r a n s Ch.*
2. - *carinis tribus.* Thx mit 3 Kielen, die seitlichen
nach aussen convex, Hinterschienen und Tarsen roth;
Flügel gegen die Wurzel rosenfarb   *i t a l i c u m.*
(*Prosternum tuberculatum. Ca l o p t e n u s Burm.*)
II. - - - - *integra.* Hinterschenkel mit ungezähntem Ober-
rand.
1. *antennae simplices.* Fühler fadenförmig.
A. *thorax carina unica, in A. coerulanti saepe nulla.*
Thorax mit Einem Kiel. Bei einigen Arten zeigen
sich an der Hinterhälfte zwei nach vorn stark con-
vergirende aber undeutliche Seitenkiele, bei anderen an deren Stelle scharf gebrochene weisse, dunkel eingefasste Zeichnung.
A. Alae rubrae. Flügel roth.
a. *Alarum apex niger.* Flügel zinnoberroth, Spitze breit schwarz   *s t r i d u l u m* (*Oedip.*)
b. *alae ante apicem hyalinum nigrae.* Flügel mit
schwarzem Rand, die Spitze selbst glashell
g e r m a n i c u m (*Oedip.*)
c. - *dimidio basali coccineo, apicali hyalino, fas-*
cia interstitiali nigra. Flügel mit schwarzem
Mittelband, wurzelwärts roth, spitzwärts glashell
i n s u b r i c u m (*Oedip.*)

B. - roseae. Flügel an der Wurzel rosenfarb; die Seitenkiele hinten ziemlich deutlich.

  a. *Alae immaculatae.* Thorax mit unregelmässigen Höckerchen, die der Länge nach gestellt sind
                     tuberculatum (Oedip.)

  b. - *antice et apice fuscae.* Thorax mit langen, rückwärts convergirenden Falten: *rhodoptilum (Oedip.)*

C. - *coerulescentes.* Flügel blau.

  a. *alae fascia ante apicem hyalinum nigrae.* Flügel mit schwarzem Band vor der glashellen Spitze
                   coerulescens (Oedip.)

  b. - *macula nigra in margine antico hyalino.* Flügel mit glasshellem, in der Mitte breit schwarzem Vorderrand   *subcoeruleipenne (Oedip.)*

  c. - *intus coerulescentes.* Flügel am Innenrand breit bläulich.

    α. *fascia media diluta nigra.* Schwarzes verwaschenes Mittelband der Flügel, Thorax mit Einem Kiel
                 cyanopterum (Oedip.)

    β. - *nulla.* Flügel ohne Binde, Thorax ohne Kiel
                 coerulans (Oedip.)

D. - *hyalinae, raro pallide flaventes aut virentes.* Flügel glashell, bisweilen gelblich oder grünlich.

  a. *thorax pictura cruciata.* Thorax jederseits mit lichtem, schwarzgesäumtem winklich gebrochenem Seitenstreif. Decken länger als der Hinterleib.

    α. *alae basi flavae, fascia media nigra.* Flügel mit schwarzem Mittelband, wurzelwärts gelb
             nigrofasciatum (Oedip.)

    β. - *innotatae.* Flügel unbezeichnet.

     * *costa innotata; tibiae rubrae.* Vorderrand der Decken unbezeichnet, Schienen roth *cruciatum.*

     ** - *nigro-bimaculata; tibiae basi pallidae, nigro-biannulatae*   *thalassinum.*

  b. - *vittis 3 nigris* Thorax mit 3 schwarzen Längsstreifen. Decken kürzer als der Hinterleib
          (*prostern. tuberculat.*) *pulchellum m.*

  c. - *innotatus, dimidio antico angustior, lineis tribus transversis impressis undulatis; tibiae pallide virentes*   *tergestinus.*

B. - *carinis tribus.* Thorax mit 3 Kielen.

A. *carinis lateralibus subrectis.* Seitenkiele fast gerade.

  a. *tibiae coeruleae.* Schienen blau, ein Ring nächst der Wurzel und die an der Spitze schwarzen Dornen weiss   (*prostern. tubercul.*) *pedestre.*

  b. - *coccineae, pone basin nigram flavae.* Schienen hochroth, ihre Wurzel und die Spitze der Dornen schwarz,

ein Ring hinter der Wurzel der Schienen weiss.
cothurnatum.
c. - *citrinae, spinis nigris.* Schienen hochgelb, Dornen schwarz *grossum.*
d. - *pallidae, apice spinarum nigro.* Schienen bleich,
Spitze der Dornen schwarz.
* *alae omnino nullae.* Keine Flügel.
α. *elytra longitudiue* ¼ *abdominis disco rosea, anus
lamellis 4 cultriformibus, extus concavis.*
Decken ¼ so lang als der Hinterleib, in der Mitte
rosenfarb; stumpf *abbreviatum* ♀.
β. - - ⅓ *abdominis, obscura, anus corniculis* 2 *de-
flexis.* Decken ⅓ so lang als der Hinterleib,
spitz, dunkel *decurtatum n. sp.* ♀.
γ. - *dimidii abdominis, anus elongato conicus*
Decken halb so lang als der Hinterleib; das ganze Thier smaragdgrün *smaragdulum* ☿.
** - *elytris multo breviores.* Flügel viel kürzer als
die Decken.
α. *virentes, femorum posticorum apice nigro.* Grün-
liche, Spitze der Hinterschenkel schwarz.
† *Elytra maris longitudine, foeminae dimidii abdominis.* Decken des Mannes so lang als der
Hinterleib, die des Weibes halb so lang
parallelu
†† - - *abdomen superant, foeminae* ⅔ *abdominis.*
Decken des Mannes länger, des Weibes ⅓ kü
zer als der Hinterleib *mont.....um.*
β. *fuscorubroque varius.* Braun und roth gemischt,
Decken des Mannes ½, des Weibes ⅓ so lang
als der Hinterleib *crassipes.*
*** - - *aequales.*
α. *carinae thoracis omnino parallelae, caput longitudine thoracis, crassius, antennae graciles, elytra abdomine paullo breviora.* Kiele des Thorax
ganz parallel, Kopf so lang als der Thorax
n. sp. Friv. (*Falso elegans.*)
β. - - *antice subconvergentes, caput thorace multo
brevius, antennae latae, elytra abdominis longitudine aut longiores.* Kiele vorn etwas genähert,
Kopf viel kürzer als der Thorax.
† *mas femorum posticorum apice nigro.*
foem: elytra costa late albida. Mann: Spitze der
Hinterschenkel schwarz. Weib: mit weissem Randstreif der Decken *elegans.*
†† *pedibus unicoloribus, foem: elytrorum costa obscuriore aut concolore.* Schenkel einfarbig. De-

cken am Vorderrand dunkler oder gleichfarbig
dorsatus.

††† *alarum et elytrorum apice nigricante:* apicalis *m.*
Hieher auch *parapleurus.*

B. *Carinis lateralibus curvatis aut fractis.* Die Seitenkiele des Thorax gebogen oder gebrochen.

Mares. Männer.

a. *longe pilosi.* Langhaarige, besonders an Brust und
Vorderbeinen.

α. *elytra longitudine fere abdominis.* Decken fast so
lang als der Hinterleib; die grössten Zellen sind in
der fünften Reihe vom Vorderrand an
nigromaculatum.

β. *- abdomine multo longiora.* Decken viel länger als
der Hinterleib. Die grössten Zellen sind in der
zweiten Reihe.

† *Elytrorum costa ventricoso-dilatata.* Decken am
Vorderrand bauchig, die Zellen der zweiten und dritten Reihe sehr gross *biguttulu* m.

†† *- - vix dilatata.* Decken am Vorderrand kaum vortretend, die Zellen der Reihen 2 und 3 wenig grösser als die der folgenden.

§. *fuscum, dorso nigricans ,* dunkel, besonders auf
dem Rücken *bicolor.*

§§. *viride.* Apfelgrün *molle.*

b. *parcius et brevius. pilosi, subnudi.* Wenig behaart.

α. *Cellularum series prima ultra dimidiam costam extenditur.* Die erste Zellenreihe reicht bis über die
Mitte des Vorderrands.

† *Cellulae seriei quintae regulares, latae.* Die Zellen
der fünften Reihe regelmässig, hoch viereckig, Decken am Enddrittheil dünkler. Grösser *viridulus.*

†† *- - - irregulares.* Die Zellen der fünften Reihe
ganz unregelmässig, die der ersten bis fast zur De-
ckenspitze reichend; diese nicht dunkler, Fühler
kürzer. *parvulus.*

β. *- - - non ultra dimidiam costam extenditur.* Die
erste Zellenreihe verliert sich in der Mitte des Vorderrands.

† *series secunda et quinta multo latiores, parum
obliquae.* Die Zellen der zweiten und fünften Reihe sind die grössten, fast gar nicht schief gedrückt.
Braungelb *apricarius.*

†† *- - - - parum latiores, secunda obliqua.* Die Zellen
der zweiten Reihe nicht sehr breit, sehr schief gedrückt. Hinterleib roth.

§. *subtus et apice elytrorum nigricans, palpis albis.*
Hinterknie und Spitze der rothen Hinterschienen
schwarz. Fühler halb so lang als die Decken
                                          r u f i p e s.
§§. - - - - *cum palpis pallidum.* Beine bleich, Fühler ²/₃ so lang als die Decken   *h a e m o r r h o i d a l e.*
         Foeminae **Weiber.**
a. *longius pilosi.* Stärker behaart.
α. *elytra abdomine multo breviora.*   Decken viel kür-
    zer als der Hinterleib   *n i g r o m a c u l a t u m.*
β. - - *longiora.* Decken länger als der Hinterleib.
  † *laete viride.* Apfelgrün   *m o l l e.*
  †† *fuscescens.* Bräunlich.
    §. *vitta costalis flava.* Decken am Vorderrand mit
      gelblichem Wurzelstreif   *b i g u t t u l u m.*
    §§. *dorsum nigricans.* Die ganze Rückenfläche des
      Thieres schwärzlich   *b i c o l o r.*
b. *minus pilosi.* Weniger behaart.
α. *tibiae posticae nigrae, annulo pone basin pallido.*
   Hinterschienen schwarz, mit weisslichem Ring nächst
   der Wurzel   *a b d o m i n a l e.*
β. - - *rufescentes aut pallidae.* Hinterschienen röthlich
   oder gelblich.
  † *carinae laterales fractae.* Seitenkiele ziemlich scharf
    gebrochen.
    §. *elytra stria costali alba, lunulaque magna albida.*
      Decken mit weissem Randstreif und Mond: *lineatum.*
    §§. - *viridia, postice, extus fuscescentia.* Decken braun,
      am Innenrand breit grün   *v i r i d u l u m.*
    §§§. - *serie longitudinali media macularum fuscarum.*
      Decken mit einer Mittelreihe brauner Flecke
                                 h a e m o r r h o i d a l e.
    §§§§. *corpus totum griseotestaceum.* Ganz holzfar-
      big   *a p r i c a r i u m.*
  †† - - *parum curvatae.* Seitenkiele schwach gebogen
                                      p a r v u l u m.
2. *Antennae capitatae aut apicem versus crassiores.*
   Fühler geknopft oder spitzwärts verdickt.
   A. *Antennarum capitulum albo-acuminatum.* Der Knopf
      mit scharfer weisser Spitze   *r u f u m.*
   B. - - *obtusum.* Der Knopf stumpf, schwarz.
   A. *thoracis latera convexa, maris tibiae anticae cla-
      vatae.* Thorax mit aufgeblasenen Seiten; Vorder-
      schienen des Mannes keulenförmig   *s i b i r i c u m.*
   B. - - *plana, foeminae antennae antrorsum sensim
      paullo crassiores.* Seiten des Thorax flach; Fühler
      des Weibchens ganz allmählig verdickt: *b i g u t t a t u m.*

10. TETRIX.

I. *Thoracis processus triangularis abdomen parum superat.*
Die hintere Verlängerung des Thorax überragt den
Hinterleib etwas, die Flügel ein wenig: *bipunctata.*

II. - - *subulatus abdomen longe superat, alis brevior.*
Dieser Fortsatz überragt den Hinterleib weit, doch
ragen die Flügel noch weiter vor   *subulata.*

11. CALLIMENUS.

Aeneus, thoracis dorso acute marginato, antice depresso,
postice bi-aut tricarinato, segmentorum margine
utrinque tuberculato   *dasypus.*
Fulvofuscus, vertice, abdominisque dorso fuscis, hoc bi-
vittato   *oniscus.*

12. BRADYPORUS.

1. *ochraceofuscus, thoracis dorso plano, scabro, fovea*
media, medio mucronata   *Laxmanni.*
2. *virescens, supra fuscus, pronoto antice cucullato.* *onos.*
3. *ater, pronoto undique dilatato, serrato* *marginatus.*

13. DECTICUS.

I. *Prosterno mucronato (viridis, pronoti limbo laterali pal-*
lido, elytris fuscotessellatis.) Vorderbrust mit 2 Spi-
zen; grün, Seiten des Thorax bleich, Decken braun
gewürfelt   *glaber.*

II. - *inermi.* Vorderbrust unbewehrt.
  1. *Postthorax linea longitudinali elevata.* Thorax mit
  fein erhabener Mittellängslinie.
  A. *elytra abdomen superant.* Decken länger als der
    Hinterleib.
    A. maximus, elytra ensem longe superant, ensis apice
    serrato   *albifrons.*
    B. major, elytra ensis dimidium attingunt ensis lae-
    vis. Die Decken erreichen kaum die Mitte des glat-
    ten Legestachels   *verrucivorus.*
    C. minores.
      a. *griseus elytris subpellucidis striga macularum rhom-*
      bicarum aterrimarum. Grau, Decken mit einer
      Längsreihe schwarzer eckiger Flecke *tessellatus.*
      b. - - - *striga media fusca, serie macularum palli-*
      darum. Grau, Decken mit braunem hellfleckigem
      Mittelstreif.   *grisea.*
      c. - - *corneis, thorace postice carinato, ensis minor*
      ac in grisea, thoracis dorsum minus excavatum.
      Decken hornbraun, Legestachel kleiner als bei *L.*
      grisea.
        α. *elytra abdomine duplo longiora.* Decken länger
        als bei *L. grisea*   *pellucida.*
        β. - - *vix longiora.* Decken wenig länger als der
        Hinterleib   *diluta.*

B. *elytra maris abdomine paullo breviora.* Decken des
Mannes etwas kürzer als der Hinterleib
A. *Foeminae plus duplo breviora, truncata, thoracis*
margo lateralis elevato - viridi - marginatus. Decken
des Weibes nicht halb so lang als der Hinterleib
b r e v i p e n n i s.
B. *Foeminae maris aequalia acuminata vitta macu-*
larum nigrarum. Die Decken beider Geschlechter
gleich lang, spitz, mit einer Reihe schwarzer Flecke
v i t t a t a.
C. *- abdominis dimidio paullo longiora, femoribus*
posticis intus et extus nigro-vittatis. Decken wenig
länger als der halbe Hinterleib; Hinterschenkel innen
und aussen mit schwarzem Streif *b r a c h y p t e r a.*
2. *Prothorax linea nulla.* Thorax ohne erhabene Mittellinie.
Apterae. Flügellose.
A. *elytra maris* ⅕ *thoracis, foeminae vix conspicua;*
caput albidum, maculis 2 atris inter antennas.
Decken des Mannes ⅕ des Thorax, des Weibes kaum
sichtbar *C h a b r i e r i.*
B. *- - longitudine* ½ *thoracis.* Decken des Mannes
halb so lang als der Thx, des Weibes kaum vorstehend.
A. *thoracis lobus posticus valde productus, rotundatus.*
Thorax hinten stark gerundet vortretend: *g e r m a n i c a.*
B. *thorax postice truncatus.* Thorax hinten gerad ab-
gestuzt.
a. *femoribus posticis longioribus, intus et extus nig-*
ro-vittatis; ense abdomine longiore. Grösser, Hin-
terschenkel innen und aussen mit schwarzem Streif;
Legestachel länger als der Hinterleib *p e d e s t r i s.*
b. *- - minoribus, extus nigro vittatis; ense abdomine*
breviore. Hinterschenkel nur aussen mit Schwarz.
Legestachel kürzer als der Hinterleib *a p t e r a.*
14. MECONEMA.
Viridis, vitta dorsali flava, antennis nigropunctatis.
Grau, mit gelber Rückenlinie und schwarz punktirten
Fühlern *v a r i a.*
15. PHANEROPTERA.
I. *Pronoto sellaeformi.* Thorax in der Mitte der Quere
nach vertieft, ohne Seitenkanten.
A. *immaculata, pronoto in lateribus minus recto, de-*
clivo; pedibus longissimis et gracillimis: *m a c r o p o d a.*
B. *pronoto lineis 2 flavis, elytris angustissimis, dorso*
fuscescente, pronoti lobus lateralis longitudine angu-
stior, parallelogrammus, angulis rotundatis: *l i l i f o l i a.*
II. *Pronoto plano, angulatim in latera declivi.* Thorax
oben flach, scharfwinklich in die Seiten abfallend, dunkel punktirt *f a l c a t a.*

16. BARBITISTES.

A. *Thorax ad latera dorsi vitta utrinque flava.* Thorax an den Kanten mit gelbem Streif. Legestachel halb so lang als der Körper, mit stumpfem Ende, grob sägezähnig, die Zähne hinterwärts stehend.

\hfill *s e r r i c a u d a.*

B. - *margine laterum deflexorum albo.* Thorax mit weissem Rand der Seitenlappen. Legestachel ¼ so lang als der Körper, spitz, mit feinen, vorwärts stehenden Zähnchen \hfill *a u t u m n a l i s.*

scutatus und *glabricauda* sind wohl nur Larven, leztere wahrscheinlich zu *serricauda*, was ich deshalb vermuthe, weil auch die Larve von *autumnalis* ganz glatten Legestachel hat. Die Larven sind dadurch kenntlich, dass das Rudiment der Decken kleiner ist und auswärts von ihm das Rudiment des Flügels steht, welches im vollkommenen Insekt von jenem bedeckt ist.

17. CONOCEPHALUS.

Mandibulis aurantiacis, in'apice nigris, labio tarsorumque apice roseo; spinis femorum posticorum concoloribus

\hfill *m a n d i b u l a r i s.*

18. LOCUSTA.

A. *Elytra abdomen parum superant.* Decken wenig länger als der Hinterleib \hfill *c a n t a n s.*

B. - *abdomine duplo longiora.* Decken noch einmal so lang als der Hinterleib \hfill *v i r i d i s s i m a.*

19. XIPHIDIUM.

A. *Ensis longitudine corporis.* Legestachel so lang als der Körper \hfill *f u s c a.*

B. - *corpore duplo longior.* Legestachel noch einmal so lang als der Körper \hfill *h a s t a t a.*

C. - *corporis ⅔ longitudine; testaceus.* Legestachel ⅔ so lang als der Körper \hfill *d o r s a t a.*

concolor Burm. mir unbekannt; *hastata* und *dorsata* sind wohl Puppen.

20. EPHIPPIGERA.

I. *Thorax sensim in latera deflexus.* Der Rücken des Thorax geht unmerklich in seine Seiten über.

1. *vagina in apice dentata.* Legestachel an der Spitze breiter, sägezähnig \hfill *d e n t i c a u d a.*

2. - *recta.* Legestachel an der Spitze schmaler, gerade und glatt \hfill *p e r f o r a t a.*

II. - *rectangulariter in latera deflexus.* Der Thorax ist scharfkantig in die Seitenlappen abgesezt.

A. *thorax postice profunde excisus* \hfill *c u c u l l a t u s.*

B. - *rotundatus* \hfill *s e l l i g e r.*

21. SAGA.

I. *ultra 2 pollices longa, gracilior, virescens*   *s e r r a t a.*
II. *quatuor fere pollices longa, pedibus percrassis, testacea*
                       g i g a n t e a.

22. PHALANGOPSIS.

1. *Femora postica corpore plus duplo longiora, anteri-*
riora corporis fere longitudine. Einfarbig lehmgelb,
Schenkel so lang als der Körper, die hintersten noch
einmal so lang   *a r a n e i f o r m i s.*
2. *- - corporis longitudine, anteriora multa breviora.*
Gelb, braun fleckig, Hinterschenkel so lang als der
Körper, die vier vordern kaum halb so lang
                       l a t e b r a r u m.

23. SPHAERIUM.

Fuscum, pubescens, pronoti margine postico, mesonoto, ti-
biis anterioribus tarsisque testaceis. Braun, Hinterrand des Thorax, Hinterrücken, Vorderschienen und
die Tarsen gelb   *a c e r v o r u m.*

24. GRYLLUS.

I. *Prothorax longior ac latior, antrorsum angustior.*
Thorax länger als breit. Bleichgrün, im Tode gelblich.
                     i t a l i c u s.
II. *- latior ac longior, aequilatus.* Thorax breiter als lang.
1. *frons rotundata.* Stirne gerundet.
A. *alatae, membrana elytrorum in mare cellula spe-*
culari. Geflügelte.
A. *elytra abdomen omnino tegunt.* - Die Decken reichen bis zur Spitze des Hinterleibs.
a. *alae lanceolatae, elytra longe superant; testacea*
. *fusco-maculata.* Flügel, wie bei *Gryllotalpa*, weit
vorragend   *d o m e s t i c a.*
b. *- tectae, nigra, elytrorum basi pallida, femoribus*
posticis subtus sanguineis. Flügel bedeckt
                     c a m p e s t r i s.
B. *- abdomine multo breviora; atra, pilosa, elytra*
vitta ante marginem inflexum testacea. Decken
viel kürzer als der Hinterleib   *m e l a s.*

B. *Apterae.* Flügellose.
A. *elytra fere abdomen tegunt, margine deflexo ner-*
vis 6 longitudinalibus, interiori postice ramoso
                   b o r d i g a l e n s i s.
B. *- ¹/₃ abdominis longa, costis 9 longitudinalibus.*
Decken ⅓ so lang als der Hinterleib mit 9 Längs-
kielen   *s y l v e s t r i s.*
C. *- nulla, setae longitudine ensis*   *a p t e r a.*
2. *- maris lobata, foeminae cristata:* *u m b r a c u l a t a.*

25. GRYLLOTALPA.

Fusca, tomentosa, tibiis anticis 4 *dentatis.* Braun, fil-
  zig, Vorderschienen vierzackig *vulgaris.*

26 XYA.

*Fusca, albo-maculata, tarsorum posticorum loco appen-
  dicibus* 2 *lobatis.* *variegata.*

SYNONYMA ORTHOPTERORUM.

Orthoptera: *Oliv. Latr. Charp. Philippi. Seidl. Zetterstedt. Burm.* Ulonata *Fabr. Illig.* Dermaptera
  Deg. Coleoptera *L. Schr. Scop.*

Acheta *F. Coq. Charp.*
aptera m. v. Gryllus.
aquea *F. sppl. - Ch.* v.Gryllus.
bordigalensis *Latr. Hist.-Ch.*
  v. Gryllus.
campestris *F. Ch.* - -
digitata *Coq.* v. Xya.
domestica *F. Ch.* v. Gryllus.
Gryllotalpa *F.* v. Gryllotalpa.
italica *F. Ch.* v. Gryllus.
melas *Ch.* v. Gryllus.
morio *Koy.* v. Gryllus melas.
sylvestris *F. Ch.* v. Gryllus.
umbraculata *F. Ch. Coq.* -

Acridium *Geoff. Deg. Oliv.*
  Lam. Latr. Seidl. Burm.
Gryllus *L. F. Charp. Philippi. Zett.*
Acridios aut Acrydios reliquos
  quaere in genere Tetrix.
Gryllus *L. F. Zett. Charp.*
: abbreviatum m. Austr. 3
albomarginatum *Deg.* v. viridulum.
: alliaceum *Germ. fn.* 11. 19.
  (Gryllus) Illyr. 3
: apicale m. Hisp. 3
apterus *Deg.* v. pedestre.
. apricarium (*Gr.*) *Charp.*
  169. - *Zett.* orth. p. 91. Acr.
  longicorne*Ltr.* 12.p. 159. sec.
  Charp. * 1

aureolum *Zett.* orth. p.97.
  cf. mollis.
. bicolor *Gr. Charp.* 161. -
  Schff. ic. 243. 5 - 6. * 1
bifasciatum *Thunb.* v. Tetrix
  variegata.
. biguttatus (Gomph.)*Burm.*
  649. 10. - *L. S.N.* 55.- *Charp.*
  p. 166. - *Zett.* ins. ed. 2. 4. 5.-
  Grm. fn. 20. t. 22. 23. - biguttulus *Pz.* 33 6. - *Ltr.* gen. 3.
  107. - hist. 12. 161. * 0
  Gr. rufus. *Zett.* fn. 1. 450. 5.-
  Orth. 13 - *Seidl.* - *L.* fn. 876.
  var: *Gr* variegatus fn.
  ? *Roesel* 2. t. 20. f. 4. - *Schff.*
  ic. 190. 1. 2. - 263. 1. 2. - 62.
  1 - 4.-258. 1. 2.-*Harrer* n. 435.
. biguttulus Gomph. *Burm.*
  648. 7.-*Gr.L.*fn. 875. - *F.E.S.*
  58. - *Zett.* Orth. 11. - fn. 3. -
  Charp. p. 163. - *Zett.* ins. ed.
  2. n. 4. - *L. S. N.* p. 702. -
  Deg. 3. p. 310. - *Ltr.* hist. 12.
  158. - *Roes.* 2. t. 20. f 6. -
  Seidl. p. 220. - *Gr.* lunulatus
  Scop. p. 110. * 0
- *Pz.* v. biguttatum.
bimaculatum *Herbst. Arch.*
  v. Tetr. subul.
- *Zett.* v. Tetr.

- b i n o t a t u m *Charp.* 158.
    Lusitan 4
- *Z.*   v. Tetr.
bipunctatus *Scop. Schr.* fn.
Geoff.   v. Tetr. obscura.
- *Zett.*   v. Tetr.
: b i s i g n a t u m *Gr.Charp.*133.
Pz. 157. 20.   Istria 4
brachypterus *L.* fn.
     v. Decticus.
cinerascens *F. E. S.* 51. *Vill.*
     v. migrator.
- c i s t i *(Gr.) F. E. S.* p. 55. -
Ltr. hist. 12. 153. - *Vill.* 1. p.
377.
clavimanus *Pall.* v. sibiricum.
clavicornis *Dg.*&*Vill.* v. rufum.
: c o e r u l a n s *Ltr.* hist. 12.152.
Gen. 3. 106. (*Oedip.*) *Burm.*
641. 2. - *Seidl.* p. 218. - *Gr. F.*
E. S. 45. - *Roes. Gryll.* t. 22.
f. 3. - *L. S. N.* 701. - *Geoff.*
1. 392. - *Vill.* 1. p. 445. - *Schr.*
En. p. 247. - *Charp.* 142. -
Hahn Orth. 1. - *Acrid.* B. f.
7. *Fuesly* Catal. p. 23 ?
     Bohem. 3
coeruleipenne *Deg.*   v. cyanopterum.
. c o e r u l e s c e n s *Ltr.* hist.12.
153. (*Oedip.*) *Burm.* 642. 5.
Seidl. p. 218. - *Gryll. L. S.N.*
n. 44. - *Mus. Ulr.* p. 145. - *F.*
E. S. 50. - *Charp.* 147. - *Pz.* 87.
11. - *Geoff.* 1. 2. p. 392. - *Roes.*
II. p. 133. t. 21. f. 5. mas. 4. 7.
foem. - *Schff.* ic. 27. 6. 7. foem.
- 142. 5. 6. mas. - *Harrer* n.
438. - *Stoll.* pl. 23. b. f. 90. -
Hahn. Acr. B. fig. 8. - *Sulz.*
Kennz. 9. 60.   * 1
- *Zett.*   v. cyanopterum.
- c o m p r e s s i c o r n e *Ltr.*
hist. 12. 155.   ? 3
. c o t h u r n a t u m (Gomph.)
Burm. 647. 2.   Aust. 3
Creutz. Ent. Vers. 129. t. 8. f.

32. - *Stoll.* pl. 10. b f. 36. -
Charp. 171. - *Gr.* variegatus.
Fuessly Mag. 1. p. 192. - *Sulz.*
hist. t. 9. f. 4. - *Gr.* versicolor
Gmel. p. 2082.
: c r a s s i p e s *Gr.* *Charp.* 174.
     Austr. 3
cristatum *Z.*   v. Tetr.
: c r u c i a t u m (Gomph.) *Burm.*
647. 3. - *Gr. Charp.* 137. -
Philippi Orth. berol. 34. t. 2.
f. 5.   Berol. 3
: c y a n o p t e r u m *Gr. Charp.*
143. t. 2. f. 3. *Gr.* coerulescens *Zett.* Orth. p. 78. sec. Ch.
     Eur. mer. 4
: d e c u r t a t u m m.   Austr. 4
danicus *L.*   v. migratorium.
decorum *Germ.* fn.   v. nigro-
fasciatum.
dispar *Germ.* fn. 17 7.   v. parallelum.
dorsale *Z.*   v. Tetr.
. d o r s a t u m *Gr. Charp.* 153.
- *Zett.* Orth. p. 82. - *Seidl.*
p. 219 ?   * 1
. e l e g a n s *Gr. Charp.* 153. -
(*Oedip.*) *Germ.* fn. fasc. 20.
t. 20 & 21.   * 2
ephippium *Z.*   v. Tetr.
fasciatus *F.*   v. insubricus.
— *Germ.* Reise u. fn. - *F. E.*
S.   v. germanicum.
flavens *Gmel.* • cf. dorsatum.
- f l a v o v i r e n s m. *Pz.* 159. 19.
     Istr. 3
flavus *F. S.* Ent. v. nigrofasc.
fuliginosus *Oliv.* v. stridulus.
. g e r m a n i c u m *Ltr.* hist. 12.
151. pl. 95. f. 3. - *Seidl.* p. 218.
- *Gr. Charp.* 148. - *Oedip.* fasciata *Burm.* 642. 6. - *Gr.* fasc.
Ahr. fn. 1. 15. - Reise 255. -
Gr. miniatus *Pall.* Reise Ausz.
1. Anh. n. 49. - *Goeze* Ent.
Beitr. 2. 103. 16. - *Geoff.* 1.
393. • *Gr.* italicus *F. E. S.* 57.

- Schff. 267. 4. 5. - 253. 1. 2. 5.
6. - Gr. obscurus Petagn. I.
p. 318. t. 10. f. 19.   * 1
- Vill. cit. Roes. t. 21. f. 7.
- F. Grm. fn.   v. italicum.
- Stoll.   v. grossum.
- Giornae Gr. Rossi mant. 2.
104. - Charp. 175. ? Ital. 4
griseus L. Gmel. v. biguttulus
, grossum (Gomph.) Burm.
17. - Seidl. p. 219. - Gr. L.
S. N. 58. - fn. 877. - Gm.2081.
F. E. S. 60. - Zett. fn. 1.447.
1. - Orth.80.4. - Charp. p.151.
- Ltr. hist. 12. p. 155. - Roes.
II. t. 22. f. 1. 2. , Stoll t. 23.b.,
f. 89. (Gr. german.) - Pz. 33.
7. - Zett. ed. 2. p. 427. - Gr.
triangularisGm 2082. - Geoff.
1. 4. t. 8. f. 2. - Frisch. 9. t. 5.
f. 4. - Acr. rubripes Deg. 3. p.
309. t. 22. f. 4.   * 1
. haemorrhoidaleGr.Charp.
165. - Schff. 137. 4. 5.   * 2
hieroglyphicum Z.   v. Tetr.
humerale Z.   • v. Tetr.
. hystrix (Oedip.) Burm.
644. 16. - Gryll. Germ. Reise
252. t. 9. f. 1. 2. - Charp. 176.
                    Istria 4
. insubricum(Oedip.)Burm.
641. 4. - Gr. Scop. delic. 1 t.
24. f. 3. - Charp.149.-Grm.fn.
20. 15. - Acr. maculatum Ltr.
hist. 12. 152. - Gr. fasciatus
F. E. S. 58. - Coq. t. 1. f. 5.
Pz. 157. 17.   Austr. 3
. italicum mLtr. hist. 12.156.
(Caloptenus Burm. 639. 3.)
Acr. Seidl. p. 218. - Gr. Scop.
327. 110. - Rossi. 655. - Ltr.
F. E. S. 41. - L. S. N. 701 -
Charp. 135. - Schr. fn. p. 36.-
- Germ. Reise. - Roes. II. loc.
t. 21. 6. - Stoll. 12. b. f. 43. -
G. germanicus F. E. S. 42. -
Germ. fn. 1. 14. - Hahn Orth.

I. Acr. B. 6. - Schff. 27. 8. 9. -
267. 1. 2.   * 1
— F..   v. germanicum.
laterale Z.   v. Tetr.
limbatus Gmel. p. 2085.
            cf. viridulum.
. lineatum (Gomph.)Burm.
648. 4. - Ltr. hist. 12. 159. -
Gr.Pz. 33. 9. - Charp. p. 156.
Ltr. hist. 12. p. 159. - Grm.
fn. 20. t. 18. 19. (Oedip.) Gr.
tenellus Stoll.t. 12.b. f.45. * 0
lineola Ltr. F. E. S. Vill.
            v. tataricum.
longicornisHag.Zett.v. paral.
— Ltr.   v. apricarium.
- luctuosum Stoll. pl. 11.b.
f. 37. Pz. fn. 156.20. Sibir. 5
lunatus Vill. cit. Roes. t. 20. f.
6. 7.   v. biguttulem.
lunulatus Scop. v. biguttulum.
maculatus Ltr.   v. insubric.
marginatum Z.   v. Tetr.
megacephalum Seidl. p. 219.
            v. viridulum.
- Menetriesii (Phlocerus)
Silbermann Revue 2. 256.
            Caucasus 4
. migratorium Ltr. hist.
12. 150. - gen. 3. 106. - (Oed.)
Burm. 644. 17. - Seidl. p.217.
Gr. F. E. S. 27. - L. S. N.41.
- Zett. Orth. p.74. - Roes.Gr.
t. 24. - Schff. 141. 4. 5. - Deg.
3 t. 23. 1. - Schr. fn. p. 35. * 3
var. Gr. cinerascens F. E. S.
51. (sec. Charp.)
- miniatum (Gomph.) Burm.
648. 6. - Gr. Charp. 155. -
Grm. fn. 20. f. 16. 17. - Gr. rubicundus Germ. Reise p. 256.
            Hung. 3
— Pall.   v. germanicum.
minus Seidl. p. 221. v. molle.
- modestum Seidl. p. 220.
            Bohem. 3
- molle (Gomph.) Burm.

648. 8. - Gr. *Charp.* 164. -
Acr. minus *Seidl.* p. 221. * 2
. m o n t a n u m(Gomph.)*Burm.*
15. - Gr. *Charp.* 173. - Gr.
parallelus *Philippi.* 34. t. 2.
f. 3. * 1
- m o r i o Gr. *Charp* 170. t. 2.
f. 1. - *F. E. S.* p. 56. Aust. 3
. m u r i c a t u m (*Oed.*) *F. E. S.*
sppl. 195. Hungar. 5
. n i g r o f a s c i a t u m *Ltr.*
hist. 12. 157. - Gen. 3. 106.
(*Oedip.*) *Burm.* 645. 19. -
Gr. *Charp.* 140. - Gr. flavus
F. S. Ent. & Spec. - *Vill.* 1.
446. - *Ross.* 1. 270. - Petagn
1. 319. - *Stoll.* 12. b. f. 44. -
A decorum *Germ.* fn. 12. 17.-
Stoll. pl. 12. b. fig. 44. E. m. 3
nigroterminatum *Deg.* v. viridulum.
obscurus *Pet.* v. germanicum.
— *Zett.* v. Tetr.
ochraceum Z. v. Tetr.
pallescens Z. v. Tetr.
. p a r a l l e l u m(Gomph.)*Burm.*
16. - Gr. *Zett.* Orth. 85. 6. -
ins. ed. 2. n.2. - *Hummel.*Ess.
1825. n. 5. p. 39. - *Charp.* p.
171. - *Roes.* 2. t. 20. f. 5. - Gr.
longicornis *Zett.* fn. 1. 448. 2.
- *Hagenb.* 1. 30. f. 22. 23. -
Acridium *Ltr.* hist. 12. 159.
19. exclus. Syn. *L.* * 0
— *Philippi* v. montanum.
: p a r a p l e u r u m *Seidl.* p.
219 (Gomph.) *Burm.* 18. Gr.
Hagenb. p. 34. f. 21. Austr. 3
- p a t r u e l e m. *Pz.* 157. 18. ? 4
. p e d e s t r e *Ltr.* hist. 12. 161.
Gr. *F. E. S.* 64. - *Pz.* 33. 8 ?-
Zett. fn. 1. 451. 6. - *Zett.*
Orth. 102. 14. - *Charp.* 172. -
Ltr. hist. 12. p. 161. - *L.S.N.*
60. - fn. 878. - *Zett.* fn. 6. -
ins. ed. 2. n. 7. - Acr. apterum
Deg. 3. 4. t. 23. 8. 9. Austr. 3

- p l o r a n s Gr. *Charp.* 134.
Lusit. 5
pratensis *Gmel.* v. viridulus.
: p u l c h e l l u m m. Germ.
austr. 5
- p u l l u m Gr. *Philippi* Orth.
38. 17. t. 3. f. 9. * 2
, r h o d o p t i l u m Gr. *Charp.*
446. t. 3. f. 1. Aust. 3
rubicundus *Grm.* Reise v. miniatus.
— *Gmel.* v. viridulus.
rubripennis*Deg.* v. stridulum.
rubripes *Deg.* v. grossum.
. r u f i p e s Gr. *Zett.* Orth. p.
90. - *Charp.* 161. * 3
rufomarginatum *Deg. Vill.* v.
viridulum.
rufoterminatus *Vill.* IV. 32. ?
. r u f u m (Gomph.) *Burm.* 644.
11. - *Ltr.* hist. 12. 160. -
Charp. p. 168. - *Zett.* ins.
ed. 11. n 6. - Gr. *F. E. S.* 63.-
L. fn. 876. - *Ltr.* gen. p.
107. - *Schff.* 136. 4. 5. - *Grm.*
fn. 20. - *L. S. N.* p. 702. -
Acr. clavicorne *Deg.* 3. t. 23.
f. 13. - *Vill.* 1. 453 & 448. * 2
— *Zett.* v. biguttatum.
scaber *Gmel.* v. tuberculatum.
scriptum Z. v. Tetr.
scutellatum *Deg.* v. Tetr.
bipunct.
sexmaculatus*Grm.* cf. apricar.
. s i b i r i c u m (Gomph.) *Burm.*
649. 9. Austr. 3
Gr. *Pz.* 23. 20. - *F. E. S.* 49.-
L. S. N. 51. *Charp.* p. 167.-
Ltr. hist. 12. p. 160. - gen. 3.
107. - Gr. clavimanus *Pall.*
spicil. fasc. 9. 16. 1. fig. 11. -
Reise Th. I. Aph. n. 48. *Lax-
mann* nov. com. Petr. 14. t.
25. 8. -. *Stoll.* t. 10. b. f. 35.
. s m a r a g d u l u m m. * 4
strepens *Ltr.* v. thalass.
. s t r i d u l u m (*Oed.*) *Burm.*

644. 15. - *Seidl.* p. 217. - **Gr.**
F. E. S. 37. - *L. S. N.* 47. -
fn. 872. - *Charp.* 150. - *Ltr.*
hist. 12. p.151. - gen. 3. p. 106.
- *Pz.* 87. 12. - *Hahn* Acr. B. 5.
- *Geoff.* 1. 3. p. 393. - *Roes.* 2.
t. 21. 1-3. - *Schff.* 27. 10. 11.
- 269. 5. 6. - *Harr.* 425. - Acr.
rubripenne*Deg.*3.306. - *Scop.*
p. 110.   * 1
— *Oliv.*   v. germanicum.
- subcoeruleipenne   Gr.
Charp. 145. t. 3. f. 7. Rus. m. 4
subulatum Z.   v. Tetr.
succinctus *Hbst.*   cf. lineola.
. tataricum *Burm.* 13. -
Ltr. gen. *L. S. N.* 2. 700. 42.
- *Roes.* II. Locust. t. 18. -
Drury 1. pl. 49. f. 2. *F. E. S.*
26. - *Charp.* 130. - Descr. de
l'Egypte Orth. pl. 7 f. 2. pl. 6.
f. 12 Iarva. - *Lin.* Mus. Ulr.
139. - *Ltr.* hist. 12. 150. -
gen. 3. 106.   Austr. 3
var. Gr. lineola *F. E. S.* 29. -
Ltr. gen. 3. 106. - *Charp.* 131.
t. 4. f. 1. - *Ltr.* hist. 12. 150. -
Ross. 269. - Gr. migratorius
Scop. 109.
. tenellus *Stoll.* v. lineatum.
: tergestinum Gr. *Charp.*
. 139.'   Istria 4
. thalassinum *Ltr.* hist.
156. (Gomph.) *Burm.* 647. 1.
Gr. *F. E. S.* 43. - *Vill.* 4. 35. -
Germ. fn. 11. 18. - *Charp.*
138. t. 4. f. 3. - tab. 2. f. 6. -
Ross. 1. 270. Acr. strepens
Ltr. hist. 12. p. 154. Austr. 3
triangularis *Gmel.* v. grossum.
. tuberculatum (*Oedip.*)
Burm. 641. 1. - Gr. *F. E. S.*
35. - *Germ.* fn. 5. 13. - *Charp.*
150. - Gr. scaber *Gmel.* 2077.
                    Germ. bor 3
variegatus *Sulz.* v. cothurn.
— **Z.** · ·   v. Tetr.

. ventrale Z. Orth. p. 89. 8. an
foem. ad rufipes   ·   * 4
versicolor *Gmel.* · v. cothurn.
. viridulum *Ltr.* (Gomph.)
Burm. 648. 5. - Gr. *F. E. S.*
59. - *L.* fn. 874. - *Zett.* Orth.
7. - fn. 3. a. - *Charp.* 159. -
Zett. ins. ed. 2. n. 3. - *L. S. N.*
p. 702.   * 2
var: Acr.nigroterminatum*Deg.*
3. 481. 9. - Acr. albomarginatum *Deg.* 3. p. 311. - Acr. rufomarginatum *Deg.* 3. p. 312.
- Acr. megacephalum *Seidl.*
p. 219.
vittatum Z.   v. Tetr.
zonatum Z.   v. Tetr.

Bacillus. *Latr. Lep. Serv.*
Burm.   ·
Mantis *Rossi. Fabr. Petag.*
Phasma *Fabr. Latr. Charp.*
Lichtenst.
Spectrum *Stoll.*
- gallicus *Serv.* Ann. d. Sc.
nat. XXII. - *Burm.* 2. *Gray:*
Synopsis of the species of In-
sects bel. to the Family of
Phasmidae London 1835. p.
20. - Phasma *Charp.* Hor. p.
94.   Europa aust. 5.
B. granulatus *Brullé* Exp. Sc.
de Morée, Ent. pl. 29. f. 6. -
Gray. p. 20.   · Morea.
: Rossius · (*Rossii*) *Serv.*
Ann. 65. - *Burm.* 561. 1. -
(*Rossia*) *Gray.* p. 20.
Phasma (*Rossia*) *F. E. S.*
sppl. 187. - *Ltr.* gen. III. 88.
Lepell. Encycl. X. 101. -
(*Rossium*) *Charp.* Hor. p. 93.
Mantis *Rossia F. E. S.* 13. -
- *Rossi* fn. 1. t. 8. f. 1. - *Illig.*
p. 322.
Phasma Plocaria *Licht. Lin.*
Trans. VI. 11.
Plocaria domestica *Scop.* De-
lic. 1. 60. t. 24. A. ·

Spectrum *Rossii Lamarck*
Anim. s. vert. 4. 255. Ital. 4
Barbitistes. *Charp. Burm.*
' Locusta *F. Hagenb. Ltr.*
. autumnalis *Brm3.-Charp.*
102. Loc. *Hagenb.* 25. f. 41.*2
cucullatus *Charp.* v. Ephipp.
.denticauda *Charp.* v. Ephipp.
ephippigera *Charp.* v. Ephipp.
  perforata.
- flavescens mihi Dtsch. ins.
157. 14. Russ. 5
- glabricauda *Burm.* 2. -
Charp. 101.
? Descr. de l'Egypt. Orth. pl.
4. f. 9. Lusit. 4
- scutatus *Burm.* 4. - *Charp.*
102. Lusit. 4
selligera *Charp.* v. Ephipp.
. serricauda *Burm.* 4. -
Charp. 101. - Loc. *F. E. S.* 4.
455. sppl. 193. - *Hagenb.* p.
23. f. 12. 13. *2
Blatta. *L.* etc. *Burm.*
acervorum *Pz.* v. Sphaerium.
aegyptiaca *L.* v. Heterogamia.
americana *F.* v. Periplaneta.
- asiatica *Pall.* it. 3. 263.
- *Gmel.* 2046. - *Cederh.* p.
124. - *Charp.* 72. ? 3
- concolor *Hag.* f. 11. -
Charp. 75. Helv. 2
culinaris *Deg.* v. Peripl. or.
decipiens *Germ.* Reise v. Polyzosteria.
ferruginea *Thunb.* act. 1810.
cf. Peripl. or.
- gallica *F. E. S.* 8. - *Charp.*
72. ? 3
. germanica *F. E. S.* 22. -
Stoll. t. 4. f. 18. - *Charp.*
73. - *Hummel* Essai nr. 1. -
Hahn t. a. f. 2. a. b. - *Burm.*
8. - *Hbst.* Arch. t. 49. f. 10.
- *L. S. N.* p. 688. - *Ltr.* hist.
p. 97. - *Germ.* Reise p. 249.
- *Zett.* orth. p. 48. - *Seidl.*

p. 209. *Ill.* Mg. 4. 234. * 0
Bl. lucida *Hagenb.* f. 9. var:
foemina.
Bl. lapp. var. Houtt. 10. p.
132. t. 78. f. 15.
— *Pz.* 2. 17. v. lappon.
helvetica *Hag.* v. lappon.
. hemiptera *F. E. S.* 30.
- *Pz.* 96. 15. - *Charp.* 95. -
Burm. 4. - *Ltr.* hist. 12. 97.
- *Zett.* orth. p. 47. *2
kakkerlak *Deg.* v. Peripl. amer.
. lapponica *L.* fn. 235. - *S. N.*
8. p. 688. - *F. E. S.* 21. -
Zetterst. Orth. 45. - fn. -
Seidl. p 210. - *Sulz.* hist.
8. 3. - *Ross.* 1. 256. - *Charp.*
74. - *Burm.* 5. - *Pz.* 96. 13.
- *Geoff.* 1. 381. 3. - *Ltr.* hist.
12. 96. - *Petg.* 1. 306. - Bl.
nigrofusca *Deg.* 3. 2. p. 345.
t. 25. f. 8 - 10. - *Schff.* ic.
88. 2. 3. - *Pz.* Nom.
foem. livida *F. E. S.* 23. - *Coq.*
1. t. f. 1. - Bl. perspicillaris
Hbst. Arch. 186. t. 49. 11. -
Bl. pallida *Ltr.* hist. nat. 12.
p. 97. - Bl. german. *Pz.* 2.
17. - Bl. sylvestris *Scop.* 104.
- Bl. helvetica *Hag.* f. 10. * 0
— var: *Houtt.* v. germanica.
limbata *Charp.* v. Polyz. decip.
livida *F.-Geoff.-Coq.* v. lapponica.
lucida *Hag.* v. germanica.
. maculata Naturf. 15. 89. t.
3 f. 17. 18. - *F. E. S.* 26. -
Pz. fn. 96. 14. - *Charp.* 76. -
Hahn. Orth. t. a. f. 6. a. b.
- *Burm.* 2. - *Ltr.* hist. 12.
97. - *Seidl.* p. 210. - *Schff.*
t. 158. 2. - Bl. Schaefferi
Gmel. 2046. * 2
maderae *Zett.* Orth. p. 49. ?
- marginata Naturf. 15. 88.
t. 3. f. 16. - *Cyrill.* inst. I.
t. 1. f. 11. - *F.E.S.* 27. - *Charp.*

644. 15. - *Seidl.* p. 217. - Gr.
F. E. S. 37. - *L. S. N.* 47. -
fn. 872. - *Charp.* 150. - *Ltr.*
hist: 12. p.151.- gen. 3. p.106.
- *Pz.* 87. 12. - *Hahn* Acr. B. 5.
- *Geoff.* 1. 3. p. 393 - *Roes.* 2.
t. 21. 1 - 3. - *Schff.* 27. 10. 11.
- 269. 5. 6. - *Harr.* 425. - Acr.
rubripenne *Deg.* 3. 306. - *Scop.*
p. 110.   * 1
— *Oliv.*   v. germanicum.
- s u b c o e r u l e i p e n n e   Gr.
Charp. 145. t. 3. f. 7. Rus. m. 4
subulatum Z.   v. Tetr.
succinctus *Hbst.*   cf. lineola.
. t a t a r i c u m   *Burm.* 13. -
Ltr. gen. *L. S. N.* 2. 700. 42.
- *Roes.* II. Locust. t. 18. -
Drury 1. pl. 49. f. 2. *F. E. S.*
26· - *Charp.* 130. - Descr. de
l'Egypte Orth. pl. 7 f. 2. pl. 6.
f. 12 larva. - *Lin.* Mus. Ulr.
139. - *Ltr.* hist. 12. 150. -
gen. 3. 106.   Austr. 3
var. Gr. lineola *F. E. S.* 29. -
Ltr. gen. 3. 106. - *Charp.* 131.
t. 4. f. 1. - *Ltr.* hist. 12. 150. -
Ross. 269. - Gr. migratorius
Scop. 109.
tenellus *Stoll.*   v. lineatum.
: t e r g e s t i n u m Gr. *Charp.*
139.   Istria 4
. t h a l a s s i n u m   *Ltr.* hist.
156. (Gomph.) *Burm.* 647. 1.
Gr. *F. E. S.* 43. - *Vill.* 4. 35. -
Germ. fn. 11. 18. - *Charp.*
138. t. 4. f. 3. - tab. 2. f. 6. -
Ross. 1. 270. Acr. strepens
Ltr. hist. 12. p. 154. Austr. 3
triangularis *Gmel.* v. grossum.
. t u b e r c u l a t u m (*Oedip.*)
Burm. 641. 1. - Gr: *F. E. S.*
35. - *Germ.* fn. 5. 13. - *Charp.*
150. - Gr. scaber *Gmel.* 2077.
           Germ. bor 3
variegatus *Sulz.*   v. cothurn.
— Z.   v. Tetr.

Spectrum *Rossii* *Lamarck*
Anim. s. vert. 4. 255. Ital. 4

Barbitistes. *Charp.* *Burm.*
Locusta *F.* *Hagenb.* *Ltr.*
. autumnalis *Brm*3.-*Charp.*
102. Loc. *Hagenb.* 25. f. 41.*2
cucullatus *Charp.* v. Ephipp.
denticauda *Charp.* v. Ephipp.
ephippigera *Charp.* v. Ephipp.
perforata.
- flavescens mihi Dtsch. ins.
157. 14. Russ. 5
- glabricauda *Burm.* 2. -
Charp. 101.
? Descr. de l'Egypt. Orth. pl.
4. f. 9. Lusit. 4
- scutatus *Burm.* 4. -*Charp.*
102. Lusit. 4
selligera *Charp.* v. Ephipp.
. serricauda *Burm.* 4. -
Charp. 101. - Loc. *F. E. S.* 4.
455. sppl. 193. - *Hagenb.* p.
23. f. 12. 13. * 2

Blatta. *L.* etc. *Burm.*
acervorum *Pz.* v. Sphaerium.
aegyptiaca *L.* v. Heterogamia.
americana *F.* v. Periplaneta.
- asiatica *Pall.* it. 3. 263.
- *Gmel.* 2046. - Cederh. p.
124. - *Charp.* 72. ? 3
- concolor *Hag.* f. 11. -
Charp. 75. Helv. 2
culinaris *Deg.* v. Peripl. or.
decipiens *Germ.* Reise v. Polyzosteria.
ferruginea *Thunb.* act. 1810.
cf. Peripl. or.
- gallica *F. E. S.* 8. - *Charp.*
72. ? 3
. germanica *F. E. S.* 22. -
Stoll. t. 4. f. 18. - *Charp.*
73. - *Hummel* Essai nr. 1. -
Hahn t. a. f. 2. a. b. - *Burm.*
8. - *Hbst.* Arch. t. 49. f. 10.
- *L. S. N.* p. 688. - *Ltr.* hist.
p. 97. - *Germ.* Reise p. 249.
- *Zett.* orth. p. 48. - *Seidl.*

p. 209. *Ill.* Mg. 4. 234. * 0
Bl. lucida *Hagenb.* f. 9. var:
foemina.
Bl. lapp. var. Houtt. 10. p.
132. t. 78. f. 15.
— *Pz.* 2. 17. v. lappon.
helvetica *Hag.* v. lappon.
. hemiptera *F. E. S.* 30.
- *Pz.* 96. 15. - *Charp.* 95. -
Burm. 4. - *Ltr.* hist. 12. 97.
- *Zett.* orth. p. 47. * 2
kakkerlak *Deg.* v. Peripl. amer.
. lapponica *L.* fn. 235. - *S. N.*
8. p. 688. - *F. E. S.* 21. -
Zetterst. Orth. 45. - fn. -
Seidl. p 210. - *Sulz.* hist.
8. 3. - *Ross.* 1. 256. - *Charp.*
74. - *Burm.* 5. - *Pz.* 96. 13.
- *Geoff.* 1. 381. 3. - *Ltr.* hist.
12. 96. - *Petg.* 1. 306. - Bl.
nigrofusca *Deg.* 3. 2. p. 345.
t. 25. f. 8 - 10. - *Schff.* ic.
88. 2. 3. - *Pz.* Nom.
foem. livida *F. E. S.* 23. - *Coq.*
1. t. f. 1. - Bl. perspicillaris
Hbst. Arch. 186. t. 49. 11. -
Bl. pallida *Ltr.* hist. nat. 12.
p. 97. - Bl. german. *Pz.* 2.
17. - Bl. sylvestris *Scop.* 104.
- Bl. helvetica *Hag.* f. 10. * 0
— var: *Houtt.* v. germanica.
limbata *Charp.* v. Polyz. decip.
livida *F.* -*Geoff.* -*Coq.* v. lapponica.
lucida *Hag.* v. germanica.
. maculata Naturf. 15. 89. t.
3. f. 17. 18. - *F. E. S.* 26. -
Pz. fn. 96. 14. - *Charp.* 76. -
Hahn. Orth. t. a. f. 6. a. b.
- *Burm.* 2. - *Ltr.* hist. 12.
97. - *Seidl.* p. 210. - *Schff.*
t. 158. 2. - Bl. Schaefferi
Gmel. 2046. * 2
maderae *Zett.* Orth. p. 49. ?
- marginata Naturf. 15. 88.
t. 3. f. 16. - *Cyrill.* inst. I.
t. 1. f. 11. - *F. E. S.* 27. -*Charp.*

76. - *Rurm.* 496. 1. - *Ross.*
1. 257. - *Ltr.* hist. 2. 11.　3
nigrofusca *Deg.* v. lapponica.
orientalis *Sulz. Houtt.*
　　　　　v. Peripl. amer.
orientalis *L.* etc. v. Periplan.
pallida *Oliv.*　　v. Iapponica.
perspicillaris *Hbst.* v. lappon.
: p u n c t a t a *Charp.*" 77.　* 3
Schaefferi *Gmel.* v. maculata.
siccifolia*Stoll.* cf. Peripl. amer.
sylvestris *Scop.* v. lappon.
Bradyporus. *Charp. Burm.*
　G r y l l u s *Pall.*
dasypus *Charp.* v. Callimenus.
- L a x m a n n i *Charp.* 97.
　Gryll. *Pallas Spicil.* IX.
　19. t. 2. f. 2. 3. - Locusta
　F. E. S. 45. - Dtschl. Ins.
　156. 18.　　　Russ. mer. 5
- m a r g i n a t u s *Charp.* ib.
Loc. *F. E. S.* sppl. 193. 46.
　　　　　Russ. mer. 5
oniscus *Charp.* in litt.
　　　　　v. Callimenus.
- o n o s *Charp.* ib. - Loc. *F.*
E. S. 44. - Gryll. *Pall.* l. c.
f. 1.　　　　Russ. mer. 5
Callimenus. *Stév.* Annal. d.
l. Soc. Ent. II. p 318. *Burm.*
　B r a d y p o r u s *Charp. Ltr.*
　L o c u s t a *Ill.*
: d a s y p u s *Burm.* 677. l.
Loc. *Ill.* in *Wied.* Arch. 1.
2. 144. 37. - Bradyp. *Charp.*
96. - Loc. regina ; Gryllus
Rex Koy in litt.　Hung. 4
- o n i s c u s *Burm.* 2. - Brad.
Charp. Ephipp. macrogaster
Guérin Mag. d Zool. 1. pl. 5.-
Stoll. 11. a. f. 44. Graecia 5
Caloptenus *Burm.*
Calliptermus *Serv,*
　　　　　v. Acridium ital.
Conocephalus *Thunb. Serv.*
Burm.

L o c u s t a *Rossi. Charp.*
Germ.
: m a n d i b u l a r i s *Burm.* 705.
6.　　　　　　Ital. 3
Loc. *Charp.* 106. - *Grm.* fn.
15. 10. - Loc. tuberculata
,*Rossi.* l. p. 269. - *Mant.* l.
103. - *Ltr.* hist. 12. p. 132.
Loc. acuminata. *Sulz.* Abg.
Geseh. t. 9. f. 1.
Decticus. *Serv. Burm.*
Locusta autt.
-: A l b e r t i *Seidl.* p 215.
　　　　　　　Bohem. 3
: a l b i f r o n s *Burm.* 709. 1.-
Germ. fn. 20. 14. - Loc. *F.*
E. S. 29. - *Ltr.* hist. 12.
133. - *Charp.* 125. - Desc.
d. l'Eg. Orth. pl. 3. f. 8.
　　　　　　　Lusit. 4
. a p t e r u s *Burm.* 10. - Loc.
F. E. S. 43. - *Roes.* 2. t.
20. 8. - *Charp.* 117. - *Ltr.*
hist. 12. 134. - gen. 3. 101. -
Loc. clypeata *Pz.* fn. 33. 4.
- Loc. griseo-aptera *Deg.* 3.
p. 283. - Loc. cinerea *Zett.*
Orth. p. 70. 8. - *Hagenb.* 30.
f. 17. 18.　　　　Aust. 2
- b i c o l o r *Burm.* 8. - Loc.
Phil. Orth. 24. 8. t. 1. f. 5.
Loc. Viennensis *Marschall*
Annal. des Wien. Mus. 1.
209: t. 18. f. 1.
: b r a c h y p t e r u s *Burm.* 7.
Loc. *F. E. S.* 36. - *Charp.*
113. - *Hagenb.* 28. f. 15. 16.
- *Deg.* 3. pl. 23. f. 2. 3. -
Serv. - L. fn. p. 237. - *Ltr.*
hist. 12. 133. - *Zett.* Orth.
p. 66.　　　　　　* 3
. b r e v i p e n n i s Loc. *Charp.*
114. - *Seidl.* p. 216. - Loc.
Roeselii Hag. 39. f. 24. -
Roes. 2. t. 20. f. 9.　　* 1

- C h a b r i e r i *Burm.* 12.
Loc. *Charp.* 119. - *Herrich-
Schff.* Dischl. Ins. 157. 15.-
Petagn. t. 10. f. 13.
⠀⠀⠀⠀⠀⠀⠀⠀⠀ Eur. mer. 4
cinerea *Zett.*(Loc.) v.apterus.
clypeata*Pz.* (Loc.) v. apterus.
denticulata*Pz.* (Loc.)v.griseus
: d i l u t u s *Charp.* 116. * 4
- g l a b e r *Burm.* 16. - Loc.
maculata *Charp.* 122. t. 3.
f. 5. - *Hrbst.* Arch. 8. p. 193.
- *Phil.* 22. 6. t. 1. f. 1.
⠀⠀⠀⠀⠀⠀ Boruss. 3
griseoaptera (Loc.) *Deg.*
⠀⠀⠀⠀⠀⠀ v. apterus.
. g r i s e u s *Burm.* Loc. *F.E.
S.* 2. p. 41. - *Ltr.* hist. 12.
131. t. 95. f. 2. - *Zett.* Orth.
p. 65. - *Charp.* 120. - Descr.
d. l'Eg. Orth. pl. 3. f. 9. -
Hagenb. 33. f. 19. 20. - *Seidl.*
p. 215. - Loc. denticulata *Pz.*
fn. 33. 5. ⠀⠀⠀⠀⠀⠀ * 0
Roes. 2. t. 20. f. 10.
Schaeff. 190. 1. 2. - 263· 1. 2.
- 62 1 - 4. - t. 258. 1. 2.
Frisch. 2. p. 7. t. 2. f. 4.
Gryll. cauda ensif. recurva L.
fn. 2283.
maculata *Charp.* (Loc.)
⠀⠀⠀⠀⠀⠀ v. glaber.
: p e d e s t r i s *Burm.* 11. - Loc.
F. E. S. 44. - *Ltr.* hist. 12.
134. - *Charp.* 118. - *Petag.* 1.
315. ⠀⠀⠀⠀⠀⠀ Aust. 2
Roeselii *Hag.* (Loc.)
⠀⠀⠀⠀ v. brevipennis.
- t e s s e l l a t u s *Burm.* 5.
⠀⠀⠀⠀⠀⠀ Boruss. 3
Loc. *Charp.* 121. t. 3. f. 4. -
Phil. 23. 8. t. 1. f. 4.
. v e r r u c i v o r u s *Burm.* 2.
Loc. *L.* fn. p. 237. - *Charp.*
124. - *L. S. N.* p. 698. - *F.
E. S.* p. 42. n. 33. - *Rossi* 1.
266. - *Ltr.* hist. 12. 130. -

Deg. 3. 430. t. 21. f. 1. - *Pz.*
fn. 89. 20 & 21. - *Serv.* 59.
1. - *Schr.* fn. 2. p. 35. - *Vill.*
1. p. 440. - *Zett.* orth. p. 63.
- *Seidl.* p. 215. - *Stoll.* pl.
23. b. f. 92. - *Roes.* 2. t. 8
& 9. - *Geoff.* 1. 397. 1. -
Schff. 236. 3. 4. - 62. 5. -
236. 1. & 2. - 242. 5. 6. - 249.
1. 2. 255. 1. 2. ⠀⠀⠀ * 1
viennensis (Loc.) *Marsch.*
⠀⠀⠀⠀⠀⠀ v. bicolor.
- v i t t a t u s *Burm.* 9. - Loc.
Charp. 115. ⠀⠀⠀ Hung. 4.
Empusa. *Illig. Ltr. Charp.
Burm.*
M a n t i s *L. F. Oliv. Stoll.*
G o n g y l u s *Thunb.*
- o r i e n t a l i s *Burm.* 546. 5.
⠀⠀⠀⠀⠀⠀ Russ. 5
mas.: Mant. pennicornis *Pall.*
it. 2. Anh. 4. 80. - *Goeze* Ent.
Beitr. 2. 31. 18.
: p a u p e r a t a *Burm.* 6. - *Ill.*
Kaef. 499. - *Ltr.* gen. 3. 90.-
Charp. 87. - *Serv.* 21. 5. -
Mant. *F. E. S* 18. - *Thunb.*
n. sp. 3. 61. - *Ross.* fn. 1. 635.
- *Stoll.* pl. 10. f. 40. - *Ltr.*
hist. 109. - *Vill.* 1. 433. t. 2.
f. 2. 3. - *Pet.* 307. - Gongyl.
Thunb. Mem. d. Petersb. V.
295. - ? *Hbst.* Arch. t. 51. 1.
- *Stoll.* t 10. f. 40. (94. larva)
⠀⠀⠀⠀⠀⠀ Eur. mer. 3
Ephippigera. *Latr. Burm.*
B a r b i t i s t e s *Charp.*
- c u c u l l a t a *Burm.* 680. 1.
Barb. *Charp.* 98. ⠀ Lusit. 5
- d e n t i c a u d a *Burm.* 4.
Barb. *Charp.* 100. t. 3. f. 5. 6.
⠀⠀⠀⠀⠀⠀ Hung. 3
macrogaster *Guerin,* v. Callim.
: p e r f o r a t a *Burm.* 2.
Barb. ephippiger *Charp.* 98.
Loc. *F. E. S.* 49. - *Ltr.* gen.

- m a c r o p o d a *Burm.* 4.
Dalmat. 4.
\? gracilis Loc. *Germ.* Reise
p. 251.' - fn.' 8. 15. - *Charp.*
105. .
- thymifolia Loc.*Petagn.* 1.
' 313· t. 10.'f. 18. - *Rossi* Mant.
- 2.'p. 104.-sec *Charp.* idem ac
gracilis *Germ.* Eur. mer.' 4
Phasma *Charp.* v. Bacillus.
Plocaria *Scop.* v.' Bacillus.'
Podisma *Germ.* v. Acridium.
Polyzosteria *Burm.*
Blatta *Germ.* - *Charp.*
. decipiens *Burm.* 483. 4.
Bl. *Germ.* Reise 249. - *Charp.*
hor. 78. ' Graec. Dalmat. 3
Bl. limbata *Charp.* hor. 77.
Lusitan.
Ripipteryx *Newm.* v. Xya.
Saga *Charp.* Serv.
Tettigopsis *Fisch.* Annal.
d. l. Soc. Ent. 11. p. 319.
: gigantea *Frivaldszky* Turcia 6
. serrata *Burm.* 717. 1. -
Charp. 95. - *Serv.* 66. 1.
Loc. *F. E. S.* 43. - *Ltr.*
gen. 3. 101. - hist. 12. 134.
L. onos *Stoll.* pl. 11. a. f.
42. 43. ,
Gr. giganteus *Vill.* 1. 451.
t. 3. f. 7. Eur. mer. 5
Semblis *Petagn.* v. Gryllus
italicus.
Spectrum *Lam.* v. Bacillus.
Sphaerium *Charp. Burm.*
Blatta *Pz.* Myrmecophi-
la *Ltr.*
. acervorum *Burm.* 730. 1. -
Charp. 78. - *Guerin.* Icon.
pl. 54. f. 6. - *Griff.* anim.
Kingd. 15. pl. 113. f. 6. -
Seidl. p. 210.
Blatta *Pz.* 86. 24.
Bohem. Saxonia 5

Tetrix *Ltr* - *Charp.* - *Burm.*
Gryllus Bulla *L.*
Acridium *F. E. S.* - *Zett.*
- *Geoff.* - *Deg.* - *Oliv.*
Acheta *Lam.*
: binotata Acr. *Zett.* orth.
10. - fn. 10. - ins. 12.
|: bimaculata Acr. *Zett.* Orth.
6. - ins. ed. 2. n. 6.
Gr. *L. S. N. Gmel.* 2058.
bipunctatum *Pz.* excl. Syn.
v. fuliginosum.
. bipunctata *Charp.* p. 176. -
Burm. p. 660. 7. - *Seidl.* -
Acr. *Zett.* Orth. 7. - fn. 6.
F. E. S 2.' - *Zett.* ins. 8.
Gryll. *L.* fn. 894.
Tetr. *Charp.* p. 178.
carbonaria Acr. *Zett.* ins.
16· * 1
: cristata Acr. *Zett.* Orth.
11.- fn. 11. - ins. 13. - *Thunb.*
nov. act. 10.
dorsalis Acr. *Zett.* ins. ed.
2. n. 5.
: ephippium Acr. *Zett.* Orth.
9. - fn. 9. - ins. 10. - *Thunb.*
nov. act. Ups. vol. 7. 158.
fuliginosa Acr. *Zett.* ins.
ed. 2. n. 2.
fuscipes Acr. *Zett.* ed. 2.
n. 7.
hieroglyphica Acr. *Zett.*
Orth. 16. - ins. 15.
hilaris Acr. *Zett.* fn. 7. -
ins. 9.
: humerale Acr. *Zett.*
lateralis Acr. *Zett.* Orth.
8. - fn. 8. - ins. 10.
|: marginata Acr. *Zett.* Orth.
3. - ins. ed. 2. n. 4.
nutans *Hagenb.* 1. 41. 25.
obscura Acr. *Zett.* Orth.
12. - fn. 12. - ins. 14.
Tetr. *Hagenb.* 1. 42. fig. 16.
Gr. bipunctatus *Scop.* 316.
sec. *Hag.*

: pallescens Acr. Zett.Orth.
2. - fn. 3. - ins. ed. 2. n. 3,
Acr. bipunct. Pz. 5. 13.
. subulata Ltr. gen. 1. -
Charp. p. 179. - Burm. p.
659. 5. - Ltr. hist. 12. p. 164.
- Seidl.
Acr. F. E. S. 3. - Zett. Orth.
1. - fn. 1. - ins. ed. 2. n. 1.
Geoff. 1. p. 395. - Deg. 3.
p. 314. t. 23. f. 17. - Sulz.
hist. t. 8. f. 7. - Vill. 1. p.
435. t. 2. f. 5.
Gryll. L. fn. p. 236. - S. N.
p. 693.
Acr. bifasciat. & bimaculat.
Herbt. Arch. t. 52. f. 3. 4.
Acr. bipunct. Pz. fn. 5. 18.
- Ross. 1. p. 262.
: variegatum Zett.   *1
Tridactylus Ltr.   v. Xya.
Truxalis F. Ltr. Serv. Burm.
Oliv. Charp.
 Gryllus Acrida L,
Acrydium Deg.
- grylloides Ltr. hist. 12.
p. 148. - Charp. 130. - Burm.
608. b. - Ltr. gen. 3. 104.
                       Gall. mer. 4
hungaricus F. E. S. - Hbst.
Arch. - Grm. Reise v. nasuta.
- linearis Charp. 129. t. 3. f.
2. - Burm. 7.   Lusit. 4
: nasuta F. E. S. 2. 26. 1.
- Burm. 1. - Rossi. 640.
Ltr. gen. - hist. 12. 147. t.
94. f. 5.
Gryll. L. Mus. Ulr. 118. -
S. N. p. 692.
foem. Tr. hungaricus F. E. S.
4. - Germ. Reise 250.
Gryll. turritus L. S. N. 2.
692. 1. β. - Sulz. Kennz. t.

8. f. 57. - Roes. II. t. 4. f.
1. 2. - Fuessl. n. Mag. 2. p.
368. - Hbst. Arch. t. 52. 7.
- Stoll t. 8. b. f. 27. t. 23.
b. f. 38. - Palisot. p. 16. t.
2. f. 1. 2. rufescens. 3. tenuis. - Vill. 1. p. 434. t. 2.
f. 4.   Eur. mer. 3
- rhodoptila m. Dtschl. Ins.
157. 16.   Gall. m 4
: rosea Charp. 128. t. 3. f. 8.
- Burm. 5.   Eur. mer. 4
rufescens Palis.   v. nasuta.
tenuis Palis.   v. nasuta.
- variabilis Klug. Symbol.
ph. II. t. 17. f. 2-6. - Descript. de l'Egypte Orth. pl.
pl. 5. f. 11. 13. - Burm. 2.
                       Eur. m. 5.

Xiphidium Serv. Burm.
- concolor Burm. 708. 6.
Descr. d. l'Eg. Orth. pl. 4.
f. 2. 3.   2
- dorsale Burm. 5. - Loc.
Charp. 114. t. 2. f. 4. -
Phil. Orth. 19. 3. t. 1. f. 2. 2
. fuscum Burm. 3.   *1
Loc. F. E. S. 38. - Ltr.
gen. 3. 101. - hist. 12. 132.
Pz. fn. 33. 2. - Charp. 111.
- Serv. - Zett. Orth. p. 60.
Coq. t. 1. f. 3. - Seidl. p.
214.
- hastatum Loc. Charp. 113. 2
Xya Illig.
Tridactylus Oliv. Ltr.
Ripipteryx Newm.
: variegata Burm. 742. 3.
- Charp. 84. t. 2. f. 2-5. -
Ltr. gen. 4. 385. - Foudras
Obs. Lyon. 1829. 8. - Deser.
d. l'Eg. orth. pl. 3. f. 1.
                       Hungar. 4

DERMATOPTERA.

Burm. Dermaptera *Leach. Kirb. Steph.* - Labidura
Dumeril. Dufour. - Coleoptera *L.* - Ulonata *F.*

Forficulina *Burm.*

FORFICULA. *)

I. *alatae.* Geflügelte, die geschlossenen Flügel überragen
die Spitze der Flügeldecken.
  1. *elytrorum sutura ferruginea*
  maris ano bidentato, forcipe subrecto,
  pone medium dentato; Fühler 30gliedrig
  gigantea.
  2. - *macula pallida prope scutellum, maris,*
  forcipe bipunctato, pone medium den-
  tato; Fühler 12gliedrig, einfarbig *biguttata.*
  3. - *margine externo pallido, maris forcipe*
  sinuato, ante medium dentato;
  Fühler 14gliedrig *auricularia.*
  4. - *disco pallido, maris forcipe incurvo, ba-*
  si unidentato rufticollis.
  5. *elytris pallidis.*
  A. *maris forcipe multidentato.* Fühler 12glie-
  drig, die letzten weiss *minor.*
  B. *testacea, antennis obscurioribus, capite*
  thoracis medio et ultimo abdominis seg-
  mento nigro infumata.
II. *apterae.* Flügellose.
  1. *elytrata, antt. artt.* 9 - 12. Decken. *albipennis.*

---

*) In dieser Gattung ist noch manches Räthsel zu lösen, z. B. woran er-
kennt man, dass ein flügel- oder deckenloses Exemplar vollkommenes
Insekt oder Larve ist; *albipennis* kommt immer mit vollständig ent-
wickelten Decken und ohne Flügel vor, aber mit 10-12 Fühlergliedern,
das zweite und vierte kleiner; Puppe von *auricularia* hat deutliche
Spuren von Decken und Flügeln, aber zusammengewachsen; bei *pyrenaea* sind diese Theile auch angedeutet, aber es fehlt die Längsnath,
und vor ihnen steht ein *Körper,* der mit einem kurz gerundeten Schildchen verglichen werden kann; desshalb halte ich *F. simplex Germ.*
bei der diese Bildung genau gezeichnet ist, für hieher gehörig, und
wegen der einfachen Bildung der Zange vielleicht für die Puppe; bei
hispanica dagegen fehlt dieser Körper, und der die Decken darstellende
Ring hat am Aussenrand jederseits einen erhabenen Längswulst.

2. *sine elytris.* Keine Decken.
  A. *thorax latior ac longior.*   Thorax breiter als
    lang.)
    A. fusca capite antennis et pedibus piceote-
    staceis, mares forcipe crasso, curvo, me-
    dio tuberculato.   *: pyrenaea.*
    B. ferruginea, sgm. 1 *longitudinaliter im-*
    presso.
      a. 3 *punctis* 2 *elevatis*   - *dilatata.*
      b. *sgm.* 3 *innotatum*   - *simplex.*
    C. fusca, ore, antennis, thoracis lateribus
    pedibusque testaceis, forcipe incurvo,
    basi bidentato   - *sinuata.*
  B. *- longior ac latior, antice angustior; tota*
    nigrofusca, sgm. 1 *plica utrinque longitu-*
    dinali, punctis mediis duobus inpressis
                       hispanica.

Forficula L. et omnium.

albipennis *Charp.* 68. *Burm.*
Handb. II. 2. p. 755. n. 21.
media *Hagenb.*   * 2
aptera *Charp.* p. 69. v. dilatata.
. auricularia *L.* - *Pz.* 87.
8 mas. den dortigen Citaten
beizufügen: *Charp.* 67. - *Zet-*
terst. Orth. 36. - fn. 443. -
ed. II. p. 246. *Ltr.* gen. 82.-hist.
90. - *Rossi* fn. 255. - *Ill.* 316.
- *Sulz.* hist. t. 7. f. 50. -
Marsh. p. 529. - *Petagn.* p.
303. - *Posselt* Dissert. 1808. -
cf. *Wiedemann* Arch. II. 1.
p. 230. - *L.* fn. n. 860. -
Schr. fn. & Ennm. - *Scop.*
carn. - *Oliv.* Enc. VI. p. 466.
- *Schaeff.* icon. 63. 1. 2. var.
- *Geoff.* 1. 375. 1. - *Seidel*
p. 207. 2. - *Schff.* El. t. 63.
- *Phil.* 5. 2. - *Burm.* 14.
F. neglecta *Marh.* foem.
F. major *Deg.* f. 25. mas &
  foem.
F. parallela *F.* Ent. 5. for-
  san foemina.

biguttata *F.* - *Ltr.* gen. -
Charp. e   v. bip
bilineata *Hbst.* Arch. v. gigatea.
. bipunctata *F. E. S.* 3. -
Oliv. Enc. 15. - *Burm.* 16.
- *Pz.* 87. 10. adde:
biguttata *F. E. S.* 2. - *Charp.*
p. 68. - *Ltr.* hist. 91. - gen.
82. Seidel 3.
- *Petagn.* .   v. infumata.
- borealis *Leach.* in *Steph.*
Catal.   Angl. 3
: dilatata *Lafran.-Burm.* 22.
aptera *Charp.* 69. - pyrenaica *Gené.*   Pyr. 3
- erythrocephala Ent. Trans. 1.
256. cf. gigantea   Angl. 3
- forcipata *Steph.* Cat. p.
299. 4.   Angl. 4
: gigantea *F.* Ent. S. 11.1.
- *Donov.* 14. pl. 500. - Sei-
del p. 207. 1. - *Kirb et Sp.*
2. 237. pl. 1. f. 7. - *Ltr.*
hist. p. 90. - *Petagn.* 1. p.
303. - *Philippi* Orth. Berol.
5. 1. - *Burm.* 4. - *Charp.* 67. -

F. maxima *Vill.* 1. 427. t.
2. f. 53.
F. bilineata *Herbst* Arch. 3.
n.' 383. t. 49. 1.
?F. erythrocephalaEnt.Trans.
1. 256.
Labidura gig. *Leach. E. E.*
9. 118. - *Steph.* p. 299. -
Leach. Suppl. 1. pl. 24. -
Zool. Misc. 3. 99. Germ. 2
- infumata *Charp.* 70 - F.
bipunctata *Petagn.* III. 11.
Eur. merid. 3
maxima *Vill.* v. gigantea.
media *Hag.* v. albipennis.
- *Marsh.* v. minor.
. minor *L.* - *Pz.* 87. 9. mas.
adde: *Charp.* 70. - *L.* fn.
234. - *Ltr.* hist. 91. - gen.
82. - *Marsh.* 530. foem. -
Petagn. 304. - *Rossi.* 255. -
Ill. 316. - *Zett.* orth. 38. -

Seidel 4. - *Geoff.* 1. 376. 2.
- *Philippi* 3. - *Burm.* 17.
Labia minor *Steph.* Cat. -
Leach.
F. media *Marsh.* mas.
parallela *F. E. S.* 14. Sec.
Zett. forsan foem. auricu-
lariae * 1
: pyrenaea m.
? F. sinuata *Ahr.*
pyrenaica *Gene.* v. dilatata.
- ruficollis *F. E. S.* sppl.
185. - *Charp.* 69. = *Burm.* 15.
Lusit 4
- simplex *Ahr.* fn. 11. 17. -
Burm. 23. Hisp. 4
sinuata *Ahr.* fn. 11. 16. - *Burm.*
24. cf. pyrenaea Hisp. 4
Labia *Leach. Steph.*
v. Forf. minor.
Labidura *Leach. Steph.*
v. Forf. gigantea.

HYMENOPTERA.

L. etc. Piezata *F.* Phleboptera *Clairville.*

SYNOPSIS

FAMILIARUM HYMENOPTERORUM.

I. *Alae posteriores cellulis basalibus duabus aut tribus.*
HFL mit 2-3 Wurzelzellen.
1. *Alae p. cell. bas. tribus.* HFL mit 3 Wurzelzellen.
A. *Alae p. carpo.* HFL mit kleinem Randmal
Tenthredonidae.
B. - - *sine carpo.* HFL ohne Randmal *Siricidiae.*
2. - - - - *duabus.* HFL mit 2 Wurzelzellen.
A. *Pedes trochanteribus duobus.* Jedes Bein mit 2
Trochanteren *Ichneumonidae.*

B. - *trochantere unico.* Jedes Bein mit Einem Tro-
chanter.

A. *Alarum p. cell. subradialis prominet.* Die Subradialzelle der HFL ragt über die äussere Wurzelzelle vor   *Formicidae.*

B. - - - - *non prominet.* Die Subradialzelle der HFL
schmal lanzettförmig, endet an der Stelle, wo der
die äussere Wurzelzelle schräg schliessende Nerv
aus dem Vorderrand entspringt.

  a. *Tarsorum posticorum articulus primus compres-
,sus.* Erstes Glied der Hintertarsen zusammengedrückt .   *Apidae.*

  b. - - - - -*cylindricus.* Erstes Tarsenglied der Hinterbeine cylindrisch.

    α. *Alae ant. longitrorsum plicatae.* VFL der Län-
ge nach zusammengelegt ,   *Vespidae.*

    β. - - *non plicatae.* VFL nicht gefaltet.

     * *Foeminae apterae.* Weiber flügellos : *Mutillidae.*

     ** - *alatae.* Weiber geflügelt ·   *Sphegidae.*
                       (*Fossores* Van d. Lind.)

II. - - - - *nullis aut unica.* HFL ohne oder mit Einer
Wurzelzelle.

1. *Alae p. cellula subradiali maxima, basali una.*
HFL mit sehr grosser Subradial- und Einer Wurzelzelle   *Cyniphidae.*

2. - - - - *angustissima aut nulla.* HFL ohne, oder mit
ganz schmaler Subradialzelle.

A. *Alae ant. cellulis discoidalibus* 2. VFL mit 2 Discoidalzellen.

  A. *Alae ant. cell. cubit* 2-3. VFL mit 2-3 Cubitalzellen ,   *Evanidae.*

  B. - - - - *unica.* ·VFL mit Einer Cubitalzelle.
                           Chrysidae.

B. - - *cellula discoidali unica.* VFL mit einer ein-
zigen Discoidalzelle.

A. *Alae ant. cell. basalibus* 2 (*in Aphelopo obsoletissimis*) *et subradiali.* VFL mit 2 Wurzelzellen
(bei *Aphelopus* kaum kenntlich) und deutlicher Subradialzelle.   *Dryinidae.*

B. - - - - *nullis aut obsoletissimis.* VFL ohne oder
mit kaum angedeuteten Wurzelzellen : *Pteromalidae.*

SYNOPSIS
GENERUM HYMENOPTERORUM.

1. TENTHREDONIDAE.

I. *Cellula radialis unica.* , VFL mit Einer Radialzelle.

1. *Antennae triarticulatae.* Fühler dreigliedrig.

A. *Cellula lanceolata contracta.* Lanzettförmige Zelle
: in der Mitte zusammengezogen   *Hylotoma.*

B. - - *petiolata.* Diese Zelle gestielt   *Schizocera.*

2. - *articulis* 17-24. Fühler mit 17-24 Gliedern. ,

A. *Cell. lanceolata nervo obliquo.* Lanzettf. Z. mit
.schiefem N.   *Lophyrus.*

B. - - *contracta.* Lanzettf. Z. in der Mitte zusam-
mengeschnürt   *Monoctenus.*

3. - - 9. Fühler 9 gliedrig.

A. *nervi recurrentes e cell. prima et secunda cubitali.*
. Die rücklaufenden N entspringen aus der ersten und
zweiten Cubitalzelle   *Cladius.*

B. - - *ambo e cell. secunda.* Beide rückl. N aus
Cub. Zelle 2.

* *Ar. cub. quatuor.* Vier Cub. Zellen.

NB. *Ar. cub. prima et secunda interdum confluxae.*
, Der N zwischen Cub. Zelle 1 und 2 fehlt bisweilen.

a. *Cell. lanc. medio contracta.* Lanzettf. Zelle zusammengezogen   *Leptopus.*

b. - - *petiolata.* Lanzettf. Z. gestielt. ·

α. *Tarsorum posticorum articulus 1 dilatatus.*
, Erstes Glied der Hintertarsen erweitert · *Craesus.*

β. - - - - *simplex.* Dies Glied nicht breiter als
die andern   *Nematus.*

** *Cell. cub. tres,* (2 *et* 3 *solitae confluxae.*) Drei
Cubitalzellen, (indem die zweite und dritte durch
keinen Nerv getrennt sind) , *Cryptocampus.*

II. *Cellulae radiales duae.* VFL mit zwei Radialzellen.

A. *Cell. cub. tres.* VFL mit 3 Cub. Zellen.

A. *Antennae articulis 5 - 7.* Fünf bis 7 Fühlerglieder.

a. *Ar. lanc. nervo transverso.* Lanzettf. Z. mit einem Quernerv

* *Antt. ante clavam* 5 *articulatae.* Fühler vor
der Kolbe 5 gliedrig.

α. *corpus subnudum, femora postica inermia.* Körper kurzhaarig; Hinterschenkel ungezähnt *Cimbex.*

β. - *villosum, femora p. dentata.* Zottig behaart;
HSchenkel mit starken Zähnen *Trichiosoma.*

** - - - 4 *articulatae.* Fühler vor der Kolbe viergliedrig *Clavellaria.*

b. - - *contracta.* Diese Z. zusammengezogen   *Abia.*

B. ┐ - 4. Vier Füblerglieder   *Blasticotoma.*

C. - - 9. Neun Fühlerglieder.

  a. *Nervi recurr. e cell. secunda.* Die rückl. N beide aus Cub. Zelle 2.

   α. *Cell. lanc. nervo obliquo.* Lanzettf. Z. mit schrägem QN   *Dolerus.*

   β. - - *petiolata.* Diese Zelle gestielt   *Pelmatopus.*

  b. - - *e cell. prima et secunda.* Aus Cub. Zelle 1 und 2 je ein rückl. Nerv.

   α. *Cell. lanc. sine nervo, al. p. cellulis mediis* 2. Lanzettf. Zelle ohne Nerv. HFL mit 2 Mittelz.   *Aneugmenus.*

   β. *Cell. lanc. petiolata ; al. p. sine cellula media.* Lanzettf. Zelle gestielt. HFL ohne Mittelzelle   *Fenusa.*

   γ. - - *nervo obliquo.* Lanzettf. Zelle mit schrägem QN.

    * *antennae articulis* (10) 12 - 14 (15). Fühler 12 - 14 gliedrig, ausnahmsweise 10 - 15. Eine Mittelzelle der HFL ausnahmsweise bei *Ph.* ochrop.   *Phyllotoma.*

    ** - - 9. Fühler 9 gliedrig.

    †. *Al. p. cell. media una.* HFL mit Einer Mittelzelle   *Harpiphorus.*

    ††. - - - - *nulla.* HFL ohne Mittelzelle   *Emphytus.*

B. *Cellulae cub.* 4. Vier Cubitalzellen.

A. *Antennae articulis* 9-11. 9 - 11 Fühlerglieder.

  a. *Nervi ambo recurr. e cell. secunda.* Beide rücklaufende N aus Cub. Zelle 2.

   α. *antennae filiformes.* Fühler fadenförmig, der äussere rückl. N fast zwischen Cub. Zelle 2 und 3 gerückt   *Mesoneura.*

   β. - *setaceae.* Fühler borstenförmig   *Dineura.*
   (*Leptocera rufa et alni* unterscheiden sich durch eine zusammengezogene lanzetf. Zelle, das Wurzelglied derselben ist aber sehr undeutlich.)

  b. - *recurr. e cell.* 2 *et* 3. Die rückl. N aus Cubitalzelle 2 und 3.

   α. *antennae art.* 10 - 11. Fühler 10 - 11 gliedrig. HFL 2 Mittelzellen. Lanzettf. Zelle mit schrägem QN. Gestalt kurz   *Athalia.*

   β. - - 9. Fühler 9 gliedrig.

    * *Corpus breve, crassum, antennae filiformes breves* (*Except. Phymatocera*). Körper kurz und dick, Fühler kurz, fadenförmig.

    †. *Cell. lanc. petiolata.* Lanzettf. Zelle gestielt.

◉ *Al. p. sine cellula media.* HFL ohne Mittelzelle
⎧ ⎫
⌣⌣⌣ *Blennocampa.*
◉◉ - - *cell. media unica.'* HFL mit Einer Mittelz. ⸱
§. *antt. breves.* Fühler kurz, fadenförmig ⸱ ⸱
⸱⸱⸱ *Monophadnus.*
§§. - *longae, setaceae.* Fühler fast von Körperlänge,
borstenförmig *Phymatocera.*
††. - -. *medio contract.* Lanzettf. Zelle in der Mitte
⸱ zusammengezogen ⸱ *Hoplocampa.*
†††. - - *nervo transverso obliquo.* Diese Zelle mit schrä-.
gem QN in der Mitte ⸱ *Eriocampa.*
††††. - - *basi aperta.* Diese Z. in die Schulter ge- ⸱ ⸱
⸱ mündet *Selandria.*
✶✶ . *elongatum.* Körper verlängert. Fühler lang und fadenförmig, oder borstenförmig oder etwas gekeult.
†. *Coxae posticae simplices.* Hinterhüften nicht verlängert.
◉ *Antennae breviores subclavatae.* Fühler kurz, vor
dem Ende etwas dicker. Lanzettf. Zelle mit gera-⸜
der Querader *Allantus.*
◉◉ - *longiores, setaceae aut filiformes.* Fühler lang,
borstenförmig oder fadenförmig. ⸱
§. *Al. poster. cell. media nulla.* HFL ohne Mittelz. ⸱ ⸱ ⸱
✚. *cell. lanceolata nervo obliquo.* Lanzettf. Zelle ⸱
mit schiefem Quernerv *Taxonus.*
✚✚. - - *medio contracta.* Diese Z. in der Mitte ⸱
zusammengezogen *Perineura.*
§§. - - - *unica.* HFL mit Einer Mittelzelle.
✚. *Ar. lanc. nervo obliquo.* Lanzettf. Z. mit schie-.
fem QN *Poecilostoma.*
✚✚. - - - *recto.* Diese Z. mit geradem QN *n. gen?*
§§§. - - - *mediis duabus.* HFL mit 2 Mittel ellen.
✚. *cell. lanc. nervo obliquo aut nullo,* Lanzettf.
Zelle mit schiefem QN oder keinem
Strongylogaster.
✚✚. - - - *transverso recto.* Diese Z. mit geradem
QN *Tenthredo.*
✚✚✚. - - *medio contracta.* Diese Z. in der Mitte
zusammengezogen *Synairema.*
††. - - *elongatae, crassae.* Hinterhüften dick und sehr
lang.
◉ *antennae abdomine breviores, subclavatae.* Fühler kürzer als der Hinterleib, vor der scharfen Spitze etwas verdickt *Macrophya.*
◉◉ - - *fere longiores, setaceae.* Fühler fast länger
als der Hinterleib; borstenförmig *Pachyprotasis.*

I **3 *** ⸱ ⸱

B. antennae articulis 16 - 18; *in mare pectinatae in foe-*
mina serratae. Fühler 15 - 18gliedrig, beim Mann
kamm-, beim Weib sägezähnig · ‎ *Tarpa.*
C. - - 19 - 36, setaceae. Fühler 19 - 36gliedrig, borstenförmig ‎ *Lyda.*
III. *Alae ant. cellulis radialibus tribus; flagelli articulus*
primus reliquis multo crassior, et conjunctis longior.
VFL mit 3 Radialzellen. Das erste Glied der Füh-
lergeisel länger als alle folgende zusammen und viel
dicker ‎ *Xyela.*

II. SIRICIDAE.

I. *Cell. radial. una.* Eine Radialzelle.
  1. *cell. cubitales duae.* Zwei Cubitalzellen   *Oryssus.*
  2. - - *quatuor.* Vier Cubitalzellen   *Xiphydria.*
II. - - *duae.* Zwei Radialzellen.
  1. *Cell. cub.* 4. Vier Cubitalzellen.
    A. Cell. cub. prima longior; antennae subclavatae.
    Erste Cubitalz. am längsten. Fühler kolbig   *Cephus.*
    B. - - secunda longior; antennae setaceae. Zweite
    Cubitalz. am längsten. Fühler borstenförmig   *Sirex.*
  2. - - 3. Drei Cubitalzellen ‎ *Xyloterus.*

III. ICHNEUMONIDAE.

1. *Alae ant. cellulis discoidalibus duabus; exteriori raro*
cum cubitali prima confluxa; interiori parva (pos-
tica nunquam a marginali postica sejuncta). VFL
mit zwei Discoidalzellen; die äussere selten mit der
ersten Cubitalzelle zusammengeflossen, die innere klein.
(Die bei den wahren Ichneumonen vorhandene dritte
ist hier mit der hintern Randzelle zusammengeflossen,
daher fehlend.) Die Subradialzelle der HFL überragt die äussere Wurzelzelle; nur bei einigen Arten
die HFL ohne Zellen

Ichneumonidae adscitae.

A. *Cellula cubitalis prima cum secunda solum petiolo*
conjuncta. Alae p. cellula subradiali nulla, basali
interna obsoletissima, intus aperta. Beide Cubitalzellen sind nur durch einen Längsnerv verbunden.
HFL ohne Subradialzelle, nur eine nach innen wurzelwärts fast offene äussere Wurzelzelle ‎ *Hybrizon.*
B. *Cellulae cubitales se tangunt.* Die Cubitalzellen lie-
gen an einander.
A. *Alae ant. cellula subradiali percurrente, posteriores*
angustissima, ante apicem non dilatata. VFL mit
deutlicher Subradialzelle längs der ganzen äussern
Wurzelzelle. HFL ohne alle Nerven; nur den Vorderrand begleitet ein ganz feiner, fast mit ihm zu-
sammengeflossener Nerv bis hinter die Mitte.

a. *segmentum* 1 *lineare, antennae setaceae.* Erstes
Segm linienförmig, Fühler borstenförmig: *Stephanus.*
b. - - *campanulatum, antennae filiformes, articulis* 10
, *longissimis.* Erstes Segment conisch, kurz, dünn
,\ , gestielt. Fühler fadenförmig, Geisel aus 10 langen
Gliedern; Schaft kurz; Glied 2 kugelig: *Polyplanus.*
B. - - - - *nulla, posteriores tenui, in medio marginis*
paullo dilatata. VFL ohne Subradialzelle, HFL mit
schmaler, in der Mitte des Vorderrands etwas erwei-
terter.
a. *Abdomen impartitum, bi - aut tripartitum.* Hinterleib aus Einem, 2 oder 3 Stücken bestehend.
α. *Cellulae cubitales duae.* Zwei Cubitalzellen
Sigalphus.
β. - - *tres.* Drei Cubitalzellen *Chelonus.*
b. - *ex annulis pluribus compositum.* Hinterleib aus
mehr als 3 Ringen bestehend.
α. *Alae posteriores cellulis radialibus et cubitalibus*
duabus, saepe obsolete indicatis; abdomen thorace
cum capite brevius. HFL mit 2 Radial - und 2 Cubitalzellen, oft nur durch glasbelle Nerven angedeutet.
Hinterleib kürzer als Kopf mit Thorax: *Microgaster.*
β. - - - - , *rarissime -, cubitalibus nunquam duabus.*
HFL stets mit Einer Cubital-, höchst selten mit 2
Radialzellen.
* *Alarum p. cellula basalis interna ramum e me-*
dio nervi transversi emittit. *Alarum ant. cell.*
cubitalis prima in discoidalem internam plerum-
que effusa, secunda minima. Die innere Wurzelzelle der Hinterflügel schickt einen Nerv aus
der Mitte des sie schliessenden Quernervs aus.
Die erste Cubitalzelle ist meistens gegen die äussere Discoidalzelle in der Mitte geöffnet, die zweite
sehr klein.
§. *Os conice productum.* Mundtheile in einen Ke-
gel verlängert *Agathis.*
§§. - *nonproductum.* Mund wie gewöhnlich; *Microdus.*
** - - - - - - *ex angulo interno emittit.* Aus dem
innern Winkel der inneren Wurzelzelle entspringt
ein Nerv.
§. *Cellulae cubitales omnes, discoidalis externa*
et marginalis postica in unam conjuncta. Alle
Cubital-, die äussere Discoidal- und die hintere
Randzelle in eine einzige zusammengeflossen.
HFL ohne Wurzelzellen *Aphidius IV.*
§§. *Cell. cubitalis* 1 *et* 2 *cum discoidali externa*
conjunctae. Erste und zweite Cubitalzelle mit

der äusern Discoidalzelle verbunden. HFL ohne
Wurzelzellen   *Aphidius II.*
§§§. *Cellulae cubitales omnes in unam conjunctae.*
Alle Cubitalzellen in Eine verbunden. HFL mit
2 Wurzelzellen   *Aphidius III.*
§§§§. *Cellulae hae sejunctae, aut cubitalis 1 cum 2,
aut 2 cum 3, aut 1 cum discoidali externa conjunctae.* Nie eine dieser drei Verbindungen, son-
dern entweder die Zellen alle geschieden oder die
erste Cubitalzelle mit der zweiten oder der innern
Discoidalzelle, oder die erste und zweite Cubitalzelle mit einand vereinigt.

†. *Cellula radialis nervo brevissimo inchoata, cubitalem primam non tangit.* Die Radialzelle nur
durch einen kurzen Nerv angefangen, reicht nicht
zur ersten Cubitalzelle hin   *n. gen.*

††. - - *clausa, cubitalem primam tangit.* Die Radialzelle ist geschlossen und stösst an die erste
Cubitalzelle.

◎ *Stigma monstrosum, maximum, prominulum.*
Stigma unförmlich gross, über den Vorderrand
vorstehend   *Alysia.*

◎◎ - *lineare, angustissimum, longum.* Stigma
langgezogen, ganz schmal   *Alysia.*

◎◎◎ - *solitae formae.* Stigma von der gewöhn-
lichen dreieckigen oder halbovalen Gestalt.

ϒ *Cellulae cub. duae.* Zwei Cubitalzellen.

✿. *Cellula radialis longe ab alae apice remota.*
Die Radialzelle ist weit von der Flügelspitze
entfernt.

§. *nervus cellulam radialem formans curvatus.*
Der die Radialzelle begrenzende Nerv stark gekrümmt.

ষ. *abdomen longitudine capitis cum thorace,
petiolatum, ovale.* Hinterleib so lang als Kopf
mit Thorax, eyförmig, gestielt   *Perilitus I.*

ষষ. - *capite cum thorace longior, spathulatum.*
Hinterleib länger als Kopf mit Thorax, spatel-
förmig   *Coelinius.*

§§. - - - - *rectus; abdomen sessile.* Dieser
Nerv ganz gerade. Hinterleib aufsitzend *n. gen.*

‡‡. - - *in aut paullo ante apicem alae excurrit.*
Radialzelle in die Spitze des VFL auslaufend
oder ihr sehr genähert.

§. *nervus cellulam radialem formans rectus.* Der
die Radialzelle begrenzende Nerv ganz gerade.
Die innere Wurzelzelle der HFL nicht halb so
lang als die äussere.

४. *Cellula cub. secunda introrsum obsolete terminata, ex angulo interno cellulae basalis exterioris alarum posticarum nervus unicus, longitu-
dinalis.* Zweite Cubitalzelle einwärts undeutlich
begrenzt; aus der innern Ecke der äussern Wur-
zelle der HFL nur Ein (Längs -) Nerv; diese
Zelle nicht halb so lang als die äussere: *Bracon I.*

४४. - - - - *nervo bene expresso terminata; ex angulo illo etiam nervus transversus; cellula basalis interior exteriori plus duplo minor.* Zweite
Cubitalzelle einwärts durch einen starken Nerven
begrenzt; aus dem innern Ecke der äussern Wurzelzelle der HFL auch noch ein Quernerv *n. gen.*

४४४. - - - - - - - - - ; *cell. al. p. interna dimidiâ ex-
ternâ longior.* Zweite Cubitalzelle innen geschlossen. Innere Wurzelzelle der HFL über halb so
lang als die äussere *Blacus I.*

§§. - - *curvatus.* Dieser Nerv gekrümmt. Innere Wurzelzelle der HFL mehr als halb so lang als die
äussere.

♀. *abdomen sessile.* Hinterleib ungestielt.

४. *Cellula cub. secunda intus obsoletissime terminata.*
Zweite Cubitalzelle innen durch einen schwachen
Nerv begrenzt *Leiophron.*

४४. - - - - *nervo bene conspicuo terminata.* Diese
Zelle innen von einem starken Nerv begrenzt
Eubadizon I.

♀♀. - *longe petiolatum.* Hinterleib lang gestielt *n. gen.*

ⵠⵠ *Cellulae cubitales tres.* Drei Cubitalzellen.

‡. *Cellula radialis in aut paullo ante apicem alae excurrit.* Die Radialzelle läuft in die Flügelspitze aus
oder nahe daran.

§. *Mandibulae hiantes trilobae.* Die klaffenden Mandibeln dreilappig *Alysia I. II.*

§§. - *clausae, bifidae aut subtruncatae.* Mandibeln
geschlossen, stumpf oder zweizahnig.
(*Sectio* ४ *et* ४४ *palpis maxillaribus sexarticulatis,
sequentes quinque - articulatis.*)

४. *segmentum 1 elongato-quadratum, planum.* Segment 1 lang viereckig, eben; die zweite Cubitalzelle viereckig, kleiner als die erste *Royas.*

४४. - - *elongato triangulare, basi inter carinulas
duas excavatum; alae poster. cellula basali tertia,
interna, perparva.* Segment 1 länglich dreieckig,
an der Wurzel zwischen 2 Längskielen ausgehöhlt.
Zweite Cubitalzelle wurzelwärts sehr spitz. HFL
mit einer dritten Wurzelzelle am Innenrand, die

mittlere über halb so lang als die vordere: *Helcon.*
৪৪৪. - - *triangulare, postice utrinque appendice mem-*
branaceo triangulari; cellula basalis interna ala-
rum post. externa plus duplo brevior. Segment 1
dreieckig, hinten jederseits mit einem weichhäutigen
dreieckigen Anhang. Die innere Wurzelzelle nicht
halb so lang als die vordere
                   Hormius et Bracon II. III. IV.
৪৪৪৪. - - -, - - - - -, - - - - - - *dimidia longior.*
Diese Zelle länger als die halbe äussere, die mittl.
Cubitalzelle rhombisch   *nov. gen.*
৪৪৪৪৪. - - -, *petiolo longo, angusto.* Segment 1 dreieckig, mit langem schmalem Stiel.
   ϒ *Cellula cubitalis 2 prima major, basi late trun-*
     cata. Die zweite Cubitalzelle grösser als die
     erste, wurzelwärts schmaler, breit abgestuzt. Aus
     der äussern Wurzelzelle der HFL 2 Quernerven
                           Spathius.
   ϒϒ - - - - *minor, basi acuminata aut obsolete*
     truncata. Die zweite Cubitalzelle kleiner als die
     erste, wurzelwärts spitz oder ganz wenig abge-
     stuzt. Aus der äussern Wurzelzelle der HFL nur
     der gewöhnliche, die innere Wurzelzelle schlies-
     sende Quernerv, welche über halb so lang als
     die äussere   *Perilitus II.*
‡‡. - - *longe ante apicem alae clausa.* Die Radial-
     zelle endet weit vor der Flügelspitze *Ichneutes.*
2. *Alae anteriores cellulis discoidalibus tribus, exteriori*
     semper cum cubitali prima confluxa; postica semper
     a marginali postica sejuncta.
       Ichneumonidae verae.
A. *Abdomen compressum aut subcompressum.* Hinter-
     leib mehr oder weniger zusammengedrückt.
A. *Abdomen petiolatum.* Hinterleib lang gestielt.
   a. *antennae clavatae.* Fühler gekeult. Keine Areola,
     diese mit der ersten Cubitalzelle verbunden, daher
     beide rücklaufende Nerven aus lezter. Der Nerv
     aus der innern Wurzelzelle der HFL näher dem VR *)
                        Hellwigia.
   b. - *setiformes.* Fühler borstenförmig.
   a. *femora simplicia.* Schenkel nicht verdickt.
   †. *tarsi postici crassi.* Hintertarsen verdickt. Kei-
     ne Areola.
   * *cell. cub. prima nervos ambos recurrentes reci-*
     pit. Beide rückl. Nerven aus der ersten Cubital-

---

*) Wo die Form des Stigma nicht angegeben, ist es schmal und länglich.

zelle. ' Der Nerv aus ,der innern, Wurzelzelle aus der
Mitte   *n. gen.*
** -'- - *primum,* 2 *secundum nervum recipit recurren-*
tem. ' Jede der beiden Cubitalzellen nimmt einen
rückl. Nerv auf, selten der äussere interstitial; der
' Nerv aus der innern Wurzelzelle der HFL ohnge-
fähr aus der Mitte, bei mehren ganz fehlend; bei
einigen die Hintertarsen kaum verdickt *Anomalon.*
††. - -'*graciles.* Hintertarsen nicht verdickt.   *r.*
* *cellula radialis permagna intus acutangula aut rec-*
tangula. Radialzelle gross, der innere Winkel spitz
oder rechtwinklig. Die innere Wurzelzelle der HFL
ohne Nerv. ' Keine Areola; aus jeder Cubitalzelle Ein
rückl. Nerv. Stigma gross, halbkreisförmig *Porizon.*
** - - *minor', lanceolata; intus obtusangula.* Die Radialzelle länglich, innen stumpfwinklig.
§.' *cell. cub. prima uno nervo recurrente.* Erste Cubitalzelle mit Einem rücklaufenden Nerv.
◉ '*abdomen subcompressum.* Hinterleib nur wenig
'zusammengedrückt.
𐇐 *areola triangularis aut nulla.* Dreieckige oder
fehlende Areola. Der Nerv der innern Wurzelzelle
der HFL näher dem IR oder fehlend *Campoplex.*
𐇐𐇐 -'*pentagona.* Areola fünfeckig   *Atractodes.*
◉◉ '-*perfecte compressum.* Hinterleib ganz zusammengedrückt.
𐇐 *areola nulla.* Areola fehlt. Stigma fast halbkreisförmig. Innere Wurzelzelle der HFL mit sehr
undeutlichem Nerv; näher dem IR. Jede Cubitalzelle mit Einem rückl. Nerv   *Cremastus.*
𐇐𐇐 - *triangularis.* Areola dreieckig. Stigma lang
und- schmal. Innere Wurzelzelle der HFL mit
deutlichem Nerv.
‡ *sgm.* 1 *lineare.* Erstes Segment gleichbreit. Innere Wurzelzelle der HFL mit Nerv ganz nah
gegen den Vorderrand   *Macrus.*
‡‡. - - *conicum.* Erstes Segment lang conisch,
der Nerv der innern Wurzelzelle in der Mitte,
wenig gegen den VR gerückt   *Paniscus.*
§§. - - - *duobus nervis recurrentibus.* Erste Cubitalzelle mit zwei rückl. Nerven, weil die Areola mit
ihr zusammengeflossen ist.
◉ *thorax scaber.* Thorax rauh, Flügel fast nur von
halber Körperlänge, innere Wurzelzelle der HFL
ohne Nerv   *Trachynotus.*
◉◉ - *laevis.* Thorax glatt. Flügel fast von Körperlänge; innere Wurzelzelle der HFL mit starkem

Nerv, in der Mitte, ein wenig näher dem IRand. ,-

Ophion.

β. *femora postica incrassata.* : Hinterschenkel verdickt.

†. *stigma crassissimum, femora postica, dentata.*
S,igma ungemein gross, Hinterschenkel gezahnt, die
innere Wurzelzelle der HFL mit undeutlichem. Nerv
näher dem Innenrand , *Pachymerus vulnerator.*

††. - *angustum, femora inermia.* Stigma ganz schmal,
Schenkel unbewehrt; die innere. Wurzelzelle der
HFL mit starkem Nerv näher dem Vorderrand
. . . . . *Pachymerus calcitrator.*

B. *Abdomen sessile.* . Hinterleib ohne Stiel. (NB. Bei
Exetastes ist der Stiel ziemlich dünn und lang.) , . .

a. *areola nulla.* Keine Areola. ,
α. *pedes mediocres.*. Beine von mittlerer Dicke,

Tropistes.

β. - *postici crassi.* Hinterbeine sehr dick   *Arotes.*
b. - *distincta.* Deutliche Areola. . Der Nerv aus der
innern Wurzelzelle der HFL, ist deutlich und steht dem
Vorderrand viel näher; bei den bisherigen Gattungen
findet diess nur bei *Hellwigia* und *Macrus* statt. .
α. *areola major rhombea.* Areola gross . ' . .
, *. *abdomen sessile.* Hinterleib breit aufsitzend;, die
erste Cubitalzelle nach innen und hinten von geradem Nerv begrenzt. , ... *Banchus.* .
** - *subpetiolatum.* Hinterleib ziemlich deutlich gestielt, die erste Cubitalzelle nach innen und hinten
von gebrochenem Nerv begrenzt . . .
. . . . *Exetastes et Leptobatus.*
β. - *minor, triangularis.* Areola klein, dreieckig; die
erste Cubitalzelle nach innen und hinten von geradem Nerv begrenzt , ... *Coleocentrus.*

B. *Abdomen depressum aut convexum, sessile.* : Hinterleib flach niedergedrückt oder gewölbt, breit aufsitzend.

A. *Abdomen convexum.* Hinterleib convex. .
a. *Scutellum rotundatum aut triangulare.* Schildchen
rundlich oder dreieckig.
α. *Abdomen scabrum, opacum.* Hinterleib cylindrisch,
matt, rauh, Areola dreieckig. Nerv der innern Wurzelzelle der HFL aus der Mitte . *Trachyderma.*
β. - *laeve, nitidum.* Hinterleib glatt, glänzend. .
* *thorax laevis.* Thorax glatt. .
† *segmenta laeva.* Die Segmente glatt, ohne Ein-
drücke und Erhöhungen.
§. *pedes graciles.* Beine schlank. Areola dreieckig,
oft gestielt, selten fehlend. Der Nerv der innern
Wurzelzelle der HFL näher dem IR. (bei *decima-*

tor näher dem VR, und die erste Cubitalzelle fast
getheilt; eigne Gruppe) *Lissonota.*

§§. *breves et crassi.* Beine dick und kurz, Gesicht
gewölbt *Exochus.*

††. - *incisa aut tuberculata.* Die Segmente mit Eindrücken oder Erhöhungen

§. *areola distincta.* Deutliche Areola.

⊙ *segmenta media transversa.* Die mittleren Segmente breiter als lang. *Pimpla.* 3₂

⊙⊙ - - *elongata.* Die mittleren Segmente länger
als breit. Der Nerv der innern Wurzelzelle der
HFL dem Vorderrand näher *Ephialtes.*

§§. - *nulla.* Keine Areola.

⊙ *segmenta transversim impressa.* Segmente mit
Quereindrücken

Schizopyga, Polysphincta et Clystopyga.

⊙⊙ *oblique bilineata.* Jedes Segment mit zwei
schrägen Eindrücken. Der Nerv der innern Wurzelzelle der HFL dem IR näher *Glypta.*

** - *transversim rugosus.* Thorax querrunzlig. Der
Nerv der innern Wurzelzelle der HFL dem VR näher
Rhyssa.

b. - *transversum, quadrangulare.* Schildchen quer vier-
eckig, Areola sehr gross, länglich rhombisch. Der
Nerv der innern Wurzelzelle der HFL dem VR näher.
Metopius. 3

B. *abdomen depressum.* Hinterleib niedergedrückt.

a. *pedes simplices.* Beine von gewöhnlicher Dicke: der
innere hintere Nerv der ersten Cubitalzelle gebrochen.

α. *antennae simplices.* Fühler von gewöhnlicher Form;
der Nerv der innern Wurzelzelle der HFL dem IR
näher oder aus der Mitte *Bassus.*

β. - *medio incrassatae.* Fühler in der Mitte dicker: *Euceros.*

b. - *postici crassiores.* Hinterbeine dicker; der innere
hintere Nerv der innern Cubitalzelle gerade. Die innere Wurzelzelle der HFL ohne Nerv: *Orthocentrus.*

C. *Abdomen convexum aut depressum, petiolatum aut
subsessile.* Hinterleib convex oder niedergedrückt, dünner oder dicker gestielt.

A. *caput subglobosum, parum latius ac longius.* Kopf
fast kuglig, wenig breiter als lang.

a. *Areola pentagona.* Areola fünfeckig.

α. *cell. cub. secundae nervus interior posterior arcuatus.* Der innere hintere Nerv der zweiten Cubitalzelle gekrümmt. Der Nerv der innern Wurzelzelle der HFL näher dem IR.

β. - - - - -,- *appendiculatus*.. Die zweite Cubitalzelle
 mit dem Anfang eines Theilungsnervs . *Echthrus*.
b. - *nulla*. Keine Areola.
 α. *femora simplicia*. Schenkel einfach.
 . *facies quadrata*. Gesicht viereckig. Der Nerv
 der innern Wurzelzelle der HFL dem IR näher
 oder in der Mitte . . *Xylonomus*.
 ** - *os versus angustata*. Gesicht nach unten schmaler . . *Xorides*.
 β. - *postica crassa, dentata*. Hinterschenkel verdickt,
 gezahnt . *Odontomerus*.
B. Caput *transversum, duplo fere latius ac longius*.
 Kopf fast noch einmal so breit als lang.
 a. *pedes postici haud simul validi et elongati*.
 Hinterbeine nicht zugleich dick und lang. ,)
 α. *apteri*. Flügellose oder mit abgekürzten Flügeln
 Pezomachus et Brachypterus.
 β. *alati*. Geflügelte.
 * *areola perparva, elongatoquadrata*. Areola sehr
 klein, ein längliches Viereck, der innere hintere
 Nerv der zweiten Cubitalzelle gerade. Der Nerv
 der innern Wurzelzelle der HFL näher dem IR.
 Stachel lang *Mesostenus*. 4/7
 ** - *cum cell. cub. prima confluxa*. Die Areola
 mit der ersten Cubitalzelle verbunden, welche
 deshalb zwei rückl. Nerven aufnimmt. Der Nerv
 der innern Wurzelzelle der HFL in der Mitte
 Crypturus. 4/9
 *** - - - - - *secunda confluxa, pentagona, triangu-*
 lari aut irregulari. Die Areola ist mit der zweiten Cubitalzelle zusammengeflossen, dreieckig
 oder unregelmässig.
 Baryceros Grav. mihi ignotus; an Exot?-
 Nematopodius - -
 §: *areola pentagona*. Areola fünfeckig. Der innere hintere Nerv der ersten Cubitalzelle meist
 gebrochen; der Nerv aus der innern Wurzelzelle der HFL näher der Wurzel.
 ◎ *Foeminae aculeus absconditus aut subexsertus,*
 areola. Der Legestachel ganz oder fast verborgen.
 𐆊 *cell. cub. tertia completa, areola raro tri-*
 angularis. Die dritte Cubitalzelle bis zum
 Hinterrande begrenzt; Areola fünf-, selten
 dreieckig *Ichneumon*. 4/

⌇⌇ - - - *solum basi indicata.* 'Die dritte Cubitalzelle ist nur wurzelwärts durch Nerven deutlich
begrenzt ' *S t i l p n u s.*

◎◎ - - *exsertus.* Legestachel vorstehend.

Ꙩ *pedes et antennae graciles.* Beine und Fühler dünn.

⫠ *metathorax acute spinosus.* Metathorax mit
scharfen Dornen *H o p l i s m e n u s.*

⫠⫠ - *muticus.* Metathorax unbewehrt

⤳*Cryptus et Nematopodius.*

⌇⌇ - - - *crassiusculi.* Beine und Fühler ziemlich
dick *P h y g a d e u o n.*

§§. - *quadrata, angulis imposita.* Areola viereckig, auf
die Ecken gestellt. Hinterleib lang cylindrisch: *I s c h n u s.*

§§§. - *triangularis; scutellum elevatum.* Areola dreieckig: Schildchen erhoben *T r o g u s.*

§§§§. - *magna, elongato rhombica.* Areola sehr gross,
lang rhombisch; innere Wurzelzelle der HFL höchst
selten mit einem Nerv *Mesochorus.*

§§§§§. - *parva, rotundata, subpetiolata, aut nulla.*
Areola klein, gerundet, kurz gestielt, oder fehlend;
innere Wurzelzelle der HFL mit schwachem oder
fehlendem Nerv; innerer, hinterer Nerv der ersten
Cubitalzelle schwach gekrümmt. Sgm 1 lang conisch;
jederseits mit einem Höcker. Stachel lang: *Plectiscus.*

§§§§§§. - *pentagona, retrorsum aperta.* Areola fünf-
eckig, nach hinten offen, Hinterleib kurz; innere
Wurzelzelle der HFL ohne Nerv, Sgm 1 conisch
H e m i t e l e s.

§§§§§§§. - *triangulari aut nulla.* Areola dreieckig oder
fehlend.

* *abdomen subsessile.* Hinterleib aufsitzend.
† *terebra abscondita.* Stachel verborgen: *T r y p h o n.*
††. - *exserta.* Stachel sichtbar *P h y t o d i e t u s.*
** - *petiolatum.* Hinterleib gestielt.
†. *antennae serratae.* Fühler sägezähnig: *P r i s t i c e r o s.*
††. - *simplices.* Fühler nicht sägezähnig. Stachel
verborgen.
Ꙩ *sgm 1 elongatum.* Sgm 1 lang und dünn: *Mesoleptus.*
⌇⌇ - - *pyriforme.* Sgm 1 birnförmig: *Sphinctus.*
§§§§§§§§. - *nulla.* Keine Areola.
* *nervus interior posterior cellulae cub. primae rectus.*
Innerer hinterer Nerv der ersten Cubitalzelle gerade
I s c h n o c e r o s.

** - - - - - - *curvatus.* Dieser Nerv gekrümmt, die
Hintertarsen verdickt *Scolobates.*

b. - *validi et elongati.* Die Hinterbeine lang und dick.
Keine Areola, der Nerv aus der inneren Wurzelzelle
der HFL steht dem VR näher *A c o e n i t e s.*

IV. FORMICIDAE.

Hier bin ich nicht im Stande etwas haltbares zu liefern, indem mir noch einige Gattungen nicht bekannt genug sind.

I. *Abdominis petiolus e segmentis 1 et 2 formatus.* Der Stiel des Hinterleibs besteht aus zwei Segmenten.

1. *Cell. cubitales tres.* Drei Cubitalzellen.   *A t t a.*
2. *- - duae.* Zwei Cubitalzellen.
  A. *Alarum ant. cell. discoidalis externa retrorsum clausa.* Aeussere Discoidalzelle der VFL rückwärts geschlossen   *M y r m i c a.*
  B *- -. - - aperta.* Diese Zelle erstreckt sich bis zum Hinterrand   *P o n e r a?*

II. *- - e segmento primo formatus.* Der Stiel des Hinterleibs nur aus dem ersten Segment gebildet.

1. *Cellulae cubitales tres.* Drei Cubital- und eine geschlossene äussere Discoidalzelle.
  A. *Segmentum 1 verticale, magnum, crassum, secundum postice paullo contractum, cellula cub. secunda recipit nervum recurrentem.* Erstes Segment vertikal, gross und dick, zweites hinten etwas eingeschnürt. Rücklaufender Nerv aus der zweiten Cubitalzelle   *P o n e r a.*
  B. *- - elongatum, antrorsum adscendens, obconicum, cell. cubitalis prima recipit nervum recurrentem.* Erstes Segment lang, vorn höher, verkehrt conisch; rücklaufender Nerv aus der ersten Cubitalzelle   *n. gen. Form. 4 punctata.*

2. *- - duae.* Zwei Cubitalzellen   *F o r m i c a.*
  A. *Cellula discoidalis exterior clausa.* Aeussere Discoidalzelle geschlossen.
  B. *- - - aperta.* Diese Zelle bis zum Hinterrand reichend.

V. APIDAE.

I. *Alarum posticarum cellula basalis exterior nervis duobus.* Vordre Wurzelzelle der HFL nur mit 2 N   *A p i s.*

II. *- - - - - tribus.* Diese Zelle mit 3 N.

1. *Alarum ant. cell. discoidalis exterior basalem interiorem tangit.* Die äussere Discoidalzelle der VFL sizt auf einem Stück der innern Wurzelzelle auf.
  A. *Alae ant. cellulis cub. 4.* VFL mit 4 Cubitalzellen.
   A. *Cellula radialis obtuse acuminata; apice a margine alae recedit.* Die Radialzelle ist an der Spitze zugerundet und vom Vorderrand etwas entfernt.
   a. *Cellulae cub 1 - 3 subaequales, media basin versus acuminata.* Die drei ersten Cubitalzellen ziemlich gleich, die zweite wurzelwärts spitz.

α. Cellulae marginales fere clausae. Die Randzellen
sind fast geschlossen · *Bombus. Psithyrus.*
β. - - vix basi indicatae. Die Randzellen kaum durch
einen Anfang der Nerven angedeutet, (die Radialzelle mit kleinem Anhang) · *Saropoda.*
b. *Cellula cub tertia lunata, secunda extus coarctata.*
Die dritte Cubitalzelle mondförmig, gegen den Vorderrand hin schmaler (Radialzelle ohne Anhang.)
α. scutellum planum, apice excisum. Schildchen
flach, mit scharfem, ausgeschnittenem Hinterrand
Crocisa.
β. - convexum, integrum. Schildchen erhaben, ohne
Ausschnitt.
* *pili longi, lanuginosi.* Behaarung lang, wollig.
Melecta.
** - *brevissimi, alutacei.* Behaarung kurz, filzartig
Epeolus.
B. - - *acuminata, a margine alae vix recedens.* Radialzelle spitz, kaum vom Vorderrand entfernt *Nomada.*
B. *Alae ant. cellulis. cub. 3.* VFL mit 3 Cubitalzellen.
A. *Cellulae cub. 1 et 2 subaequales, elongate.* Die ersten beiden Cubitalzellen ziemlich gleich, länglich.
a. *Cellulae cub. 2 et 3 nervos excipiunt recurrentes.*
Cubitalzelle 2 und 3 nimmt je einen rücklaufenden N
auf *Anthidium.*
b. *cell. cub. secunda ambos excipit nervos recurrentes.*
Beide rückl. N kommen aus der zweiten Cubitalzelle.
α. Cellula rad. rotundato - acuminata, a margine alae
recedit. Die Radialzelle ist spitz zugerundet, und
tritt etwas vom Vorderrande ab *Pasites.*
β. - truncata, appendiculata. Radialzelle gestuzt,
mit einem Anhange *Phileremus.*
2. - - - - - - - *non tangit.* Die äussere Discoidalzelle ist
nur durch einen Stiel mit der innern Wurzelzelle verbunden.
A. *Cellulae cub. 4.* Vier Cubitalzellen.
A. *Cellula rad. rotundato - acuminata, a margine alae*
recedit. Radialzelle mit gerundeter, vom Vorderrand abstehender Spitze.
a. *Nervus recurrens interior e cellula cub. 2.* Der innere rücklaufende N aus der zweiten Cubitalzelle.
α. Cellulae cub. 1 - 3 subaequales, 2 basin versus acu-
minata. Die drei ersten Cubitalzellen ziemlich
gleich, die zweite wurzelwärts spitz *Anthophora.*
β. Cellula cub. 2 prima et tertia minor. Die zweite
Cubitalzelle ist kleiner als die erste und dritte.
* *Cell. cubitalis 2 truncato - pyramidata.* Zweite

Cubitalzelle eine gestuzte Pyramide, die erste Dis-
coïdalzelle sizt mit einem kleinen Stückchen auf dem
Wurzeltheil der innern Wurzelzelle auf *Ceratina*.
**.- - -·rhombica. Zweite Cubitalzelle rhombisch.
Erste Discoidalzelle durch einen Stiel mit dem
Wurzeltheil der innern Wurzelzelle verbunden
. . . . *Macrocera*.
b. - - *interstitialis inter cell. cub.* 2 *et* 3. Der innere
rückl. N ist Fortsetzung des die zweite und dritte Cubitalzelle trennenden.
α. *Cell: cub. secunda quadrata.* Zweite Cubitalzelle
viereckig . . . . *Nomia*.
β. - - - *triangularis.* Zweite Cubitalzelle dreieckig.
. . . . *Xylocopa*.
B. - - *acuminata, a margine alae vix recedit.* Radialzelle spitz, vom Vorderrande kaum entfernt. . . ·
a. *Cell. cub.* 1 *major secundâ et tertiâ subaequalibus.*
Erste Cubitalzelle grösser als die ziemlich gleichen
zweite und dritte.
α. *Cell. disc. postica angulo· anum spectante recto,*
saepius obtuso. Die hintere Discoidalzelle ist gegen den Afterwinkel hin recht- oder stumpfwinke-
lig . . . . *Hylaeus*.
β. - - - - - - *ventricoso.* Dieser Winkel ist bauchig
vorgetrieben . . . . *Colletes*.
b. - - 2 *primâ et tertiâ minor.* Die zweite Cubitalzelle
ist kleiner als die erste und dritte.
α. *Cellulae marginales fere clausae.* Die Randzellen
fast geschlossen . . . . . . *Andrena*.
β. - - *brevissime indicatae.* Die Randzellen nur durch
die Anfänge der Nerven angedeutet . *Dichroa*.
B. *Cell. cub. tres.* Drei Cubitalzellen.
A. *Cell. cub.* 1. 2 *subaequales. elongatae.* Cubitalzelle
1 und 2 ziemlich gleich gross. lang gezogen. . . ·
a. *Cell. cub.* 2 *et* 3 *nervos recipiunt recurrentes.* Die
beiden rückl. N kommen aus der zweiten und dritten Cubitalzelle . . . . . . *Stelis*.
b. - - *ambos excipit nervos recurr.* Beide rückl. N
kommen aus der zweiten Cubitalzelle.
α. *Cell. rad. rotundato-acuminata, a margine alae*
recedit; cell. cub. secunda discoidalem secundam
parum superat. Radialzelle mit gerundeter, vom
Rand abstehender Spitze ; die zweite Cubitalzelle
überragt die zweite Discoidalzelle nur wenig. ·
†. *Carpus compactus.* Das Randmal ist von gleicher
Substanz und breiter, als die es bildenden beiden
Nerven. . . . . ·

* palporum labialium art. quartus tertio oblique
insidet. Das vierte Glied der Labialpalpen sizt
schief auf dem dritten ‹ ‹ Chelostoma.
** - - - tertius secundo oblique insidet. Das dritte
Glied der Labialpalpen sizt schief auf dem zweiten.
⊙ Palporum labialium articulus 2 primo multo
longior. Zweites Glied der Labialpalpen viel
länger als das erste. Heriades.
⊙⊙ - - - - - parum longior. Zweites Glied wenig
länger als das erste Osmia.
††. - medio excavatus. Randmal in der Mitte mit einer langeyförmigen Vertiefung, welche durch das
in ihrem Anfang und Ende statt habende Zusammentreten der beiden es bildenden, aber kaum stärker werdenden Nerven entsteht.
* anus obtusus. After stumpf Megachile.
** Anus maris dentatus, foeminae acutus. After des
Mannes mit Zähnen, des Weibes spitz Coelioxys.
†††. - fere nullus. Randmal fast fehlend, die es bildenden, nicht erweiterten Adern treten erst undeutlich
an einem Punkt zusammen, schliessen einen durch-
sichtigen Punkt ein und vereinigen sich zu einer
viereckigen nicht erweiterten, hornigen Stelle Eucera.
β. - - acuminata, a margine alae non recedit. Radialzelle mit ihrer Spitze nicht vom Vorderrand wegtretend.
† Carpus compactus. Flügelmal von gleicher Substanz.
Rhophites.
†† - medio ovali - diaphanus. Flügelmal in der Mitte
mit ovaler, dünnerer Stelle.
* longe pilosi. Langhaarige Dasypoda.
** breviter pilosi. Kurzhaarige Macropis.
γ. - - truncata, appendiculata. Radialzelle gestuzt, mit
einem Anhang Panurgus.
B. - - 2 quadrata, primâ minor, nervi recurrentes inter-
stitiales aut subinterstitiales. Die zweite Cubitalzelle
ist ein regelmässiges Viereck, kleiner als die erste;
beide rücklaufende Nerven sind Fortsetzung ihrer
seitlichen Nerven oder entspringen ganz nah an ihnen
Prosopis.

VI. VESPIDAE.

I. Cellulae cubitales 3; alarum post. cellula interior nervo unico. VFL 3 Cubitalzellen; aus der innern Wurzelzelle der HFL ein einziger Nerv.
  1. Metathorax utrinque appendice laminato. Metathorax jederseits mit blattförmigem Anhang Celonites.
  2. - inermis. Metathorax ohne Anhang Ceramius.
II. - - 4; alarum p. cellula interior nervis duobus. VFL

4

4. Cubitalzellen. Aus der innern Wurzelzelle der HFL
entspringen zwei Nerven.

1. *Alae p. appendice basali, anteriores areolae, angulo
basin spectante acuto, aut recto.* Operariae nullae.
HinterFL, mit einem Anhanglappen an der Wurzel.
Die zweite Cubitalzelle der VFL mit spitzem oder rech-
tem Winkel wurzelwärts.

A. *Segmentum* 1 *elongatum, pyriforme.* Erstes Segment lang birnförmig. (o.

A. *thorax subglobosus; cell. cub secunda retrorsum
producta.* Thorax fast kuglig. Zweite Cubitalzelle
nach hinten etwas langgezogen ... *Eumenes.*
B. - *ovalis; cell. cub. secunda subtrigona.* Thorax
oval; zweite Cubitalzelle, ziemlich gleichschenklig
dreieckig *Discoelius.*

B. *segmentum* 1 *campanaeforme, postice plus minus
contractum.* Erstes Segment glockenförmig, hinten
mehr oder weniger eingezogen.

A. *mares antennis apice gracilioribus, convolutis.*
Fühler der Männer gegen die Spitze dünner, einge-
rollt. *Pterocheilus.*
B. - *antennarum articulo ultimo uncinato, inflexo.*
Leztes Fühlerglied der Männer klauenförmig, ein-
gebogen *Odynerus.*
C. - *antennis simplicibus.* Fühler einfach schwach keu-
lenförmig *Dimenes.*
C. - - *parvum triangulare.* Erstes Segment dreieckig,
klein *Polistes.*

2. - - - - - - - *nullo; anteriores areolae angulo basin
spectante obtuso.* Operariae. HFL ohne Anhanglappen an der Wurzel. Die zweite Cubitalzelle wurzelwärts mit stumpfem Winkel. Arbeiter. *Vespa.*

VII. MUTILLIDAE.

I. *Alarum p. cellula basalis interior nervo unico, anterior
duobus.* Die vordere Wurzelzelle der HFL mit zwei,
die innere mit Einem Nerv.
1. *Cellulae apicales apertae.* Die Randzellen nicht geschlossen *Mutilla.*
2. - - *clausae.* Die Randzellen geschlossen *Myrmosa.*
II. - - - - - *et anterior nervis duobus.* Die beiden Zellen
der HFL mit je zwei Nerven.
1. *Cell. cub. tres.* Drei Cubitalzellen *Tengyra.*
2. - - *quatuor.* Vier Cubitalzellen *Myzine.*

VIII. SPHEGIDAE.

I. *Alarum poster. cellula basalis interior, nervo unico,
anterior duobus.* Aus der inneren Wurzelzelle der
HFL entspringt Ein Nerv, aus der vordern 2.

1. *Oculi excisi.* Augen ausgeschnitten.
   A. *Antennae subclavatae.* Fühler gegen das Ende
       etwas dicker   *Sapyga.*
   B. *filiformes.* Fühler fadenförmig   *Polochrum.*
2. *- non excisi.* Augen nicht ausgeschnitten.
   ? A. *Areolae cubitales 3, secunda elongatoquadrata,*
       quarta solum in mares a radiali sejuncta. Drei
       Cubitalzellen; die zweite lang gestielt, die vierte
       nur beim Mann von der Radialzelle gesondert: *Tiphia.*
   B. *- - 4, secunda longe petiolata, quarta non a ra-*
       diali sejuncta. Vier Cubitalzellen, die zweite lang
       gestielt, die vierte durchaus mit der Radialzelle zu-
       sammengeflossen   *Meria.*
II. *- - - - et anterior nervis duobus, aut anterior tri-*
       bus, interior unico. Beide Wurzelzellen der HFL
       mit 2 Nerven, oder die vordre mit 3, die innere mit Einem.
   1. *Cellula discoidalis exterior cellulam basalem interi-*
       orem tangit. Die äussere Discoidalzelle der VFL
       sizt mit einem Stück auf der innern Wurzelzelle auf.
   A. *Oculi excisi.* Augen ausgeschnitten   *Scolia.*
   B. *- integri.* Augen nicht ausgeschnitten.
   A. *Cellula cub. 2 non petiolata.* Zweite Cubitalzelle
       nicht gestielt.
       a. *Alarum p. cell. basales binos nervos emittunt.*
           Aus beiden Zellen der HFL entspringen 2 Nerven
                                                   Stizus.
       b. *- - basalis anterior nervis tribus; interior unico.*
           Vordre Zelle der HFL mit 3, hintre mit 2 Nerven.
           α. *Cellulae cubitalis tertiae et discoidalis secundae*
               angulus anum spectans obtusus. Der Afterwin-
               kel der dritten Cubital- und zweiten Discoidal-
               zelle ist stumpf.   *Bembex.*
           β. *- - - - - - - - productus.* Der Afterwinkel
               dieser Zellen ist vorgezogen.
           *. *Cellulae apicales clausae.* Die Adern laufen in
               den Hinterrand des Flügels aus   *Arpactus.*
           ** *- - apertae.* Die Adern laufen nicht in den
               Hinterrand der Flügel aus.
               ⊙ *tibiae solum apice spinis solitis.* Die Schie-
                   nen haben nur die gewöhnlichen Enddornen
                                                   Gorytes.
               ⊙⊙ *- praeterea ubique spinulosae.* Die Schie-
                   nen sind auch ausserdem bedornt.
                   §. *tarsorum pulvilli magni.* Die Bällchen der
                       Tarsen gross   *Hoplisus.*
                   §§. *- - solitae magnitudinis.* Die Bällchen wie
                       gewöhnlich.

4 *

††. *Abdomen ovale; basi et apice acuminatum.* Hinterleib oval, an Wurzel und After zugespizt. . . . . .
Psammaecius.

†††. - *segmento primo pyriformi, apice contracto.*
Segment 1 birnförmig, hinten eingeschnürt . . . .
. . . . *Lestiphorus.*

B. - - - *petiolata.* Zweite Cubitalzelle gestielt: *Nysson.*

2. - - - - - - - *petiolo tangit.* Die äussere Discoidalzelle
der VFL ist von der innern Wurzelzelle entfernt, oder
sizt ihr nur mit einem Punkt oder Stiel auf. - .

A. *Alarum p. cellulae basales utraeque nervis binis.*
Beide Wurzelzellen der HFL mit 2 Nerven. . . . . .

A. *Cellulae cub. 3.* Drei Cubitalzellen. . . . .

a. *Cellula radialis appendiculata.* Radialzelle mit einem Anhang an der Spitze. . . . . *Dinetus.*

b. - - *non appendiculata.* Radialzelle ohne Anhang.

α. *Nervi recurrentes duo.* Zwei rücklaufende Nerven.

* *Cellula cub. 2 regulariter quadrata; nervus recurrens cellulae cub. primae propior, aut interstitialis.* Die zweite Cubitalzelle ist ein Quadrat. Ihr rücklaufender Nerv steht der ersten
Cubitalzelle nah oder ist Fortsetzung des die erste und zweite Cubitalzelle trennenden Nervs
Pemphredon.

** - - - *pentagona, nervum recurrentem e media
basi emittens.* Die zweite Cubitalzelle ist fünfeckig, ihr rückl. Nerv entspringt aus der Mitte
ihrer Grundfläche . . . . *Cemonus.*

β. *nervus recurr. unicus; cellula cub. 3 vix indicata, nervi alarum p. obsoleti.* Nur Ein rücklaufender Nerv; die dritte Cubitalzelle kaum angedeutet; die Nerven der HFL sehr fein . *Stigmus.*

B. - - 4. Vier Cubitalzellen. . . . .

a. *Cellula cub. 2 petiolata.* Zweite Cubitalzelle gestielt . . . . *Alyson.*

b. - - - *non petiolata.* Zweite Cubitalzelle nicht gestielt.

α. *Cellula rad. non appendiculata.* Radialzelle ohne
Anhang.

* *nervi recurr. e cell. cub. 1 et 3.* Die rückl. Nerven aus der ersten und dritten Cubitalzelle
Mellinus.

** - - - - - - 2 *aut 2 et 3.* Die rücklauf. Nerven beide
aus der zweiten Cubitalzelle, oder aus der zweiten und dritten . . . . *Psen.*

β. - - *appendiculata.* Radialzelle mit Anhang *Astata.*

B. *Alarum p. céllula basalis anterior nervis tribus, inte-*
rior uno. Die vordre. Wurzelzelle der HFL mit 3,
die innere mit Einem Nerv.

A. *Nervi tres cellulae basalis anterioris solum angulis*
indicati. Die 3 Nerven der vordern. Wurzelzelle
der HFL sind nur durch stumpfe Ecken dieser Zelle
angedeutet. Zwei Cubitalzellen. Ein rückl. Nerv.

a. *Cellula rad. stigmate major, alarum p. nervus ter-*
tius obsoletus. Radialzelle grösser als das Stigma.
Der dritte Nerv der HFL undeutlich.

  α. Cellula discoidalis exterior a cubitali prima nervo
  obsoletissimo sejuncta. Der Nerv zwischen der
  äussern Discoidal- und ersten Cubitalzelle ist glashell . . . . *Oxybelus.*

  β. - - - - - - - crasso sejuncta. Dieser Nerv ist so
  deutlich wie die übrigen.]

  * *segmentum primum apice contractum.* Sgm. 1 birnförmig, hinten verengt: *Physoscelus et Corynopus.*

  ** - - - *non contractum.* Sgm. 1 von gewöhnlicher Form
    Thyreus, Thyreopus, Crabro, Ceratocolus,
               Lindenius.

  NB. Das weitere über diese Untergattungen siehe
  in der Synopsis der Arten.

b. - - - *multo minor.* Radialzelle viel kleiner als das
Stigma . . . . *n. gen.*

B. - - - - - *bene expressi.* Diese Nerven deutlich aus-
gedrückt.

a. *Cellulae cub. duae, nervus recurrens unicus.* Zwei
Cubitalzellen. Ein rückl. Nerv   *Tripoxylon.*

b. - - *quatuor, nervi recurr. duo.* Vier Cubitalzellen,
zwei rücklaufende Nerven.

  α. Abdomen non petiolatum. Hinterleib mit dreiecki-
  gem, nicht gestieltem erstem Segment.

  * *Nervi recurr. e cellulis cub. 2 et 3.* Aus Cubitalzelle 2 und 3 je ein rückl. Nerv.

    ◉ *Cell. cub. secunda non petiolata.* Zweite Cubital-
    zelle nicht gestielt   *Philanthus.*

    ◉◉ - - - *petiolata.* Zweite Cubitalzelle gestielt
                        Cerceris.

  ** - - *ambo e cellula cub. 2.* Beide rückl. Nerven
  aus der zweiten Cubitalzelle.

    ◉ *Cell. cub. secunda petiolata.* Zweite Cubitalzelle
    gestielt   *Palarus.*

    ◉◉ - - - *non petiolata.* Zweite Cubitalzelle nicht
    gestielt.

  §. *Alarum p. cellulae basalis anterioris nervus se-*
  cundus obsoletissimus. Der zweite Nerv der vor-

dern Zelle der HFL kaum sichtbar. *Lyrops.*
§§. - - - 1- - - *bene expressus.* Dieser Nerv ganz
deutlich *Larra.*
β. *abdomen petiolatum.* Hinterleib mit langem Stiel.
  * *Nervi recurrentes e cell. cub.* 2 *et* 3. Aus der zweiten und dritten Cubitalzelle entspringt ein rücklaufender Nerv *Sphex.*
  ** *Nervi recurrentes ambo e cell. cub. secunda.* Beide rückl. Nerven aus der zweiten Cubitalzelle.
   ⊙ *Cellulae marginales vix indicatae.* Die Randzel-
    len der VFL sind kaum angedeutet.
   §. *Cell. cubitalis* 3 *petiolata.* Dritte Cubitalzelle
    gestielt. *Miscus.*
   §§. - - *non petiolata.* Dritte Cub. Zelle nicht
    gestielt *Ammophila.*
   ⊙⊙ - - *fere clausae.* Die Randzellen fast ganz ge-
    schlossen *Pelopaeus.*
 c. *Cellulae cub. tres, nervi recurr. e* 1 *et* 2. Drei Cubitalzellen, die rücklaufenden Nerven aus der ersten
   und zweiten *Miscophus.*
III. - - - - - *et anterior nervum singulum emittit.* Aus
 beiden Zellen der HFL entspringt nur Ein Nerv. *n. gen.*
IV. - - - - - *nervo nullo.* Die innere Wurzelzelle der HFL
 ohne Nerv.
 1. *Cellulae marginales apertae.* Randzellen der VFL offen.
   A. *Cellulae cub. tres.* Drei Cubitalzellen *Aporus.*
   B. - - *quatuor.* Vier Cubitalzellen *Pompilus.*
 2. - - *clausae.* Randzellen der VFL geschlossen: *Ceropales.*

IX. CYNIPHIDAE.

Die zahlreichen Arten dieser Familie sind noch zu wenig
untersucht, als dass ich schon scharfe Gattungen aufstellen
könnte. Nur *Ibalia* unterscheidet sich leicht; von allen übrigen gebe ich einstweilen nur den verschiedenen, vielfach in
einander übergehenden Aderverlauf und bemerke, dass die Zahl
der Fühlerglieder allerdings von 13, bis 15 geht, keineswegs
aber *Cynips* 14 und 15, *Figites* aber 13 und 15 Glieder, (nämlich resp. bei Weib und Mann) ausschliesslich habe und dass
auch keine scharfe Grenze zwischen *Antennis moniliformibus*
und *filiformibus* besteht, sowie auch die Gruben an der Wurzel des Schildchens nicht als Merkmal für *Figites* zu betrach-
ten sind.
I. *Abdomen lineari - compressum.* HFL mit geschlossener
  Wurzelzelle; VFL mit linienförmiger Radial - und drei
  Cubitalzellen: 1 und 2 ganz klein *Ibalia.*
II. - *parum compressum.* HFL ohne geschlossene Wurzelzelle. VFL mit dreieckiger Radialzelle und grosser, meist wurzelwärts offener, oft nur durch die Ra-

dialzelle begrenzter ersten Cubitalzelle, in welch lez-
term Falle allein nur die Radial - und äussere Wurzelzelle, sonst keine vorhanden ist *Cynips et Figites.*

X. EVANIDAE.

I. *Cell. discoidales tres.* Drei Discoidalzellen: Hinterleib sizt auf einem pyramidenförmigen Höcker in
der Mitte des Metathorax *Aulacus.*

II. *— duae.* Zwei Discoidalzellen.

  1. *abdomen metathoraci supero pone scutellum insidet.* Der Hinterleib sizt dicht hinter dem
Schildchen auf dem Metathorax.

    A. *Cellula discoidalis exterior cellula ba-
sali exteriori insidet, abdomen brevis-
simum.* Die äussere Discoidalzelle steht in gleicher Richtung mit der äussern Wurzelzelle. Hinterleib sehr klein *Evania.*

    B. *— ambae minimae cellulae basali inte-
riori insident.* Die zwei sehr kleinen Discoidalzellen sitzen neben einander auf dem hintern
Ende der Wurzelzelle auf *Foenus.*

  2. *— infero, supra coxas posticas insidet.*
Hinterleib sizt wie gewöhnlich dicht über den Hinterhüften auf. Die äussere Discoidalzelle dreieckig, klein, bildet durch ihr Vortreten die einzige
Grenze zwischen äusserer Wurzel - und erster Cubitalzelle. Sgm. 1 bildet einen nach hinten vereng-
ten Stiel *Helorus.*

XI. CHRYSIDAE.

I. *Prothorax duplex.* Der Prothorax bildet zwei
Abschnitte, deren vorderer als Hals erscheint. Radialzelle geschlossen *Cleptes.*

II. *— simplex, quadratus.* Der Prothorax oben aus
Einem querviereckigen Stück bestehend:

  1. *cell. discoidales duae nervis crassis cinc-
tae.* Zwei geschlossene Discoidalzellen.

    A. *cell. radialis in apice alae clausa.* Radi-
alzelle in der Flügelspitze spitz geschlossen: *Chrysis.*

    B. *— aperta.* Radialzelle hinten breit offen; wenn
man sich den Nerv auslaufend denkt, so geht er
hinter die Flügelspitze.

      A. *postscutellum planum.* Hinterschildchen
flach *Euchroeus.*

      B. *— pyramidatum, dorso excavatum.* Hin-
terschildchen vorstehend, oben der Länge nach
ausgehöhlt *Stilbum.*

  2. *— nervis hyalinis obsoletius indicatae.* Discoidalzellen nur durch durchsichtige Nerven angedeutet.

A. *Abdomen segmentis 4 in mare, 3 in foemina, ultimo majore, denticulato.* Das lezte
    Sgm. gezähnt ,   *Parnopes.*

B. *Anus rotundatus.* Hinterleibsspitze schneidend
    gerundet ,   *Hedychrum.*

C. *- obtuse acuminatus aut emarginatus.*
    Hinterleib stumpf zugespizt oder eingekerbt. Schild-
    chen erhoben   *Elampus.*

XII. DRYINIDAE.

I. *Stigma semicirculare, maximum.* Stigma sehr gross,
  halbscheibenförmig.

  1. *Prothorax elongatus.* Prothorax sehr lang: *Gonatopus.*

  2. *- subquadratus, transversus.* Prothorax quer vier-
    eckig: *Dryinus.*

  3. *- linearitransversus, vix conspicuus.* Prothorax nur
    als linienförmiger Halbmond, kaum sichtbar: *Aphelopus.*

II. *- parvum, cellula subradiali non latius.* Stigma klein,
  nicht breiter als die Subradialzelle.

  1. *Prothorax lineari-transversus; vix conspicuus.* Pro-
    thorax nur als linienförmiger Halbmond, kaum sicht-
    bar.   *n. gen.*

  2. *- conico productus, maximus.* Prothorax gross, conisch.
        Omalus.

XIII. PTEROMALIDAE.

Bei Bearbeitung der Arten werden hier noch manche neue
Gattungen aufgestellt werden, wozu schon die Umrisse der
Flügel Andeutungen geben.

Von den Nees ischen Gattungen sind mir unbekannt und
gar nicht eingereiht: *Euphorus, Spalangia, Anteon*
und *Heterolepis.* — Muthmasslich an der passenden Stelle
eingeschaltet: *Sphenolepis, Corynocere, Myina* und
Gonatocerus. — Zu den *Ichneum. adscitis* ziehe ich
Polyplanus; zu den *Evaniden: Helorus.* — *Phacostoma* lasse ich eingeben, indem das Merkmal des grossen Endgliedes der Palpen mehren, in verschiedene andre
Gattungen gehörigen Arten zukommt:

I. *Femora aequalia, postica non aut parum crassiora.*
  Alle Schenkel gleich, die hintersten nicht oder wenig dicker.

  1. *Pleurae divisae.* Die Brustseiten von gewöhnlicher
    Beschaffenheit.

    A. *Cellula radialis ovalis, aperta.* Radialzelle oval,
      an der Spitze nicht geschlossen. Der Subradial-
      nerv schon von der Wurzel an mit dem Vorderrand
      verbunden, bis zur Mitte.

    A. Stigma maximum, semicirculare. Stigma sehr
      gross, halbscheibenförmig   *Ceraphron.*

    B. *- lineare.* Stigma nicht dicker als der Subradial-

nerv, durch eine kleine Unterbrechung von demselben
unterschieden, der Radialnerv entspringt kurz vor seinem Ende . . . . *Calliceras.*
B. - - *lanceolata, plerumque obsolete indicata.* Radialzelle, lanzettförmig, meist nur wurzelwärts von einem
   starken, gegen den Hinterrand hin von einem schwachen, geraden, mit dem vorigen in einem Winkel zu-
   sammenstossenden Nerv begrenzt. Subradialzelle breit.
A. *Ramus radialis e puncto conjunctionis nervi subra-*
   dualis cum costa. Abdomen striolatum. Der Radialast entspringt aus dem Vereinigungspunkte des
   Subradialnervs mit dem Vorderrand. Hinterleib der
   Länge nach nadelrissig, flachgedrückt.
  a. *Prothorax antice rotundatus; ramus radialis e*
   costa usque in apicem alae incrassatâ. Prothorax
   gerundet. Der Radialast entspringt aus dem bis
   in die Flügelspitze verdickten Randnerv selbst. *n. gen.*
  b. - - *truncatus, ramus radialis e puncto crasso, per*
   quod nervus subradialis cum costa cohaeret, quae
   apicem versus non incrassata. Prothorax vorn scharf
   abgestuzt. Radialast aus einem dicken Punkt, durch
   welchen der Subradialnerv mit dem Randnerv zu-
   sammenhängt; dieser ist gegen die Flügelspitze hin
   nicht verdickt   *Sparasion et Scelio.*
B. - - *est continuatio brevissima, parum reflexa, nervi*
   subradialis, costam non attingentis; nervi obso-
   letissimi; caput elongatum; infra antennas lamina
   porrecta. Der Radialast ist das ganz kurz verdickte
   etwas zurückgebogene Ende des Subradialnervs,
   welcher den Vorderrand nicht erreicht. Alle Nerven sehr undeutlich. Kopf länger als breit, unter
   den Fühlern mit einer vorstehenden Lamelle
   . . . . *Anisoptera m.*
C. - - *e costa pone conjunctionem cum nervo subradiali.*
   Der Radialast entspringt aus dem Randnerven, nachdem dieser in Verbindung mit dem Subradialnerv
   ein linienförmiges Stigma gebildet hat.
C. - - *parva, triangularis, stigmate magno semicirculari*
   minor aut parum major; cellula subradialis lata.
   Radialzelle ganz klein, dreieckig, selten etwas grösser
   als das Stigma; Subradialzelle breit   *Codrus.*
D. - - *nulla.* Keine Radialzelle.
A. *stigma parvum, triangulare, ramus radialis nullus.*
   Stigma durch eine dreieckige Verdickung des Rand-
   nervs angedeutet: kein Radialast.
  a. *stigma paullo ante mediam costam; cellula basalis*
   externa retrorsum nervo obliquo clausa; cellula

subradialis angusta. Das Stigma steht wenig vor
der Mitte des Vorderrands; schmale Subradialzelle;
die äussere Wurzelzelle ist nach hinten geschlossen,
gegen den Innenrand breiter ⋅ ⋅ ⋅ ⋅ ⋅ ⋅ *Rhacodia.*

b. - *ad* ⅓; *cellula nec basalis nec subradialis.* Keine
Zelle. — Stigma bei ⅓ des Vorderrands ⋅ ⋅ *Diapria.*

c. - *vix ullum, basi proximum, alae posteriores lineares, antennae maris artt.* 13, *foeminae* 9. Kaum
eine Spur von Stigma ganz nahe an der Wurzel.
Hinterflügel linienförmig. Fühler 13 und 9 gliederig
⋅ ⋅ ⋅ ⋅ ⋅ ⋅ ⋅ ⋅ ⋅ ⋅ ⋅ *Pterostena* cf. *Eutriche.*

B. - - - , - - , *cellula subradialis angustissima.* Stigma
ein dreieckiger Punkt, kein Radialast; ganz schmale
Subradialzelle ⋅ ⋅ ⋅ ⋅ ⋅ ⋅ *n. gen.* (*Teleas solidus.*)

C. - *nullum, ramus radialis nullus.* Weder Stigma noch
Radialast.

⋅ a. *nervus subradialis obsoletus, ad* ⅓ *evanescens aut
puncto crasso, a margine distante, terminatus.* - Der
Subradialast undeutlich, läuft mit dem Vorderrand parallel bis zu ⅓; hier endet er undeutlich oder in einen grossen runden Punkt ⋅ ⋅ ⋅ *Platygaster.*

b. - *paullo pone basin cum costa conjunctus.* Der
Subradialast tritt bald nach seinem Ursprung aus der
Wurzel zum Vorderrand ⋅ ⋅ ⋅

α. *antennae articulis* 7 : 4 *et* 5 *minimis.* Fühler mit
7 Gliedern, 4 und 5 äusserst klein ⋅ ⋅ *Myina.*

β. - *foeminae articulis* 11, *maris* 13. Fühler des Mannes mit 13, des Weibes mit 11 Gliedern : *Gonatocerus.*

D. - - ; *nervus subradialis a basi cum costa conjunctus.*
Der Subradialnerv ist schon von der Wurzel aus Eins
mit dem Randnerv. ⋅ ⋅ ⋅ ⋅ ⋅

a. *ramus radialis ad* ⅔ - ¾; *brevissimus.* Der Radialast ist ganz kurz und steht bei ⅔ - ¾ des Vorderrands.

α. *costa incrassata ad ramum radialem desinit.* Der
verdickte Vorderrandsnerv endet mit dem Radialast
⋅ ⋅ ⋅ ⋅ ⋅ ⋅ ⋅ ⋅ *Prosacantha.*

β. - - *in apicem alae excurrit.* Der Vorderrand bleibt
bis in die Flügelspitze verdickt ⋅ ⋅ *Aneure.*

b. - - *ad* ½, *perlongus, costa in apicem alae excurrit.*
Der Radialast entspringt in der Mitte des Vorderrandes, welcher bis in die Flügelspitze verdickt ist, und
ist sehr lang ⋅ ⋅ ⋅ ⋅ ⋅ ⋅ *Teleas.*

E. - *lineare, conjunctione nervi subradialis cum costali
ortum, apice ramum radialem emittens.* Das Stigma
entsteht durch Vereinigung des Subradialnervs mit
dem Randnerv, ohne Verdickung, und endet mit dem
Austritt des Radialastes.

a. *nervus subradialis rectus ante medium costalem reflexum tangit.* Der Subradialnerv stösst vor der Mitte auf den um ihn herumgeschwungene Costalnerv.

α. *nervus costalis non ultra basin rami radialis continuatus.* Der Costalnerv bleibt nur bis zum Ursprung des Radialastes dick · · · , · · · , *Eulophus.*

β. *· - ultra basin rami radialis brevi spatio incrassatus.* Der Costalnerv bleibt auch nach dem Austritt des Radialastes noch etwa in der Länge des Radialastes dick; dieser sehr kurz (6 und 7 Fühlerglieder.) *n. gen?*

γ. *· - - - - - in apicem alae excurrens.* Der Costalnerv endet erst in der Flügelspitze.   *n. gen?*

b. *- - ante medium in costalem continuatus; collum conicum.* Der Subradialnerv biegt sich vor der Mitte des Vorderrandes zu diesem hin · · , · *Elachestus.*

c. *- - in aut pone medium in costalem continuatus.* Der Subradialnerv biegt sich in oder hinter der Flügelmitte zum Vorderrande hin.

α. *ramus radialis longus.* Radialast lang.
* *collum elongatoquadratum, transverse rugosum; punctum rami radialis maximum.* Hals lang viereckig, querrunzlig. Der Radialast mit grossem rundem Fleck am Ende   *n. gen.*
** *- transversoquadratum, grosse punctatum; nervus subradialis ante stigma angustissime interruptus.* Hals quer viereckig, punktirt; der Subradialnerv da wo er zum Vorderrand geht schmal unterbrochen ' · '   *Eurytoma.*
*** *- linearitransversum, antrorsum acute truncatum.* Hals querlinienförmig, vorwärts gestuzt: *Pteromalus.*
**** *- conico productum.* Hals conisch verlängert · · · · · *Chrysolampus et Cleonymus.*

β. *- - brevis.* Radialast sehr kurz.
* *stigma cellulâ subradiali dimidia brevior; collum transversum, marginatum; thorax grosse punctatus, abdomen gibbum.* Stigma nur halb so lang als die Subradialzelle; Hals quer viereckig, nach vorne scharf gerandet, Hinterleib ungestielt
                    Perilampus.
** *- - - - -; collum lineare, occultum, thorax laevus; abdomen longe petiolatum pyramidatum.* Stigma kurz. Hals versteckt; Hinterleib lang gestielt, pyramidenförmig aufsteigend   *Eucharis.*
*** *- - - dimidia longior; collum conicum, immarginatum.* Stigma länger als die halbe Subradialzelle, Hals conisch verlängert, ungerandet.
§ *abdomen glabrum, foeminae terebra longa, ma-*

*ris laminis duabus terebram brevem mentienti-
bus, antennae artt:* 10. Hinterleib glatt. Weib
' mit vorstehendem ¡Legestachel, Mann mit zwei
' vorstehenden Blättchen.' Fühler 10gliedrig: *Torymus.*
' §§. - *scabrum, maris depressum, foeminae convexum, acuminatum; antennae artt.* 11.' Hinterleib rauh; beim Mann flach niedergedrückt; beim
Weib conisch zugespizt. Fühler 11gliederig
Siphonura.
Hieher wohl auch *Corynocere Nees:* antt. artt.
9: 3 - 6 *minimis,* 7 - 9 *clavam crassissimam forman-
tibus.*

2. *pleurae scutatae.* Die Brustseiten mit einem ovalen,
convexen Schild.

A. *Antennae articulis* 11 - 12; *tarsorum mediorum articulus primus magnus, subtus rigide ciliatus; terebra exserta.* Fühler 11 - 12 gliedrig; erstes Glied der
Mitteltarsen unten steif borstig. Legestachel vorstehend
Eupelmus.

B. - - 11 - 12; *pedes medii elongati, spina tibiarum
maxima; terebra recondita.* Fühler 11 - 12gliedrig;
Mittelbeine länger, mit langem starkem Enddorn der
Schienen *Encyrtus.*

C. - - 9, *pedes aequales; terebra et alae nullae.* Fühler 9 gliedrig; Beine gleich. Kein Legestachel und
keine Flügel *Sphenolepis.*

II. *femora postica crassissima, tibiae orcuatae.* Hinterschenkel auffallend dick, Schienen gekrümmt.

1. *Cellula basalis exterior clausa, radialis magna aperta, foeminae terebra longissima reflexa.* VFL mit geschlossener äusserer Wurzelzelle und grosser Radialzelle. Legestachel über den Hinterleib hinaufgelegt
Leucospis.

2. - - *et radialis nulla.* VFL ohne Zellen.

A. *frons sulcata:* Stirn gefurcht *Chalcis.*
B. *caput antice profunde emarginato - bifidum.* Kopf
vorn durch einen tiefen Ausschnitt zweizackig: *Dirrhinus.*

·'· ·:·.·ʁ.ɜ· ·.·.·. ɼ· ·ɼ·.·.ɯ· Ʌ·ʁ·Ɣ·

·ᴤYNONYMA; HYMENOPTERORUM. ,

Abia.

Hart. p. 72. - Leach. - Steph.
  p. 325.
Cimbex F. - Kl. etc.
Tenthredo L. etc.
Synonyma quaere sub genere:
  Cimbex.
.'aenea Hartig. 72. - Pz. 17.
  17.   * 4
brevicornis Leach. - Lep. nr.
  102.   v. splendida.
nigricornis Leach. - Steph. -
  Lep. n. 100.   v. aenea.
. sericea H. 72. Pz. 17. 16. * 2
- splendida H. 73. Germ. 4

Acoenites.

Ltr. gen. IV. 9. - Cons. gen.
  402. - Steph. - Grav. 3.
  803.
Cryptus F. Pz.
Ichneumon Schaeff. Scop.
  Oliv. Vill. Ross. Chr.
Anomalon Jur.

. arator Rossi.   * 3
- dubitator Pz. 78. 14.   * 4
- fulvicornis*)   * 2
- nigripennis   Lusit. 4
. rufipes   3
. saltans   * 2
. tristis   Lusit. 3

Agathis. Ltr.

Latr. gen. IV.-Cons. p. 302.
Nees Berl. Mag. VI. p. 190.
V. t. 4. f. 2. a - e. Nees nov.
act. Ac. Caes. Leop. IX.

p. 304. - Grav. Ichn. I. p.
  53. - Nees Monogr. I. p.
  126. - Steph. 353.
Bracon F. Spin.
Ichneumon Jur.
. breviseta   * 0
: ♂ cingulum m.   * 2
. deflagrator Spin.   * 2
- glaucoptera
. inculcator F.   Austr. 3
. malvacearum Latr.   * 1
. nigra   * 1
. purgator   * 2
- rufipalpis
- syngenesiae. , /.
. tibialis   * 1
- umbellatarum

Allantus.

Jur. p. 52. - Hart. p. 285. -
  Pz. fn. & Revis. p. 25. -
  Spin. I. 50. - Steph. 332.
Tenthredo autt.
Synonyma & Allantos Autorum
  reliquorum vide sub Genere
        Tenthredo.
bifasciata H. 289. v. segmen-
                      taria.
. cingulatus Klug. Wied.
  Mag. Pz. 115. 22. - 64. 7. * 0
. cingulum H. 287. Pz. 114.
  14 - 115. 18.   * 2
. consobrina H. 290.   3
. costalis H. 290.   3
. dispar H. 289. Pz. 116. 17. * 4
ferus Pz. 91. 16.
: köhleri H. 289.   4
. marginella H. 289. Pz. 113.
  13 & 14.   * 2

---

*) Der bei den Ichneumonibus veris fehlende Autorname bedeutet:
  Gravenhorst, der bei den Ichn. adscitis, den Pteromalinen,
  Codrinen, Dryinen und Evaniden fehlende: Nees.

notha *H.* 289. v. cingulatus.
- propingua *H.* 287.
rubi *Pz.* 91. 14. v. Perineura.
. schaefferi *H.* 288. *Pz.* 115.
  23 & 24.   * 0
. scrophulariae *H.* 286. - *Pz.*
  100. 10.   * 1
• segmentaria *Kl.* - *Pz.* 114.
  17. - 91. 15.   * 2
bifasciata Hart. 289.
? tricincta *H.* 288. - *Pz.* 115.
  15 & 16.   * 0
- viduus *Rossi. Pz.* 114. 17.
          Ital. 3
: viennensis m. *Pz.* 114. 16.
  - 65. 5.   *. 2
i zona *H.* 287.   *. 4
: zonula *H.* 288.   *. 0

Alomya.

Grav. II. 394. - *Pz.* Rev. 83. -
  Stph. 350.
Ichneumon *Jur.* - *F.*
- cruentator *Pz.* 102. 21.
        Lissonota 3
debellator Pz. v. ovator.
- nigra   3
. ovator *F. Pz.* 78. 13. * 2
victor Curtis.   v. ovator.

Alysia.

Ltr. gen. IV. 15. - Cons. p. 301.
Nees Mon. 1. p. 237. II. p. 406. -
Nov. act C. *Leop.* IX. p. 308. 5.
- *Grav.* Ichn. I. p. 55. - *Stph.* 355.
. Cryptus *F.*
  Bassus *Pz. Spin. Nees* Berl.
  Mg. VI. p. 201.
  Bracon *Jur.* t. 8. f. 3. - *Nees.*
  Cechenus *Ill.*
. Ichneumon *Pz.* fn.
NB. Species omnes quas possi-
  deo (. aut :) circa Ratisbonam
  lectae, quare asteriscus (*)
  singulis non adjectus:
Perplures novae in Synopsi.

. abdominator   * 2
- affinis
. ampliator   * 1
- annulata
- aptera
. areolaris   * 0
- bicolor
. brevicornis   * 2
- castanea
- cingulata
. cingulator   * 0
. concolor   * 0
  diremta
. distracta   * 0.
. exserens   * 1
- fuscipes
. gracilicornis   * 1
- gracilis
. ☿ incongrua   * 1
- limnicola
. ☿ mandibulator * 1
. manducator *Latr.* II. p.
  406. - *Pz.* 72. 4.   * 0
: minuta   * 2
- navicularis   * 1
. petiolata   * 1
- pumila
- pumilio
. pusilla   * 1
. ruficeps II. 406.   * 2
. ruficornis   * 1
- rufidens
. rufipes   * 1
- rufiventris
- senilis
- similis
- tabida
- testacea
- triangulator
- tristis
- truncator nr. 2,
-   —   nr. 7.

Alyson.

Jur. p. 195. - *Pz.* Rev. p. 169. -
Spin. II. 253. - *Ltr.* - *Van d.*

? Schff. icon. 5. 2.
Mas : Ammoph. argentea Kirby
  l. c. 4.
? Peps. lutaria Spin. 1. 71.
  2. - 2: 205. 5. Ibid. * 1
, holosericea Van d. Lind.
  3. - Germ. Reise 260. 345.
  Spex F. E. S. 27. P. 4. -
  Rossi Ill. 808. annot. - Coq.
  2. 50. t. 12. f. 1.
  S. sabulosa var. Rossi, 808.
                Austr. 3
- kirbyi Van d. Lind. 7. 3
  mucronata Van d. Lind. 4.
    vix div. a sabul. * 3
· Sphex Jur. 129. pl. 8. f. 5.
- pulvillata Steph. Sowerby
  B. M. 1. pl. 33. f. 2. Angl. 3
· sabulosa Van d. Lind. 2. -
  Ltr. Nouv. Dict., ed. 2. t.
- 1. 450. - Gen. 54.
  Sphex L. S. N. 1. - fn. 1648. -
  Vill. 1. - Gmel. 1. - F. S.
  E. 1. - Sp. 1. - Mant. 1. -
  E. S. 1. - S. P. 1. - Pz.
  fn. 65. 12. - Rev. 124. foem.
  - Deg. 2. p. 822. t. 28. f.
  7 - 15. - Retz. 248. - Scop.
  Carn. 770. - Rossi 808. exc.
  varr. - Rossi Ill. - Ltr. hist.
  13. 292. 1. - Spin. 1. 71. 1.
  - Jur. p. 128.
  Sphex dimidiata, Christ. 313.
  t. 31. f. 4.
- lutaria Pz. 65. 14. - Rev.
  124. Mas.
  Ichn. Geoff. 2. 349. 63.
  Ichn. Frischii Fourcr. 2. 415.
  64.
  Ammoph. vulgaris Kirby
  Trans. 1.
  Frisch. 1. p. 6. t. 1 f. 6. 7.
- - Schff. icon. 83. f. 1. foem.
  - 263. f. 6. mas, - Sulz. Hist.
  t. 19. f. 120.   * 0
  viatica Ltr. gen. v. hirsuta.
  vulgaris Kirb. . v. sabulosa.

Ampulex Jur.

Jur. p. 132. pl. 14.
- A. fasciatus Jur. Helv. 5

Ancistrocerus.

Wesmael Ann. d. l. Soc. Ent.
  d. France p. XVII.
Synonyma vide sub Odynerus.
Genus mihi nondum rite exa-
minatum, quare non ab Odyne-
ris sejunctum, idem cum genere
      Odynerus m.
antilope.
oviventris Wesm.
parietum.
trifasciatus.
  mas : v. gazella Pz.
  foem : v. trifasciata F.

Andrena.

Ltr. gen. 4. 150. - Consid. p.
332. - F. P. - E. S. - Oliv. -
Ross. - Pz. - Jur. - Ill. - Walck.
- Spin. - Kl. - Steph. 382.
Apis L. - Geoff. - Schff. - Scop.
- Schr. - Vill. - Chr.
Melitta ** c. Kirby.
Nomada Scop. -
Spinolae Andrenae obiter dis-
  quisitae, fere omnino negli-
      gendae.
aenea F. v. Osm. caerulescens.
- affinis Ill. 6.
  ♀ Melitta K. 43.   Angl. 2
· atzeliella Ill. 72. - Mel. K.
  108. ♀.
  Collet. leporina Ill. 10.
  Apis lep. Pz. 63. 21.
  Anthoph. lep. F. P. 7. * 2
· albicans Ill. 8. - Mel. K. 45.
  Ap. haemorrhoidalis Christ.
  189. t. 16. 8.   * 1
· albicrus Ill. 60. - Mel. K.
  96.   * 2
albilabris Pz. Apis 56. 23. -

Spin. 1. 119.
var:carbonaria *Ill.* - pratensis *K.*
Mas: nigrita *Ill.* 80 etc. Ņo-
mada *Pz.* 78. 20.   * 2
— *Pz.*   v. vestita.
pilosula Mas:*Ill.* 68. - Mel.
K. 104. mas. cf. Gwynana
mas.   * 2
plumipesPz. v.Dasyp.hirtipes.
:potentillae Mas: *Kl. Pz.*
107. 14.   * 3
pratensis (Mel.) *K.* 48.
                v. carbonaria.
proxima *Ill.* 49. - Mel. *K.*
85. foem.   Bavar. 2
- puber *Ill.* 49. *Waltl.* Reise
p. 104.   Hisp. 4
- pubescens *Ill.* 44. - Mel
K. 80. excl. *F.* cf. minutula.
pulchella Ill. - *Sp.* 2. 193.
Jur. t. 11. f. 8.   Halictus.
pygmaea F. P. 25. v. chry-
                 sosceles.
4 *punctata Ill.* 91. - *F. P.*
11. mas: - *Sp.* 1. 121.
            Hatturfiana mas:
4 *strigata Sp.* 2. 122.
              v Halictus.
5 cincta m. Mas: * 1
rosae (Mel.) *K.* Andr *Spin.*
1. 121. - 2. 192. v.stragu-
                    lata.
rosae *Ill.* 88.- *F. P.* 15. * 2
rufipes Sp. 1. 123. excl. cit.
Pz. - *F. S. P.* 9. Hylaeus.
- rufitarsis *Ill.* 38. - Mel.
K. 74. foem. †   Angl. 2
Schrankella Mel. *K.* 42.
              v. marginata.
*seladonia Sp.*2.193.v.Halictus.
Shawella Foem. *Ill.* 64. -
Mel. *K.* 100. foem.   * 2
Smithella *Ill.* 34. - Mel.
K. 70.
Ap. pilipes *Pz.* 1. 13. (vix;
potiús ad vestitam.) - Mas:

tridentata *Ill.* 35. *K.* 71.   * 2
sphegoides (Ap.) *Pz.* 56. 24.
Spin. 1. 121.   v. labiata.
- spinigera *Ill.* 27. - Foem:
Mel. *K.* 63.   Angl. 2
stragulata Foem: *Ill.* 2.
Mel. rosae *K.* 39. (Mas: vide
bryoniae.)
Andr. rosae *Pz.* 74. 10. - *Rev.*
201. - *Spin.* 1. 121. - 2. 121.
- 2. 192.
Mas: ? Mel. zonalis *K.* 3.
Ill. Andr. 3. †   * 2
*strigosa Pz.*v. Eucera longi-
              cornis Foem:
subaurata *Pz.* 56. 4. - *Rev.*
204. - *Spin.* 1. 123. - 2. 194.
              v. Halictus.
subdentata Mas: *Ill.* 29.
Mas: Mel. *K* 65.
subincana *Ill.* 62. - Mel. *K.*
98. v. chrysosceles mas: m.
succhacta F.P. 8. - *Spin.* 1.
116. - *Gm.*   v. Colletes.
tarda m. Mas:
thoracica *Ill* 12. *F.P.* 3.
- *E. S.* 63. Apis. (Ap. atra
Scop. 793.) (excl. *Pz.* 56.
14.) - *E. S.* 12. excl. *Pz.*
56. 1. - *Spin.* 1. 120.
Mel. *K.* 49.
Ap. bicolor *Christ.* 177. t. 14.
f. 5.
Mas: Andr. bicolor *F. P* 22.
- *Pz.* 65. 19.
Ap. thoracica *Christ.* 178. t.
14. f 6.
cf Mel. melanocephala K. p.
103.   * 2
tibialis Foem: *Ill.* 16. †* 3
Foem: Mel. *K.* 52.
tricincta *Ill.* 73. - Mel. *K.*
109. foem: * 2
tridentata Ill. 35. Mel. *K.* 71.
mas: v. Shmittela.
trimmerana *Ill.* 21. †.
Foem: Mcl. *K.* 57.   * 2

- vaga *Ill.* 133. - *Pz.* 64. 18.
　　　　　　　　sp. dubia.
. varians *Ill.* 22.
　- *K.* 58. - Ap. *Pz.* 56. 12.
? Mas: A. helvola *Pz.* 97. 19. * 2
. vestita *Ill.* 32. - *F. P.* 4.
　- Ap. *Pz.* 55. 9. - *E. S.* 65.
　(*Geoff.* 1. 409. 4. - *Coq.* t.
　6. f. 7. - *Pz.* 7. 13) [sec.
　Kirby ad Smithellam, at
　falso]. = *Schff.* 34. 11. - *Spin.*
　2. 191:
　cf. helvola *Pz.* 97. 19. & 56. 12.
　Mel. fulva *K.* 68. - Ap. *Schr.*
　En. 805.
　Ap vulpina *Christ.* 181. t.
　12. f. 13.
　var? A. nigriceps *Ill.* 37. -
　K. 73.　　　　　　　　* 2
: villosa m. Mas: Hispan. 4
- vulpina *F. P.* 19. 2. - *Spin.*
　2. 190. 192.
　— *Pz.* 97. 18. v. Hal. fulvo-
　　　　●　　　　cinctus.
. Wilkella *Ill.* 48 - *K.* 84.
　Mas: Lewinella *K* 88. - *Ill.* 52.
　var: fuscata *Ill.* 71. - *K.* 107.
　Foem: flavipes *Pz* 64. 20. * 2
- xanthopyga Foem: *Ill.* 128.
　A. analis *Pz.* 90. 14.　　* 2
: xanthostigma m. Foem: *2
: xanthura Foem: *Ill.* 69. -
　Mel. *K.* 105.　　　　　* 2
. zonalis Mas: *Ill.* 3 - Mel.
　K. 40.　cf. strangulala * 2

Aneure.

　Nees Mon. 2. 194.
: nuda *N.*　　　　　　　* 4
: scutellaris *N.*　　　　* 4

Aneugmenus. *Hart.*

Emphytus *Klug.*
Synonyma vide sub genere
　　　Emphytus.
- coronatus *H.* 253.　　　3

Anisoptera *mihi.*

: egregia m.　　　　　　5

Anomalon.

　Jur. - *Steph.*
Gr. 3 641. v. Ophion.

Anteon.

Jur. p. 302. - *Ltr.* gen. 4. p.
　35. Cons. gen. 426. - *Nees*
　p. 273.
- Jurineanum *Nees* p. 273. 4

Anthidium.

Ltr. - *F.* - *Pz.* - *Kl.* - *Stph.* 372.
　Apis *L.* - *Geoff.* - *Schff.* -
　Oliv. - *Vill.* - *Ross.* - *Chr.*
　- *Kirb.* ** c. 2. β.
　Anthophora *Ill.*
　Megachile *Ill.* - *Walck.* -
　Spin.
　Trachusa *Jur.*
- contractum *Ltr.* in *Germ.*
　Mg. 1. 2 p. 95. n. 22. - Annal.
　p. 229. - Mus. d. hist. nat.
　- Abeille n. 85. Gall. mer. 3
- diadema *Ltr.* in Grm n.
　14. Ann. p. 51. Gall. mer. 3
- discoidale Mas: *Ltr.* in
　Grm. n. 16. Ann. p. 225.
　Barbar. mas: ad A. ferrug?
- fasciatum Foem: *Ltr.* in
　Germ. n. 11. Ann. p. 220.
　　　　　　　Gall. mer. 3
- flavilabre *Ltr.* in Grm. n.
　13. Ann. p. 222.
　? A. interruptum *F. P.* 366. 2.
　? Apis *E. S.* 78. Gall. mer. 3
- ferrugineum Foem: *Ltr.*
　in *Grm.* n. 15. Ann. p. 224.
　- *F. P.* 11.
　Apis *Oliv.* Enc. IV. p. 4.
　Anthoph. *Ill.* Mg. p. 118.
　　　　　　　Hispan. 4
. florentinum *Ltr.* in *Grm.*

n. 4. - **Ann.** p. 221. - Mas:
F. P. 3. - *Pz.* 105. 20. -
Spin. 1. 138.
Apis *Oliv.* Enc. p. 73. - *Vill.*
p. 310.
Megach. *Ltr.* hist. t. 14. p.
55. - *Walck.* fn. 2. p. 136.
- *Spin.* 1. 137. 6.
Anthoph., *Ill.* p. 117.
Trachusa Jur.   * 3
- fulvipes *F. P.*   Hisp. 4
- interruptum *F. P.* 6. Apis
E. S. 78. cf. A. flavilabre *Ltr.*
ireôs *F. P.* 4. - Apis *E. S.* 75.
- *Pall.* it. 2. 2. 731. 93. -
Russ. mer. v. Anthophora.
. lituratum*Ltr.* in *Grm.* n.
18. - Ann. p. 226.
Foem: Apis *Pz.* 80. 21: - *Rev.*
p. 250.
Megach. *Walck.* fn. p. 136
Megach. florentina var: *Spin.*
1. 138.
Trachus. lit. Jur.
Anthoph. *Ill.* p 118.
maculatum *Pz. Rev.* v. ma-
    nicatum foem:
. manicatum *Ltr.* in *Grm.*
n. 5: - Ann. p. 212. - *Spin.*
1. 137. 139.
Apis *K.* p. 248. t. 16. f: 13
& 12. - Megach. *Ltr.* hist.
tom. 14. p. 55. pl. 104: 1 -
3. - *Spin.* 1. 138.
Geoff. 2. p. 408. - *Swam.* bibl.
II. t. 26. f. 4 & 10. - *Schff.*
32 11. 13. 14. - Abh. f. 66.
- Harris Expos. t. 49. 1 &
3. - *Pz.* 57. 14.
Mas: *F. P.* 1. - *Pz.* Rev. p.
248.
Apis *L. S. N.* 2. 958. - fn.
1701. - *Oliv.* Enc p. 73. -
Vill. p. 296. - *Ross.* p. 103.
- Dumeril Dict. I. p. 42. -
Pz. 55. 11. - *Christ.* 133. t.
9. f. 5. - *Walck.* p. 136.

Raj. p. 242. n. 1.
   Foem: *F. P.* 1 var:
Anth. maculatum *Pz.* Rev. p.
250.
Ap. *Oliv.* Enc. p. 74. - *Vill.*
p. 311. - *Ross.* p. 104. excl.
varr. - Dumeril. p. 44. - *Pz.*
7. 14.   * 1
- nasutum *Ltr.* in *Grm.* n.
25. - Ann. p. 233. Gallia 3
: nigripes m. Bavar. rhen. 4
. oblongatum *Ltr.* in *Grm.*
n. 7 - Ann. p. 216.
Anthoph. *Ill.* p. 118.
Megach. interrupta *Ltr.* hist.
p. 56. - *Spin.* 1. 137.
Ap. manicata mas: *Pz.* 55.
10.   * 2
. punctatum *Ltr* in *Grm.*
n. 8. - Ann. p. 217.
? *Schff.* 273. 3 mas:
? Ap. variegata *Pz.* Nomencl.
p. 215.   * 2
rotundatum *F.*P.* Anthoph.
    aut Saropoda.
- scutellare *Ltr* in *Grm.* n.
6. Ann. p. 215.   Hi-pan. 4
: septemdentatum *Ltr.* in
Grm. n. 3. - Ann. p. 210.
Megach. florentina *Spin.* 1.
137. excl. Syn. Eur mer. 4
. signatum *Ltr.* in *Grm.* n.
24. - Ann. p. 232.
Megach. strigata *Spin.* 3.
203. mas: Bavar. 3
. sticticum *Ltr.* in *Germ.* n.
1. - Ann. p. 208. - *F. P.*
5 foem:
Anthoph. *Ill.* p. 117.
Apis *Oliv.* Enc. p. 70. foem:
- Dumeril p. 44. - *E. S.* 76.
Trachusa Jur. p. 253. Eur. m. 4
. strigatum *Ltr.* in *Grm.* n.
21. - Ann. p. 228. - *Pz.* Rev.
p. 250. foem: - *Spin.* 2. 203.
Trachusa *Pz.* fn. 76. 17. foem:
- Jur. p. 253.

*Anthoph. *Ill.* p. 118.
? *Schff.* 190. 6. - Andrena
succincta minor *Pz.*nomencl.
p. 161. * 1
- taeniatum Mas: *Ltr.* in
Grm. n. 12. Ann. p. 220.
Hispan. 4
- variegatum *F. P.* 7.
Ap. *E. S.* 79. - *Vill.* 60.
Ital. 4

Anthophora.

Latr. Steph.
Anthophorae *Fabr.* omnes ad
genera alia.
Ltr. gen. 4. p. 174. - Consid.
gen. 537. - *Spin.* - Pz. Rev.
Megilla *F.* - *Ill.* - *Pz.* - *Kl.*
Centris *F. Pz.*
Lasius Jur.
Apis *L. Geoff.* - *Schff.* -
Scop. Deg. Oliv. Ross. Chr.
Kirb.
Podalirius *Ltr. Walck.*
acanthura *Ill.* v. Coelioxys.
acervorum *Latr.* Spin.
v. retusa.
adunca *Ill. F.* v. Osmia.
— sec. *Spin.* mas: Osm. tunensis.
aenea *Ill. F. P.* v. Osm. coerulescens.
aestivalis Megilla *Ill.* 24.
Ap. Pz. 81. 21. v. A. hisp, *Ltr.*
albilabris *Ill.* v. Ceratina.
- albisecta' *Grm.* Reise p.
266. Dalm.
argentata *Ill. F.* v. Megachile.
aterrima *Ill.* v. Stelis.
aurulenta *Ill.* v. Osm.
bicornis *Ill. F. P.* v. Osm.
bimaculata,*Ltr.* hist. - Spin.
v. Saropoda.
byssina *F. P.* v. Osm. adanca.
campanularum*Ill.*v.Heriades.

centuncularis *Ill.* F. P.
v. Megach.
: cingulata m. Foem: Ital. 4
circumcinta *Ill.* v. Megach.
- collaris Meg. *Ill.* F. P. 5
cf. furcatam.
conica *Ill.* v. Coeliox.
— *F.* v. Coel. inermis.
: cornuta m. Foem: * 3
conoidea *Ill.* v. Coel.
. cyanea *F.* cf. sec. Spin.
Osm. melanippa.
dumetorum Meg. *Ill.* 16.
Ap. Pz. 56. 13. v. A. furcata.
- femorata Pz. 105. 18. 19.
Meg. *Ill.* 18.
Ap. *Oliv.* Enc. IV. 75. 78.
Gall. m. 3
ferruginea *Ill.* v. Anthidium.
florentina *Ill.* v.
florisomne *Ill.* v. Chelostoma.
fronticornis *Ill. F.* v. Osm.
bicornis.
fuliginosa *Ill.* v. Osm. adunca.
fulvipes *Ill.* v. Anthide.
fulviventris *Ill. F. Pz.* v. Osm.
. furcata Spin. 2. 195. cf.
salviae * 3
Mag. *Ill.* 3. - Pz. Rev. 226.
Ap. *K.* 64. t. 17. f. 5. 6. -
Pz. 56. 8. - Spin. 2. 195.
Foem: est. dumetorum.
fusca *Ill. F.* v. Osm.
: garrula Foem:
Meg. *Ill.* - Germ. fn. 3. 14.
Ap. *Rossi* fn. 908. Ital. 4
: gigantea m. Mas: Dalm.
globosa *Ill.* v. Osm. adunca.
grisea *F. P.* v. Osm. adunca.
haematoda *Ill.* v. Osm. fusca
mas:
Haworthana Meg. *Ill.* 8.
Ap. *K.* 70. v. hispan?
. hirsuta *Ltr.* hist. t. 14. p.
47. - gen. p. 175. - Spin.

1. 126.　　　　　* 2
Ap. retusa *Kirby* 69.
Mas: Ap. pennipes *L. S.* Nat.
mpt. - forst. Cat. ·n. 731.
Ap. plumipes *Schr.* En. n.
804. - Pallas Spicil. 9. p.
24. t. 1. f. 14.
Ap. sylvestris *Raj.* p. 243. -
Harris t. 40. f. 14.
Meg. pilipes F. S. P. 6.
Ap. hispanica *Pz.* 55. 6. - *F.*
E. S. 10? - *Gmel.* 1? - *Christ.*
p. 131. t. 8. f. 9.
Ap. pilipes *Pz.* 55. S. (alt.)
F. E. S. 54. - *Vill.* 54
Lasius pil. Jur. t. 11. gen.
33. (eodem jure ad A. hispan.
Foem: Ap. retusa *Ill.* 7. - *L.*
S. N. 8. - *Gmel.* 8. - fn.
1690. - *Vill.* 6. - *Müll.* Zool.
d. n. 1898. - *Rossi* fn. 907.
Andr. hirsuta *F. E. S.* 23?
Ap. rufipes *Christ.* p. 132. t.
9. f. 1.
Centr. cornuta Pz. 94. 11.
(male.)
Ap. acerv. Pz. 78. 18. eodem
jure ad A. 4 macul. - *F. E.*
S. 36. - *Gmel.* n. 50. - *Raj.*
p. 247. 4. - (*Schff.* 78. 5.
ad murariam) - *Harris* t. 38.
7. - *Donov.* 3. t. 108. 2. -
L. S. N. 50. fn. 1727. -
Spin. 1. 125. 1.
Meg. acerv. F. S. P. 2.
bispanica *F. S. P.* 1. Meg.
- *E. S.* 17. Ap. (cit. *Geoff.*
n. 9.) - *Ltr.* gen. p. 176.
- *Ill.* 13.
A' haworthana *Kirb.* Ap. n. 70.
A. palmipes *Rossi.* Mant. 2.
t. 5. f E.
Meg. hisp. *Ill.* 13. - *F. E.*
P. 328. 1.
Foem: acervorum Pz. 78. 18.
sec. *Ltr.*
Ap. aestivalis Pz. 81. 21. -

Ill. 24.　　　　　* 2
holosericea *F.* sec. *Spin.* cf.
Megach. centunc.
inermis *Ill.*　　　v. Coel.
interrupta *Ill.*　　v. Anthid.
ireos *Ill.*　　. v. —
labiata Mas: *Spin.* 2. 194.
Meg. *F. E. S.* 21.
Lasius salviae Pz. 86. 16.
　　　　var: furcatae?
laevigata *Spin* 2. 55. Ital. 4
lagopoda *Ill.* F. P. v. Meg.
leporina F. P. v. Andr. afzel.
leucomelana *Ill.* v. Heriades.
ligniseca *Ill.*　　v. Megach.
liturata *Ill.*　　v. Anthid.
manicata *Ill.*　　v. —
maritima. *Ill.*　v. Megach.
maxillosa *Ill.* v. Chelost. floris.
muraria *Ill.*　　v. Megach.
noxata F. P.　　v. Osm.?
oblongata *Ill.*　v. Anthid.
pacifica *Ill.*　　v. Megach.
papaveris *Ill.*　v. Osm.
- parietina *F. Ltr.* hist. tom.
14. p. 46. - Annal. du Mus.
cah. 16. pl. 22. f. 1. A. -
Geoff. 9. Megill. *Ill.* F. S.
P. 3. - Apis *F. E. S* 38 -
Spin. 1. 126. 2. German. 3
: personata (Megilla) *Ill.*
Waltl Reise p. 209. Hisp. 4
phaeoptera *Ill.*　v. Stelis.
pilipes F.　　　v. retusa.
: plagiata Foem: *Ill.* 17. Megill.　　　　　　* 4
- pollinaris Megill. - *Ill.* 1.
Ap. *K.* 61. t. 17. f. 3.
　　　　　　　　Angl. 3
pubescens F. P. sec. *Ill.*
　　　　　　v. Megach.?
4 dentata F. v. Coel. inermis.
4 fasciata Foem: *Vill.* 3.
319. 90. - *Coq.* 3. t. 23. f.
7. - *Spin.* 1. 127. - 2 205.
　　　　　　　. Hisp. 4

. 4 maculata
Megilla *Ill.* 4. · *F. P.* 14.
Ap. Pz. 56. 7.
.Ap. vulpina *K.* 65. - Pz. 56.
6.   * 1
retusa Kirb. Ill. .v. hirsuta.
rotundata F.   v. Sarop.
rufiventris Ill. F. P. v Megach.
salviae sec. Sp. ad A. labiat.
        cf. furcata.
Schottii Ill.   .v. Pasites.
- seminuda *F. P.*   ? ?
sicula Ill.   v. Megach?
- senilis *Ill.* Meg. 14. - Anthoph, parietina. Ltr. in lit.
- ? Las. cornutus Pz. 74. 1.
spinulosa Ill.   v. Osm.
slictica. Ill.   v. Anthid.
: subterranea Foem: Meg.
Germ. fo. 12. 23. Dalm. 4
strigata Ill.   v. Anthid.
- subglobosa (Megill.) *Ill.*
6. Ap *K.* 68.
truncorum Ill. F. v. Heriades.
- tumulorum Meg. *Ill. F. P.* 4.
tunensis Ill. F.   v. Osm.
variegata Ill.   v. Anthid.
ventralis Ill. v. Osm. fulvivent.
. villosa m. Mas: * 3
vulpina Ltr. hist. p. 47. -
Spin. 1. 126. - Apis Pz. 56.
6.   v. 4 maculata.
Willughbiella Ill. v. Megach.
? Bomb. albitarsis F. P. 56.
xanthomelana Ill. v. Megach.

Aphelopus.

Nees Mon. 2. 387. - *Dalm.*
Anal. p. 8 & 14. - *Stph.* 400.
Gonatopus *Dalm.* act.
holm. 1818.
Dryinus *Dalm.* Anal.
. atratus *N.* 2. - Dryin. *Dalm.*
p. 15.   * 3
. melaleucus *N.* 1.-Dr. *Dalm.*
l. c. - Gon. *Dalm.* l. c. * 3

Aphidius.

Nees Mon. 1. p. 15. - Nov. act.
Caes. IX. p. 302. n. 4. - *Grav.*
Ichn. 1. p. 51. - Bouché Naturg.
Bracon *Nees* Berl. Mag. V.
p. 17 & 27.
Ophion Pz.
Cryptus *F.*
Ichneumon *L* *Vill. Geoff. F.*
? Hybrizon *Fall.*
- brevicornis & 2. 398.
. constrictus   * 2
- diminuens
- dissolutus
- enervis ,
- exoletus & 2. 398.
. infirmus   * 2
- melanocephalus
obscurator 2. 398.
- parcicornis
. picipes & 2. 398.   * 1
var: b. A. vulgaris Bouch.
- planistipes
- resolutus
- restrictus
. Rosarum
A. xanthostoma Bouch.
- varius Pz. 95. 13.
vulgaris Bouch. v. picipes.
xanthostoma B. v. rosarum.

Apis.

L. etc. - *Ltr.* gen. IV. p. 181.-
Cons. gen. 543. - Jur. p. 242.
Steph.

Apes autorum reliquorum omnia Apiariarum genera amplec-
tuntur.

aenea L. - Gm. - *Vill.* - Scop. -
Ross.   v. Osm. coerul.
acervorum F. - Pz. - Gm.
     v. Anthoph. pilip.
aestivalis Pz.   v. Psith.
adunca Pz. - Sp. v. Osm.

agilissima *Vill.* 36. Scop. ann.
  4. p. 14.   ?
agrestis *Vill.* 82, - F. E. S. ?
agrorum F. - K. - Gm - *Vill.*
            v. Bomb.
— 'Schr. En.   - - -
albicons *Müll.* Z. D. v. Andr.
albifrons *Forst.* v. Mel. punct.
albilabris Pz. v. Andren. cing.
albinella K.   v. Bomb.
albipes F. Mant. - *Vill.* - Ross.
 - Gm.   v. Hylaeus.
albiventris Pz. v. Meg. arg.
alpina *Vill.*   v. Bomb.
alternata K.   v. Nomada.
annulata L. - *Vill.* - Gm.
            v. Prosopis.
aprica Pz.   v Bomb.
arbustorum F. E. S. v. Bomb.
            lapidar.
arenaria Pz.   v. Psithyrus
            rupestr.
armata Mus. *Lesk.* - Gm.
            v. Andrena.
argentata Coq. - F. v. Meg.
argillacea *Vill.* v. Bomb. scut.
arvorum Pz. ad Schr.
            v. Psith. camp.
aterrima Ch. v. Andr. pilip.
atra 'Sch. - Scop. - 'Ross. -
Pz. - Chr. v. Andr. cinerar.
aurulenta Pz.   v. Osm.
australis Spin. 1- 42.
            v. mellifica.
autumnalis F. E. S v. Bomb.
            Barbut.
Banksiana K. v. Panurgus.
Barbutella K.   v. Psithyr.
Beckwithella K.   v. Bomb.
bicincta Schr. En. - Gm. - *Vill.*
            v. Hyl. fulvocint.
bicolor Sch. K. *Vill.* v. Osm.
— Chr. Ross. *Vill.* 73.
            v. Andr. thoracica.
bicornis L. - K. - Ross Gm.
 Forst. *Vill.* Chr. F. v. Osm.
bidentata Pz. Chr? v. Coel. con.

bimaculata Pz. K. v. Saropoda.
bistriata Chr. v. Bomb. interr.
brachyptera *Vill.* 128.   ?
bryorum Schr. En. - Gm. *Vill.*
            v. Eucera longic.
Burellana K.   v. Bomb.
caerulea *Vill.* cf. Ceratina
            callosa.
caerulescens L. K. Gm. *Vill.*
Müll. Ross. Forst. v. Osm.
caespitum Pz. v. Bomb. lucor.
caerulea *Vill.* v. Ceratina call.
calcarata *Vill.* 51. - Scop ?
calendarum Pz.   v. Collet.
campanularum K. v. Heriades.
campestr's Pz. - K. v. Psithyr.
capreae K.   v. Nomada.
carbonaria Ch. v. Andr. pilipes.
— F. E. S. - L. - *Vill.*
  .   v. Andr. pratensis.
cardui *Müll.* v. Bomb. soroen.
cariosa L. fn. *Vill.*   ?
centuncularis L. - K. *Vill.* -
F. E. S. - Gm - - Schr. En. -
Fourc. - fn. Frid. - zool. d. -
Ross.   v. Megachile.
— Pz.   v. Meg. ligniseca.
— acuminata Chr. v. Coe-
            liox. inermis.
cerifera Scop. v. mellifica.
cetii Schr. - Gm. - *Vill.*
       v. Andr. Schrankella.
ciliata Gm. - Schr. En.
            v. Andr. pilipes.
cingulata Ch. cf. Andr. rosae.
— *Vill.* Ross.   v. Andr.
cineraria L. *Vill.* Four. Gm.
            v. Andr.
— Ch.   v. Andr. carbonar.
cinerea G. Four. v. Andr cine-
            raria.
circumcincta K. v. Megachile.
clavicornis *Vill.* 3. L. fn. 1566.?
coecutiens *Vill.* 63. - F. E. S.
            v. Nomada?
combinata Ch.   v. Andr.
collium Scop. - *Vill.* 126.

cònica *F. E. S. - Gm. Ross.*
  v. Coeliox. inermis.
— *L. K. Vill. Schr. Forst.*
  v. Coelioxys.
connexa *K.*   v. Nomada.
convexa *Vill.* 32. -?*Scop.* 798. ?
cornigera *K.*   v. Nomada.
coronata *Geoff. - Fourc.*
  v. Bomb. lapidar.
crocipes *Gff. Fourc.* cf. Hyl.
  flavipes.
cryptarum *Vill. F.* Mant.
  v. Bomb.
cuburtina *Ross.* v. Ceratina
  albilabris.
cullumana *K.*   v. Bomb
cunicularia *Müll.* v. Andr
  nitida.
— *L. Vill. L.* fn. *Kirb.* p. 106.
  v. Andr.
curtisella *K.*   v. Bomb.
cyanea *K.* v. Ceratina callosa.
Derhamella *K.*   v. Bomb.
dichroa *Gm.* v. Andr. haemor
Donovanella *K.*   v. Bomb.
Druriella *K.* v. Macrocera.
elongata *Vill.* 86.   ?
ericetorum Pz. v. Bom. hypnor.
Fabriciana *L. Gm. Vill. Ross.*
  v. Nomada.
Fabriciella *K.* v. Nom. fabric.
farfarisequa .Pz. v. Dasyp.
  hirtipes.
— *Vill.*   ?
fasciata *Scop.* ann. v. Bomb.
  floralis.
— *Ltr.*   ?
ferruginata *K. Gm. Vill. Forst.*
  v. Nomada.
ferrug'nea *Vill.* 78.-*F. E. S.* ?
flavä Pz. *K.*   v. Nomada.
flavipes *Gm. Vill.*   v. Hyl.
flavipes Pz.   v. Hyl. rubic.
flavoguttata *K.* v. Nomada.
flavopicta *K.*   v. Nomada.
floralis *Gm. K.* .v. Bomb.
florentina *F. E.*   v. Antbid.

florisomnis *L. K. Vill. - Scop.*
Müll Forst. - F. E. S. - Gm.
  v. Chelostoma.
— minima *Ch.* v. campanul.
fodiens *Fourc.* v. Colletes.
Försterella *K.*   v. Bomb.
fragrans *K.* Pall. *Gm.* v. Bomb.
Francillonella *K.* v Bomb.
Francisana *K.* v. Psithyr.
  rupestr.
frontalis *Vill.* v. Osm. bicorn.
fronticornis Pz. v. Osm. bic.
frutetorum Pz. v. Bomb. albin.
fucata *K.*   v. Nomada.
fulva *Schr.* En. - *Gm. - Vill.*
  v. Andr.
fulvago *Ch.*   v Andr.
fulvipes *Vill.* 91.   ?
fulviventris Pz.   v. Osm.
— *Scop.* 897. - *Vill* 43. ?
furcata Pz. *K.* v. Anthoph.
fusca *Chr.* Pz. v. Osm. bicolor.
fuscescens *Vill.* 92   ?
gallica *Vill.* 87. ad Sphegides.
gibba *Vill. Ross. Chr* v Dichroa.
gigas *Deg.* v. Xyloc. viol.
globosa *Scop* Pz. v. Osm. caer.
goodeniana *K* v. Nomad. succ.
gregaria *Geoff.* v. mellifica.
haemorrhoa *Vill.*   v. Andr.
haemorrhoidalis *Ch.* v. Andr.
  albicans.
— *Chr.* t. 9. f. 2. v. Bomb. lapid.
Harrisella *K.*   v. Bomb.
Hattorfiana *Vill.* 69. v. Andr.
Haworthana *K* v. Anthoph.
  hirsuta.
helvola *L. - Vill. Gm. -* fn. frid.
- *Forst.*   v. Andr.
— *Ross.* v. Andr. Gwynana.
hemisphaerica *Vill.* 42. ?
hillana *K.*   v. Nomada.
hirsuta *Vill.* 115. v. Anthoph.
hirta *Fourc.* v. Osm. ventralis.
— *Schr.* En.   v. Scolia.
hispanica *F. - Pz. - Gm. - L.*
  v. Anthoph.

hortensis Fourc. - *Vill.*
    v. Hylae. 4 cinct.
hortorum Scop. carn.
    v. Bomb. terrestr.
— *F.* v. Bomb. virginalis.
— *L. K. Vill. Gm. Schr.* -
fn. frd. - *Ross.* - *Forst.*
    v. Bomb.
hypnorum Ross. var : b.
    v. Bomb. lucorum.
— *G. F. L. Vill. Scop.* Pz.
Schff.   v. Bomb.
— *Fourc.* v. Bomb. hortor.
icterica Ch. cf. Andr Clarkella.
interrupta Fourc. Vill. 85. ?
inermis K.   v. Coelioxys.
interrupta F. E. Vill. v. Anth.
ireos Vill.   v. Anthid.
iricolor K. v. Xyloc. (exot.)
italica F. E Vill.   v. Bomb.
jacobaeae K.   v. Nomada.
jonella K.   v. Bomb.
labiata Gm. Vill. v. Andr.
lagopoda L. K. Vill. F. Gm.
Pz.   v. Megachile.
lagopus Gm. v. Meg. lagopada.
lapidaria L. K. - *Vill. Scop.*
Schr. Frisch. Poda. *Müll.*
Fourc. Forst. F. v. Bomb.
Lathburiana K. v. Nomad.
Latreillella K. v. Psithyrus.
Leaiana K. v. Osm. ventralis.
Leeana K.   v. Bomb.
leucomelana K.   v. Osm.
leucophthalma K. v. Nomada.
leucostoma Vill. (exclus. cit.
Schff.)   ?
leucozonia Sch. En. - *Vill.* - *Gm.*
Ross.   v. Hyl.
ligniseca K.   v. Megach.
ligustica Spin. 1. 35. var.
m e l l i f i c a e.
lineola K.   v. Nomada.
lineata Vill. 81. - *F. E. S.* ?
linguaria F. K. Gm. Vill.
    v. Eucera longic.
Linneella K.   v. Panurgus.

longicornis L. K. Gm. Vill. -
fn. frd. - *Müll.* z. d. Pod.
Mus. - *Scop.* carn. - *Rossi.* -
Fourc.   v. Eucera.
lupulata Vill. 93. t. 8. f. 26.
    ad Sphegid.
lucorum L. K. Chr. Gm. F.
Vill. Müll. Schr. v. Bomb.
— Pz. ad *Schff.* v. Bomb. sylv.
luctuosa Vill. Scop. ann.
    v. Melecta punctata.
maculata F. E. - Pz. - *Vill.*
    v. Anthid.
malvae Ross. v. antennata.
manicata L. K Vill. - Pz. *Ross.*
Forst. - *F. E. S.* - *Gm.* - *Fourc.*
     v. Anthid.
marginata Vill. 72. v. Andr.
marginella Gm.   v. Andr.
    Schrankell.
maritima K. v. Megachile.
Marshamella K. v. Nomada.
maxillosa Ch. cf. Hyl. xanthop.
— *L. Vill. Gm.* v. Heriades.
maura Ch. cf. Bomb. Latreill.
mellifera Fourc. v. mellifica.
. m e l l i f i c a *L. K. F.* & autores omnes.   * 0
Ap. cerifera Scop. Ann. 4. p. 16.
Ap. gregaria *Geoff.* 2. p. 407.
Ap. mellifera *Fourc.*
Aldrovand. n. 20.
Raj. p. 240.
Mouffet. - Jonst. Ins. 1 t. 2. -
Swamm. Bibl. t. 17. f. 1 - 4.
Reaum. 5. t. 22. t. 25. - *Christ.*
t. 1. - *Harris* Exp. Eng. Ins.
t. 39. f. 9. 10. - *Sulz.* t. 19. f.
123. - *Kirb.* t. 17. 10. - 12. -
Pz. fn. 85. 16 - 18.
var· ligustica *Spin.* 1. 35 & 43.
meridiana Pz. v. Bomb. hypn.
minuta Schr. En. - *Gm.* - *Vill.*
    v. Hylaeus.
mniorum Vill. 112. v. Bomb.
monacha Ch. v. Psithyrus
    Barbat.

montana *Vill.* 53. - Scop. ?
muraria *Vill.* 83. v. Megach.
muscariaCh. v. Epeolus varieg.
muscorum *L. K. Gm, F. Vill.*
Schr. - fn.*Frid.-Müll.-Ross.*
Forst. v. Bomb.
nemorum *Vill.* - *F.* Mant.
v. Bomb.
— Schr. *Vill.* *- -
nitida *Müll.* Zool. D.
v. Hyl. fulvocinct.
neutra *Pz.* v. Bomb
— Geoff. Fourc. v. Andr.
notata *Chr.* ?
obsoleta *Ross.* v. Tachyt.
ochrostoma *K.* v. Nomada.
pacifica *Pz.* v. Megach.
pallicincta *K.* v. Saropoda.
palmata *K.* v. Megach.
paludosa *Müll.* v. Bomb.
hortorum.
papaveris *Ltr.* Coq. v. Osm.
parietina *Fourc.* cf. Megach.
xanthomelana.
parvula *F. E. S.* v. Hylaeus.
pascuorum Scop. - *Vill.* 124.
v. Bomb.
pennipes *L. M. S.* Forst.
v. Anthoph. pilipes.
phaeoptera *K.* v. Stelis.
picta *K.* v. Nomada.
pilipes *Pz. F.* 13. v. Andr.
Smithella.
— *Gm. Vill.* Ross. *Chr.* Pz.
55. 8. v. Anthoph. hirsuta.
— *Gm. Schr.* En. v. Andr.
plumipes Pall. v. Anthoph.
— Schr. En. v. Anth. pilipes.
pollinaris *K.* v. Macrocera.
praecox *Vill.* 52. - Scop. ?
pratensis*Müll.* Zool. d. v. Andr.
pratorum *L. K. Vill. Gm. Schr.*
fn. Frid. *Müll.* - Forst.
v. Bomb.
— *F. Vill.* v. Bomb. fragrans.
— *Chr.* var : b. v. Bomb. lapid.
pubescens *F. Gm. Vill.* v. Andr.

punctata *K. - Gm. - Vill.*
v. Melecta.
— *F. E. S.* v. Mel. notata.
punctulatissima *F.* cf. Ceratina albil.
purpurascens *Vill.* 89. ?
pusilla *Chr.* cf Osm.
quadricincta *Gm. Vill.*
v. Hylaeus.
quadridentata *L. - Gm. F.*
Vill. Ross. Forst.
v. Coel. conica.
— *Müll.* ?
quadrifasciata *Vill.* 90. ?
quadrinotata *K.* v. Nomada.
Rajella *K.* v. Bomb.
regalis*Fourc.* v. Bomb. subint.
— Fourc. n. 6. v. Bomb. Burel.
retusâ *L. - K. - Gm. - Vill.*
Müll. - Ross. v. Anth pilipes.
— *Chr.* v. Bomb. Harris.
riparia *Vill.* 50. - Scop. ?
Rossiella *K.* v. Bomb.
rostrata *L. - Vill.* v. Bembex.
rotundata *F. - K. - Gm. - Vill.*
v. Anthoph.
rubicunda *Ch.* v. Hylaeus.
ruderata *F. E. S. - Gm. - Vill.*
Ch. v. Bomb. hort.
rufa *Ch.* v. Dichroa sphec.
— *L. - Vill. - Ross. - Gm. - F.*
Müll - Forst. v. Osm. bicorn.
— Scop. 816. - *Vill.* 119. ?
rufescens *G. Fourc.* v. Dichroa gibba.
— Mus. *L. Gm.* v. Osm. bic.
ruficornis *L. K. Vill. Gm.*
v. Nomada.
rufipes *Müll. Ch.* v. Anthoph.
pilipes.
rufipes *Vill.* 77. *F. E. S.* ?
rufiventris *K.* v. Nomada.
rufocincta *K.* v. Nomada.
rufopicta *K* v. Nomada.
rupestris *F. K.* v. Psithyr.
rustica *Fourc.* v. Osm. bicolor.
sabulosa *Vill.* 49. - Scop. ?

saltuum Pz. v. Bomb. Barbut.
sanguinolenta *Vill.* 44. v.
Myrmosa aut Mutilla ephipp
Schaefferella K. v. Nomada.
Scrimshirana K. v. Bomb.
scutellaris *Vill.* 67. - F. E. S.
     v. Crocisa.
scylla Ch. v. Bomb. sylvarum.
seladonia F. E. S. sppl.
     v. Hylaeus.
seminuda *Vill.* 114. v. Bomb.
senilis F. Gm. *Vill.* v. Bomb.
     muscorum.
sexcincta K. v. Nomada.
Sheppardana v. Nomada.
sibirica *Vill.* 110. ?
solidaginis F. K. v. Nomada.
sordida *Vill.* 46. ?
soroensis Pz. F. K. Gm. *Vill.*
     v. Bomb.
Sowerbiana K. v. Bomb.
sphegoides Pz. v. Andr. cingul.
— *Vill.* 39. ?
spinulosa K. v. Osm.
subaurata Ross. Pz. v. Hyl.
     seladon.
subcornuta K. v. Nomada.
subglobosa K. v. Anthoph. aut.
     Sarop.
subinterrupta Ma K. v. Bomb.
subterranea L. - K. - Gm. - F.
 Vill. - Ross. - Müll. - Forst.
     v. Bomb.
subterranea Geaff. - Chr.
    v. Psithyrus rupestr.
succincta L. - *Vill.* - excl. cit.
 Schaeff. - Forst. - Chr.
     v. Colletes.
suecica Gm. v. Andr. cingulata.
sylvarum Schr. - Ross.
    v. Bomb. Rossiell.
— L. - K. - Scop. - *Vill.* - F.
 Gm. v. Bomb.
— Schr. En. *Vill.* 122.
sylvestris Raj. v. Andr. albic.
terrestris L. - K. - *Vill.* - Pz. -
 F. - Gm. - Scop. - fa. Frid. -

Ross. - Forst. v. Bomb.
— Geoff. Fourc. v. Sarop.
thoracia F. E. S. - Gm. - *Vill.*
 - Chr. v. Andrena.
tricolor Drury. v. Xyloc. iri-
     color.
trispinosa F. Mant. - Ol. - *Vill.*
     v. Oxyb.
tropica Chr. v. Bomb. scutell.
truncorum L. - K. - *Vill.* - Gm.
 Müll. v. Heriad.
tuberculata F. Pz. v. Eucera
     longic.
tumulorum L. - *Vill.* - K. p. 56.
 not. potius Hylaeus.
— Forst. Christ. Sulz.
    v. Eucera longic.
tunensis F. E. S. v. Osm.
tunetatana Gm. v. Osm. tun.ns.
tunstallana K. v. Bomb.
ursina Mus. - Lesk. K. - Gm.
    v. Panurg. lob. mas:
varia Pz. K. Chr. v. Nomada
     fucc. mas:
varians Ross. Pz. v. Andr.
variegata Gm. - K. - *Vill.* 20. -
 For.t. v. Epeolus.
— *Vill.* 60. ?
ventralis Pz. v. Osm. fulviv.
vernalis Forst. v. Osm. bicorn.
vespiformis Scop. 808. - *Vill.*
 40. ?
vespoides *Vill.* 38. ?
vestalis G. Fourc. - Kirb.
     v. Psithyr.
vestita F. E. S. - Pz. - Coq.
    v. Andr. fulva.
veterana F. E. S. cf. Bomb.
     tunstall.
violacea L. Pz. *Vill.*
     v. Xylocopa.
virens Chr. v. Xyloc. iricolor.
virginalis G. Fourc. K.
     v. Bomb.
vulpina Pz. K. v. Anthoph.
— Ch. v. Andr. fulva.
Willughbiella K. v. Megachile.

xanthomelana K. v. Megach.
xanthosticia K. v. Nomada.

Apius.

Jur. v. Trypoxylon.

Aporus.

Spin. - Latr. - Van d. Lind. -
Steph.
. bicolor foem: Vand. Lind.
180. 3. - Spin. 2. 34. . Ltr.
gen. 64. Enc. 10. 183. 1. * 3
: dubius foem: Van d. Lind.
4. * 3
: femoralis mas: V. d. L. 2.
A. unicolor Herrich - Schaeff.
Dtschl. Ins. 111. 10. * 3
: unicolor mas: Vand. Lind.
1. - Spin. 2 83. - Ltr. gen. 64.
— m. so Dtschl. Ins. v. femoralis * 3

Aprostocetus.

Westw. v. Nees 2. 409.
- caudatus Westw. Phil. Mag.
3. Mag. 1833. p. 444.

Arge.

Schr. v. Hylotoma.

Arotes.

Grav. v. Banchus.

Arpactus.

Jur. Steph. 362. - Lepell. Annal.
d. l. Soc. Ent. 1832. p. 74.
Pompilus Pz.
Mellinus Pz.
Gorytes Van d. Lind.
. affinis Gor. Van d. Lind.
5. - Spin. II. p. 250.
Sphex Ross.
Arp. Carceli. - Lep. p. 78.
Evania F. E. S. sppl.

Ceropales F. P.
Pompilus Pz.
Mellinus Ltr. hist. - Pz.
Rev. * 3
- concinnus Gor. Van d L. 3
Sphex Ross. fn. 825. t. 6. f. 5.
Sec. Spin. Annal. d. l. Soc.
Ent. 1836. p. XXIII. nov.
genus: Oryttus Gall. 3
.cruentus Jur. v. laevis.
carceli Lepell. p. 78. v. affinis.
: dimidiatus m. mas: * 4
: formosus mas: Lepell. p. 75.
- Jur. 194. pl. 10. g. 20. foem:
Spin. 2. 249.
Gor. Van d. Lind. 2.
? Ar. Ev. ruficollis F. E. S.
sppl. 241. 3-4. - Cerop. F. P. 6.
Austr. 4
. laevis Lep. p. 74.
Gor. Van d. Lind. 2. 91. 1.
Mutill Ltr. Act. soc. d' hist.
nat. 1792 p. 11. n. 13. - Ross.
fn. app. 125. 16. var.
Sphex cruenta F. E. S. sppl.
244. 54. 55.
Pomp. cr. Pz. 84. 20. - Rev.
118. - F. E. S. 20. - Coq.
1. 23. t. 5. f. 10.
Mell. cruentatus Ltr. hist. 13.
318. 1.
Arp. cruentus Jur.
Spinolae Spin. 2 252. * 3
quadrifasc. Pz. Rev. v. Eusp.
quinquefasc. Jur. v. Eusp.
. tumidus Lepell. p. 77. - Jur.
Hym. p. 194. - Spin. 2. 252.
Gor. Van d. Lind. 4. - Latr.
gen. 4. 89.
Pomp. Pz. 81. 15. mas:
Mellin. Revis. 169. * 4

Astata.

Ltr. gen. 4. 67. - Cons. g. 480.
- Spin. - Van d. Lind. - Stph.
363. - Curt.

Sphex *Schr.* - *Vill.* - *Ross.*
- *Gm.*
Dimorpha Jur. - *Pz.* - *Ill.*
Tiphia *Pz.*
abdominalisLtr. hist.v.boops.
.. affinis *Van d. Lind.* 3.
. boops *Van d. Lind.* 2. 27.
1. - *Spin.* 1. 72. 1.
Sphex *Schrk.* Enn. 777. - *Vill.*
82. - *Gmel.* 89. - *Rossi.* Mant.
1. 284.
Tiphia abdominalis *Pz.* 53. 5.
mas:
Astata abd. *Ltr.* hist. 13.
297. 1. - gen. 69. - Nouv.
Dict. ed. 2. 3. 25. - Enc.
meth 10. 144. - *Spin.* 1. 12.
- 2. 173.
Dimorpha abd. Jur. - Pz. Rev.
127.   * 1
: nigra m.   * 4
nitida Sp. 1. 18. - 2. 76.
                    v. Tachytes.
- oculata *Van d. Lind.* 2.
Dim. oculata Jur. 146. pl. 9.
gen. 6. mas: 3
- stigma *Van. d Lind.* 4.
Dimorpha *Pz.* 107. 13. mas: 3
- tricolor *Van d. Lind.* 5.   3

Astata.

Klug. v. Cephus.

Astatus.

Spin. v. Cephus.

Athalia.

Leach. - *Steph.* 330. - *Kl.* Jahrb.
- *Hart.*
Hylotoma *F.* - Tenthre-
do *Kl.* Mon. *L. F.* *Pz.* etc.
Phyllotoma *Fall.* - Ne-
matus *Spin.*
abdominalis Lep. 68. (cit. Pz.
* 64. 4. qui Nemat. fuscipen-

nis) *Hart.* 285. v. servans.
ancilla Lep. 63.   cf. rosae.
. annulata *Kl.* Jahrb. 4. -
Lep 70. - *Hart.* 285.
Hylot. *F. P.* 23. - *E. S.* 22.
T. salicis *Schr.* En. 683. exl.
cit.
Ath. bicolor *Lep.* 69.
Ath. Richardi *Lep.* 67. - - fn.
2004.
Nemat. *Spin.* III. n. 3.
Tenthr. *Kl.* Mag. n. 4. - Grm.
fn. 15. 16.'   * 1
bicolor Lep.   v. annulata.
centifoliae Lep. sec. *Pz.* 49. 18.
                   v. spinarum.
cordata Lep.   v. rosae.
lineolata Lep.   cf. rosae.
. lugens *Kl.* Jahrb. 3. - *H.* 285.
Tenthr. K. Mg. 3.   * 2
Richardi Lep.   cf. annulata.
. rosae Kl. Jahrb. 2. - *Hart.*
284.
Tenthr. *F.* - *Kl.* Mg. 2. - *L.*
fn. 1555. - *S. N.* 30. - *Schr.*
En. 684. - fn. 2022. excl.
var. *Schff.* 55. 10. sec. magnit.
potius serva.
Phyllotoma *Fall.* 2.
T. liberta *Kl. Germ.* Reise n.
333.
Ph. annulata *Fall.* 3. - Hyl.
annulata F. Collect. sec.
Wied. Mg. 1. 3. p. 71. 12.
Ath. cordata *Lep.* 64.   •
— ancilla *Lep.* 63.
— lineolata *Lep.* 65. T. capreae *Schr.* En. 685. fn. 2003.
var: α & γ.   * 0
. spinarum Kl. Jahrb. 1. - *H.*
284.
T. *F. E. S.* 20. - Kl. Mg. 1.
Phyll. *Fall.* 1.
T. capreae *Schr.* fn. 2003.
T. centifoliae Pz. 49. 18. *Lep.*
T. colibri *Christ.*   * 0
suessionensis St. F. n. 66. cit.

salicis *Schr.* n. 683.
vernalis St. F. n. 72. sec. *Geoff.*
n. 39. (*Vill. Fourcr.*)
*viridescensSt.F.*73. sec.*Geoff.*
n. 35. (*Vill. Fourcr.*)

Atractodes.

Grav. vide Ophion.

Atta.

F. - Ill. - Latr. gen. 4. p. 128.
Consid. gen. 444.
Formica *L.-F.- Deg.-Ol.*
Vill. - Ross. - Chr.
Myrmica *Latr.* Spin. -
Eciton *Ltr.*
- binodis *Ltr.* gen. p. 130.-
Form. Fourm. p. 234. pl.
10. f. 66. - Ess. p. 46. - *F.*
S. P. 38.
- capitata *Ltr.* gen. p. 130.-
Form. Fourm. p. 234. pl.
10. f. 66. Ess. p. 46.
- structor *Ltr.* gen. p. 130.-
Form. Fourm. p. 236. pl.
11. f. 69. - Ess. p. 46.
F. juvenelis *F. P.* 38. neutr.

Aulacus.

Nees Mon. 1. p. 302. - Jur. p. 89.
t. 7. - *Ltr.* gen. 4. p. 385.-
Consid. p. 298. - Spin. 2. p. 48.
- compressus *Spin.*   5
- flagellatus *N.*   5
: Latreillanus Foem: *N.* *4
- Patrati Audinet Serville Annal. d. l. Soc. Ent. 1831. p.
411. pl. 15. fig. c.   5
- striatus *Jur.*   5
— *Ltr.*   v. Latreill.

Banchus.

F. E. S. sppl. *S. P.* - *Leach.*
- *Steph.* 351. - *Gr.* 3. 371. - *Pz.*
Subgenera :
Arotes - Banchus - Coleocen-

trus - Exetastes - Leptobatus
- Tropistes.
(B. acuminator *Fabr.*)
- E. aethiops
- A. albicinctus   Eur. mer.
- E. albitarsus
. E. bicoloratus Mas: * 3
- E. bilineatus   Eur. m.
- E. brunnipes
: C. caligatus foem: Bohem. 4
- E. calobatus
- E. clavator *F.-Pz.* 71.15.*1
- B. compressus
- E. crassus
cultellator *F. P.*   v. Ibalia.
- L. degener
(B. elator *Fabr.*)
: B. elegans m.   * 4
: C. excitator *Pz.* 92.5. ♀ * 1
. B. falcator *F. Pz.* 71. 18.
- 109. 15.   * 0
B. falcatorius Walck.   v.
falcator.
- flavitarsus
. E. fornicator *F.*   * 0
(*B. fornicator Fabr.*) v. Exe-
tastes.
. E. fulvipes Foem: * 3
- E. gracilicornis Volhyn.
gravidator *F.*   v. Codrus.
. E. guttatorius   * 1
(B. hastator *Fabr.*)   ?
- E. ichneumoniformis
. E. illusor   * 1
: E. inquisitor   Bav. 3
. E. laevigator *Vill.*   * 1
- E. latus   Volhyn.
: B. monileatus   * 4
- E. nigripennis
. E. nigripes   * 1
- T. nitidipennis   exot?
. B. obscurus m. mas. Bav. 4
. E. osculatorius mas. *F.* * 3
. B. pictus *F.*   * 3
(B. quadrator *Schell.*) ? 3
. E. robustus   * 3
. L. rufipes *Gmel.*   Bav. 4

spinipes Pz. v. Cephus pygmaeus.
- B. tomentosus
- E. tristis Genua.
- *B. variegator Fabr, Pz.*
v. B. compressus.
(B. varius *Fabr.*)
venator F. Pz. v. falcator.
— *Thunb,* —
— *Ill. Ross.* 767. not.
v. Trog. lapid.
viridator F. P. v. Cephus.
- ziegleri

Baryceros.

Grav. 2. 777. v. Cryptus.

Basalys.

Westw. Nees 2. p. 412.
- fumipennis *Westw.* p. 345.
Angl. 3

Bassus.

Grav. 3. 307.

Subgenera:
*Bassus - Euceros - Orthocen-
trus.*
abdominator N. Mg. v. Alysia.
affinis N. Mg. v. Alys.
. albosignatus *Pz.* 100. 14.
- 102. 18. * 1
analis Gr. Uebers. v. Cryptus analis.
- annulatus
- O. anomalus
apterus N. Mg. v. Alys.
areolaris N. Mg. v. Alys.
(bidens *Fabr.*)
bicolor N. Mg. v. Alys.
. bignttatus * 3
. bizonarius * 1
brevicornis N. Mg. v. Alys.
- calcitrator *Gr.* Uebers. v. Pachymerus.

calculator F. P. - Pz. Rev.
v. Microdus.
campanulator F. v. Codrus.
- cinctus
concolor N, Mg. v. Alys.
confiscator F. P. 26. ?
- E. crassicornis
(cunctator *Fabr.*) ?
- O. debilis
. deplanatus * 1
deprimator Pz. v. Microgast.
(electorius *Fabr.*) ?
. elegans * 3
emarciator F. v. Codrus.
. exsultans * 2
. festivus *F.* * 1
. fissorius * 3
- O. flaviceps
- flavolineatus Angl.
foliator Fabr. Gr. Additam.
v. Trachynotus.
(frontatorius *Fabr.*)
- O. fulvipes
(gloriator *F. P.* 24.)
gloriatorius Panz. Iv. Microd.
gracilicornis N. Mg. v. Alys.
- graculus
- O. incisus
. insignis * 1
irrigator Fabr. v. Xylonomus.
. laetatorius *F. Pz.* 19. 19. * 1
, lateralis * 2
limnicola N. Mg. v. Alys.
maculatorius Fabr. v. Lissonota.
mandibulator N. Mg. v. Alys.
manducator N. Mg, v. Alys.
(marginator *F. P.* 20?)
- O. merula
migrator F. P. 16. ?
minutus N. Mg. v. Alys.
- multicolor Pedem.
navicularis N. Mg. v. Alys.
- nigritarsus Taur.
. ornatus * 2
- pallipes

. pectoratorius,   * 1
- (pedatorius *Pz.* 102. 20.
   cf. Tryphon 6 lituratus Grav.)
: pictus   * 2
porrectorius Fabr. v. Ichn.
praerogatorFabr. v. Tryphon.
  — sec. *Nees* ad Rogas.
pumilio N. Mg.   v. Alys.
pusillus N. Mg.   v. Alys.
- O. ridibundus
ruficeps N. Mg.   v. Alys.
- rufipes
  — *N.* Mg.   v. Alys.
- rufiventris
  — *N.* Mg.   v. Alys.
(ruspator *Sp.* II. 143.)
seductorius Fabr. v. Cryptus.
segmentoriusFabr. v. Tryphon
senilis N. Mg.   v. Alys.
- signatus
similis N. Mg.   v. Alys.
- O. spurius
- strigator *F.*
. sulcator   2
- (tarsatorius *Panz.* 102.19.
   cf. Bass. insignis.
testaceus Fabr. v. Tryphon.
  — *F.*   v. Rogas.
testaceus N. Mg.   v. Alys.
triangulator N. Mg. v. Alys.
- tricinctus
truncator Fabr. v. Ichneum.
  — *N.* Mg.   v. Alys.
(zonator *Fabr.*)
Bassus *Steph.* - *Nees* Magaz.
quaere sub gen. Rogas, Microdus, Microgaster & Alysia.

Belyta.

Nees 2. 336. - *Jur.* p. 311. t.
14. sppl. - *Ltr.* gen. 4. 37. -
  Consid. gen. 429. - *Stph.*
NB. In Synopsi Genera Belyta
& Cinetus conjuncta. Species
omnes Ratisbonae inventae (*).
- abdominalis

- affinis
- anomala
: aptera   3
. bicolor   2
: breviventris m.   2
. bisulca
- boleti
- brevis
- femoralis
: fulvipes·m.   2
: fulvicornis m.   2
. inanis m.   1
Jurini (Cinetus *Nees.*)
: monilicornis m.   2
- obscura
: pallida m.   2
. petiolaris   1
. picipes (Cinetus Nees)   2
: pilosa m.   1
- rufopetiolata
: rufipes m.   2
: ruficornis m.   2
- sanguinolenta
: sulcata m.   2
: varipes m.   2

Bembex.

Ltr. - *Pz.* - *Ill.* - *Spin.* - *F.* -
Ol. - *Ross.* - *Jur.* - *Walck.* -
   Steph. - *Van d. Lind.*
Apis *L.* - *Vill.* - *Christ.*
Vespa *Sulz.* - *Christ.* - *Gm.*
: bidentata *Van d. Lind.* 5.
   mas: Eur. m. 4
fasciata F. Mant. - *Gm.* - *Ol.*
   v. Stizus integer.
glauca F. P. 8. - *E. S.* 5.
   Spin. 2. 174.   v. olivacea.
integra F. P. 18. - *E. S.* 12.
   v. Stizus.
- integra *Pz.* 84. 21. (vix
   Stizus, nec secundum cellulas.)
- labiata *F.* sppl. 259. 5. -
   P. 9. - *Van d. Lind.* 8. -
   Coq. 2. p. 61. t. 15. f. 1.

octopunctata *Stph.* Don. 14.
· 21. pl. 474.
- oculata *Ltr.* gen. 5. - Jur.
pl. 10. gen. 16. mas.: - *Pz.*
84. 22. foem: - Rev. 132.-
Spin. 2. 173. 2. - *Ltr.* hist.
302. 2. - gen. 4. 99.
: olivacea *Van* d. *Lind.* 6.-
Rossi 85. 8. - Ed. *Ill.* - *Ltr.*
gen. 99. - Jur.
Mas: *F.* Mant. 4. - *E. S.* 4. -
S. P. 7. - *Oliv.* Enc. 4. 291. 5.
Vespa *Gmel.* 154.
Foem: B. glauca *F.* Mant. 5.
- *E. S.* 5. - *S. P.* 8. - *Spin.*
2. 174. 3. - *Oliv.* 6. Vespa
Gmel. 155.   * 3
- repanda *Ltr.* gen. 4. 98. 3.
mas: - *Van* d. *Lind.* 3.
B. rostratae var: 3. *Latr.*
hist. 13. p. 301.
rostrata var: 2. *Ltr.* hist.
v. tarsata.
. rostrata *Van* d. *Lind.* 2.
9. 1. - *Latr.* gen. 4. 98. 1.
mas & foem: - hist. 13. 300.
1. - Nouv. Dict. ed. 2. 3.
377. - *F. S. P.* 223. 5. - *E.
S.* 2. 48. 3. - *Spin.* 1. 73. -
S. E. 3. - *Sp.* 3. - Mant. 3.
- *Pz.* fn. 1. 10. mas: - Rev.
132. - *Walck.* 2. 88. 1. -
Oliv. Enc. 4. 29. 3.
Apis *L. S. N.* 2. 927. 25. -
fn. 1700. it. Goth. 336. - *Vill.* 21.
Vespa armata *Sulz.* hist. t.
27· f. 10. - Christ. p. 220.
t. 29. f. 2.
Vespa rostrata *Gmel.* 153. * 2
ruficornis *F. E. S.* - *Oliv.*
v. Stizus.
rufipes *Oliv.*   cf. Stizus.
- sinuata *Pz.* 86. 13. foem: -
Rev. 132. - *Latr.* gen. 4.
98. 4. mas & foem: - *Van*
d. *Lind.* 4.

: tarsata *Van* d. *Lind.* 2. -
Ltr. gen. 4. 97. 2· mas &
foem: - Nouv. dict. ed. 2.
3. 378. hist. 1. 13. p. 300.
B. rostratae var: 2. Eur. m. 4
tridentata *FE.S* v. Stiz. bifasc.
vespoides *Ross.* v. Cerc. tuberc.

Bethylus.

Pz. - *Klug* in *Weber* & *Mohr.*
Beitr. v. Tiphia.
Ltr. consid. & gen. - *Stph.* -
Leach. - *Spin.* v. Omalus.
ater *Kl.*   v. Omalus.
coenopterus *Ltr.* hist. - *Stph.*
- *Spin.*   v. Omalus.
depressus *F. P.* v. Pristocera.
dorsalis *F. P.*   v. Dryinus.
femoratus *Pz.* Rev. *Kl.* v. Tiph.
formicarius *Pz.* - *Stph.* - *Ltr.*
v. Omalus.
fuscicornis *Stph.* - *Ltr.* - *Sp.*
v. Omalus.
fuscipennis *Kl.*   v. Tiph.
glabratus *F. P.*   ?
hemipterus *F.*   v. Omalus.
Latreillii *F. P.* v. Meria tripunct.
morio *Pz.* Rev.   v. Tiph.
nudipennis *Kl.*   v. Tiph.
pilipennis *Kl.*   v. Tiph.
ruficornis *Kl.* v. Tiph. pilip.
tripunctatus *Pz.* Rev. v. Meria.
villosus *Pz.* fn. & Rev. v. Tiph.
— *F. P.*   cf. Tiph.

Blacus.

Nees 1. 189. - Nov. act. 9. p.
306. - Grav. Ichn. 1. 54.
Bracon *Nees* Berl. Mg. 5. p.
19.
angulator
discolor
emacerator
errans

humilis & 2. 406.
longipennis

Blasticotoma Kl.
filiceti Kl. Jahrb. I. p. 251.
1. t. 2. f. g. 1. Hart. 75. 5

Blennocampa.
Hart. Tenthredo autt. - Allantus Jur.
Synonyma vide sub genere Tenthredo.
. aethiops H. 287.
- albida H. 270.
- albiventris H. 270.
- alternipes H. 269.
- betuleti H. 267.
. cinereipes H. 269.
: elongatula H. 269. * 3
. ephippium H. 270. - Pz. 52. 5. * 0
. fuliginosa H. 268. *. 1
. hyalina H. 270. * 1
- lineolata H. 269.
- nana H. 266.
. pusilla H. 267. * 3
- tenella H. 271.
- tenuicornis H. 267.
- uncta H. 269.

Blepharipus Lep.
Crabro F. & reliq.
annulipes Lep. 2. cf. Cros-socerus morio.
- flavipes Lep. 7.
- mediatus Lep.
Cr. F. P. 20.
nigrita Lep. 1. cf. Cross. leucostoma.
- pauperatus Lep. 5.
.. quinquemaculatus Lep. 9.
Foem: Cr. vagabundus Pz. 53. 16. Revis. p. 184. - Van d. Lind. 18: citat. cum? Cr. mediatus F. E. S. sppl. 270.

16-17. - S. P. 20. & Cr. serripes * 3
serripes Pz. v. 5 macul.
. signatus Lep. 4.
Cr. Pz. 43. 15.
Cr. dimidiatus F. P. 24. - Oliv. 24. - Van d. Lind. 20. - E. S. 298. 19. - Pz. Rev. 183. * 5
- striatulus Lep. 8.

Bombus.
F. Ltr. Leach. Stph. Pz.
Apis L. Scop. Schr. Pz.
Bremus Pz.
. abdominalis m. * 2.
aestivalis Pz. v. Psith. vestal.
- agrorum F. P. 348. 30.
. Brem. Pz. 85. 20.
Ap. Kirby 326. n. 81. - F. E. S. 29. - Gmel. 109. - Vill. 117. cf. hypnorum & praesertim Beckwithellus. 3
albinella Kirb. v. Psith. frutet.
albitarsis F. P. 56. cf. Megach. Willughb.
. alpinus foem: F. P. 2. - Ahr. fn. 10. 17. - Zett. ins. lapp. 2. Ap. L. fn. 1712. Lappon. 4
apricus F. P. - Zett. v. hypnorum.
arbustorum F. P. 23. - Zett. 5. v. lapidar.
- arcticus Zett. ins. 1. 13. Lapp. 4
. arenarius Pz. Rev. v. Psith.
autumnalis F. P. sec. Kirby Psith. barbut; potius B. hortorum (insolatus).
. barbutellus Ap. Kirb. v. Psith.
. beckwithellus Ap. Kirb. n. 78.
? agrorum F. P. 348. 30. - Brem. Pz. 85. 20. - Ap. Kirb. 81. - F. E. S. 29. * 1
- burellanus Ap. Kirb. n. 101.

. - *Schff.* 261. 5. 6. vix div.
a. B. subinterrupto.
Geoff. 2. 418. n. 23, NB. -
Ap. regalis β. Fourc. n. 24.
caespitum Pz. v. lucorum.
campestris F. P. - Spin.
        v. Psithyr.
: candens m. Alp. bav. 4.
    ad lapponicum?
collaris Pz. v. subinterrupt.
: cryptarum foem: *F. P.* 5.
    var. terrestris.
: cullumanus mas : Ap. *Kirb.*
  102.   Aust. 4
- curtisellus mas: Ap. *Kirb.*
  79.   Angl. 4
: derhamellus mas: *K.* 105.
  - ?*Harris* t. 38. n. 4. * 3
- donovanellus mas : Ap. *K.*
  100. t. 18. fig. 6. vix div. a
  subinterr.
- ephippium *Zett.* ins. l. 6.
        Lapp. 4
. equestris *F. P.* 22. - *Ill.* 43.
? veteranus *F. P.* 52. - Ap. *E.*
S. 45.   '   * · 3
ericetorum F. P. - Pz.
    v. hypnorum.
fasciatus Pz. Brem. v. lucorum.
. floralis Ap. *Kirb.* 321. t. 17.
f. 14. mas: - *Gmel.* n. 125.
Ap. fasciata *Scop.* ann. 4. p.
12. n. 7. - *Harris* t. 14. f.
13. - ? minutus *F. P.* 55. -
? pygmaeus *F. P.* 54. Ap. *E.*
S. 46. vix div. est B. so-
werbianus *Kirb.*   * 1
- forsterellus Ap. Kirb. n. 80.
- francillonellus Ap. Kirb.
n. 75. t. 17. f. 13. · *Raj.*
p. 248. n. 13. vix div. a
muscorum.
fragrans Ap. K. - *Pall.*
      ˜v. Psith.
francisanus Kirb. v. Psith.
frutetorum F. P. - Spin. - Pz.
    v. Psith.

- harrisellus *Kirb.* n. 110. t.
18. f. 7. 8.   Angl. 3
. hortorum F. P. 21.
Ap. *L.* fn. 1710. - *S. N.* &
Gmel. - Vill. 96. - *Schr.* en.
797. - fn. Frid. 649. - *Rossi*
903. - Forst. Cat. 725. Ap.
19. - Kirb. 91. - *Ill.* 17.
A. tunstallana Kirb. 94. vix
' div. B. ruderatus *Spin.* 1.
29 & 129.
Ap. rud. F. E. S. 10. - *Gmel.*
105. - *Vill.* 107. - *Müll.*
Zool. d. 1919. - *Chr.* p. 128,
t. 7. f. 4.
Ap. hypnor, Fourc. 26. - *Geoff.*
26. - *Raj.* 248. n. 11. - *Schff.*
69. 7. - *Spin.* 1. 129. 2 cum
terrestri confusus   * 1
: hyperboreus *Z.* ins. lapp.
11.   Lapp. 4
mas : vertice fulvo hirto.
. hypnorum F. P. 33. - *Spin.*
2. 195. (cit. *Scop.* 820.)
Ap. *L.* fn. 1715. - Act. ups.
1736. p. 28. n. 17. - *Zett.*
ins. lapp. - *Pz.* fn. 7. 12. -
Schff. ic. 251. 1. 2.
Ap. apricus F. S. P. 29. - Ap.
E. S. sppl. 29.
Ap. ericetorum *Pz.* 75. 19.
Ap. meridiana *Pz.* 80., 19.
Ap. lucorum *Christ.* t. 7. f. 5,
? Ap. tibialis *Pz.* 90. 16. (insolatus.)
Ap. aprica *Pz.* fn. 80, 17. * 1
: insolatus m. mas: ' Bavar.
        rhen. 3
. italicus mas : F. P. 31. -
Spin. 1. 130.
Ap. F. E. S. 30.
Brem. *Pz.* 89. 17. Austr. 3
: jonellus mas: Ap. *Kirb.* n.
90.   Bavar. * 3
. lapidarius F. P. 25. - *Spin.*
1. 130. - *Zett.* ins. lapp. 1.
- *Ill.* 30.

Ap. *L.* fn. 1712. - *F. E. S.*
* - *Kirb.* n. 106. - *L. S. N.*
& *Gmel.* - *Vill.* - *Scop.*
carn. & ann. 4. - *Schr.* En.
- fn. Frid. - *Müll.* Zool. d. -
Fourc. - *Forst.* cat. - *Christ.*
p. 126. t. 7. f. 1. - Barbut.
t. 15. f. 3. - *Harris* t. 38.
f. 1. - t. 40. f. 12. 15. - *Donov.*
t. 108. f. 1. - t. 58. f. 2.
var: β. - *Shaw.* t. 454.
Ap. pratorum *Christ.* p. 141.
t. 11. f. 5.
Frisch. 9. p. 25. n. 2. - *Geoff.*
n. 21. - *Raj.* n. 1. - *Mouff.*
p. 53.   1
Mas: Ap. arbustorum *F. E. S.*
Ap. coronata Fourc. n. 23.
Ap. haemorrhoidalis *Christ.* p.
132. t. 9. f. 2. - *Geoff.* n. 22.
- *Raj.* n. 7. - *Harris* t. 38. f. 5.
Ap. regelationis *Pz.* 86 17.
Br. truncorum *Pz.* 85. 21.
(Ap. pratorum *Vill.* 97. - *Kirb.*
- *L.* - *Gmel.* etc. potius ad B.
subinterr)
. lapponicus foem: *F. P.* 11.
- *Ahr.* fn. 10. 18. - *Zett.*
ins. lapp. 10.   3
? oper: candens m.
Latreillellus Ap. *Kirb.* v. Psith.
leeana Ap. *Kirb.* n. 86. v. Psith.
ligusticus Spin. v. scutellatus.
. lucorum mas: *F. P.* 37. -
Ap. *Kirb.* 89. - *Ill.* 15. -
Gmel. - *L.* fn. 1716. - *F.*
E. S. 35. - *S.* Nat. - *Vill.*
102. - *Müll.* Zool. d. 1926.
- *Schr.* en. 808.
Br. fasciatus 90. 17.
Ap. caespitum *Pz.* 81. 19.
Ap. hypnorum *Rossi* fn. 905.
var: β.
- maxillosus *Germ.* Reise p
269.   *Dalm.* 3
meridiana Ap. *Pz.* v. hypnorum.

minutus *F. P.* 55. cf. flora-
lis oper. aut muscorum.
mniorum *F. P.* cf. Psith. nobilis.
. muscorum *F. P.* 32. - *Spin.*
1. 130. 128.
Ap. *Kirb.* 74. - *L. S. N.* 12.-
Gmel. 46. - fn. 1714. - *F. E.*
S. 31. - *Vill.* 100. - *Schr.*
En. 801. - fn. Frid. 652. -
Müll. Zool. d. 1924. - *Rossi*
fn. 904. - Forst. Cat. n. 728.
Apis 22.
Ap. senilis *F. E. S.* 41. -
Gmel. 117. - *Vill.* 113. - *Raj.*
p. 246. n. 3. - *Reaum.* 6.
mem. 1. p. 32. t. 2. f. 1-3.
- Bazin abr. t. 6. f. 1-3. -
Frisch. 9. t. 26. f. 8. - *Schff.*
69. 8. ic. negligend. - *Christ.*
p. 130. t. 8. f. 3. - p. 142.
t. 11. f. 8. - *Harris* t. 38.
f. 6. - t. 40. f. 17. 18.
? B. minutus *F. P.* 55. * 1
nemorum *F. P.* 8. cf. Psith.
vestalis & B. pratorum.
- neuter *F. P.* 24. - *Spin.* 1. 131.
Pz. 83. 18. vix spec. propria;
(insolata) cf. soroensis.
. nigerrimus m. an solstit.
(insolatus)? * 2
- nivalis *Zett.* ins. lapp. 7.
Lapp. 3
: pallescens m. mas: Bavar. 3
pomorum *Pz.*   v. Psith.
. pratorum Ap. *Kirb.* 103. -
L. S. N. Gmel. 43. - fn. 1711.
- *Vill.* 97. - *Schr.* en. 798.
- fn. Frid. 650. - *Müll.* Z. d.
1920. - Forst. 720. Ap. 20. -
Raj. 8. - *Harris* t. 40. f. 9 -
? Megill. collaris *F. P.* 5. vix.
div. a subinterrupto.
— F.   v. Psith. latreill.
pygmaeus *F. P.* 54. cf. floralis & muscorum.

. rajellus Ap. *Kirb.* n. 107. - *Raj.* 246. 2. * 2
regelationis Pz. v. lapidarius.
rossiellus Kirb. v. Psith. camp.
ruderatus F. v. hortorum.
rupestris F. etc. v. Psith.
saltuum F. *Spin. Pz.* v. Psith. barbut. aut latreill.
scrimshiranus Kirb. n. 92.
    vix div. a hortor.
. scutellatus foem: *Jur.* t. 12. f. 4.
B. ligusticus *Spin.* 1. 29. - 2. 76. t. 2. f. 10. - *Ill.* 51.
Ap. argillacea *Vill.* 323. t. 8. f. 30. - Ap. tropica *Christ.* t. 6. f. 6.   Taur. Ital. 4
senilis F. P. 50. expl. insolatum, negligendum.
- sibiricus F. P. 34. Sibir. 4
. solstitialis *Pz.* 99. 17. Rev. 260.   Bav. 3
foem: *Schff.* 192. 4. 5. tumulorum *Pz.* nomencl.
- soroensis F. P. 16. - Ap. *Kirb.* n. 98. - F. E. S. 12. - *Gmel.* 107. - *Vill.* 109. - *Pz.* 7. 11. - *Zett.* ins. lapp. 3.
B. neuter F. P. 24. - Ap. *Pz.* 83. 18.
Ap. cardui *Müll.* Zool. d. 1929. - *Schff.* 251. 6. sp. dubia, insolata.
sowerbiana Ap. *K.* n. 77.
    vix div. a florali.
. subinterruptus foem: Ap. *Kirb.* n. 99. t. 18. f. 5. - *Ill.* 23.
B. sylvarum *Pz.* 85. 19.
Br. collaris *Pz.* 94. 12.
Ap. regalis Four. 24. - Ap. bistriata *Christ.* 128. t. 7. f. 3. - *Geoff.* n. 23. var: γ. - *Raj.* n. 10. - *Schff.* 250. 4. - - B. burellanus *Kirb.* vix. div. B. subinterruptus *Kirb.* vix div.
— *Ltr.* hist.   v. sylvarum,

. subterraneus F. P. 34. - *Spin.* 2. 196.
Ap. *Kirb.* n. 109. - *L. Gmel.* 51. - fn. 1718. - F. E. S. 37. - *Vill.* 104. - *Ross.* Mant. 315. - *Müll.* Zool. d. 1928. - Forst. 730. Ap. 24. - *Harris* t. 38. f. 8. sp. mihi obscura, forsan cum nigerrimo ad solstitialem.
. sylvarum F. P. 27. - Ap. *Kirb.* n. 8. t. 17. f. 15 & 16. - *L. S. N.* & *Gmel.* 45. - fn. 1713. - *Scop.* carn. 822. potius ad Burellan. - *Vill.* 99. - F. E. S. 27.
B. subinterr. *Ltr.* hist.
Ap. scylla *Christ.* p. 129. t. 8. f. 1. - *Schff.* 246. 4. - 248. 5. 6? - 270. 5?
? *Raj.* n. 9. - Barbut. gen. t. 15. f. 45.
— *Pz.* ad *Schff.* v. subinterr.
. terrestris F. P. 4. - Ap. *Kirb.* n. 97. - *L. S. N.* & *Gmel.* 4. - fn. 1709. - F. E. S. 8. - *Vill.* 95. - *Scop.* carn. 315. - Ann. 4. p. 10. n. 3. - fn. Frid. 648. - *Müll.* Zool. d. 1917. - *Rossi* 902. - Forst. Cat. 724. Ap. 18. - *Berkenh.* 6. - *Christ.* p. 117. t. 7. f. 2. - *Pz.* 1. 16. - *Zett.* ins. lapp. 4.
Ap. hortor. *Scop.* carn. 817, ann. 2 ? - *Raj.* n. 15. acul. α. - n. 5. mas: α. - *Goed.* 2. t. 46. - *Lister.* f. 105. - *Bradley* Nat. t. 26. f. 1. D. - *Reaum.* 6. mem. 1. t. 3. f. 1. - Frisch. 9. t. 12. f. 1. - *Sulz.* Ins. t. 19. f. 124. - *Schff.* 251. f. 7. - Elem. t. 20. f. 6. - *Christ.* p. 117. t' 7. f. 2. - Barbut gen. t. 15. Ap. fig. 2. var: *Raj.* n. 6. var. E. - *Harris* t. 38. f. 1 - 4. - Bar-

but. t. 15. - Ap. fig. 1. -
Donov, t. 88. f. 1.
. thoracicus m.
tibialis Pz. 90. 16. cf. hypnor.
- tricolor Zett. ins. lapp. 9.
Lapp. 4
tunstallana Ap. Kirb. n. 94.
? Ap. veterana F. P. 45.
.vix div. a hortor.
truncorum Pz. v. lapidarius.
vestalis Kirb.   v. Psith.
• — Ltr. v. Psith. campestr.
veteranus F. P. 52. (a Spin.
ad saltuum)   cf. equestris.
virginalis F. Ap. Kirb. n.
96. - Fourc. 25.
Ap. hortor. F. E. S. 22. - Müll.
Zool. d. 1918. - Geoff. 24·
cum B. nigerrimo ad B. solstitialem; vix div. a terrestri.

Brachygaster.

Leach. - Steph. p. 343.
Evania Curtis.
- fulvipes Stph.
Ev. Curtis VI. 11. 257.   2
. minutus Leach. E. E. 9. 142.
Ev. Oliv. F. P. 1. - E. S. 5.-
Ltr. gen. - Jur. - Coq. 1.
t. 4. f. 9.   * 2

Brachymeria.

Westw. - Steph. p. 293.
Genus mihi nondum rite per-
scrutatum, quare species sub
Chalcidibus quaerendae.
minuta.
flavipes.

Brachypterus.

Grav. v. Ichneumon.

Bracon.

Nees Nov. act. p. 303. - Grav.
Ichn. 1. 52. - Nees Berl. Mg.

5. p. 3. - Mon. p. 46. - Spin.
- Jur. - F. - Pz. - Ill. - Stph.
Vipio Latr.
, Ichn. L. - Geoff. - Vill. - Ol.
- Scop. - Schr. - Ross. - Chr.
Schff. - Walck.
- abbreviator
- abdominator
: abscissor   *2
- albipennis
- analis
- anthracinus
: apiculator   *1
: appellator   *3
areolaris Nees Berl. Mg. v.
Alys.
- ater
- atrator   *1
- atro-rufus
assimilis Berl. Mg. v. Rog.
Zygaenae.
: bicarinatus m.   *2
bicolor m. foem:
bicolor Sp.   , v. Rogas.
bifasciatus Sp.   v. Rogas.
- caesus
. Capito   *0
: carbonarius   *2
: castrator Fabr.   *3
- caudiger
- chlorophthalmus Sp.
- ciliatus
cinctellus N. Mg. v. Perilitus.
. cingulum m.   *1
. circulator   *1
clavatus Nees Mg. v. Spathius.
collaris Sp.   v. Rogas.
conjungens Nees Mg. v. Perilit.
constrictus N. Mg. v. Aphidius.
- contractor
coxalis N. Mg.   v. Rogas.
- decrescens   1
deflagrator Sp.   v. Agathis.
- delusor Sp.
delusor var: β. N. Mg. v.
mediator.

- denigrator
 — *Bouch.*   v. impostor.
- denigrator *Pz.*
- deplanator
- desertor *Fabr.*
- dimidiatus
 dimidiatus Sp.   v. Rogas.
- dispar
- dissimilis
 *dissolutus N.*Mg. v.Aphidius.
. diversicornis   * 1
- ebeninus
- ephippium
: erythropus m.   * 2
- exhilarator
 exilis N. Mg.   v. Blacus.
- exoletus
- exsertor
- extricator
-fasciator
- filator
. flavator *Fabr.*   * 2
 flavator Sp. v. leucogaster.
 flavator var: *β.* N. Mg. v.
       denigrator.
- flavicornis
- flavipes
. fulvipes   * 2
- fuscatus
- fuscipes
- gagates
 gasterator Sp. v. Rogas re-
       ticulat.
 gasterator Jur.   v. Rogas.
 guttator Pz.   v. variator.
 humilis Bouch.   v. Blacus.
 ictericus N. Mg. v. Perilitus.
 illusor Grm. Reise p. 259.
: immutator   * 2
. impostor*Scop.Pz.*45.14.* 0
- infirmus
. initiator *Fabr.*   * 2
- inscriptor
: intercessor   * 1
. irreptor *Grm.* Reise p. 259.
 Ahr. fn. 4. 11.
 laevigatus m.   1

- laminator *Fabr.*
 lanceolator
. leucogaster *Ziegl.*   * 2
 linearis N. Mg.   v. Rogas.
 longicornis N. Mg. v. Alys.
 ·   affinis.
. lucidator   1
 luteator Sp. v. nigripedator.
 mactator *Grm.* Reise p. 258.
 Ahr. fn. 3. 12.
 *marginator N.*Mg. v. Rogas.
- mediator
. medius m.   * 1
 melanocephalus N. Mg. v.
       Aphid.
- melanoscelus
. melanostoma m.   * 1
. minutator *Fabr.*   * 1
 minutator Sp. v. variator.
 *moniliatus N.*Mg.v.Hormius.
- mundator
 mutuator N Mg. v. Rogas.
 nigricornis m. foem:
. nigripedator   *
 nitens foem:
- nitidulator
- nobilis
. nominator *Fabr. Pz.* 79.
 10.   * 1
 nominator N. Mg. v. appel-
       lator.
 *obfuscatus N.*Mg. v.Perilit.
: obliteratus   * 3
. obscurator   * 0
- ochropus
. orbiculator   * 1
 orbiculator N. Mg. v. circu-
       lator.
- orbitator
. osculator   * 1
 osculator N. Mg. v. punctu-
       lator & ochropus.
- pallidator
 pallidus N. Mg.   v. Perilit.
 pallipes N. Mg.   v. Rogas.
 petiolatus Sp.   v. Perilit.
 picescens m. foem:

picipes *N*. Mg. v. Aphidius.
plagiator *N*. Mg. v. Aphid.
    parcicornis.
praerogator *N*. Mg. v. Rogas.
- protuberans
- pumilio
. punctulator   * 2
purgator *Fabr.*   v. Agath.
. pygmaeator   * 2
- rimulator
rostrator *Sp.* v. nigripedator.
rubens *N*. Mg.   v. Perilit.
rubidus *Sp.*   v. Spathius.
rubricator *Sp.* 10. 8.
- ruficornis   * 0
rugulosus *N*. Mg. v. Rogas
    geniculator.
rutilus *N*. Mg.   v. Perilit.
serrator *Fabr.* v. Stephanus
    coronatus.
. setulosus m.   * 1
: scutellator m.   Austr. 3
signatus *N*. Mg. v. Rogas.
similator *Sp.* 142.
- singulator
- sinuatus
- striatellus
- tentator
: terebrator m.   * 2
terminatus *N*. Mg. v. Peril.
. terrefactor *Ross.*   Ital. 4
testaceus *Sp. N*. Mg. v. Rogas.
thoracicus *Sp.*   v. Rogas.
- triangularis
: umbraculator   Aust. 3
unicinctus *Sp.* v. Rog. exsector.
. urinator *Fabr.* Pz. 76. 12. * 1
. variator *Nees* Pz. 92. 8. * 0
variator *N*. Mg. vide flavipes,
   fulvipes, triangularis, anthra-
   cin. atrator, simulator, punc-
       tulator.
- variegator *Sp.*
- xanthogaster

Bremus.
Jur. Pz. v. Bombus & Psithyrus.

Callicera's.
Nees Mon. 2. 278.
Ceraphron *Jur.*
- bispinosa
- brevipennis
- cursitans
. fuscicornis
- hemiptera
- inflata
- nana
. perfoliata   * 1
. sulcata   * 1
- thoracica

Callimomus.
Spin. v. Torymos pachymeros.

Callimone.
Stph. 1. p. 394. id. ac Callimo-
mus *Spin.*

Callitula.
Spin. ♦ Annal. d. Mus. d'hist.
nat. 7. p. 151.
bicolor v. Pteromal. plagiatus.

Campoplex.
Grav. v. Ophion.

Caratomus.
Bohemann in Vetensk. acad.
   handl. 1835. p. 256.
megacephalus *Boh.*
Diplol. *F. S. P.* 2.
Cyn. *F. E. S.* 17.

Cardiochiles.
Nees Mon. 1. p. 221.
? Ophion *F. P. E. S.* sppl.
? Ichn. *F. E. S.*

- saltator *Nees* p. 222.
? Ophion *F. P.* n. 34. - *E.*
S. sppl. p. 238. 13.
? Ichn. *F. E. S.* n. 173.
Fabric. a Grav. ad Porizon
salt. citatur 4

Cechenus.

Ill. v. Alysia.

Celonites.

Latr. F. Pz. Ill. Spin.
Masaris *Cuv. - Lam. - Jur.*
Pz. fn.
Chrysis *Rossi.*
Vespa *Vill.*
Cimbex *Oliv.*
: apiformis *Ltr.* hist. 13. p.
  354. - gen. 4. 145.
  Celonit. *F. P.* 292. 1.
  Masaris *Pz.* 76. 19. - *Jur.*
  pl. 10. gen. 17. - *F.E. S.* 2.
  Vespa abbreviata *Vill.*
  Cimbex dubia *Rossi* fn. 849.
  t. 7. f. 10. 11. Eur. m. 5

Cemonus. ●

Jur. Pz. Ill.
Pemphredon *Ltr. Spin.*
Lep. F. Steph.
Stigmus *Ltr.* gen.
Crabro *F. Ross.*
Sphex *Pz.*
. albilabris, m. ⚲ * 3
. insignis *Vand. Lind.* 3. * 2
. minutus *Van d. Lind.* 2.
  (Pemphr.) *F. P.* 9. - *Sp.*
  2. 175. 4. - *Guer.* Dict. 13.
  170. - *Jur.*
  Crabro *F. E. S.* 32. - *Walck.*
  2. 100. 13.
  Stigmus *Ltr.* gen. 4. 84. * 2
. tristis *Van d. Lind.* 1.
  (Pemphr.)
  Sphex pallipes *Pz.* 52. 22.

Pemphr. minut. mas : *Lep.*
Enc. 10. 48. 2. * 2
unicolor *Pz. Jur.* v. Pemphr.

Centris.

F.P.- Ltr. gen. 4. 177. - Consid.
Apis *L. Deg. Oliv. Chr.*
Megilla *Ill.*
Lasius *Jur.*
Trachusa & Hemisia *Kl.*
Omnes Centrides verae sunt
  Exoticae.
coecutiens *F. P.* 32. Nomada?
grisea *F. P.* 15. Audrena?
nidulans *F. P.* 11. sec. Ill.
  Andrena.
punctata *F. P.* 30. v. Melecta.

Centris.

Pz. Revis.
acervorum, aestivalis, cornuta
& dumetorum v. Anthophoras.

Cephaleia.

Jur. v. Lyda.

Cephus.

Ltr. - Hart. - F. P. - Stph. 1.
  p. 341.
Astatus *Kl.* - Sirex *Stph.*
L. - F. E. S. - Trache-
lus *Jur.*
- abdominalis *Ltr.* nouv.
  dict. - *Lep.* 49.
: analis foem: *Spin.* 1. p. 80.
  - fn. fr. 15. 2. - *Lep.* 53. -
  Hart. 362.
  Astat. *Kl.* p. 54. t. 7. f. 1.-
  Spin. 1. 80.
  Trach. haemorrhoidalis *Jur.*
  pl. 7. gen. 9. Helv. 4
- compressus *F. P.* 2. - fn.
  Fr. 15. 1. - *Lep.* 51.
  Sirex *Coq.* t. 11. f. 1.

Tenthr. prolongata *Fourc.* 47.
? *Vill.* 136.
- cultrarius *Hart.* 363.
. flavicornis m.   * 3
. floralis *Hart.* 362. ; ,.;
Astat. *Kl.* 5. t. 6. f. 5. a. b.
. gracilicornis m.   * 4
haemorrhoidalis Jur. (Trach.)
    ● v. analis.
. idolon *Spin.* 1. p. 80. 1. -
  Lep. 50.
Ichn. *Rossi* app. n. 87. t. 4.
  f. H.
- Leskii *Lep.* 58. - Tenthr.
  132. b.
- luteipes *Lep.* 56. - fn. 15.
  3.   cf. pallipes.
- macilentus *F. P.* 4. *Lep.*
  60.   e Barbaria.
- mandibularis *Lep.* 54.
- nigritus *Lep.* 55.   3
. pallipes foem: *Hart.* 362.
Ast. *Kl.* 4. t. 6. f. 6.
? Ceph. phthisicus *F. P.* 5.
  - *Lep.* 61. - *Spin.* 1. 80. 4.
? Ceph. luteipes *Lep.* 56. -
  fn. Fr. 15. 3.   * 3
. parumpunctatus m.   * 4
phthisicus F. P. 5. - *Lep.*
  61. - *Spin.* 1. 80. 4. cf. pallipes.
- punctatus *Hart.* 363.
Ap. *Kl.* 7. t. 7. f. 2. a. b.
. pygmaeus *Hart.* 361. - *F.*
P. 3. - *Lep.* 52.
Ast. *Kl.* 50. 2. t. 6. f. 3. -
Spin. 1. 80.
Sirex *L. S. N.* 7. - *Gm.* -
Vill. - *F.* opp. omn. - *Ross.*
fn. - *Coq.* t. 11. f. 2.
Foem: Ast. spinipes *Kl.* 3. t.
  6. f. 4. a. b. - *Hart.* 361.
Ceph.
Banchus *Pz.* 73. 17. - Astat.
Spin. 1. 80.
? Tenthr. linearis *Schr.* 693.
- *Vill.* 132.   * 1
: rubrocinctus m. foem: Dal. 5

: satyrus *Pz.* 85. 12. - *Lep.*
  62.   * 3
spinipes Kl. *Pz. Hart. Spin.*
  1. 80.   v. pygmaeus.
- tabidus *Hart.* 365. - *Lep.*
  57. - fn. Fr. 15. 4. - F. P. 6.
Ast. *Kl.* 8. t. 7. f. 3. a. b. -
' *Pz.* 85. 11.
Tenthr. longicollis *Fourc.* 45.
- *Vill.* 135.
Sirex tab. *F. E. S.* 26. - *Gm.*
  18. - *Vill.* 13. - *Ross.* 739.
- *Coq.* 11. f. 4.
. tibialis m.   * 3
- troglodyta *Hart.* 360. - F.
P. 1. - *Lep.* 59.
Astat. *Kl.* 1. t. 6. f. 1. 2. a. b.
- *Pz.* 83. 12.
Sirex *F. E. S.* 21. - *Vill.* 12.
- *Gm.* 17.

Ceramius.

Latr. consid. gen. 502. - *Klug.*
  sec Boyer - ubi?
- Fonscolombii Annal. d. l.
  Soc. d. France 1835. p. 421.
  pl. 10. a.   Gall. 5

Ceraphron.

Latr. gen. 4 35. - Cons. - *Nees*
Mon. 2. p. 274. - *Bohemann*
(noch nicht von mir verglichen.)
  Jur. t. 14. - *Steph.*
Species coll. m. omnes Ratisbonae inventae (*).
: abdominalis *Boh.* 6.   3
. albipennis m.   ι   3
: basalis m.   3
cenopterus Pz.   v. Omalus.
: clandestinus   ·   3
cornutus Jur. v. Sparas. front.
crassicornis *Boh.* 7.
. difformis *Boh.* 3.
: filicornis m.   3
formicarius Pz.   v. Omal.
: fuscipes   2

: gigas m. 4
glaber *Boh.* 4.
halteratus *Boh.* 13.
hemipterus *Pz.* v. Omal.
: intermedius m. 3
: laevis m. 3
longicornis *Boh.* 14.
melanocephalus *Boh.* 15.
pallidus *Boh.* 16.
: picipes m. 2
punctipes *Boh.* 8.
puparum *Boh.* 10.
ramicornis *Boh.* 5.
scutellaris *Boh.*
? C. sulcatus *Jur.*
: securifer m. 3
serricornis *Boh.* 11.
. signatus 3
: stigma 2
subapterus *Boh.* 12.
. sulcatus 1
tenuicornis *Boh.* 9.
tibialis *Boh.* 2.
: tricolor m. 3

Ceratina.

Ltr. - *Jur.* - *Spin.* - *Stph.*

Apis *Vill.* - *Ross.* - *Kirb.*
Megilla *F. Ill.*
Prosopis *F.*
Pithitis *Kl.* - Clavicera
Walck.
albilabris *Spin. Jur.* pl. 14.
Megill. *Ill.* Mg. 5. 139. 10.
Prosopis *F. S. P.* 293. 2. -
Coq. 2. t. 15. f. 5.
Apis cucurbitina *Ross.* Mant.
2. 323. *3
callosa Megill. *Ill.* Mg. 5.
138. 9. - *F. S. P.* 334. 31.
Ap. coerulea *Vill.* 3. 319. 88.
t. 8. 25. foem:
Cerat. albilabris *Ltr.* gen. t.
14. f. 11. mas:
Apis cyanea *Kirb.* 71. t. 17.
7. 8. *3

- chalcites *Grm.* fn. 21. 23.
Megill. *Ill.* Mg. 5. 139. 11.
Lusit. 4

Ceratocolus. *Lep.*

Crabro F. etc.
: alatus *Lep.* Cr. *Pz.* 46. 6.
Foem : Cr. subterraneus *Pz.*
3. 21. exclus. cit. - *F. E. S.*
7. - *S. P.* 8. - *Rossi* 883.
app. 107. - *Oliv.* 6. - *Schr.*
fn. 2177. - *Ltr.* hist. 3. -
Van d. Lind. 7.
Vespa *Vill.* 28. - *Gm.* 103. *3
fasciatus *Lep.* 5. v. Crabro.
- maurus *Lep.* 7.
: philanthoides *Lep.*
Cr. *Pz.* 83. 15. - *Spin.* 3. 177.
10. - *Rossi* 1. 883. - *Van
d. Lind.* 7. excl. Syn. maris. - *F. P.* 11.
Cr. subterraneus *F. P.* 8. -
Oliv. 6.
a *Van d. Lind.* ad Thyreum
vexillatum falso citatur * 3
- punctatus *Lep.* cf. Crabr.
punctatus.
- reticulatus *Lep.* 6. mas:
- striatus *Lep.* 4. ?
- Ziegleri *Lep.* 8. cf. Cross.
varus.

Ceratomus.

Dalm. Act. *Holm.* 1820. p. 73.
t. 7. & Pterom. suec. p. 7.
1. f. 32. 33. , v. Perilampus
, megacephalus & Caratomus.

Cerceris. 1

Van d. Lind. 2. 107. - *Ltr.*
- *Ill.* - *Spin.* - *Germ.*
: Philanthus *Jur.* - *F.* - *Pz.*
- *Walck.* 3.
Crabro *Rossi* - *Ol.* - *Schr.* fn.
* Bembex? *Ross.*
is Vespa *Geoff.* - *Ol.* - *Harris.*

Sphex *L.* - *Gm.* - *Vill.* - *Ross.*
- *Schff.* - *Christ.*
! affinis *Van d. Lind.* 15.
Ital. 4
Crabro *Ross.* Mant. 1. 302.
* Eur. m. 4
- albofasciata *Van d. Lind.*
12. Ital. 4
Crabro *Rossi* Mant. 1. 138.
306.
- albonotata *Van d. Lind.*
17.
? ornata foem. *Spin.* 1. 99. 5
Ital. 4
- annulata *Van d. Lind.* 10.
Vespa *Ross.* 874.
Crabro *Ross.* App. 123. 109.
Ital. 4
. arenaria *Van d. Lind.* 3.
Cerc. aurita *Ltr.* gen. 64.
Foem: Sphex *L. S. N.* 31. -
fn. 1660. - *Vill.* 38.
Crabro *F.* Mant. - *Oliv.* Enc.
22. - *Schr.* fn. 2184.
Vespa arenosa *Gm.* 121.
Phil. arenar. *F. E. S.* 5. - *P.*
9. - ? *Walck.* 2.
Phil. laetus *Pz.* 63. 11. - Rev.
175.
Cerc. aurita foem. *Spin.* 1.
96. 1. - *Ltr.* Nouv. dict. ed.
2. 512.
Harris Expos. t. 37. Sect. 2
n. 2.
Mas: Crabro 5cinctus *F.* Mant.
- *Ol.* Enc. 13. - *Schr.* fn. 2182.
Phil. *F. E. S.* 9. - *P.* 15. - *Pz.*
63. 12. - Rev. 175. - *Walck.* 4.
Vespa cingulata *Gm.* 108.
Phil. laetus *F. E. S.* 10. - *P,*
18. var.
Phil. 4 fasciatus *Pz.* 63. 14.
Cerc. fasciata mas. *Spin.* 1.
97. 2.
Schff. ic. 122. 6.
Sturm. Verz. 56. 29. t. 3. f. 5.
? *Harris* Expos. t. 37. f. 1.

aurita Ltr. gen. - *Spin.* foem.
v. arenaria.
: aurita *Van d. Lind.* - *Gm.*
fn. 7. 14.
Phil. *F. E. S.* app. 459. 1.-
Sppl. 268. 1. - *P.* 2.
Foem: Cerc. Ferreri *Van d.*
Lind. 6. Eur. m. 4
. emarginata *Pz.*
Phil. *Pz.* 63. 19. foem: (a
Van d. Lind. falso ad C.
ornatam citatur). - *Spin.* 1.
97. cum var: C. ornatae
confusa.
Mas: Phil. sabulosus *Pz.* 63.
13. * 3
fasciata Spin. mas: v. arenaria.
— foem: cf. quadricincta.
Ferreri Van d. Lind. v. aurita.
- fimbriata *Van d. Lind.* 14.
- *Ill.*
Crabro *Ross.* 887.
Cr. lunulatus *Ross.* Mant. 304.
var. Ital. 4
- flaviventris *Van d. L.* 1.
Hisp. 5
- hortorum *Van d. L.* 16.
exclus. syn. Pz. Ital. 4
— *Pz.* v. ornata.
interrupta *Spin.* 1. 99. 4.
cf. labiata.
: interrupta *Pz.* 63. 17. foem.
- *Van d. Lind.* 7. a *Spin.*
1. 99. cum C. labiata confusa * 4
: labiata *Van d. Lind.* 5.
Cerc. nasuta *Latr.* gen. 94.
Foem: Cr. labiatus *F. E. S.*
11.
Phil. *Pz.* 63. 16. - Rev. 174.
foem. *F. P.* 10.
Cr. cunicularius *Schr.* fn. 2181.
? Cerc. interrupta *Spin.* 1.
99. 4. - *Schff.* 117. 2.
Mas: Phil. arenar. *Pz.* 46. 2.
- Rev. 173.

Cr. bidens *Schr.* fn. 2183.
Var? Phil. ruficornis *F. E. S.*
11* - *P.* 20.   * 0
major Spin. - Ltr. gen.-*Grm.*
   fn.   v. tubercul.
nasuta Ltr. gen. v. labiata.
. ornata *Van d. Lind.*13.-*Ltr.*
   hist. 3. - gen. 94. - Nouv.
   dict. ed. 2. 5. 512. - *Spin.*
   1. 99. 5. Mas : -*Walck.* Mcm.
   Halict. p. 80.
Phil. *F. E. S.* 6. - *P.* 11.-
   Pz. 63. 10. - Rev. 174.-
   Walck. 3.
Phil. semicinctus *Pz.* 47. 24.
mas:
   Cr. variabilis *Schr.* fn. 2190.
Schff. 262. 1. 2.
Var? Ph. 6 punct. *F. E. S.*
   8. - *P.* 14.
Var? Ph. 5 maculat. *F. E. S.*
   12. - *P.* 23.
Var: Ph. hortorum *Pz.* 63. 9 * 1
— foem. *Spin.* cf. albonotata.
: quadricincta *Van d. Lind.*
   8. - *Ltr.* hist. 2. - gen. 94.
Phil. *Pz.* 63. 15.
Cerc. fasciata (foem.) *Spin.*
   1. 97. 2.
? Phil. trifidus *F. P.* 17. * 4
— .*Ltr.* gen. v. arenaria mas.
- quinquefasciata *Van d.*
   Lind. 9.
Crabro *Ross.* Mant. 307. foem.
Ital. sec. *Van d. Lind.* forsan
       var. 4. fasc.
- rubida *Jur.* pl. 10. gen. 23.
   foem.   Helv. 5
- tricincta *Van d. Lind.* 11.
   -*Spin.* 1. 27. t. 1. f. 9.
: tuberculata *Van d. Lind.*
   2. - *Grm.* Reise n. 354.
.! ' Sphex *Vill.* 3. 253. 95. foem.
. . Bemb? vespoides *Rossi* 859.
   mas. !
. . Crabro Mant. 303. t. 6. f. 3 mas.
Cerc. vesp. *Ill.*

Cerc. major *Spin.* 2. 50. t.
   1. f. 2. - *Ltr.* gen. 4. 94.-
   Grm. fn. 12. 22. foem.
Crabro rufipes *F.* Mant. 21.
mas.
Phil. *F. E. S.* 4. P. 8.
? Vespa hispanica *Gmel.* 122.
   mas.   Eur. m. 4
. varipes m.   * 4
vespoides Ill. v. tuberculata.

Ceropales.

*Ltr. F. Jur. Pz. Spin. - Van
   d. Lind.*

Ichneumon *Geoff. Oliv.
Fourc.*
Evania *Oliv. Vill. Ross. F.*
Pompilus *Ill.*

bicinctus F. E. S. sppl. Crabro
   F. E. S. 299. 21.
fasciata *Van d. Lind.* 1. 77.
   4. - F. P. 4. - *Spin.* 2. 171. 6.
Ichn. fasciator *F. Sp.* 60. -
   Mant. 72.
Evania *F. E. S.* 3.
: histrio *Van d. Lind.* 1. -
   F. P. 3. - *Ltr.* hist. 13. 284.
   3. - *Pz.* 106. 12. - *Spin.* 1.
   66. 2. - *Jur.* p. 124.
Evania *F. E. S.* sppl. 241.
Ev. albicincta *Ross.* 2. 800.
   Tab. 6. f. 8.
Pompilus *Rossi Ill.* 800. * 3
. maculata *Van d. Lind.* 3.
   - *Ltr.* hist. 13. 283. 1. - F.
   P. 1. - *Pz.* Rev. 112. - *Jur.*
   p. 124. - Spin. 2. 171. 5.
Evania *F. E. S.* 2. - *Sp.* 2.
   - Mant. 2. *E. S.* 2. - *Rossi*
   799.
Pomp. frontalis *Pz.* 72. 9. -
   Rossi Ill. 799.
Ichn. multicolor *Fourcr.* 35.
   - *Oliv.* Enc. 7. 209. 17.
Schff. icon. 274. f. 3. - *Geoff.*
   Ichn. 2. 336. 35.   * 0

punctum *Pz. F. P.* v. Pomp.
? *ruficollis Van d. Lind.* 5. -
F. P. 6. - Evania *E. S.*
sppl. p. 241. 3 - 4.
sessilis Van d. Lind. 6. -
F. P. 8. - Evan. *E. S.* 4.
- Coq. 1. t. 4. f. 8. v. Mi-
      crogaster.
? *spinosa Van d. Lind.* 7. -
F. P. 5,. - Crabro bicinctus
F. E. S. 21.
, variegata *Van d. Lind.* 2.
- *Spin.* 1. 66. 1. - *Jur.* 124.
- *Ltr.* hist. 13. 284. 2.
Evan. F. E. S. sppl. 241. -
Pz. 77. 10.   * 2

Chalcis.

Ltr. gen. 4. p. 25.
Dalm. Act. holm. 1820. 1. p.
  133. t. 7. f. 5 - 8. Ptcrom.
  suec. - *Jur.* - *Panz.* Rev.
  - *Oliv.* - *Ross.* - *Ill.* - *Walck.*
  - F. - *Spin.* - *Nees* II. p. 20.
Smiera *Spin.*
Haltichella *Spin.*
Sphex *L. Schr. Vill. Chr.*
Vespa *L. Geoff.* .
Abrotani Pz.   v. Euryt.
aenea Fabr. v. immaculata.
— *Ross.* v. Perilamp. laevif.
, armata Pz. 74. 9.   * 3
- bigutta *Spin.*
bimaculata Fabr. v. Clenoy-
         mus.
bispinosa B. ,de F. Spin. F.
          v. armata.
.: clavipes *Fabr.* Pz. 78. 15. *4
clavipes Ross. v. dargelasii.
conica Fabr. v. Diapria.
cornigera Jur. v. Dirrhinus.
- Dargelasii *Latr.*
- denticornis B. de F.
femorata Pz.   v. flavipes.
- femorata *Dalm.*

. flavipes F. Pz. 84. 16. -
  78. 16.   * 2
hesperidum Ross. v. Dirrhinus.
- immaculata *Ross.*
. intermedia   * 2
larvarum Jur. v. Eulophus.
- melanuris *Dalm.*
minuta Fabr. v. femorata.
. minuta *Dalm.*   * 1
nigripes Boy. v. dargelasii.
- pectinicornis *Latr.*
— *Jur.*   v. Eulophus.
podagrica Ross. v. femorata.
punctata F. (Crabro femo-
  rat. *Oliv.*)   ?
pusilla Ross.   v. minuta.
— F.   ?
ramicornis Jur. v. Eulophus.
rufipes Oliv. v. dargelasii.
- rufitarsis III.
: sispes *Fabr.* Pz. 77. 11. 4
- tenuicornis B. de F.
- vicina B. de F.
violacea Pz.   v. Perilamp.
- xanthostigma *Dalm.*

Cheiropachus.

Westw. v. Diplol. quadrum F.

Chelonus.

Nees Nov. act. p. 309. - Mon.
  1. 275. - *Grav.* Ichn. 1. 57.
  - *Jur.* - Pz. Rev. - *Spin.* -
  Steph. - *Panz.* faun. contin.
  a *Herrich-Schaeff.* fasc. 154.
Sigalphus *Fall.*-*Grav.* Ichn.
  - *Nees* Berl. Mag. - *Ltr.* gen.
Cryptus F.
Bracon *Jur.*
Sphaeropyx *Hoffm.*
Ichneumon F. - *Vill.* - Ol. -
  Rossi - *Geoff.* - *Deg.*
Cynips L.
(Species omnes collect. meae
  Ratisbonae inventae (*).
abdominator *Dahlb.* 7.

Chelostoma.

Ltr. - Leach. - Stph.

Hylaeus *F.*
Anthophora *Ill.*
Anthidium *Pz.*
Trachusa *Jur.*
Apis ** c. γ. p. *Kirb.*
. florisomue
Megach. *Spin.* 1. 134. 1-2. 9.
— maxillosa *Ltr.* hist. 14. 51. 1.
Heriades *Spin.* 2. 80.
Mas: Hyl. floris. F. S. P. 319.
3. — *E. S.* n. 5. - *Gmel.* p.
2773. - *Pz.* 46. 13.
Apis *Lin.* fn. 1704. *Vill.* 3.
289. 12. - *Kirb.* 2. 253. 49.-
L. S. N. n. 13. - *Scop.* 796. -
Müll. Z. d. 1903. - *Forst.*
Cat. n. 711. Ap. 5. - *Har-*
ris. t. 50. 11.
Anthidium Pz. Rev. 251.
Anthoph. *Ill.* Mg. 5. 121. 61.
Foem: Ap. maxillosa *Vill.*
3. 289. 10. - *Kirb.* 2. 251.
48. - *L. S. N.* & *Gm.* 4. 11.
Hyl. *F. E. S.* 2. 304. 4. Pz.
53. 17.
Anthoph. truncorum var: B. *F.*
Anthoph. maxill. *Ill.* Mg. 5.
120. 60.   2
. inerme m.   2

Chiloneurus.

Westw. Philos. Journ. 1833. p.
343. *Nees* 2. p. 422.
- elegans *Westw.*
Eupelmus *Dalm.*
Cleoymus *N.*   3

Chlidonia.

mihi in Panzer fauu. Contin.
fasc. 157. Omnes circa Ratisbonam (*).

. acuminata	1
: clavata	3
: clavicornis m. n. sp.	2
. gracilicornis m. n. sp.	3
: manca m. n. sp.	2
: moniliata	3
. nervosa	2
: obtusa	3
: parcicornis m. n. sp.	2
: parvula m. n. sp,	3
: picicornis m. n. sp.	2
. radialis	1
. uncinata m. n. sp.	1
. varipes	1

Chrysis.

L. F. Stph. etc.
adonidum Rossi v. Eurytoma
    . plumata.
aenea F. P.   v. Elamp.
. analis *Spin.* 2. 26. (cf. integra F.)   * 4
— *Shuk.*   v. splendidula.
ardens   v. Hedychrum.
aurata F. - *Spin,* Pz. v. Elamp.
. austriaca F. P. 15. - *Spin.*
  2. 170. - *Lepell.* ann. d. m. d'
  hist. nat. 5. p. 128. 26.   * 2
— *Shuk* .   v. refulgens.
: bicolor m.   * 4
. bidentata *L. S. N.* 2. - F.
  E. S. 11. - F. P. 16. (anus
  dentibus 3 breviss?) - *Spin.*
  sub. 2. 26. - Pz. 77. 15.

Deg. 2. 160. 2. t. 29. f. 3. 4. * 3
. *calens Spin.* F. v. Stilbum.
- candens *Grm.* fn. 4. 16. -
  Reise n. 344.   Croat. 5
carnea   v. Parnopes.
caerulescens F. E. S. sppl.
          v. coerulipes.
. coerulipes F. P. 13. - *Spin.*
  1. 64. - Pz. 107. 11.
Ch. caerulescens *F. E. S.*
  sppl. p. 257.   * 3
: comparata *Lep.* - *Spin.* 2.
  240.   * 3
- coronata *Sp.* 2. 30. Ital. 3
: cyanea *L. S. N.* 5. - fn.
  1667. - *F. E. S.* 20. - *Rossi*
  n. 845. - F. P. 29. - *Spin.*
  1. 65. - Pz. 51. 10.
Vespa coerulea *Geoff.* n. 22.
  - *Schff.* 81. 5.   * 2
cyanochrysa Forst. nov. sp.
          v. ignita.
- dimidiata F. P. 22. *E. S.*
  sppl. p. 258. - *Spin.* 2. 170.
  - *Coq.* cf. bidentata; videtur
  diversa.
dubia Ross. v. Celonites apif.
. egregia m,   Bav. 4
- emarginatula *Spin.* 2. 239.
  vix div. ab austriaca.
- fasciata *Spin.* 1. 7. (non *Ol.*)
fervida F. Spin. Pz. v. Hedych.
flammea Lep. v. refulgens.
. fulgida *L. S. N.* 7. - fn.
  1669. - Pz. 79. 15. - *F. E.*
  S. 8. - *Geoff.* 2. n. 20. - *Schr.*
  en. p. 783. - *Ross.* Mant. n.
  292. F. P. 11. - *Spin.* 1. 64. * 3
- gloriosa F. P. 20. - *Spin.* 2.
  242.   Barbaria.
hesperidum Rossi Ill.
          v. Dirrhinus.
hybrida *Lep.* - *Spin.* Ital.
. ignita *L. S. N.* 1. - fn. 1665.
  F. E. S. 10. - S. P. 14.
  Ltr. ins. 3. 317. - *Spin.* 1.
  64. - Pz. 5. 22.

7 *

Geoff. 2. 20. - *Frisch.* 9. 1.
10. f. 1. - *Sulz.* Ins. t. 19.
f. 121. - *Schff.* El. t. 40. -
ic. 74. 7. 8. - *Deg.* 2. 2.
151. 1. t. 28. f. 17. 18. * 0
Ch. cyanochrysa *Forst.* nov.
sp. 88.
inermis Gm. 25. v. scuttella-
ris sec. Sp.
: inermis m. * 3
infida Ross. v. Encyrtus scutellaris.
- integra F. P. 17. - E. S.
12. vix analis.
- jurinae *Lep.* - *Spin.* 2. 240.
Ital. 4
Leachii Shuk. v. nitidula.
lucidula F. - *Spin* v. Hedychr.
- neglecta *Shuk.* Angl. 3
- nitidula *Gr.* Reise n. 343. -
fn. 4. 12.
Ch. *Leachii Shuk.* * 3
nobilis Schr. En. v. Hed. luc.
Panzeri F. - *Spin.* v. Elampus.
plumata Ross. v. Eurytoma.
- pulchella *Spin.* 2. 28. Ital. 4
punctatissimaVill. 13. v. Stilb.
calens.
purpurata F. P. v. Euchroeus.
pusilla F. v. Elamp.
refulgens Spin. 1. 8. cf. Hedychrum.
C. flammea *Lepell.*
austriaca *Shuk.*
regia F. - *Spin.* - Pz.
v. Hedychr.
rufa Pz. v. Hedychr.
- Ruddii *Shuk.* Ent. Mag.
rutilans Enc. v. splendidula.
- scutellaris F. P. 5. - E. S.
sppl. p. 257. - *Spin.* 1. 63. * 3
— Pz. v. Elamp.
sexdentata Pz. Rev. v. violacea.
. splendidula *Ross.* 850. -
Spin. 1. 65. & sub 2. 30. * 3
analis *Shuk.* - rutilans Enc.

stoudera *Spin.* 2. 109. - *Jur.*
pl. 12. f. 9. - Pz. 107. 12. * 3
. succincta F. P. 19. - E. S.
13. - *L. S. N.* 3. - Spin. 1.
64. - Pz. 77. 16. * 3
- versicolor *Spin.* 2. 241. Ital.
: violacea Pz. Revis.
Ch. 6 dentata Pz. fn. 51. 12.

Chrysolampus.

Nees Mon. 2. 124. - *Spin.* Mem.
d. Mus. VII. p. 147.
Podagrion & Spegiga-
ster *Spin.* ibid.
Pteromalus *Dalm.*
Diplolepis *Spin.* Ins. Lig.
4. p. 224.
Species collectionis meae nondum rite examinatae.
altiventris Ital.
anguliventris
binotatus
contractus
lagenarius
lugubris
nigricornis
pallicornis *Spin.*
pedunculiventris
punctiger
riparius
rufus
- splendidulus Ital. 4
subsessilis
suspensus
tristis
viridi-aeneus

Cilissa.

Leach. v. Andrena tricincte
Kirb. & haemorrhoidalis Pz.

Cimbex.

Oliv. F. Kl. Stph. Leach.
Tenthredo *L.* etc.
Subgenera: 1. Cimbex *Leach.*

2. Trichiosoma. 3. Cla-
vellaria. 4. Abia. 5. Za-
raea. 6. Amasis.
aenea Kl. Jahrb. 9. - Verh.
7. - Hart: p. 72.
Abia nigricornis Leach. 1.
- Lep. 100.
Cimb.sericeaOl. 11.-Pz. 17.17.
- - var: F. E. S. 10. not.
Tent. nitens Deg. foem. - L.
fn. 1539. - S. N. 4.
T. flavipes Retz.
amerinae Kl. Jahrb. 6. -
Verh. 5. - Hart. p. 71.
Clavellaria marg. L. 2.
Mas: F. P. 5. - Ol. Enc. 4. -
Lep. n. 97;
Tenthr. Vill. n. 4. - Pz. 65.
1. - F. E. S. 5. - L. fn. 1536.
Deg. 3. - S. N. 2. - Schr. fn.
1995. - Scop. 720. - Lesk. 65.
- Gm. 4. - Schff. 90. 8. 9. -
Elem. t. 51.
T. rufa Deg. Retz. n 295.
Foem : C. marginata F. 6. -
Ol. 5. - Spin. 1. 3. - 1. 49. -
St.F. 98.-Leach.(Clavell.)2.
Tenthr. Schr. En. 649.- Vill.
n. 2. = Pz. 17. 14. - Lesk. 63.
Gm. 2. - F. E. S. 6.
T. 4 fasciata Ol.
amoena Kl. Jahrb. Hart. 74.
Amasis.
annulata Leach. & Fourc.
v. variabilis.
: axillaris Pz.-Spin. 2. p.152.
- Klug. Jahrb. n. 2. - Verh.
n. 2. - Hart. 68.
Tenthr. Pz. 84. 11. - Jur. pl.
6. gen. 1.
C. humeralis St. F. n. 81. -
Ol. n. 6. - Leach. n. 11.
Crabro Fourc. n.1.-Geoff.n.1.
T. connata Vill. 13. - Gmel.
58.   Austr. 4
betuleti Kl. Jahrb. 5. - Hart.
70. Trichios.

brevicornis (Abia Leach,) St.
F.   v. splendida.
- Biguetina Lepell. Annal. d.
l. Soc. Ent. 1832. p. 454.-
Descriptio uimis brevis.
10 maculata Leach. 7.-St.F.
86.   v. variabilis.
europaea Leach. v. variabilis.
fasciata Zaraea Leach. - F.
9.-Ol. 10.-Lep. 99.-Kl.Jahrb.
7. -Verh. 6. - Hart. p. 12.
Tenthr. Vill. 7. - Pz. 7. 15.-
Schff. 11. 3. - Gm. 7. - L. fn.
1538. - F. E. S. 9.
. femorata Lep. 83.- Spin. 1.-
F. P. 1. - Ol. 1. - Kl. 1. ad
variabilem.
Tenthr. Pz. 26. 20.-Deg.Retz.
n. 294. - Deg. 2. - L. fn.
1533.- S.N. 1.- Vill 1.-Ross.
701.-Schff. 104.1.2.-Lesk.61.
Cimb. europaea Leach. 4.
— varians Leach. 5. - Lep. 84.
T. annulata Fourc. 4.
Cimb. Leach. 9.
var: C. tristis F. P. 7.-Ol. 8. -
Vill. 11. - Gm. 56.- Fabr. it.
Norv. p. 319. -Schff. 104. 1.
2. -F. E. S. 7.
var? C. decemmaculata Leach.
Lep. 86.
var: C. sylvarum F. P. 4. - Pz.
88. 16. - Ross. 702. - Vill. 3.
- Gm. 3. - Schff. 102. 2. 3.
var: T. russa Pz. Nomct.
var? C. Griffini Leach. 10. -
Lep. 80.
Crabro lunulatus Fourc. 3. -
Geoff. 3. pl. 14. f. 4. - Frisch.
4. p. 42. t 25. - hist. 179. f. 77.
a. - Goed. 1. p. 119. t. 64.
C. Schaefferi Lep 74.
C. luteola Lep. 78. - fu. fr. 1. 1.
- Schff. 103. 2. 3.
C. maculata Leach. 8.
C. montana Lep. 75.
C. ornata Lep. 77. - fu. fr. 1. 2.

C. pallens *Lep.* 79. fn. fr. 1.3.
? C. violacea *Lep.* 76.
frivaldskyi m. Rumelia 6
- griffini *Leach.* 10. *Lep.* 80.
　　　　　cf. femorata.
humeralis Leach. Ol. Lep.
　　　　　v. axillaris.
italica St. F. 106. v. obscura.
jucunda Kl. Jahrb. p. 226.
Amasi.
Jurinae St. F. 103. v. laeta.
laeta (Amasis *Leach.*) *F.*
　11.- *Kl. Verh.* 10.- Jahrb. 11.
　St. F. 104. - fn. fr. pl. 1. f. 6.
　- *Spin. - Hart.* 74.
Tenthr. *Jur.* t. 6. - *Pz.* 62. 6.
　- *Schff.* 44. 7. 8.　　* 2
var: C. Jurinae *St. F.* 102.
lateralis (Trichiosoma *L.*)
　2.- *St. F.* 94. kennt sie nicht
　und beschreibt sie als: C. vi-
　tellinae *St. F.* 96. - L. fn.
　1535.- *S. N.* 5. sec. *Kl.* var:
　lucorum at vix.
Latreillii (Trich. *Leach.* 4.)
　St. F. 92.　　cf. lucorum.
　- *Pz.*　　v. lucorum.
lonicerae L. - *St F.* 108.
Tenthr. *L.* - *Schr.* En. 692. -
　Reaum. t. 13. f. 8-10. v. lu-
　　　corum.
lucorum (Trich. *Leach.*) *L.*
　fn. 1537. exclus. var. clava
　ferrug. *S. N.* 6. - *St. F.* 89. -
　F. 2. - *Ol.* 2. - *Klug* Jahrb. 4.
　Verh. 4.-*Hart.* 68.-fn. fr. 1.4.
Tenthr. *Vill.* 6. - *Gmel.* 6. *F.*
　E. S. 2.　　* 1
var: vitellinae L.
Trichios. *Leach.* 5.
var: Trich. Latreillii *Leach*
　4. - *Pz.* 117. 14. Cimb. *St. F.*
　92.
cf. Tr. scalesii *Leach.* 6.-*Lep.*
　91.　　　v. femorata.
? *F. L.* vitellinae *F.* - *Ol.* -
　Gm. - *Lesk.* - *Vill.*

T. lonicerae *Reaum.* 5. t. 13.
　8 - 10.- *Schr.* 692. - *Vill.* 46.
　- *Lep.* 108.
. lutea *Pz.* 105. 14. Tenthr. -
　Hart. 65. - L. fn. 1534. -
　S. N. 3. - *F. E. S.* 3.
　var. 2. variabilis.
Scop. 719. - *Schr.* 650. . *Lesk.*
　'62.　　　* 3
luteola St. F. 78. v. femorata.
maculata Ol. - *Leach.* v. mon-
　　　　tana.
marginale (Trich.) *Leach.*
　E. S. 6.　　v. lucorum.
marginata F. - *Ol.* -*Schr.*-*Pz.*
　- *Leach.*　　v. amerinae.
: montana *Pz.* - *St. F.* 75.-
　Hart. 65.
Tenth. *Pz.* 84. 12. - *Jur.* p. 48.
C. maculata *Ol.* 7. - *Leach.* 8.
T. connata *Schr.*
Crabro maculatus *Fourc.* 2. -
　Geoff. 2.
C. ornata *St. F.* 77. - fn. fr.
　1. f. 2.　　* 3
var: 3 variabilis.
nigricornis (Abia) *Leach.* 1. -
　St. F. 100.　　v. aenea.
nitens Ol. - *St. F.* - fn. fr. -
　Scop.
　L. fn. 1539. mas : v. sericea.
　foem:　　　v. aenea.
obscura (Amasis *Leach.* 1.)
　F. 12. - *Ol.* 152. - *St. F.* 105.
　Klug Jahrb. 12. - *Verh.* 11. -
　Hart. 74.
Tenthr. *Vill.* 12. - *Pz.* 84.
　13. - *F. E. S.* 11.　　* 1
var: italica *St. F.* 106.
Olivieri St. F. 109.
C. sylvatica *Ol.* 14. vielleicht
　Masaris od. Celonites.
ornata St. F. 77. - fn. fr. 1. 2.
　　　　v. montana.
pallens St. F. 79. - fn. fr. 1. 3.
　　　　v. femorata.

Clavellaria.

Stph. - Leach. Curt.
. amerinae L. *Pz.* 65. 1. - 17,
14.   * 2
Synonyma vide sub gen. Cimbex.

Clavicera.

Walck. v. Ceratina.

Cleonymus.

Latr. gen. 4. 29. - Cons. *Nees*
2. 84. - *Spin.* Ann. d. Mus.
VII. p. 149. - *Stph.*
Diplolepis *F. Spin.*
Chalcis *F.*
Ichneumon *Deg. Vill. Ross.*
Walck.
Pteromalus *Dalm.*
Cynips Ltr. hist. n.
Haltieoptera *Spin.*

genus non bene circumscriptum.
: bicoloratus
- bimaculatus
: depressus Latr.
: elegans
- hemipterus B. de F.
hemipterus Spin.   v. Eupelm.
                          Gcerii.
: immaculatus
- quadrum
rufescens Latr. v. Eulophus.

Cleptes.

Ltr. - F. - Lepell. - Jur. - Ill.
- Spin. - Stph.

Sphex *L. - Schr.* - Vespa
Geoff. - Ichn. *F. E. S. -*
L. - Ross. - Chrysis *Oliv.*
: auratus Pz. foem. Ichn. 52. 1.
sec Steph. foem. ad semiau-
rat.   * 4
coccorum F. S. P. 156. 9.
          v. Encyrtus gravis.

fulgens F. P. 6. v. Torymus
                      fulgens.
larvarum F. P. 8. v. Eulo-
                      phus larv.
minutus F. P. 10. v. Ptero-
                  malus minut.
muscarum F. P. 7. v. Tory-
                    mus musc.
nitidula F. P. 1. - *Pz.* 106. 11.
- *Jur.* foem : - *Spin.* 1. 62. 2. -
Coq. 1. t. 4. f. 5. v. semiaura-
                        tum.
Ichn. nit. F. E. S. 2. 184. 211.
sec. Steph. sp. propria.
: omaliformis mihi Austr. 4
pallipes Lep. Annal. d. mus. d'
hist. nat. cah. 38. p. 119. f. 1.
: purpureus mihi   * 4
. semiauratus Latr. hist. 13.
p. 206. - *Jur.*
Foem: Cl. nitidula F. S. P.
154. 2. - *Pz.* 106. 11. - *Spin.*
1. 62. 2.
Ichn. F. E. S. 2. 134. 211. -
Ross. fn. 2. 790. p. 53. t. 6. f.
1 - 7. - *Coq.* 1. t. 4. f. 5.
Mas: Cl. splendens F. S. P.
155. 3. - E. S. sppl. 229. 11.
Ichneumon.
Cl. semiaurata *Pz.* 51. 2. -
Spin. 1. 62. 1. - *F. S. P.*
151. 1.
Ichn. *F. E. S.* 2. 184. 210.
Sphex *L. S. N.* 2. 946. 35.
- fn. 1661. - *Schrk.* En.
781.   * 3
splendens F. S. P. 155. 3 - 5.
Ichn. *E. S.* sppl. 229. 11.
          v. semiauratum.
stigma F. S. P. 155. 5.
          v. Torymus st.

Clistopyga.

Grav. v. Pimpla.

Coccophagus.

Westw. Nees 2. 428.
obscurus *Westw.* Eul. impidulus *N.*
pulchellus *Westw.*
. var. *β.* Eul. flavovarii *N.*
scutellaris *Westw.* Phil.
Journ. 3. n. 17. 1833. p. 344.
Eulophus flavovarius *N.*

Codrus.

Nees Mon. 2. 351. - *Jur.* Hym.
t. 13: gen. 46. - *Pz.*
Species collect. meae omnes Ratisbonae inventae (*).

Proctotrupes *Ltr.* gen. 4.
. p. 38. - *Spin. Germ.*
Eriodorus *Walck.*
Bassus *F.*
Ichneumon *F.*
Banchus *F.*

. areolatus m.	1
. ater *Jur.*	1
: brevicornis m.	3
. brevipennis *Ltr.*	2
. campanulator	1
- crenicornis	2
- emarciator	2
- gravidator *Jur.*	2
. ligatus	2
- longicornis	1
. marginatus m.	1
: minutus m.	2
. pallipes *Jur.* Pz. 85. 9.	1
- parvulus	
. petiolaris m.	2
. picipes m.	1
. trochantericus m.	1
: unisulcatus m.	2
: varipes m.	2

Coelinius.

Nees Mon. 1. 9. - Nov. act. p.
301. - *Grav.* Ichn. 1. 80. -

50. - *Herrich - Schaeffer* in contin. Panzeri fasc. 153.
Stephanus *Nees*Berl.Mg.1.
Bracon *Pz.* Rev.
: bicarinatus m.
: depressus m. *Pz.* 156. 15.
d.   *3
. flexuosus m. *Pz.* 156. 13. *3
: gravis m.   * 2
niger *N.*   v. parvulus.
. parvulus *N.* *Pz.* 153. 18.-
156. 15 a-c.   * 1
: ruficollis m. *Pz.* 154. 22.
         Austr. 3

Coelioxys.

Ltr. - Steph.

Apis *L. - Geoff. - Schff. -*
Scop. - Schr. - Ol. - Vill.-
Ross.-Chr.-Kirb. **c 1. a.
Anthophora *F. - Ill. - Kl.*
Megachile *Ltr. - Walck.*
Trachusa *Jur.*
Anthidium *Pz.*
Heriades *Spin.*
. acanthura*Ill.*Mg.V.106.7.
Ap. 4 dentata *Pz.* 55. 13.
         Bavar. 3
. conica (Ap.) *K.* n. 37. t.
16. f. 7. - *Ill.* Mg. 1. (Anth.)
Foem: Apis *L.* S. *N.* 12. 32. -
fn. 1705. - *Vill.* 25. - *Müll.*
Z. dan. 1908. - *Schr.* En.
809. - *Forst.* Cat. 719. Apis
13. - *Berkenh.* 1. p. 159. 5.
Ap. bidentata*Pz.* 59. 7. - *Harris* Exp. 49. 8. - ? *Christ.*
t. 17. f. 11.
Anthoph. con. *F. P.* 380. 33.
var.
Mas: Ap. 4 dentata *L. S. N.*
& *Gmel.* 29. - fn. 1703' - *F.E.*
S. 112. - *Vill.* 24. - *Ross.*
fn. 928. - *Forst.* Cat. 718.
. Ap. 12. - *Schff.* ic. 32. 8. -
Abhandl. t. 40. f. 6.

Anthoph. *F. P.* 329. 22. * 1
. conoidea *Ill.* Mg. 5. ʏu ,
☿ Ap. conica var. γ. *Kirb.* * 3
- inermis (Ap.) *Kirb.* 38. ☿.
t. 16. f. 8. (Anthop.) *Ill.* 2.
♀ Ap. conica F. E. S. 116. -
L. S. N. *Gmel* 32.
Anth. *F. P.* 380. 33. excl. var.
Ap. centuncularis. acuminata
Chr. p. 192. t. 17. f. 2. Germ. 3
: nana m. Austr. 4
. simplex m. * 3
- tridentata (Anthoph.) *F.
P.* 380. 34. var. germanica.
Germ. 3

Coelogaster.

Schr. Act. soc. Berol. I. p. 305.
t. 8. f. 4 - 6. v. Leucospis
dorsigera.
- conicus Schr. fn. 1982. ?

Colas.

Steph. p. 395. Colax Curt.
Westw.
Genus e variis Pteromalinis
compositum.

Coleocentrus.

Grav. v. Banchus.

Colletes.

Ltr. - Ill. - Spin. - Klug. - Stph.
Apis *L. - Oliv. - Vill. - Chr.*
Melitta * a. *Kirby*:
Andrena *F. - Jur. - Megilla F.*
- Hylaeus *Walck.* - Evodia
Pz. Rev.
difformis *Ill.* 9. v Nomia
difformis.
: fodiens *Ltr.* gen. 4. p. 148.
t. 14. f. 7. foem. - *Pz.* 105.
21 & 22. - (thorax nimis niger.) *Ill.* Mg. V. p. 41. 2.
Melitta *Kirb.* 2. t. 13. f. 12.

? Apis *Fourc.* Ent. Par; n. 7.
- *Coqueb.*
? Willugh in Rai. Hist. p. 244.
? *Geoff.* 2. 411. 7. Germ. 3
: hirsutus m. mas : Bav. 4
. hylaeiformis m. * 3
leporina *Ill.* 10. v. Andrena
afzeliella.
- ligata *Ill.* 4. = *Waltl.* Reise
p. 102. Hisp. 3
. succincta *Ltr.* gen. 4. 148.
- *Ill.* Mg. V. p. 41. 1. - *Spin.*
1. 116. (NB. clypei margine,
labio mandibulisque flavis;
cum C. fodiens confusa.)
Melitta *Kirb.* 1.
Foem: Apis L. S. N. XII. n.
18. - fn. 1694. - *Vill.* 3. 15. -
Forst. Cat. Brit. n. 714. - Apis
7. - *Christ.* p. 158. t. 15. f. 7.
Andrena F. E. S 31. (*Schff.*
32. 5.) - *Gmel.* 18. - Syst.
Piez. 8. (excl. cit. *Geoff.* 2.
411. 17.)
Mas: Megilla calendarum F.
S. P. n. 33.
Apis calend. *Pz.* 83. 19.
Evodia calend. *Pz.* Revis.
Reaum. VI. mem. 5. p. 131. 9.
t. 12. f. 1 - 13.
Grew's Rarities 5. 7. c. 1. p.
154. * 1

Corynocere.

Nees 2. 122.
brevicornis *N.* 124.
- deplana *N.* 123. !

Corynopus.

Lep.
Pemphredon *F. Pz.*
Crabro *F. Pz. Van d. Lind.*
. tibialis *Lep.* 803. 1. - Crabro *F. E. S.* sppl. 271. - *Pz.*
83. 14. - *Van d. Lind.* 35. -
Latr. gen. 4. 82.

Pemphredon - *F. P.* 4. - *Pz.*
Rev. 185.   * 3

Crabro.

Crabro *Latr.* - *Jur.* - *Ill.* - *Spin.*
  F. - *Pz.* Rev. - *Rossi.* - *Oliv.*
  - *Schr.* - *Walck.* - *Stph.*
Pemphredon *Pz.* Rev. - *F.*
Sphex *L.* - *Deg.* - *Schff.* -
  - *Scop.* - *Vill.* - *Gm.* - *Schreb.*
  - *Chr.*
Vespa *L.* - *Geoff.* - *Christ.*
Crabro & Solenius *Lep.*
  Annal. d. l. Soe. Ent. 1834.
  p. 683.
affinis Rossi Mant. v. Cerceris.
alatus Pz. v. Ceratoc. subterr.
albilabris F. E. S. - *Van d. L.*
                   v. Lindenius.
albofasciatus Rossi Mant.
                   v. Cerceris.
androgynus Rossi Spin.
                   v. Philanth. triang.
annulatus Ross. Mant. App.
                   v. Cerc.
arenarius F. E. S. - *Oliv. Schr.*
  fn.   v. Cercer.
armatus V. d. L. v. Lindenius.
arthriticus Rossi   ?
ater Oliv. cf. Pemphr. lugubr.
aurilabris m.   * 4
bicinctus F. E. S. v. Ceropal.
                   spinos.
  — *Ross.* Mant. app.
                   v. Lestiphorus.
bidens Schr. fn. v. Cerc. labiat.
bipunctatus F. E. S. - *S. P.* -
  Oliv.   v. Mellin, arv.
brevis Van d. Lind. v. Linden.
calceatus Rossi Mant. app.
                   v. Euspong. 5cint.
cephalotes F. P. 5. exclus.
  cit, Pz. - *Lep.* 697. 1. - *Spin.*
  2. 178. 11. - *Van d. Lind.*
  2. 155. 13. exclus. Syn.
  var. C. tibialis *Oliv.* 8. * 2

  — *Ol.* Enc. 9. - *Pz.* 62. 16.
  - Spin.   v. striatus.
  — *F. Pz.* Spin. a *Van d. L.*
  ad C. 6cinctum citatur.
ceraunius Ross. Mant. app.
                   v. Dinet. pict.
. *chrysostomus Lep.* 7.
  C. fossorius *Van d. Lind.*
  10. (excl. cit.) Pz. 72. 11. * 3
  Mas: Cr. comptus *Lep.* 8.
cinetus Spin. 1. 104. 2. - *Ross.*
                   v. Stizus tridens.
  — foem: cf. Cr. lapidar V. d. L.
clypearius Schr. fn. cf. Thy-
                   reop. clypeat.
clypeatus Pz. 15. 20. 21.
                   v. Thyreus patellatus.
  — *F. P.* (excl. Lin. & Schr-
  ber.) *Oliv. Rossi. F. E. S.*
                   v. Thyreum vexill.
comptus Lep. 8. v. chrysost.
crassicornis Spin. 2. 262. - *V.*
  d. Lind. 22. est Thyreopus forsan patellatus, neglecta pedum anticorum structura peculiari.
crassipes F. E. S. sppl. 270.
  26 - 27. - *Van d. Lind.* 37.
  Pemphred. S. P species ge-
                   neris dubii.
cribrarius F. etc. v. Thyreop.
cunicularius Schr. fn. v. Cerc.
                   limbata.
dentipes Pz. a Van d. L. falso
                   ad Thyreopus patell.
. *diadema Oliv.* - *F. E. S.* cf.
                   Philanthus.
dimidiatus F. P. v. Bleph. sign.
. *dives* (Solen.) *Lep.* 4.
  Sol. octonotatus *Lep.* 6. * 2
elongatulus Van d. Lind.
                   v. Crossocerus.
exiguus Van d. Lind. 33. * 3
: *fasciatus* mas: (Ceratoco-
  lus) *Lep.* 5.   * 4
femoratus Oliv. Enc. v. Chal-
                   cis punctata.

peltarius Schk. fn. v. Thyreop.
patellat·
peltatus F. E. S. 297. 13. - F. P.
15. (excl. citt. Pz.) - *Walck:-*
Jur. v. Thyreop. clyp.
- petiolatus Lep. (Sol.) 11.
— Pz. fn. v. Mellin. sabul.
philanthoides F. P. - *Pz.* a
Van d. L. falso ad Thyreum
vexillatum v. Ceratocol.
: pictipes m. foem.
pictus F. E. S. Pz. v. Dirietus.
podagricus Van d L. v. Cross.
pterotus F. Pz. v. Thyreopus.
: punctatus (Solen.) Lep. 7.
Italia 5
pygmaeus Rossi Mant. app.
112. - Van d. Lind. v. Lind.
quadricinctus F. E. S. 12. -
P. 13. - *Oliv.* 14. - foem. ad
6 cinctum. - sec. V. d. Lind.
cf. vespif.
quadrimaculatus F. E. S. 4. -
P. 4. v. Cross. subpunctatus.
quadripunctatus F. E. S.
v. Lep. p. 686.
quinquecinctus F. E. S.
v. Hoplisus.
— *Oliv. F.* Mant. - *Schr.* fn.
v. Cerceris aren.
quinquefasciatus Rossi
v. Cerceris.
- quinquenotatus *Jur.* p.
212. pl. 11. fig. 27. Van d.
Lind. 17. - *Spin.* 2. 178. 12.
repandus F. E. S. v. Liris.
rhachiticus Rossi v. Cerceris.
rufiventris Pz. - Van d. Lind.
v. Physoscelus.
rufipes Ol. - *F.* Mant?
v. Cerceris tuberc.
sabulosus F. E. S. - *Oliv.*
v. Mellinus.
scutatus F. E. S. - S. P. - Pz.
v. Cross.
—Pz. foem. cf. Liud en Panzeri.

serripes Pz. 46. 8. sec. V. d. L.
v. Bleph. 5 macul.
. sexcinctus F. E. S. 295. 9.
- F. P. 309. 10. - Pz. 64. 13. -
Oliv. 11. - Lep. 6. - Van d.
Lind. 13. - Walck. 3. - Pz.
Rev. 180. - *Spin.* 1. 104. 2. -
Vespa Gm. 106.
var. flavipes Lep. 2.
— zonatus Lep. 3. - Pz. 46.
7. - *Spin.* 3. 176. 8. exclus.
var.
— vespiformis Lep. 4. - Pz.
53. 14. - Van d. Lind. 12.
exclus. Syn. citat. cum? Cr.
4 cinctus F. P. 13. - *Oliv.* 14.
- *Walck.* 5. - Sphex Vill. -
Vespa Gm.
Foem: 4 cinctus F. P. 13. -
E. S. 12.
Foem : sec. Van d. Lind. cephalotes Pz. F. Spin. 3.
v. striatus.
. spinicollis m. * 3
spinosus F. E. S. - P. - Rossi
- Oliv. v. Nysson.
. striatus Lep. 9.
Cr. Cephalotes *Oliv.* 9. - Pz.
62. 16. - *Spin.* 3. 178. 11.
Cr. ornatus Lep. 10.
Cr. occultus F. P. 14. e Tanger.
C. sinuatus F. P. 12. - *Spin.*
3. * 1
subpunct. v. Cross.
subterraneus F. E. S. 295. 7.
- S. P. 8. - Pz. 3. 22. (21.)
foem : ad Cerat. alatum.
tibialis F. E. S. sppl. - Pz.
v. Corynopus.
— *Oliv.* v. Cr. cephalotes.
tridens F. E. S. 290. 18. - S. P.
23. v Stizus tridens.
— F. E. S. sppl. 270. 24 - 25. -
Spin. v. Oxyb. uniglumis; sec.
Van d. Lind. sp. propr.
tridentatus F. E. S. - *Oliv.*
v. Stizus tridentat.

trimaculatus Rossi **v. Nys-**
    son maculatus.
trispinosus F, E. S.   v. Oxyb.
  — *Pz.*   v. Nysson.
U flavum Pz. v. Mell. arvensis.
unicolor
uniglumis F. E. S. - *Rossi-Ol.*
     v. Oxyb.
  — *Pz.*   v. Oxyb. armiger.
vagabundus Pz. 53. 16. - Van
  d. Lind. exclus. Syn. Fa-
  bricii & secundo. Panzeri.
    v. Bleph. 5 macul.
. **vagus** F. E. S. 298. 17. - S.
  P. 22. - *Pz.* 46. 15. - *Scop.*
  carn. 785. - Lep. (Sol.) 9.
  - *Oliv.* 18. - Van d. Lind. 16 -
  Ross. 881. - *Schr.* fn. 2188.
  Sphex L. fn. 1664, - S. N. 2.
  946. 36 - *Müll.* fn. 632.
  - Zool. D. 1873. - *Vill.* 44.-
  Christ. p. 262.
? Cr. bicinctus F, E. S, 21. var.
. Vespa *Gm.* 117. - *Schff.* 94.
  4 & 5. - 127. 6.   * 1
varicornis Pemphr. S. P. 5.
. - F. E. S. sppl. incerti ge-
      neris.
  — Van d. Lind. . —
variabilis Schr. fn. v. Cerc.
      ornata.
- **varus** *Pz.* 62. 17. - Rev. 184.-
  Van d. Lind. 21.
venustus Rossi cf. Philanthus.
vespiformis Pz. - Lep. - V. d.L.
   v. Crabro 6 cinctus.
vespoides Rossi - Spin. v. Cerc.
     tuberculat.
vexillatus Pz - Spin. v. Thyr.
wesmaeli V. d. Lind. v. Cross.
zonatus Pz. - Spin. - Lep.
    v. Cr. 6 cinctus.
  — Van d. Lind. 11. v. Cr.
     lituratus.

Craesus.
Leach.

Nematus *Jur.* etc. - *Villaret*
'Ann. d. l. soc. Ent. de France
I. p. 303. pl. 11.

Synoyma vide sub Genere Nematus.

. laticrus foem: *Hart.* 186. -
  Villaret f. 7. - *Pz.* 64. 11. * 3
: latipes mas: *Hart.* 185. -
  Villaret f. 4. 5. 6.   * 3
- septentrionalis *Hart.* 186.
, varus foem: *Hart.* 186. -
  Villaret f. 8.   * 3

Cratomus.
Dalm. *Steph.*

- megacephalus

Cremastus.
Grav. v. Ophion.

Crocisa.
Ltr. - *Jur.*

Thyreus *Pz.*
Melecta *Ltr.* - *F.* - *Ill.* -
  Kl. - *Steph,*
Nomada *Rossi.*
. histrionica Melect. *Ill.* 10.
  F. P. 387. 4.
Nomada histrio *Rossi* fn. 930.
Nom. scutellaris *Pz.* 32 7. -
  F. E. S. 346. 2.
Thyreus scut. *Pz.* Rev. p. 264.
Apis scut. *Vill.* 67.   * 4

Crossocerus.
Lepell.

Crabro Van d. Lind, F. etc.

: populi *Hart.* 223. -. *Pz.* fn.
  164. 24.   * 3

Cryptocheilus.
Kl. Pz. ; *Stph.* v. Pompil.

Crypturus.
Grav. v. Ichneumon.

Crypturus.
Lamarck : Ichneumones varii.

Cryptus.
Jur. v. Hylotoma.

Cryptus.
Grav. 2. p. 407. - *Stph.* - *F. P.*
   Subgenera :

Baryceros ; *Cryptus* ; *Hemiteles* ; *Hoplismenus* ; *Ischnoceros* ; *Mesochorus* ; *Mesostenus* ; *Nematopodius* ; *Pezomachus* ; *Phygadeuon* ; *Phytodietus* ; *Plectiscus.*

. Pez. abbreviator Crypt. F.
  Pz. 71. 17.   * 3
- (abdominalis *Fabr.*) . ?
. Phyg. abdominator   * 0
- Pez. aberrans
  Pez. acarorum Cr. F. - ? *Pz.*
  109. 10.
- adustus
- aereus
- Hem. aestivalis
  (affinis *Fabr.*)   ?
- Phyg. afflictor
. Pez. agilis Cr. F.   * 1
- Mesoch. alarius
. albatorius .   * 2
: Hop. albifrons   Bav. 3
. Mesost. albinotatus   * 2
- Hop. albinus
- Pl. albipalpus

- albolineatus
- albovinctus
- albulatorius
- alternator.
  alvearius *F.* cf. Microgaster
        .alv. & Rog. testaceus.
. Phyg. ambiguus   . * 1
- amoenus
. analis .   .* 1
  anator *Pabr.* v. Ichneumon.
. anatorius   Bav. 3
- (annulator *Fabr.*)   ?
  aphidium *F.* v. Aphid. varius.
- apicalis
. apparitorius   * 2
. Hem. areator *Pz.* 94. 14. * 2
- Hem. argentatus
- (armator *Fabr.*) .   ?
- armatorius
- Phyg. arridens .
- arrogans
. assertorius   * 2
: Phyg. assimilis   * 2
- Phyt. astutus
. aterrimus   * 3
- Pez. atricapillus
: atripes .   * 2
: attentorius   * 3
  augustus *Dalm.* Anal. 1. 97.
- austriacus   '
- Phyg. basizonus
- Hem. biannulatus
- bicingulatus
- Pez. bicolor
- Hem. bicolorinus
- Hopl. bidentatus
- Phyg. bifrons
- biguttatus
- bilincatus
- bimaculatus
- Phyg. binotatus
. bitinctus   * 1
- bivinctus
- Phyt. blandns
  bombycis Boud. Annal. d. l.
     Soc. Ent. 1836. p. 357. pl. 8.
- Pez. Bonellii.

- brachycentrus (. it r
- Pez. brachypterus, !1
. brachyurus · · * 1
+ brevicornis
- Phyg. brevis · ·
- Hem. breviventris'·
- Phyg. calceolatus·
- calescens*
- Phyt. caligatus
- Phyg. caliginosus
  carbonator Gr. Uebers; v.
     Polysphincta.
. carinatus m. * 1
. carnifex * 3
- Phyg. cephalotes
- Phyg. cerinostomus
- Hem. chionops·
- Hem. chrysopygus
- Phyt. chrysostomus /
: cinctorius * 3
  cinctus Fabr. cf. Hemiteles
     bicolorinus.
. Hem. cingulator * 2
  clavatus Pz. v. Spbathius.
- Phyg. cnemargus
- coarctatus
- Pl. collaris
- Mesost. compressicornis
: confector · * 1
- Hem. conformis ·
- congruens
  constrictor Fabr. v. Cryptus
     minutorius.
- Hem. contaminatus
. contractus * 2
- Phyt. corvinus
. Phyt. coryphaeus * 3
- Hop. cothurnatus
- Hem. crassicornis
- Phyg. cretatus
- Pez. cursitans Pz. 109. 9.
- cursitans·Fabr.
  curvator Fabr. v. Exochus.
. Phyg. curvus · * 0
. cyanator, * 3
  debellator Fabr. v. Alomya.
- Hem. decipiens :

- Phyg. desertor }
- (destructorius Fabr.) ?
. Dianae. · * 1
- Phyg. diaphanus
: Phyg. digitatus · * 3
- Hop. dimidiatus
- Phyg. discedens
- Hem. dissimilis
- Hem. dorsalis
- Pez. dromicus ·
  dubitator Fabr. v. Acoenites.
  dubitorius Fabr. ?
- Hem. dubius
- Phyg. dumetorum
- (edictorius Fabr.) ?
- effeminatus
- Hop. errabundus
. Phyt. errabundus * 3
: erythrinus · * 2
- Phyg. erythrogaster
- erythropus :
- Phyg. erythrostictus
- Pl. erythrostoma 1
- Pez. Esenbeckii
  examinator Fabr. v. Pimpla.
- Phyg. excelsus
- Phyg. exiguus
- Phyg. facialis
. Pez. fasciatns. Crypt. F.
  Pz. 79. 14. * 1
. femoralis * 2
- Pez. festinans Crypt. F.
- fibulatus
- (firmator Fabr.) ?
- flagitator Pz. 94. 13.
- Phyg. flaveolatus
- Phyg. flavimanus
- Pl. flavopictus
- Hem. floricolator
- Pez. formicarius Cr. F.
  formicatus Fabr. ?
- N. formosus
- fortipes
- Hem. fragilis
: fugitivus * 2
- Hem. fulvipes
- Pez. fulveolatus

8

. minutorius *Pz.* 84. 14. * 2
- Hem. modestus
- Hop. moestus
- Hem. monospilus
- Hem. monozonius
- montanús
- moschator
  mutillarius Fabr. v. Spathius
  clavatus.
- nanus
- Hem. necator Cr. F.
- Phyt. niger
: nigripes * 2
- Phyg. nigrita
- Pez. nigrocinctus *Pz.* 81.
  13.
- Phyg. nitidus
- Mesost. niveatus
- Mesost. notatus
. nubeculatus * 2
. Mesoch. nuncupator *Pz.*
  79. 13. * 2
- Phyg. nycthemerus
: obfuscator * 3
- Mesost. obnoxius
. obscurus * 1
- occisor
  oculatorius Fabr. v. Pimpla.
- opisoleucus
- Hem. orbiculatus
- Hopl. orbitatus * 2
: ornatus * 2
: Phyg. ovatus * 2
. Phyg. oviventris * 2
  ovulorum F. P. v. Teleas Lin.
- Hem. oxyphymus
- Pl. pallipes
- Hem. palpator
: Phyg. parviventris Bav. 3
- parvulus
- Pez. pedestris Cr. F.
- Pez. pedicularius Cr. F.
  Pz. 81. 13.
- pelinocheirus
- pellucidator
. peregrinator * 1
- perfusor *Pz.* 76. 21.

. Hop. perniciosus * 1
. perspicillator * 2
- Hem. picipes
- Hem. pictipes
- Hop. pictus
. Phyg. plagiator * 2
- Phyt. plantarius
- Phyg. podagricus
- Mesoch. politus
  praecatorius Fabr. v. Xorides.
- praedator
. Phyg. procerus * 1
. Phyg. profligator Cr. F. * 0
- Hem. pulchellus
- Pez. pulicarius Cr. F. - *Pz.*
  84. 15.
: pullator * 2
: Phyg. pumilio * 2
- (punctorius *Fabr.*)
- pungens
- pygoleucus
. Mesost. pygostolus * 3
- quadriannulatus
: quadriguttatus 3
. quadrilineatus 2
. Phyg. quadrispinus * 2
- (recreator *Fabr.*) ?
  reluctator Fabr. v. Echthrus.
- restaurator *Fabr.* ?
- Hem. ridibundus
  roborator Fabr. v. Pimpla.
- Hem. rubiginosus
: Hem. ruficollis * 2
- ruficornis
- Phyg. rufinus
- rufipes
. rufiventris
  Hem. rufocinctus
: rufulus * 2
- Phyg. rugulosus
  ruspator Fabr. Gr. v. Helcon.
. I. rusticus * 4
- sanguinolentus
- Hem. scrupulosus
  Mesoch. scutellatus
- Phyg. sectator
- seductorius

8 *

- sedulus
: Phyt. segmentator * 3
- Phyg. semjorbitatus
- Phyg. senilis
- Phyg. sericans
- sexannulatus
- (signatorius *Fabr.*) ?
: Hem. similis * 2
- Hem. sordipes
- spectator
- Phyg. speculator
- Phyg. sperator
- Phyg. Spinolae
. spinosus * 2
- spiralis
: Mesoch. splendidulus * 2
: sponsor Bav. 3
- stenogaster
- Pez. Stevenii
sticticus Fabr. v. Mesoleptus.
. stomaticus * 2
- subcinctus
- subguttatus
- subpetiolatus
- Phyg. subtilis
- Pez. subzonatus
. Pez. sudeticus
. tarsoleucus * 3
- Hem. tenebricosus
- Phyg. teneriventris
- Hem. tenerrimus
- Hem. tenuicornis
- Phyg. tenuipes
- tenuis
- Phyg. terminatus
- Mesoch. testaceus
- Mesoch. thoracicus
- tibiator
- tinctorius
- Mesoch. tipularius
. titillator * 1
: Mesost. transfuga * 3
: Phyg. triannulatus Bav. 3
- tricinctus
. tricolor * 2
- triguttatus
- (tripunctator *Fabr.*) ?

- Hem. tristator
- Phyg. troglodytes
- tuberculatus
turionellae ,Fabr. v. Pimpla.
- tyrannus
— *Dalm.* Annal., p. 97.
umbratus Fabr. cf. Hemiteles.
- Hop. ungulatus
- unicinctus
- Hop. uniguttatus
. Phyg. vagabundus * 0
- Phyg. vagans
- Pez. vagans
. Phyg. variabilis * 2
variatorius Fabr. v. Pimpla
flavicans.
- varicolor
- Hem. varicornis
- Phyg. varipes
- Hem. varitarsus
varius Gr. Uebers. v. Pimpla
flavicans.
- Hem. vicinus
. viduatorius
- volubilis
: Pez. vulpinus
- Pl. zonatus

Cynips.

L. Scop. Deg. Schr. F. Vill.
Ross. Chr. Ill. Pz. Westw.
Steph. p. 402. - *Jur.* p. 284.
Pz. Rev. p. 92. - *Walck.* - *Spin.*
Diplolepis *Geoff.* - *Ltr.* gen.
4. 18. - Cons. g. 409. *Oliv.*
(Species hujus generis a me
perparum disquisitae.)
aceris *Schr.* fn. 1970.
acuta *Boy.* var: b. 'v. Pterom.
dubius.
, — — var. c. v. Pter.
tibialis.
— — var. a. v. Pter.
varians.
adonidum .*Ross.* . v. Euryt.
plumata.

117

adscendens *F.* v. Eucharis.
aenea *Boy.* cf. Tor. obsoletus.
affinis *Boy.* v. Tor. caudatus.
agrotis *Boy.* cf. Encyrt. chalconat.
amerinae *F. P.* 17.
aptera *F. P.* 23. - *Spin.* 1. 61.
armata *Spin.* v. Chalcis.
aterrima *Schr.* cf. Euryt. abrot.
atomos *Boy.* v. Myina.
attenuata *Ltr.* - *Spin.* 2.161.
aurata *Pz.* v. Perilamp.
— Enc. *Meth.* - *Boy.* v. Tor. muscar.
bedeguaris *Ltr.* - *Boy.* v. Tor.
bifasciata *Boy.* cf. Pterom.
binotata *Boy.* cf. Chrysolamp.
bombycum *Boy.* v. Chrysolamp. tristis.
brevicornis *Pz.* (Diplol. *Spin.*) v. Eulophus.
capreae *L.-F.P.* v. Tor. nigric.
— *Boy.* v. Pter. pupar.
chermis *Boy.* v. Pterom.
compressa *F.* v. Euryt. plumata.
cyanea *Boy.* cf. Tor. nigric.
diffinis *Boy.* cf. Siph. variolosa.
dorsalis *Ltr.* v. Tor.
— *Boy.* v. Tor. stigma.
ediogaster *Ross. Pz.* v. Figites.
erythrocephala *Jur.* pl. 12. gen. 40. cf. Figit. ruficornis *Spin.*
eucharoides *Dalm.* anal. p. 95.
fagi *F. P.* 13. - *Schr.* En. 640. - fn. 1977. - Reaum. 3. 2. 225. t. 38. f. 7-18.
fasciata v. Tor.
fungosa Enc. meth. - *Boy.* v. Pterom.
? gemmarum *Boy.* v. Pter? gem.
glechomae *F. P.* 2. - *Jur.* - *L.* fn. 1520. - Reaum. 3. 2. p. 239. t. 42. f. 1-6. - *Malpighi* opp. 2. 22. t. 9. f. 24. - *Sch.* fn. 1974.

ichneumonis *Schr.* fn. 1979. - *Geoff.* 2. 305. n. 26. - *Goeze* Naturf. 12. 210.
italica *F. P.* v. Perilamp.
larvarum *Ltr.* v. Euloph.
longipennis *F. P.* 21.
megacephala *F. E. S.* v. Perilamp.
megaptera *Pz.* 79. 7. - Rev. 92.
nigra *Boy.* v. Pterom.
nitidula - *Dalm.* anal. p. 96.
obsoleta *Ltr.* v. Tor.
? oetosporifex *Schr.* fn. 1965. - Reaum. 3. 2. 191. t. 42. f. 8. - 10.
Cyn. inoculatus *Kühn* Naturf. 17. 219. - *Malpighi* 2. 20. t. 7. f. 15. - *Plant.* anat. 2. 2. 25.
oxyacanthae *Schr.* fn. 1978.
plumata *Rossi* v. Euryt.
phragmitis *Schr.* v. Diapr. conica.
potentillae *N.*
psenes *F. P.*
punctata Enc. meth. - *Boy.* cf. Tor. obsolet.
puparum *Boy.* v. Pterom.
purpurascens *Boy.* v. Tor. aurulentus.
quadrum *Boy.* v. Cleonym.
quercus calycis *Schr.* fn. 1969. - *Burgsdorf* Schrift. d. Berl. Gesells. 4. 1. t. 1. 2.
quercus baccarum *F. P.* - *Jur.* - *Sp.* 2. 158. - *Schr.* fn. 1964.
— corticis *L.* fn. 1526. - *Schr.* fn. 1968. - *Bergmann* schwed. Abh. 1761. 140.
— folii *F. P.* 4. 4. - *Jur. Pz.* 88. 11. Rev. 92. - *Roes.* 3. t. 55. f. 10. 11. - *Spin.* 2. 158.
— gemmae *L.* 919.
— ilicis *F. P.* 10.
— inferus *F. P.* 5. - *Pz.* 88.

~ 12.-Rev. 92.-*Jur.-Sp.*1. 61.
— pedunculi *F. P.* 7.
— petioli F. P. 6.₁-L. fn.
,1523.- - *Schr.* fu. 1966.
— radicis F. P. 11. -Jur.
— ramuli F. P. 8.-*Boy.* d.
) Fonsc. - *Schr.* fn. 1967.
        v. Pteromalus.
— surculi *Schr.*,-*Sp.* 2, 158.
— terminalis F. P. 12. *Pz.*
.88. 13. - Rev. 93. - *Jur.*.
— tojae F. P. 9. -*Jur.* - *Sp.*
,.2. 158.
:rosae F. P. 1. - *Jur.* - *Sp.*
1. 61. - *Pz.* 95. 12.
rosae *Schr.* fn. 1926.-Reaum.
   3. 2. 243. 251. t. 46. f. 1-
7 & tab. 47.
rotundata Boy. v. Pterom.
rubi *Schr.* En. 646.-fn. 1975.
.-Reaum. .3. 2. t. 36. f. 1-15.
rufa Boy. v. Chrysolamp.
ruficornis F. - *Spin.* 2. 24.
        v. Perilamp. violac.
rufipes F. P. 22.
salicis *Schr.* fn. 1971.-Roes.
, 2. 47. t. 10. f. 1-4.
salicis strobili F. P. 16. -
L. fn. 1532.-*Schr.* fn. 1973.
saphirina Boy. v. Tor.
scutellaris Ross. -*Sp.* 2. 165.
serratulae F. P. v. Euryt. plu-
            mata.
  sec Spin. Figit. abbreviator.
stigma Boy. v. Tor. ater.
sycomori F. P. 20.
thaumacera *Dalm.* anal.
p. 96.
tiliae Schr. fn. 197⁸. -Reaum.
· 3. 2. 306. t. 34. f. 9.
truncata Boy. cf. Tor.
tubulosa Boy. v. Siph. bre-
          vicauda.
ventralis Boy. v. Tor. conjunct.
viminalis F. P. 14. - *Schr.*
. fn. 1972. - *Roes.* 2. 51. t. 10.
⊣ f. 5-7.

Vespa L. fn. 1529.
viridis Boy. v. Tor. difficilis.

Cynips-Ichneumon.

Christ. generis dubii.

Cyphona.

Dahlb. v. Schizocera.

Dasypoda.

Ltr. - *Walck.-F.*.- *Pz.* - *Ill.*
    -*Spin.* - *Kl.* - *Stph.*
Megilla *F.*
Andrena *Ross.*
Apis *Chr.*
Melitta *Kirb.*
Trachusa *Jur.*

- argentata foem: *Pz.* 107. 15.
              Boruss. 4
Banksiana Ill. v. Panurgus.
- discincta *Ill.* 11.- *Ltr.* gen.
Andrena *Rossi* fn. 345. 4. 901.
  t. 4. fig. L.
Mas: Andr. Visnaga *Rossi* fn.
   897.
  Andr. hirsuta *F. E. S.* 2. 312.
   23.   Ital. 4
- cinguluta *Erichs. Waltl.*
  Reise p. 105. , Hisp. 4
fulvipes Ill. , v. Macropis labiata mas:
hirta F. P. v. hirtipes.
. hirtipes *F. P.* 395. 1. (excl.
  Rossi) *Spin.* 1. 125. 1. -
  Ltr. hist. & gen.
Apis Swammerdammella *K.*
  .111.
Mas: Das. hirta F. P. 2.
Audrena *F. E S.* 24.
Apis farfarisequa *P.* 55. 14.
Foem: Das. hirtipes F. P. 1.
Andr. plumipes *Pz.* 46. 16.
— succincta *Pz.* 7. 10.
Swamm. Bibl. t. 26. f. 7. -
  Schff. 32. 5. ,   * 3

labiata *Ill.* v. Macropis lab. ☿
Linneella *Ill.* v. Panurgus.
lobata *Ill.* v. Panurgus.
: plumipes *Pz.* 99. 15. - *Ltr.*
   gen. *Christ.* t. 13. f. 4 & 1?
                  Bavar. 4
ursina   v. Panurgus.

_____

Decatoma *Spin.*

adonidum *Sp.* v. Eurycera
            plumata.
. *metallica* *Sp.* cf. Euryt. aenea.

_____

Diapria.

Ltr. Precis. - Hist. nat. - gen.
   4. 36. - Consid. gen. 428. -
   Steph. - v. *Herrich - Schaef-*
   fer in Panzer Dtschl. Ins.
   Heft 157.
Psilus *Jur.* t. 13. gen. 48. -
   Pz. Rev. - *Spin.*
Chalcis *F.*
Ichneumon *F.*, *Vill.* *Ross.*
   Christ.
Cynips *Geoff.*, *Schr.* *Ol.*
Species mihi ignotae forsan Rha-
   codiae, Chlidoniae, Anisop-
   terae aut Entomiae; species
   collectionis meae omnes Ratisbonae inventae. (*).
- antennata
: aptera m.   2
- brachialis
: brevicornis   2
- brunnipes
   Cecidomyiarum *Bouch.* cf.
   Euloph. ater.
: conica   2
- cornuta
- dispar
. elegans   0
. filicornis m.   3
- nervosa
. nigra   1
: parvula   2
- petiolaris

. picicornis   0
. picipes   1
- radialis
- rufiscapa
- sericeicornis
- striolata
. suspecta   0
verticillata *Latr.* v. elegans.

_____

Dichroa.

Ill. *Klug.*

Nomada *F.* - Andrena *Ltr.* Hist.
   - *Oliv.* - *Walck.* - *Pz.* - *Jur.* -
   Spin.
Melitta ** a *Kirb.* - Sphecodes
   Ltr. gen.
Sphex *L.* - *Vill.* - *Ross.*
Apis *Geoff.* - *Schff.* - *Scop.*
   Schr. - *Vill.* - *Chr.*
Proapis *Deg.*
. analis *Ill.* 1.
   Sphecodes gibbus *Ltr.* gen.
   p. 153. - Hist. tom. 13. p.
   368.
   Mel. gibba *Kirb.* 7.
   Nomada gibb. *F. P.* 13. - *E.*
   S. 12. - *Gmel.* 202. - *Vill.*
   68. - *Rossi* Mant. 325.
   Tiphia rufiventris *Pz.* 53. 4.
   Apis rufescens *Fourc.* 17.
   ? Nomada succincta *Scop.*
   ann. 4. p. 45. 2.
   Apis gibba *Christ.* p. 183. t.
   15. f. 3.
   Geoff. 2. 415. 17.
   Deg. 2. 2. p. 755. t. 32. f. 6.
   Reaum. 6. p. 96. t. 9. f. 4-7. * 1
: asphaltina m. mas: Austr. 3
   divisa *Ill.* 6. Melitta *K.* 12.
                  v. Geoffrella.
. *ferruginea* *Ill.* 8.
   Andr. *Ol.* Enc. IV. 139. 32.
   Eur. merid. Lusit.
- fuscipennis *Klug.* Germar
   faun. 5. 18.   2
. Geoffrella *Ill.* 2. Melitta

K. 8. t. 15. f. 5. (Geoff. 2.
416. 17. quod Ltr. dubitat.)
Mas: divisa K. 12. *Ill.* 6.
Andr. minuta F. P. 26. *1
. gibba *Ill.* 3. Sphex *L. S.*
N. 33. - *Gmel.* 33. - fn. 1658.
Vill. 40.
Melitta sphecoides *Kirb.* 9.
(exclus. cit. Pomp. gibbi F.)
Apis rufa *Christ.* p. 201. t.
17. f. 12. vix div. ab anali *2
. monilicornis *Ill.* 4.
Melitta *Kirb.* 10. t. 15. f. 6.
(non 1. fig. 6.)
Mel. picea *K.* 11. *Ill.* 5 *2
. nodicornis m. Austr. 3
: ovata m. mas: *3
picea *Ill.* 5. Melitta *K.* 11.
v. monilicornis.
- ruficrus *Erichs Wältl* Reise
p. 101. Hisp. 4.

Dimorpha.

Jur. v. Astata.
abdominalis *Pz.* Rev. *Jur.*
v. Ast. boops.

Dinetus.

Jur. - *Pz.* - *Ltr.* - *Van d. L.*
Steph.
Pompilus *F.*
Crabro *Rossi.*
Larra *Spin.*
. pictus *Van d. Lind.* 2. 26.
1. - *Jur.* 209. pl. 11. gen.
26. foem. - *Pz.* Rev. 193.-
Ltr. gen. 73. - Nouv. dict.
ed. 2. 9. 471. - Guer. Dict.
5. 515.
Larra *Ltr.* hist. 13. 296. -
Spin. 1. 73. 4. - *Lamarck*
4. 118. 4.
Pompilus *F. P.* 44. mas.
— guttatus *F. E. S.* sppl.
252. 34. - *S. P.* 45. foem.

Sphex guttata *F. E. S.* 215.
72. foem.,
Crabro ceraunius *Rossi* Mant.
2, app. 123. 111. foem. ;
— pictus *F. E. S.* 20. mas.-
Pz. 17. 19. mas. - 72. 10.
foem. *2

Dineura.

Synonyma vide sub gen. Tenthredo.
Subgenera Dineura. Mesoneura
Hart.
: alni *Hart.* 228. *4
- despecta *Hart.* 228. 3
. geerii *Hart.* 227. Saxon. 3
: opaca *Hart.* *3
- pallipes *Hart.* 230. 3
. parvula *Hart.* 228. *2
: rufa *Hart.* 228. *4
- stilata *Hart.* 227. 3
- testaceipes *Hart.* 227. 3

Diphadnus.

Hart. (Subg. generis Nematus.)
fuscicornis *Hart.* 225.
hemineura *Hart.* 226.
nigricornis *Hart.* 226.

Diplolepis.

Spin. v. Pteromalinos.
Latr. - *Geoff.* - *Leach.* v. Cynips.
adonidum *Spin.* v. Euryt. plumata.
albicauda v. Eupelm. annulat.
annulata *Spin.* v. Torym.
Aphidis *Bouch.* v. Pterom.
aurata *Panz.* v. Perilamp.
Bedeguaris *Fabr.* v. Torym.
bicolorata *Spin.* v. Cleonym.
Braconidis *Bouch.* v. Pterom.
larvar.
brevicauda *Spin.* v. Tor. diffic.
brevicornis *Spin.* v. Euloph.
calcarata *Spin.* v. Torym.

Chrysis Fabr... v. **Torym.**
corusca Grav. v. Pt. **varians.**
crassipes Spin. cf. Tor. **chrys.**
cuprea Spin. v. **Tor.**
curculionides Bouch. cf. Pter.
      senicul.
cyanea Fabr. v. Chrysolamp.
      splendid.
Cynipedis Spin. 62. Fabr. v.Pt.
depressa Fabr. v. Cleonym.
dorsalis Fabr. v. Tor.
flavicornis Spin. v. Pterom.
fuliginosa Spin. v. Tor.
gallarum Fabr. v. Euloph.
italica Fabr. 50. v. Peril.
Juniperi Fabr. v. Tor. caudat.
larvarum Spin. v. Pterom.
lateralis Spin. v. Elachesta.
longicauda Sp. v. Tor. caudat.
megacephala F. v. Perilamp.
Microgastri Bouch. v. Pterom.
minuta Spin. v. Pterom.
nigricornis Fabr. v. Tor.
obsoleta Fabr. v. Tor.
pallicornis Sp. v. Chrysolamp.
pallipes Spin. v. Pterom.
Patellana Dalm. v. Phacostom.
pectinicornis Fabr. v. Euloph.
pedunculiventris Sp. v. Chrys.
petiolata Spin. v. Elachest.
puparum Swed. v. Pterom.
purpurascens Fabr. v. Tor.
quadrum Fabr. v. Cleonym.
ramicornis Fabr. v. Euloph.
rufescens Spin. v. Euloph.
ruficornis Fabr. v. Perilamp.
      violac.
secalis L. F.
splendidula Spin. v. Chrysol.
sphegum F. S. P.
Stigma Fabr. v. Tor.
subcutaneus L. F.
varians Spin. v. Pterom. &
      Pt. cupr.
vesicularis Spin. v. Eupelm.
      Geerii.

verticillata Fabr. v. Euryt.
violacea Fabr. v. Perilamp.

Diplozon.
Nees cf. Bassus calculator.

Diprion.
Schr. v. Lophyrus & Tarpa.

Dirrhinus.
Nees 2. 34. - *Dalm.* act. holm.
1. 1818. 1. p. 76. - 1821. p.
133. - Pterom. su. - Analect.
p. 29. t. 2. f. C. 1-6.
Chalcis *Ross. Jur. Ltr. Sp.*
Chrysis *Ill.*
- hesperidum *Nees* l. c.
Chalcis *Rossi* fn. app. 100.
   t. 7. f. D. foem.
Chrysis *Ill., Ross.* n. 832.
Chalcis cornigera *Jur.* p. 315.
   t. 13. gen. 47. Ltr. gen. -
   Spin. Ins. 3. p. 164. mas.
      Ital. 5

Discoelius.
Ltr. gen. 4. 140. Latr. Consid.
   gen. 502.
- zonalis *Pz.* - Ltr. gen.
   Vesp. *Pz.* 81. 18. foem.
   Eumenes *Spin.* 2. 190. mas * 3

Dolerus.
Jur. - *Klug.* - *Pz.* - *Lep.* - *Stph.*
   Tenthredo L. F. Pz. etc.
   Dosytheus Leach.
   Subgenus Pelmatopus *Hart.*
abdominalis Lep. v. Emph.
abietis Lep. 368. exclus. cit. *Pz.*
   foem: v. dubius. mas : v. ti-
      midus.
- aeneus *Hart.* 241. * 2
- antica foem: *Kl.* 219. - *Hart.*
   232. - *Pz.* 147. 16.

. palustris *Kl.* 222. - *Pz.* 147.
19. 20. - *Hart.* 233. ...* 1
: parallelus m. foem. * 3
. picipes *Kl.* 237. *Hart.* 235.* 1
- plaga *Kl.* 243. - *Hart.* 236. 3
- planatus *Hart.* 244. 3
pusillus Lep. v. *Emph.*
. *rufipes Lep.* 369. v. vestigialis.
. *rufus Lep.* v. Emph.
: sanguinicollis *Kl.* 240. -
: *Hart.* 236. 1. 3
- saxatilis *Hart.* 233. - 3
testaceipes Lep. v. Emph.
- thoracicus *Kl.* 239. - *Hart.*
236. 3
:tibialis *Lep.* v. Emph.
. timidus *Kl.* 229. - T. pavida
: *F. E. S.* 40. descript. *Hart.*
234.
D. abietis mas. *Lep.* 368. -
Pz. 65. 3.
. D. cothurnatus Lep. 366.
T. abietis L. fn. 1545. - S.
N. 48. sine dub. * 2
togatus Lep. v. Emph.
: tremula *Kl.* 227. - *P.* 147.
23. - *Hart.* 234. an mas. ad
triplicatum.
D. dimidiatus Lep. 363. 2
trimaculatus Lep. 358. v. triplicatus.
: triplicatus foem: *Kl.* 221. -
Hart. 232. 2
: tristis *Kl.* 231. in Wied. Mg.
p. 84. - *Lep.* 367. - Tenthr.
F. P. 50. - *Pz.* 98. 11. - Rev.
p. 41. - *Hart.* 235. 3
: uliginosus *Kl.* 223. *H.* 233. 2
- varispinus *Hart.* 239. 3
varipes Lep. v. Emph.
. vestigialis *Kl.* 242. *Hart.*
216.
. D. rufipes *Lep.* 369.
T. erythrogona *Schr.* fn. 2029.
var. c. * 1
vicinus Lep. v. Emph.

Dolichurus.

Ltr. - *Leach!* - *Steph.* - *Van
d. Lind.*
Pompili, *Spin.* Pison *Jur.*
- ater *Van d. Lind.* 1. 95. 1.
- *Ltr.* gen. 4. p. 387. - *Leach.*
E. E. 9. 150.
. Pomp. corniculus *Spin.* 2. 52.
Pison ater Ltr. gen. 58. * 5

Dosythea.

Leach. - *Stph.* v. Dolerus.

Dryinus.

Nees 2. 370. - *Ltr.* gen. 4. 39.
- Cons. g. 432. Hist. nat. -
. *Stph.* - *Dalm.* Anal. - Lam.
Gonatopus *Dalm.*:
? Bethylus *F.*
atratus Dalm. v. Aphelopus.
- basalis *Dalm.*
- brachycerus *Dalm.*
: brevicornis *Dalm.* * 3
- collaris *Dalm.* -
collaris var: β. *major Dalm.*
v. dorsalis.
. clypeatus m. * 3
: dorsalis *, 4
: ephippiger *Dalm.* Aust. 4
: flavicornis *Dalm.* * 4
formicarius Dalm. v. Gonat.
pedestris.
: frontalis *Dalm.* * 4
. fuscicornis *Dalm.* * 2
: laevifrons m. * 4
: longicornis *Dalm.* * 4
lunatus Spin. v. Gon. formic.
melaleucus Dalm. v. Aphelop.
: ruficeps m. * 4
- ruficornis *Dalm.*
- tenuicornis *Dalm.*

Dryphus (?)

v. Corynopus.

Echthrus.

' *Grav.* 'v. Xorides. .•,

Ectroma.

Westw. Nees 2. 420.
. rufescens *Nees* l.c.-*Westw.*
Phil. Mag. III. n. VI. 1833.
Nov. p. 344. .
Eupelmus *Dalm. Nees.* * 4

Elachestus.

Nees 2. 135. - *Spin.* Class.
Microterus *Spin.* Class.
Diplolepis *Spin.* Ins. Lig.
Eulophus *Ltr.*
Entedon *Dalm.*
Species collectionis meae non-
dum rite examinatae.
abdominalis Spin. cf. fusci-
ventris.

albipes
albiscapus
albiventris
chlorocephalus
?coerulescens
costalis
cothurnatus
crasssicornis
fenestratus
fusciventris
gradualis
inunctus
lateralis
orbicularis
pallipes
petiolatus
subauratus
tardulus
viridis

Elasmus.

Westw. Phil. Mag. III. 17. Nov.
1833. p. 343. *Nees* 2. 432.
Eulophus *Boy.* d.\Fonsc.
- flabellatus *Westw.* l. c.

Eulophus *Boyer* excl. synon. 3

Elampus.

Spin. Steph.

Hedychrum *Pz.*
. aeneus (Omalus) *Pz.* 51. 7.
85. 13. - Chrys. *F. S. P.*
175. 24. - *E. S.* 17.
idem? nitidus *Pz.* 97. 17. * 2
. auratus (Chrys.) *Pz.* 51. 8.
F. P. 25. - *E. S.* 18. - *L.*
S. N. 4. - fn. 1666., - *Schff.*
ic. 42. 5. 6.
Hedychr. *Shuk.* * 2
- bidentatus Hedychr. *Shuk.*
Angl. 2
. dichrous m. * 3
. laetus m. * 2
. nanus m. * 3
nitidus (Omalus) *Pz.* 97. 17-
cf. aeneus.
. Panzeri *Spin.* I. 10. - *Leach.*
E. E. 9. 146. - *Shuk.*
Chrys. *F. P.* p. 172.
Hed. spina Lep. 38. 121. f. 2. 3.
Chrys. scutellaris *Pz.* 51. 11. *2
. pusillus *F. P.* Chrys. 33. *3
- roseus (Hedychr. *Shuk.*)
Angl. 2
. violaceus m. * 3

Elis.

F. v. Myzine & Scolia.
Kl. v. Myzine.

cylindrica F. P. - *Kl.* v. Myzine 6 fasc.
interrupta F. P. v. Scolia.
quindecimpunctata Kl. v. My-
quinquecincta Spin. v. Scol.
volvulus F. P. - *Ill. Ross. Kl.*
v. Myzine 6 fasc.

Emphytus.

Klug. Hart. Steph.

Deg. II. 2. p. 467. n. 8. pl.
.35. f. 14 - 18.　　　, * 2
rufus (Dol.) Lep. 341. v.
　　··Tenthr. rufa.
:- serotinus *Kl.* 215. mas &
'foem. - *Hart.* 252.　　3
: succinctus *Kl.* 193. - *P.*
　147. 1. - *Hart.* 247.
　Foem: T. togata *Pz.* 82.' 12.
　Rev. p. 44. - Dol. tog. Lep.
　.340. - *Lesk.* n. 106.' - T.
　ferruginea *Gmel.* n. 123. * 3
testaceipes L. 351. v. didymus.
. tibialis *Kl.* 209. - *P.* 147.
　12. - (Dol.) Lep. 348. - *Hart.*
　251. - Tenthr. *Pz.* 62. 11. -
　Rev. p. 144. mas & foem.
　T. varicornis Lep. 407. *Gmel.*
　119' - *Lesk.* 103.　' * 0
. togatus *Kl.* 195. in Wied.
　Mg. p. 77. T. braccata *Gmel.*
　- Tenthr. *F. P.* n. 15. - *P.*
　147. 3. - *Hart.* 248.
　Dol. cingulatus Lep. 243. ♀ * 2
　— Lep. *Pz.* v. succinctus.
- truncatus *Kl.* 198. foem. -
　Hart. 249.
　? T. tenuis Lep. 383. T. cingu-
　lata *Scop.* 726. *Vill.* 69. 3
- ustus *Kl.* 214. foem. - *Hart.*
　falso cistus 252.　　3
varipes Lep. 349. v. cinctus ♀.
. vicinus Lep. (Dol.) 347.
　(♂ dubius) *Pz.* 144. 24. * 3
. viennensis *Kl.* 192. - *Pz.*
　' 144. 17. - *Hart.* 247.
. Tenthr. *Schr.* En. 666. fn.
　2031. foem.　　' * 3
- xanthopyga *Kl.* 206. - *Hart.*
　251.　　　3

　　　———

，　Encyrtus.

Nees 2. 193. - *Ltr.* gen. 4. 31. -
　Cons. g. 421. - *Spin.* Class.
　1 - Dalm. act. holm. 1820, p. 147.
　t. '8. f. 57 - 63. II. p. 340. -

.Pter. suec. p. 23 - 84.' - *Stph.*
Pteromalus *Fall. Swed.*
Mira *Schell.* . . . . .
Ichneumon *Ross, F. Frisch.*
Chrysis *Rossi.* . . .
? Cleptes *F.*
: abbreviatus m. '　　* 3
: aeneus *Dalm.*　　' * 3
- aeruginosus *Dalm.*
- aestivus *Dalm.*
- ambiguus
- apicalis *Dalm.* '
- atricollis *Dalm.*
- barbarus *Dalm.*
: basalis m.　　* 3
: bicolor m.　　* 3
- brevicornis *Dalm.*
- chalconotus *Dalm.* -
. chalcostomus *Dalm.* * 3
- chlorinus *Dalm.*
: clavellatus *Dalm.*　* 3
. clavicornis *Dalm.*　* 2
- coeruleus B. de F.
- cyanellus *Dalm.*
- cyaneus *Dalm.*
- cyanifrons *Dalm.*
- cyanocephalus *Dalm.*
: duplicatus　　* 3
elegans Dalm.　v. Cleonym.
: elegantulus m.　　* 3
- ferrugineus
- filicornis *Dalm.*
- flagellaris *Dalm.*
: flaminius *Dalm.*　　* 3
- flaviceps
- flavipes
: fulvipes m.　　* 3
- fuscicollis *Dalm.*
- fuscipennis *Dalm.*
- fuscipes *Dalm.*
- geniculatus *Dalm.*
- gravis
. hemipterus *Dalm.*　* 3
- herbidus *Dalm.*
- hirticornis *Dalm.*
- ineptus *Dalm.*
- *infidus* Latr.　**v. scutellaris.**

- interpunctus „Dalm.
- intersectus B. de F.
- longicornis Dalm.
; lunatus Dalm.　　 ı* 3
. lunatus. Var. β. Dalm. v. du-
　　　　　plicatus.
-‘melanacis Dalm.
- melanopterus
- misellus „Dalm.
- mitratus Dalm.
- morio Dalm.
- nobilis
- obscurus Dalm.
-, ornatus ,
- paradoxus Dalm.
- platycerus Dalm.
- punctipes Dalm.
. scutellaris Dalm.　　 * 2
- sericans Dalm.
. - sericeus Dalm.
- serratellus Dalm.
- serricornis Dalm.
. signatus
; stellatus m.　　　 * 4
; strigosus　　　　 * 3
; subapterus m.　　 * 3
. subcupratus Dalm.　 * 2
- subplanus Dalm.
; Swederi Dalm.　　 * 4
- sylvius Dalm.
- tessellatus Dalm.
- tiliaris Dalm.
; truncatellus Dalm.　 * 3
- varicornis .
. aeruginosus Var. β. Dalm.
　　　　　, v. gravis.
- vinulus Dalm.
-‘Zephyrinus Dalm.

Enicospilus.
’ ‘ Steph.
- simulator Steph. p. 352.

Entomia mihi.
. campanulata m.　　 * 4

Enneatoma.
Spin. Class? v. Eurytoma.

Entedon.
Dalm. v Eulophus.
C. Aphelinus Dalm.
abdominatus Dalm. v Myina.
bifasciatus Dalm. v. Euloph.
costalis Dalm. v. Elachestus.
pectinicornis Dalm. v. Euloph.
pellucens Dalm. v. Eul. pectin.
plumicornis Dalm. v. Eul. pen-
　　　　　 nicornis.
ramicornis Dalm. v. Euloph.
scutellaris Dalm. v. Euloph.
　　　　　 flavovar.

Epeolus. f
Steph.
Ltr. - F. - Walck. - Ill. - Jur.
Pz. - Spin. - Klug.
Apis L. Ol.- Vill. - Chr.Kirb.
Nomada F. E. S. - Pz.
. variegatus F. S. P. 388.
1. - Ltr. Ins. 3, 375. - Ill. 1.
Apis K. 36. t. 16. f. 6.
Nomada E. S. 2. 347. 5.
Apis L. S. N. 2, 957. 24.
fn. 1699.
Nomada crucigera Pz. 61. 20.
Apis muscaria Christ. 195. t.
17. f. 5.　　　　　 * 2
punctatus F. S. P. 389. 2.
　　　　 v. Phileremus.

Ephialtes.
Grav. v. Pimpla.

Epipone.
Kirb. v. Odynerus spinipes.

Eriocampa.
Hart.
Synonyma vide sub Genere
Tenthredo.

Eriops.

Kl. v. Panurgus.

Eriodorus.

Walck. v. Codrus.

Eubadizon.

Nees 1. 233.
Eubazus *Nees* Act. *Leop.* 9.
307. - Berl. Mag. 9. 214. -
Grav. Ichn. 1. p. 55. - *Her-*
rich-Schaeffer Contin. Pau-
zeri faun. fasc. 153.

Eubazus,

Nees Act. *Leop.* & Berl. Mg.
v. Eubadizon.

+ Eucera.

Ltr. - *Scop.* - *F.* - *Ol.* - *Ltr.*
- *Pz.* - *Ross.* - *Walck.* - *Spin.*
- *Kl.* - *Stph.*
Apis *L.* - *Geoff.* - *Schff.* -
Scop. - *Schr.* - *Kirb.* ** d. 1.

Lasius & Trachusa *Jur.*
Andrena *Pz.*

Andr. haemorrhoa *F. P.* **17.**
sec. *Spin?*
Apis bryorum *Schr.* en. 812.
- *Gmel.* 134. - *Vill.* 30.
malvae Ltr. v. Macroc. anten.
ruficornis F. v. Macr. anten.
tumulorum F. excl. cit. *Sulz.*
quod ad Euc. longic. v. Hylaeus.

Euceros.
Grav. v. Bassus.

Eucharis.

Nees 2. 264. - *Ltr.* gen. 4. 20.-
Consid. g. 411. - *Spin.* Ins. -
F. - *Pz.* - *Spin.* Class. - *Stph.*
Stilbula *Spin.* Class.
Cynips *Ol.* - *F.* - *Pz.*
Ichneumon *Ross.*
Chalcis *Jur.*
abrotani.Pz. v. Eurytoma.
. adscendens *Nees* 1. - *Ltr.*
hist. p. 210. - gen. - Pz. Rev.
p. 96. - F. S. P. 157 1. -
Spin. Ins. 1. p. 52. - Class.
p. 149.
Cynips *F.* Mant. - *E. S.* -
Pz. fn. 88. 10. - *Vill.* p. 77.
Ital. 3
compressa F. v. Euryt. plum.
- cyniformis N. 2. - *Ltr.* gen.
Stilbula *Spin.* Class. p. 150.
Ichneumon *Ross* Mant. I. p.
125. n. 275. II. t. 6. f. g.
Ital. 3
serratulae P. Rev. v. Eur. plum.

Euchroeus.
Ltr. Stph.
Chrysis *F.* - *Lepell.* - *Jur.*
. purpuratus *F.* (Chrys) S.
P. 12. - *E. S.* 9.
Ch. variegata *Ol?* Gallia 5
- quadratus *Shuk.* Angl. 5

Eulophus.

Nees 2. 149. - *Geoff.* - *Oliv.* -
Ltr. gen. 4. 28. - Consid. g.
416. - *Spin.* Class. - *Stph.*
Entedon Dalm. act. holm.
1820. 1. p. 136. - Pter. suec.
Pteromali *Swed. Latr. Sp.*
Diplolepis *Spin. F.*
Cleptes *F.*
Chalcis *Jur.*
Cynips *Oliv.*
Cynips-Ichneumon *Chr.*
Ichneumon *L. F.* - *Vill.* -
. *Ross.* - *Scop.* - *Schr.* - *Walck.*
Deg.
Species collectionis meae nondum rite examinatae.
abdominalis
aeneus
ater
atratulus
atrocoeruleus
bifasciatus
Blancardellae Bouch.
brevicornis
Cecidomyiarum Bouch.
cephalotes
Chrysomelae
ciliatus
coeruleus
congruens
depressus
dimidiatus
discolor
emicans
ericae *Dufour* Ann. d. l.
Soct. Ent. 1837. p. 91.
Eurytomae
Evonymellae Bouch.
exiguus
flabellatus B. de F. v. Elasmus.
flavo-varius ' (Coccopha-
gus Westw.)
?flavus
foveolatus
frontalis

9

fuliginosus	- *Walck.* - *Spin.*
Galerucae	Zethus & Polistes *F.*
Gallarum	Odynerus *Ltr.*
glabellus	. arbustorum *Pz.* 63. 5.
impeditus (Coccop. Westw.)	Eur. m. 4
inconspicuus	*atricornis F. P.* v. coarctata.
inunctus	. coangustata *Rossi* - *Spin.*
Larvarum	1. 82. 1. - *Ltr.* gen.
leucarthros	Vespa *Rossi* fn. 2. 84. 863.
lucens	t. 4. f. 10. foem.
lugens	E. petiolatus *F. P.* 1.
medius	V. *E. S.* 87.
metallicus	Mas: V. dumetorum *Pz.* 63. 4.
miser	E. dumet. *Spin.* 1. 84. - 2.
nigro violaceus •	190. Ital. 4
nitidulus	. coarctata *L.* - *Ltr.* - *Spin.*
pectinicornis Latr.	1. 23. excl. var. 1. 4. - *F.*
pectinicornis B. de F. v. ramic.	*P.* 16. exclus. cit. *Frisch,*
pennicornis	*Scop.* & descr.
pictus	Vespa *L.* fn. - 1676. - *S. N.*
pubescens	11. - *F. E. S.* 82. exclus.
ramicornis Geoffr.	iisd. cit.
Roesellae	V. coronta *Pz.* 64. 12.
rufescens	*Geoff.* 2. 377. t. 16. f. 2.
scutellaris	Foem: atricornis *F. P.* * 3
semicupreus	*lunulata F. P.* v. pomiformis.
sericeicornis	. marginella m. * 4
subulatus	*petiolatus F. P.* v. coangust.
tabidus	. pomiformis *Spin.* 2. 189.
tibialis	Mas: V. pedunculata *Pz.* 63. 8.
tristis	V. coarcata *Pz.* 63. 6. - *F.*
turcicus	*P.* descript. - *Scop.* 830. -
unipunctus	*Schr.* en. 790. - fn. 1218.
Upupaepennellae Bouch.	Eum. *Spin.* var. 1. 4.
vagus	Foem: pomiformis *F. P.* 9.
verbasci Dufour Annal. d. l.	Vesp. *F. E. S.* 90. - *Pz.* 63. 7.
Soc. Ent. 1837. p. 91.	E. lunulata F. P. 20.
versicolor	*Frisch.* 9. t. 9. - *Schff.* 52.
xanthopus	2. - 53. 10. - 190. 7. * 2
xanthostomus	

Eumenes.

Ltr. - *F.* - *Ill.*

Vespa *L.* - *Schaeff.* - *Scop.*
- *Schr.* - *F.* - *Deg.* - *Oliv.* -
Vill. - *Ross.* - *Chr.* - *Pz.* - *Jur.*

Eupelmus.

Nees 2. 72. - *Dalm.* act. holm.
1820. 136. - *Pter.* suec. -
Steph.

Cynips *Ltr.*
Ichneumon *Deg.*

Diplolepis Spin.
Cleonymus Ltr? Spin.
-- annulatus
. atropurpureus Dalm. * 3
:: bifasciatus m. * 4
? elegans Dalm.
excavatus Dalm. v. Ectroma.
. Geeri Dalm. * 2
: geniculatus m. * 3
: memnonius Dalm. Austr. 4
rufescens Dalm. v. Ectroma.
- Syrphii
. urozonus Dalm. * 2

___

Euphorus.

Nees 2. 36.
- pallicornis Nees l. c.

___

Eurytoma.

Ltr. gen. 4. 27. - Cons. gen. 414.
- Nees 2. 37. - Dalm. act.
holm. 1820. p. 134. - Pter.
succ.'- Spin. Class. - Steph.-
- Illig. - Dalm. - Boheman
in' Köngl. vetensk. Acad.
Hand. 1835. p. 222.
Decatoma Spin. Class.
Diplolepis F.
Eucharis F. Pz.
Chalcis Jur. Ross.
Cynips F. - Schr. - Ol.-Ltr.
- Walck.
Pteromalus Swed.
Ichneumon Deg.
Figites Spin.
Species nondum disquisitae.
aenea N.
aethiops foem. Boh. 15.
afra foem. Boh. 17.
appendigaster Boh. 6.
Pter. Swed. p. 217.
Cyn. abrot. Pz. 66. 14.
atra N.
biguttata Boh. 3. - N.
Pter. Swederus. act. holm.
1795. 4. p. 216.

Dipl. stigma F. P. 21.
Ichn. F. E. S. 229.
brachycera mas: Boh. 8.
brevicornis foem: Boh. 20.
concinna Boh. 1.
cynipsea foem: Boh. 4.
flavimana Boh. 11.
flavipes mas: Boh. 12.
gibba foem: Boh. 19.
guttula Boh. 25.
longula Boh. 24.
maura foem: Boh. 18.
minor mas: Boh. 9.
morio foem: Boh. 16.
nigrita foem: Boh. 13.
nodularis foem: Boh. 5.
obscura foem: Boh. 23.
pilicornis foem: Boh. 21.
plumata Ill. N.
pubicornis foem: Boh. 22.
pusilla mas: Boh. 27.
rosae N.
rufipes Boh. 10.
serratulae N.
— Bouch. v. plumata.
signata mas: N.
tibialis Boh. 7.
truncata foem: Boh. 14.
verticillata mas: Boh. 26.
Nees - Ichn. F. E. S. sppl. 232.
Dipl. F. P. 23.
xanthomelas Boh. 2.

___

Eutriche.

Nees 2. 196.
- gracilis N. l. c.

___

Euspongus.

Lep. Annal. d. l. Soc. Ent. de
France 1832.
Hoplisus Lepell. ibid. Ge-
nus non separandum.
Gorytes V. d. Lind.-Grm.
Mellinus Pz. - F.
Crabro Rossi.
albidulus L. (Hopl.) v. dissect.

albilabris *Lep.* v. dissectus.
. arenarius *Pz.* 53.12.(Mell.)
- *Van d. Lind.* (Goryt.) -
Jur. (Arpact.)
Eusp. laticinctus *Lep.* 66. * 3
- coarctatus *Spin.* An. d. l.
Soc. Ent. 1836. p. XXIII.
(Hopl.)
. Goryt. *Grm.* Reise n. 353. -
Van d. Lind. n. 8.   3
. dissectus *Pz.*
Gor. *Van d. Lind.* 12.
Mas : Eusp. albilabris *Lepell.*
p. 70.
Mell. dissectus *Pz.* 80. 18.
Arp. *Pz.* Rev. 166. - *Jur.*
Foem : Hopl. albidulus *Lep.*
p. 65.   * 2
Lacordairei Lep. 64. (Hopl.)
v. 5 cinctus.
laticinctus L. 66. v. arenarius.
: punctulatus *Van d. Lind.*
14. (Goryt.)   * 4
. quadrifasciatus *Pz.*98.17.
- (Mell.)
Mell. *F. P.* 5.
Eusp. vicinus *Lep.* p. 68.
Arpact. *Jur.* - *Pz.* Rev. 166.
Goryt. *Van d. Lind.* 10. excl.
cit. 5 fasc. - *Ltr.* gen. 89.
- *Spin.* 1. 93. 2.   * 2
. quinquecinctus *Lepell.* p.
61. (Hoplis.)
Mell. *F. P.* 11. - *Pz.* 72. 14.
- *F. E. S.* 7. - *Walck.* 2.
94. 6.
Goryt. *Van d. Lind.* 13. -
Ltr. nouv. dict.
Crabro calceatus *Rossi* app.
Mant. 2. p. 122.
Hopl. Lacordairei *Lep.* p. 64.
Arp. 5 cinct. *Jur.* - *Pz.*Rev.166.
Vesp. 5 fasc. *Schr.* n. 2214.
Gor. cinctus *Ltr.* hist. 13.
308. 1.
Gor. ruficornis *Ltr.* hist. * 1
. quinquefasiatus *P.*53.13.

a Van d. Lind. falso var.
quadrifasciati nominatur * 1

Euzonia.
Kirb. v. Gorytes.

Evania.

Ltr. Gen. 4. 250. - Cons. g.
395 - *Jur.* - *Pz.* Rev. - *Spin.*
- *Lam.* - *Stph.* - *Oliv.* - *Fall.*
° - *F.* - *Nees* 1. 509.
Ichneumon *Deg.*
Sphex *L.*
albicincta *Ross.* v. Cerop.
histrio.
- appendigaster *N.* 2. - *Ill.*
Ross. 2. 798. - *F. E. S.* 1.
- *S. P.* 1. excl. Syn.
Sphex *L. S. N.* 12. - *Vill.*
5. t. 8. f. 1. - *Oliv.* VI. 453. 1.
Reaum. VI. t. 31. f. 13. Aust. 4
ediogaster Rossi v. Figites.
fasciata F. E. S. v. Cerop.
fulvipes Curt. v. Brachygaster.
. tuscipes *Ill. Ross.* 798.
Ev. appendig. *Ltr.* gen. - Hist.
nat. 13. 193. t. 101 f. 1. - *Pz.*
fn. 72. 12. - Rev. 105. - *Jur.*
t. 7. - *Spin.* 1. 65. Austr. 4
histrio F. E. S. sppl. v. Cerop.
laevigata Ol. Ltr. exot.
maculata Ltr. hist. - *F. P.* -
Pz. Rev. v. Cerop.
minuta Leach. - *Ol.* v. Brachygaster.
— *F.* - *Ltr.* - *Coq.* v. Brachyg.
punctum F. E. S. v. Pompil.
ruficollis F. spp. v. Arp. form.
sessilis F. E. S. - *Coq.* v. Microgaster.
variegata F. E. S. sppl.
v. Ceropal.

Evodia.
Pz. Rev. v. Colletes.

Exetastes.
Grav. v. Banchus.

Exochus.
Grav. v. Tryphon.

Fenusa.
Hart.
Synyma vide sub Genere Emphytus.
- hortulana *H.* 258.
- nigricans *H.* 259.
: pumila *H.* 259.   3
- pumilio *H.* 259.   •
: pygmaea *H.* 259.   3

Figites.
Ltr. gen. 4. 19. - Cons. g. 410.
Stph. - Jur.
(Species nondum examinatae.)
abbreviator *Jur.* - Ophion
Pz. 73. 16.
Eucharis Pz. Rev. p. 96. citat.
Euch. compressa F. P. 3 &
Cynips serratulae F. P. 18.
ediogaster Cynips Pz.87.16.
Evan. *Ross,* 801.
scutellaris *Ltr.* hist. 13.
210. - *Stph.* - Gen. 4. 20.
t. 12. f. 4. 5.
Cynips *Rossi* Mant.2. App.106.

Foenus.
Ltr. gen. 3. 252. - Cons. g.
396. - *Jur.* t. 7. - *Pz.* Rev. -
F. - *Nees* 1. 306. - *Stph.* -
Fall. nov. Meth. - *Grav.*
Ichn. 1. 62.
Ichneumon *L. Geoff. Deg.*
F. Ross.
Gasteruption *Ltr.* Precis
des *Char.*
. affectator *F.*   * 2
„ jaculator *F.* - Pz.96. 16. *1

Formica.
autt. omn.
acervorum F.S.P. 407. - E.S.
38. sec. *Stph.* v. Myrm.
graminicola.
. aethiops *Ltr.* fourm. p. 101.
pl. 2. f. 4. - *Ltr.* Essai
p. 36.   * 2
bicolor *Ltr.* Ess. v. melanogaster.
binodis F. P. 39. v. Atta.
. brunnea *Ltr.* fourm. p. 168.
pl. 6. 35. - Ess. p. 41. * 0
var: pallida *Ltr.* Ess.
caespitum F.P.46.-Ltr.fourm
etc.   v. Myrmica.
capitata *Ltr.* fourm. Ess.
                    v. Atta.
cognata *Stph.* p. 157.
contracta F. P. 48. - *Ltr.*
fourm.   v. Ponera.
. cunicularia *Ltr.* fourm.
p. 151. pl. 5. f. 30 - Ltr.
Ess. p. 40. - *Deg.* 2. p. 1080.
F. pratensis *Oliv.* Enc. 6. p.
504.
F. microcephala Pz. 52. 2.
sec. Stephens.
F. obsoleta Ltr. Ess. p. 38.
F. media *Raj.* p. 69.
? F. microcephala Pz. 54. 2. -
? sec. *Steph.*
? F. rufibarbis F. P. 26. - E.
S. 20.   * 2
- didyma F.P. 10. - E. S. 7. -
Ltr. fourm. p. 278. - *Oliv.* p.
492.
dorsata Pz. 54. 1.   v. rufa.
- emarginata *Ltr.* fourm. p.
163. - pl. 6. f. 33. - *Ol.* 494.
Steph. cit. f. minor rubescens *Ray* 69.
. erratica *Ltr.* fourm. p.
182. - Ess. p. 24.   * 0
. flava F. P. 44. - *Ltr.*
fourm. p. 166. pl. 6. f. 36.

F. E. S. 34. - *Oliv.* Enc.
6. 496. - *Vill.* 12. - *Ltr.*
Ess. p. 41. - *Deg.* 2. 326. t
42. f. 24-28.
F. minor rubescens *Raj.* p.
69; - The common gellow
ant Gould. *Deg.* 2. p. 1089.
pl. 42. f. 24.
fugax Ltr. fourm. Ess.
v. Myrmica.
. fuliginosa *Ltr.* fourm. p.
140. pl. 8. f. 27. Ess. p. 36.
The Jet. ant. Gould. 2. 3. * 1
. fusca *F. P.* 13. - *E. S.*
11. - *L. S. N.* 4. - fn. 1722. -
Deg. 2. p 1082. pl. 42. f.
12. - *Oliv.* p. 433. - *Schr.*
En. 833. - *Vill.* p. 334. - *Ltr.*
gen. p. 126. - fourm. p. 159.
pl. 6. f. 32. - *Geoff.* 428. 2. * 2
sec. *Stph.* libera *Scop.* 835?
- media *Raj.* 69? The amall
black Ant - Gould.
Mas: sec. *Stph.* F. flavipes
fourc. 2. 52.
F. libera *Scop.* 835?
F. media, nigrocolae splendens *Raj.* 69.
fuscoptera Fourc. sec. *Steph.*
v. pubescens.
. gagates *Ltr.* fourm. p.
138. pl. 5. f. 26. - *Ltr.* Ess.
p. 36.   * 2
glabra Mus. *Lesk.* cf. marginata.
graminicola Ltr. fourm. v.
Myrmica.
. herculeana *F. P.* 1. -
Ltr. gen. p. 126. - *L. S.*
N. p. 962. 1. - fn. 1721. -
it. Gothl. 232. - *F. E. S.*
349. 1 - *Scop.* Carn. 832. -
Schr. En. 831. - *Oliv.* Enc.
VI. p. 490. - *Schff.* Elem.
64. 4 & 5. - icon. 5. 3 & 4.
F. ligniperda *Ltr.* fourm. p.
88. pl. 1. fig. 1. - *Stph.*

var ? ferruginea *F. P.* ex Ame-
rica   * 1
— *Samou.*   v. rufa.
juvenilis F. P. 38. v. Atta
structor.
lapidum F. P. 49. abd. binodi.
- lateralis *Latr.* fourm. p.
172. * *Oliv.* Enc. p. 497.
ligniperda Ltr. fourm. v. herculeana.
- marginata *Ltr.* fourm. p.
103. - Ess. p. 35.
media Raj. (sec. *Stph.* ad
fuscam)   v. cunicularia.
— nigro colore splendens *Raj.*
v. fusca.
- melanogaster *Ltr.* fourm.
p. 171. pl. 7. f. 39.
bicolor Ess. p. 43.
microcephala Pz. 54. 2. sec.
Stph. cunicularia ?
minor rubescens Raj. (sec.
Stph. ad emarg ?) v. flava.
— e fusco nigricans *Raj.*
v. nigra.
. nigra mas & op.: *Ltr.* gen.
p. 126. - fourm. p. 156. -
L. S. N. 5. - fn. 1723. -
atra ed. 1. - Lasius *F. P.*
1. Form. *E. S.* 10. - *Oliv.*
412. - *Scop.* 834. - *Schr.*
832. - *Vill.* 4. - *Deg.* 2.
1085. pl. 42. f. 16. - F. mi
nor *Raj.* 1. 69. - *Swam.*
Bibl. t. 16. f. 1-11.   * 1
- obsoleta *F. P.* 27. - *E. S.*
21. - *L. S. N.* 6. fn. 1724.
- *Oliv.* 494. - *Schr.* 838. -
Vill. 5. - *Ltr.* fourm. 291 *.
— *Ltr.* Ess. p. 2. v. cunicul.
pallida Ltr. Ess. v. brunnea.
pratensis Oliv.   v. cunicul.
. pubescens *F. P.* 12. -
E. S. 9. - Ltr. gen. p. 126.
Ltr. fourm. p. 96. pl. 1. f.
2. - *Oliv.* Enc. p. 492.
F. vaga *Scop.* carn. 833. -

Schr. En. 835. - *Vill.* p. 339.
· t· 8. f. 32? - *Geoff.* 427. 1.
Steph. citat: atra F? - fuscoptera Fourc. 452? * 1
. pygmaea Ltr. fourm. p.
183. - Ess. p. 45. * 1
. quadripunctata *F. P.* 28.
- Ltr. fourm. p. 179. pl.
6. f. 37. -*F. E. S.* 22. - *Oliv.*
Enc. 6. p. 404. - *Vill.* 8. -
Ltr. Ess. p. 45. * 3
- rubiginosa Ltr. fourm. p.
170.
rubida Ltr. fourm. v. Myrmica.
rubra F. P. 17. - Ltr. fourm.
.etc. v. Myrmica.
. rufa *F. P.* 11. Ltr. gen.
p. 126. - Ltr. fourm. p. 143.
pl. 5. f. 28. - L. S. N. 3. -
fn. 1721. - *F. E. S.* - *Deg.*
2. p. 1053. pl. 41. 1. 2. -
Scop. Carn. 836. - ? *Geoff.*
n. 4. - *Schr.* En. 834. - *Vill.*
2. - fourc. 4. - F. dorsata
Pz. 54. 1. - Form. maxima
Raj. p. 69.
F. herculeana Samou. 69. pl.
8. f. 10. The Hill or Horse
Ant Gould 2. 3. * 0
rufescens Ltr. fourm. v. Po-
lyergus.
rufibarbis F. P. 26. - *E. S.*
20. sec. Ltr. cf. cunicularia.
- rufitarsis *F. P.* 45. abd.
binod.
. sanguinea Ltr. fourm. p.
150. pl. 5. f. 29. - Ess. p.
37. * 2
scutellaris Ltr. *Oliv.* v. Myrmica.
structor Ltr. fourm. v. Atta.
subterranea Ltr. fourm. ·
v. Myrmica.
- sylvatica Ltr. fourm. p.
105. * - *Oliv.* Enc. 6. p. 491.
testacea F. P. 16. - cf. Ltr.

gen. p. 127. Polyergum sus
picatur.
- truncorum *F. P.* 31.
tuberosa Ltr. fourm. v. Myrmica.
tuberum F. P. 47. - *E. S.*
36. - *Oliv.* Ltr. *Vill.* v. Myrmica tuberosa.
unifasciata Ltr. fourm.
v. Myrmica.
vaga Scop. Schr. Vill.
v. pubescens.
- vagans *F. P.* 48. - *E. S.*
37. Stephens citirt sie mit?
zu Myrm. rubra.
- viatica *F. P.* 33. - Ltr. fourm.
p. 173. - *F. E. S.* 27. -
Oliv. Enc. 6. p. 495.

Gasteruption.

Ltr. v. Foenus.

Gastrancistrus.

Westw. Phil. Journ. III. p. 444.
Nees 2. p. 408.
- vagans *Westw.* l. c.

Gelis.

Thunb. Stph. v. Pezomachus.

Glypta.

Grav. v. Pimpla.

Gonatocerus.

Nees 2. 192.
- longicornis *N.* l. c.

Gonatopus.

Ljungh in Weber u. Mohr Beitr.
II. p. 161. - *Dalm.* act. holm.
1818. - *Stph.-Kl.*
Dryinus Ltr. - *Curt.*
Methoca Ltr. 4.
Mutilla *Jur.*

basalis Dalm.   v. **Dryin.**
brevicornis Dalm.   v. **Dryin.**
- **cursor** *Curtis* v. pl. 206. 4.
ephippiger Dalm.   v. **Dryin.**
- **erytbrocephalus**
flavicornis Dalm.   v. **Dryin.**
: **formicarius** *Ljungh.* * 4
formicarius Dalm. Ltr. v. pe-
          destris.
— *Jur.*   v. mutillar.
frontalis Dalm.   v. **Dryin.**
fuscicornis Dalm.   v. **Dryin.**
, **lunatus** *Klug.*   * 4
— *Spin.*   v. formicar.
melaleucus Dalm. v. Aphelop.
: **mutillarius**   Austr. 5
- **nigriventris**
- **pedestris** *Dalm.*
pubicornis Dalm.   v. **Dryin.**
          brachyc.
ruficornis Dalm. v. **Dryinus.**
thoracicus·

Gonius.

Jur. v. Palarus.

Gorytes.

Ltr. - *Ill.* - *Spin.* - *Van d.*
Lind. - *Lepell.* Annal. d. l. Soc.
     Ent. 1832. p. 52·
Arpactus *Jur. Pz.* Rev.
Crabro *Ross.* - *Ol.*
Mellinus *F.* - *Walck.*
Sphex *Rossi.*
Vespa *L.* - *Vill.* - *Ross.* -*Ol.*
   Schr. ? - *Geoff.* ? - *Chr.*
affinis Van d. Lind. 5.
        v. Arpactus carcelii.
arenarius Van d. Lind.
        v. Euspongus.
bicinctus Van d. Lind.
        v. Lestiphorus.
. **campestris** *Lepell.* 2. ·
Vespa L. S. N. 13. - fn. 1677.
   - F. S. E.- Sp. & Mant. - *Vill.*

32. - *Gm.* 13, - *Ross.* 873.
- *Christ.* 234. - *Oliv.* VI.
689: 86.
Mellinus F. E. S. 6. - S. P.
9. - *Cederh.* !525. - *Walck.*
fn. 2. 94. 4.
Arpact. *Pz.* Rev. 165. - *Jur.*
? Mell. arpactus *F.* 12. a Van
d. Lind. jure idem ac. G.
mystaceus nominatur * 0
cinctus Ltr. hist. v. 5 cinct.
coarctatus Van d. Lind.·
   Spin. 2. p. 245. t. 5. f. 24.-
   Grm. Reise.   v. Hoplisus.
concinnus Van d. Lind. 3.
        v. Arpactus.
cruentus Jur. v. Arp. laevis.
dissectus Van d. Lind.
        v. Euspongus.
.*formosus* Van d. Lind. 2.
        v. Arpactus.
laevis Van d. L. 1. v. Arpactus.
latifrons Van d. Lind 6. -
   Spin. 2. 247. v. Psammaecius.
mystaceus *Van d. Lind.*
9. var: a. b. -Ltr. gen. 4. 89.
Sphex *L.* fn. 1653. - *Vill.*
n. 32. - *S. N.* 21. - *Christ.*
p. 270.·
Mellin. *F. S. P.* 1. - *Pz.* 53,
11. - *E. S.* 1.
Crabro F. Mant. - *Ol.* Enc.
VI. 516. 21.
Vespa *Gm.* 120.
Arpact. *Jur.*
var: a. G. campestris *Lep.*
punctatus Van d. Lind. 14.
        v. Psammaecius.
quadrifasciatus Van d. L. 10.
quinquecinctus Van d. L. 13.
        v. Euspongus.
     sec. *Lepell.* Hoplisus.
ruficornis Ltr. hist. v. Eusp.
        5 cinctus.
tumidus V. d. L. 4. v. Arpactus.

Gyrodroma.
Kl. v. Stelis.

Gymnus.
Spin. v. Megachile glabriuscula Ltr.

Halictus.
Ltr. Stph. v. Hylaeus.

Haltichella.
Spin. Class. - *Stph.* v. Chalcis.
bispinos. Sp. v. cf. Chalc. armata. - aterrima Sp. v. immaculata.

Halticoptera.
Spin. Class. - *Steph.* v. Pteromalus.

Harpiphorus.
Hart.
Synonyma vide sub gen. Emphytus.
- lepidus *H.* 253.

Hedychrum.
Latr. - Stph. - Spin.
Chrysis *L. - F.*
Omalus *Pz.*
Sphex *Scop.*
Vespa *Geoff.*
aeneum *Spin.* v. Elampus.
- ardens *Shuk.*
coerulescens *Lep.* v. Elampus.
auratum *Shuk.* v. Elampus.
- coeruleum Mus. Ber.
coerulescens *Shuk.*
bidentatum *Shuk.* nach *Erich.*
wohl mehre Arten v. Elamp.
: elegantulum m. * 3
. fervidum * 1
Chrysis *F. P.* 23. - *Spin.* 1.
64. - *Pz.* 51. 6.

— *Shuk.* v. rutilans Meg.
. lucidulum . * 0
Chrysis *F. P.* 21. - *Spin.* 1.
64. - *Pz.* 51. 5.
— nobilis *Schr.* Fn. 784.
Sphex nobil. *Scop.* 792.
Vesp. carbunculus *Fourc.* 24.
var. regium.
nitidum *Spin.* 2. 170. - *Pz.*
Rev. 105,
Omalus *Pz.* 97. 17.
. regium Chrys. F. P. 26. -
Spin. 1. 65. - Pz. 51. 9.
var. luciduli * 0
- refulgens *Spin.* 1. 8. t. 1.
f. 3. Ital.
roseum *Shuk.* v. Elamp.
. rufum Chrys. Pz. 79. 16. * 2
- rutilans *Meg.*
fervidum *Shuk.*
: speciosum m. * 3
spina *Lep.* v. Elamp. Panzeri.

Helcon.
Nees 2. 224. - Nov. act. *Leop.*
9. 307. - Berl. Mg. 6. p. 216.
t. 4. f. 6. a - d. - *Grav.* Ichn.
1. 55.
. aequator * 2
. angustator * 3
- annulicornis
- carinator
dentator *N.* Berl. Mg. v.
ruspator.
- ruspator
. tardator * 3

Heliophila.
Kl. v. Saropoda.

Hellus.
F. Pz.
biguttatus *F.* P. v. Sapyga.
cylindricus Pz. Rev. v. Myzine 6 fasc.

pacca *F. P.* .v. Sap. punct.
prisma *F. P.* -. *Pz.* .Rev. v.
.   Sap.
4 *guttatus F.* - *Pz.* Rev.
.   ·   v. Sap. punct.
quadripunctatus · *Pz.* Rev.·
.   v. Sapyga punctata.
sexguttatus F. v. Sap. punct.

Hellwigia.

Grav. 3. 795.
: e l e g a n s   Austr. 5
·· o b s c u r a   Italia 5

Helorus.

Ltr. hist. 13. 230. - gen. 4.
38. - Cons. g. 431. - *Nees* 2.
.   '362' - *Jur.*
S p h e x *Pz.* fn.
P s e n. *Pz.* Rev.
anomalipes Ltr.   v. ater.
. a t e r *Jur.* p. 215. t. 14.
H. anomalipes *Ltr.* hist. & gen.
Sphex *Pz.* 52. 23. - 100. 18·
Psen. *Pz.* Rev. p. 110.   * 3

Hemisius.

Westw. Phil. Mg. III. p. 445.
Nees 2. 411.
- m i n u t u s l. c.

Hemiteles.

Grav. v. Cryptus.

Heriades.

Latr. gen. 4. p. 162. - Consid.
Spin.
A p i s *L. Ol. Vill. Chr. Kirb.*
A n t h o p h o r a *F. Ill. Kl.*
A n t h i d i u m *Pz.*
T r a c h u s a ·*Jur.*
· M e g a c h i l e *Ltr. Walck.*
c a m p a n u l a r u m *Ltr.* gen.
4. · 163. - *Spin.* 2. 198.

Megachile *Ltr.* hist. 14. 52.
5. - *Spin.*' 2. 9. - 78. - 1.
13. 5. als var. seiner truncorum.   ·
Apis *Kirb.* 2. 256. 50. *Ill.*
Heriades truncorum *Spin.* 1.
134. 2.
Apis florisomnis minima *Chr.*
197. t. 17. 8.· - t. 16. f. 14.
foem. 15 mas.
Hylaeus truncorum *Pz.* fn. 64.
15 - *F. E. S.* n. 9 sine var.
Anthidium truncorum *Pz.*Rev.
·252.· falso mas maxillosi.
Anthoph. campan. *Ill.*·Mg. 5.
121. 62.   * 1
- c i n c t a *Spin.* 2. 198. - Trachusa *Jur.* t. 12. f. 3.
. l e u c o m e l a e u a *Ill.* ·Mg. 5.
121. 64. exclus. Syn. *Kirby*
quae Osmia. - *F. S. P.* quae
Chelost. florisomuis foem. -
Pz. fn. quae H. campanularum.
Da *Ill.* wirklich nur dreiglie-
drige Lippentaster wahrge-
nommen hat, meine leucomelaena aber deutlich vierglie-
drige hat, so müssen beide
verschieden seyn und *Ill.* Art
einstweilen als unbekannte
Heriades aufgeführt werden.
phaeoptera Spin
foem: v. Osm. adunca.
mas: v. Osm. spinulosa.
- p u n c t a t i s s i m a *Spin.*2.199.
3. *Ltr.* hist. 14. 51. 5.
s i n u a t a *Spin.* 2 - 9. & 59.
t r u n c o r u m *Ltr* gen. 4. 163.
Megachile *Ltr.* hist. 14. 52.
Apis *Kirb.* 2. 258. 51. - *L.*
S. N .2. 935. 15. - *Vill* 3.
11. - *Müll.* Zool. d. n. 1900.
Anthop *Ill.* Mg. 5 :21. 63. -
F. P. 379. 29. .
Heriad. pusilla *Spin.* 2. 9. &
57. - Megach. .pusill. 2: 80.

Megach. punctatissima *Spin.*
1. 135. exclus. Syn. *Latr.*

Heterolepis.

Nees 2. 271.
- nigra *N.* l. c.

Hoplismenus.

Gr. v. Cryptus.

Hoplisus.

Lep. Annal. d. l. Soc. Ent. 1832.
Genus non diversum ab
Euspongis.
albidulus Lepell. p. 65.
coarctatus Spin Ann. d. l. Soc.
Ent. 1836. pg. XXIII.
Lacordairei Lepell. p. 64.
quinquecinctus Lep. p. 61.

Hoplitis.

Kl. cf. Osmia.

Hoplocampa.

Hart.
Synooyma vide sub genere
Tenthredo.
: brevis *H.* 277.   Sax. 3
  brunnea H. 277. v. ferruginea.
- chrysorrhoea *H.* 277.
- crataegi *H.* 278.
. ferruginea *H.* 278. *Pz.* 90.
  9.   * 1
: fulvicornis *H.* 277. Sax. 3
  plagiata *H.* 278.   Sax. 3
. rutilicornis *H.* 278. - *Pz.*
  82. 13.   * 3
: testudinea *H.* 277. Helv. 3

Hormius.

Nees 2. 152. - Act. Leop. 9.
  305. - *Grav.* 1. 53.
Bracon *Nees* Berl. Mg 5. 35.
- dimidiatus *N.*

. mouiliatus *N.*   * 2
. picescens m.   * 2
- rubiginosus *N.*

Hybonotus.

Kl. v. Xiphydria.

Hybrizon.

Nees 1. 27. - *Fallen* Meth. nov.
Gr. Ichn. 1. 61.
. latebricola *N.*   * 4

Hylaeus,

F. - *Ill.* - *Spin.* - *Walck.* - *Klug.*
Leach.
Melitta * * b *Kirby.*
Halictus *Ltr. Stph.*
Apis *L.* - *Geoff.* - *Schaeff.* -
  Scop. - *Schr.* - *Vill.* - *Rossi.*
Andrena *Oliv.* - *Pz.* - *Jur.* -
  Walck. - *Spin.*
Megilla *F.*
Anthophora *F.*
. abdominalis *Ill.* 20. - *Pz.*
  53. 18. Mas : Mel. *K.* 30. * 1
. aeratus *Ill.* 7. Mel. *K.* 17. * 1
. albidus m.   Hisp. 3
. albipes *Ill.* 19. *F. E. S.* 13.
  Mas : Mel. *K.* 29. - Ap *Pz.*
  7. 15. - *F.* - Prosop. *F. P.*
  4. exclus. cit. Pz. 53. 18. * 1
. alternans *Ill.* 53. - Andr.
  F. P. 16.   Ital. 3
  annulatus *Ill.* 41. - Pz. 55.
  3. exclus. cit. cf. conjungens.
  — *F. E. S.*   v. Prosopis.
. arbustorum *Ill.* Mas : Pz.
  46. 14. - Andr. 4 cincta *Ol.*
  Enc. IV. 138. 25. - *Geoff.*.
  2. 414. 13. - Hyl. 6 cinctus
  F. P. 4. - *E. S.* 6.
: aterrimus m. mas :   * 3
. brevicornis m.   * 3
- cylindricus *F. P.* 1. *Pz.*
  55. 2. *F. E. S.* 1. sec. *Ill.*
  ad albipedem. cf. conjungens.

conjungens m. mas:
? cylindricus Pz. 55. 2.
? annulatu's. Pz. 55 3.
. fasciatus.m.   * 2
. flavipes *Ill.* 3. ?*F. P* 7. -
E. S. 11.-Mel.*K.*15.- Foem:
v. subaurata   * 0
— Pz. 56. 17. (sec. *Ill* ad
fulvocinctum!!) v. tomen-
tosus.
*florisomnis*F.P. v.Cbelostoma.
. fulvicornis *Ill.* 17. Mas:
Mel. *K.* 27.   * 1
. fulvipes mas: *Germ.* Rcise
n: 376. fn. 7. 15. .
. fulvocinctus mas: *Ill.* 18.
Mel *K.* 28.   * 1
Maris var: Ap. bicincta *Schr.*
En. 826.
Foem: (Ap. flavipes Þz. 56.
17. sec. *Ill.*!!)
Andr. vulpina F. P. 19. (non
Pz.)   cf. albipes.
- geminus *Erichs. Waltl* Reise p. 103.   Hisp. 3
. grandis *Ill.* 29. - Mas: *Schff.*
ic, 32. 19. - Halict. 4 strigatus *Ltr.* hist. 13. 365. * 1
. interruptus *Ill.* 39. Mas:
Pz. 55. 4.   * 2
. laevigatus foem: *Ill.* 22.
Foem: Mel. *K.* 32.   * 1
- laevis *Ill.* 14.- Foem: Mel.
K. 24. cf. aterrimus. Angl. 2
- leucopus *Ill.* 8. - Mel. *K.*
18. .   cf. aeratus.
. leucozonius *Ill.* 23. - Mel.
K. 33. - Apis *Schr.*En.819 * 2
. lugubris *Ill.* 26.
Mel. *K.* 36.   * 2
- malachurus *Ill.* 16. Foem:
Mel. *K.* 26. cf. fulvipes &
4 notat. '   Angl. 2
. minutissimus *Ill.* 12.
Mel. *K.* 22.   Angl. 2
- minutus *Ill.* 10. -Mel.*K.*20.-
Ap's *Schrk.* fn. 829. Angl. 2

- morio *Ill.* 9. - *F.P.*8. - *E.*
S. 16. - *Coq.* 1. 6. 5.
Mel. *K.* 19.
Prosop. nitidula *F. P.* 294. 5.
cf. aeratus.
. nitidiusculus *Ill.* 13.
Mas. Mel. *K.* 23.   * 1
. obovatus *Ill.* 21.
Foem: Mel. *K.* 31.   * 1
. obscurus m.   * 2
- parvula *Ill.*-Megilla*F.P.*32.
Apis *F. E. S.* sppl. 123. Ital. 2
- pulchellus *Ill.* 63.
Andr. *Jur.* t. 11. gen. 32.
— variegata *Oliv.* Enc. IV.
139. 31. - Ap.'minutissima
Rossi fn. 2. 929.   Gall. 4
. punctulatus foem: *Ill.* 15.
Foem: Mel. *K.* 25.   * 2
- pullus *Erichs. Waltl* Reise
p. 103.   Hisp. 3
. quadricinctus *Ill.* 1. - *F.*
P. 2. - *E. S.* 3. - Mel. *K.*
13. (excl. cit. *Geoff.* 13.) * 1
. quadrinotatus *Ill.* 25.
Mel. *K.* 35.   * 1
- rubicundus *Ill.* 2. - Mel.
K. 14. excl. cit. Pz. Ap. flavipes   * 1
- scabiosa *Ill.* 33. -Apis *Rossi*
fn. 916.   Ital. 3
- seladonius *Ill.* 5. - Mel. *K.*
16. excl. cit. Megill. selad.
F. & Ap. subaurata *Rossi.*
Ital. 3
sexcinctus F. P. 4 *E. S.* 6.
Halict. *Ltr.* hist. p. 306.
Apis *Geoff.* 13. - Andr. 4cincta
Oliv.   v. arbustorum.
. 6notatus *Ill.* 27. - Mel. *K.*
37. t. 15. f. 7. 8.   * 0
- smeathmannellus *Ill* 6.
Mel. *K.* 111.   Angl. 2
spiralis P. P. 6. v. Systropha.
subauratus Ill. 67.-Apis*Ross.*
Mant. 321. - *Pz.* 56· 4.
? Megill. F. P. 22. .

? Mégill. seladonia F. P. 28.
. Apis - F. E. S. sppl. 120.
Halict. seladonius *Ltr.* hist.
  mihi foem. flavipedıs.
thoracicus F. P. 5. - *E.· S.*
  7. - *Pz.* 46. 20. Myrmosa
  ephippium.
tomentosus m.
  Foem: flavipes *Pz.* 56. 17.
- tumulorum *Ill.* 4. - Mel. *K.*
  p. 56. not. - Ap. *L. S. N.* 2.
  Suec. 3
— F. P. Eucera 385. 3?
. villosulus *Ill.* 11.
  Mas: Mel. *K.* 21.   * 2
.- virens *Erichs. Waltl* Reise
  p. 102.   Hisp. 3
- vulpinus *Pz.* 97. 18. (Andr.)
. xanthopus foem: *Ill.* 24
  Foem: Mel. *K.* 34. - Ap. ma-
  .xillosa *Christ.* 179. t. 14. f. 7.
  id. t. 15. f. 2. emarginata? * 1

Hylaeus.
Ltr. Steph. v. Prosopis.

Hylotoma.
Ltr. F. Stph.
Ptilia *Lep.*
Arge *Schr.*
Cryptus *Jur.*
Tenthredo *L.* etc.
Subgenus: Schizocera.
abdominalis Leach. - St. *F.*
  v. pagana.
— *F.*   v. *T.*
. amethystina *Hart.* 84. -
  Kl. н. 30. (nur die Raupe.)
angelieae (Schiz. *Leach.*
  Kl. Jahrb 69. - Mg. 32. 33. -
. *F.* - *Wied.* Zool. Mg. 1. 3. p.
  69. 7. - *F. P.* 17.
  T. Pz. 72. 1.
  T· melanocephala Pz. 64. 5.
  (taraxaci Rev.)   * 2
anglica Leach. v. violacea.

annulata F.P.v. Athalia rosae.
atrata Kl. Mg.   v. enodis.
atrocoerulea St.F.v. violacea.
. berberidis *Kl.* Jahıb. 3. -
  Pz. 112. 10.
Arge *Schr.* fn. 1992.   * 0
bicolor Schr. (Arge) v. coerulescens.
bifida (Schiz.) *Kl.* Jahrb. 72.
  Hart 88.
bifurca (Schiz.) *Kl.* Jahrb.
  73. *Hart.* 88.
brevicornis·Fall.   v. tarda.
. ciliaris *Kl.* Jahıb. 7. · *Fll.* 3
  T. *L. S. N.* 12.
  H. coerulea *Kl.* Mg. 7. *Hart.*
  84.   * 3
cingulata F. n. 29. Allantus
  cingulatus.
coerulea Kl. Mg. *Hart.*
  v. ciliaris.
. coerulescens *Kl.* Jahrb.
  10. - Mg. 13. - *F. P.* 12. -
  Fll. 10. - *St. F.* 116. - *Spin.*
  1. p. 51. 5. - fn. fr· 2. 4.
  T. *F. E. S.* 15. - *Gmel.* n.
  74. · *Vill.* n. 74. - *Ross.* n.
  714 -· Pz. 49. 14.
  T. bicolor *Schr.* Beitr. n. 42. -
  Enum. 652. - *Gm.* 65.
Arge *Schr.* fn. 1091.
  T. melanochra *Gmel.* 100. -
  Lesk. 69.   * 1
costata Fll.   v. geminata.
: cyanella *Kl.* Jahrb. 24. an
  mas ad gracilicornem? *Hart.*
  83.   * 3
costalis F. P 15. All costalis.
dimidiata St. F. v. femoralis.
: dimidiata *Kl.* Jahrb. 15. -
  Mg. 12.   3
dorsata F. P. 3 Lophyrus.
*eglanteriae F. P:*18. Dolerus.
. enodis *Kl.* Jahrb. I. 1. - *Fll.*
  1. - Pz. 49. 13. - *Ltr.* hist.
  1. - *Spin.* 1. 51. 4.
  T. *L. S. N.* 11. - *F. E. S.*

13. - *Vill.* 14 - *Schr.* En.
651. - *F. E. S.* 13. *Ross.* 706.
H. atrata *Kl.* Mg. 2. - *Hart.*
82. Arge enodis *Schr.* fn.
1988. - ? *Schff.* El. t. 125. 5. ?
Mas: Arge ciliaris *Schr.* fn.
p. 227. 1989. - *Dcg.* 2. 1025.
n. 29. pl. 40. f. 1 - 6.
T. ustulata Pz. 49. 13. - coeruleipennis *Retz* 300. *Dg.* 29.
— *Kl.* Mg. v. vulgaris.
ephippium F. P. 28. All.
fasciata St. F. v. mediata.
. **femoralis** *Kl.* Jahrb. 11. -
Hart. 87. - Mg. 14. - Pz.
112. 9.
H. dimidiata *St. F.* 118. - fn.
fr. 2. 2.
T. melanochroa *Gm.* n. 100.* 1
ferruginea F. P. 27. v. All.
frutatorum F. P. 2. Pz. v.
Lophyrus.
furcata (Schiz.) *Kl.* Jahrb.
65. - *Hart.* 87. - Mg. 31. -
F. P. 8.
T. *Vill.* 19. t. 7. f. 16. .17. -
Pz. 46. 1. - *Coq.* l. 15. t.
3. f. 4. - *F. E. S.* sppl. 28.
T. rubi idaei *Rossi* 731.
Foem. est angelicae * 2
: **fuscipennis** m. Pz. 129. 3.
Austr. 4
gastrica (Schiz.) *Kl.* Jahrb.
68. - Mg. 35. 3
geminata (Schiz.) *Kl.* Jahrb.
70. - *Hart.* 88. - Mg. 36. -
Pz. 111. 14.
Mas: Cr. pallipes *Leach.* 3.
Foem: H. costata *Fll.* 5.
T. geminata *Gmel.* u. 137. -
Mus. *Lesk.* n. 121. * 3
- **gracilicornis** *Kl.* Jahrb. 4. -
Hart. 83.
H. pilicornis *Leach.* 1.
Ptilia pil. *Lep.* 145. 3
juniperi F. P. 6. v. Loph.

Klugii Leach. (Cryptus) v.
segmentaria.
maculata (Schiz.) *Jur.* p.
51. pl. 6. gen. 2. - *Lep.* 138. 3
: **mediata** *Kl.* Jahrb. 12. - *Fll.* 6.
H. fasciata *St. F.* 117. 3
- **melanocephala** *Lep.* 140.
patria ignota 3
— F. P. 20. *Spin.* 1. 8. t.
1. p. 52. v. All.
melanura (Schiz.) *Kl.* Jahrb.
67. - Mg. 33. - *Hart.* 88. 3
metallica (Schiz.) *Kl.* Jahrb.
30. - *Hart.* 85. 3
nemorum F. P. 1. Loph.
ovata F. P. 25. All.
. **pagana** *Kl.* Jahrb. 13. - Mg.
11. - *Hart.* 87. - *St. F.* 123. -
Spin. 1. 53. 12.
T. pag. *Lesk.* 70. 72.
H. abdomiualis *Leach.* 7. -
St. F. 124.
T. pag. Pz. 44. 16. - *Schff.*
194 2. 3.
• T. tricolor - *Gmel.* n. 101. cf.
T. saltuum *L.* fn. 1566.
F. etc. - *S. N.* 48. - *F. E. S.*
75. - *Schr.* 687. - *Vill.* 120. * 1
pallipes (Cryptus) *Leach.*
v. geminata.
: **pilicornis** *Leach.* - Pz. 129.
2. cf. gracilicornis.
pini F. P. 7. v. Loph.
pleuritica (Schiz.) *Kl.* Jahrb.
26. 3
punctata *Lep.* 142. - *Fourc.*
n. 8. - *Vill. Geoff.* n. 8.
Genus dubium.
. **rosae** *Kl.* Jahrb. 16. - Mg.
10. - F. P. 16. *E. S.* 18. -
St. F. 130.
H. rosarum *Kl.* Mg. 10. - *Fll.*
7. - *Hart.* 85.
T. *F. E. S.* - Pz. 49. 15. -
Reaum. 5. t. 14. f. 10-12. -
Schff. 55. 10 - 11. - *Retz.* 299.
- *Lesk* 71. non. 114. - *Deg.* 2.

2. 279. 28. pl. 39. f. 21-29. -
Geoff. 2. 272. 4. - Roes.
T. ochropus Gmel. n. 102.
Fourcr. & Geoff. Rossi Gmel.
Schr. species confundunt.
Arge rosincolaSchr.fn.1990*1
rosarum Kl. - Fll.   v. rosae.
rosincolaSchr.(Arge)v.rosae.
: scutellaris Pz. 129. 4.
                    Austr. 4
serva E. S. 21. - F. P. 22..
Spin. 1. 9. t. 1. p. 52. v. All-
: segementaria Kl. Jahrb. 9.
 -Mg. 9. - Hart. 85.-St. F.
121. - Spin. 1. 51. 2.
H. Klugii Leach. 4.
Crypt. segm. Pz. 88. 17.
Arge ustulata Schr. fn. 2. p.
226.   3
spinarum F.P. 21. E.S.Athalia.
- Stephensii Kl. Jahrb. 14.-
Leach. 6. - St. F. 119.   3
- tarda (Schiz.) Kl. Jahrb. 66.
 - Mg. 34. - Hart. 88.
H. brevicornis Fll. 9.   3
- thoracica Kl. Jahrb. 5. -
 Mg. 5. - Hart. 83. - St. F.
128. - Spin. 2. 11. 19. t. 4.
 f. 14.
Vill. 3. 82. 9. t. 7. f. 15. 3
ustulata P. 49. 12. - Vill.
16. - Gmel. 13. v. vulgaris.
. ustulata Kl. Jahrb. 8. -Mg.
7. - Hart. 84. - Fll. 4. -
St. F. 120. - F.P. 9. fn. fr. 2. 3.
T. L. S. N. 13. - fn. 1542.-
F. E. S. 12. - Vill. 16. - Pz.
81. 12. - Rossi 705.
H. Klugii Leach. 4.
Arge ust.Schr. fn. 1987.Schff.
55. 12. 13. - Geoff. 2. 273. 5.
- Deg. 2. 2. 275. 26. pl. 38. f.
32 - 34.   * 1
ventralis Spin. T. spinolae.
. violacea Kl. Jahrb. 6. - Mg.
6.-Hart.83.-Fll.2.Pz.129.1.
H. atrocoerulea St. F. 122.

H. anglicaLeach. 2.-Lep. 126.
T. violacea F. Jt: Norweg. p.
59. - Lep. 238.   * 3
. vulgaris Kl. Jahrb. 2.
H. enodis Kl. Mg. 1. - Hart. 1.
St. F. 127.   * 0
ustulata Pz. 49. 12. - Vill.
16. - Gmel. 13.
Autores reliqui species confundunt affines herberidis &
enodis; quare omittuntur.

Janus.

Steph. 2. 341.
- connectens Stph. l. c. -
Kirby & Spence 1. e. 4.
374. nota.

Ibalia.

Ltr. Steph.
Banchus F.
Sagaris Pz.
Ichneumon Ill.
: cultellator Ltr. hist. 13.
205. - pl. 100. f. 5. Curt. 1.
pl. 22.
Banchus F. P. 127.
Ichn. leucospoides Berl. Mg.
VI. 345. pl. 8. f. 5. 6.
Ophion cult. Pz. 72. 6. - F.
E. S. sppl. p. 290.
Sagaris Pz. Rev. 91.
Ichn.F.E.S.3. n. 142.Austr.4

Ichneumon.

Gr. 1. 99. - Autorum omnium.
Subgenera: Brachypterus,
Crypturus, Ichneumon,
Ischnus, Microleptes,
Pristiceros, Stilpnus.
abbreviator Fabr. sppl.Thunb.
E.S. 83 ? - Pz. v. Pez.brachypt.
abdominalis Fourcr. v. Phyg.
                    profligator.
- (abdominalis auct.)

- (abrogator auct.)
acarorum auct.　v. Pezom.
accusator auct.　v. Lisson.
(acicularis auct.)
- (acuminator auct.)
acuminator Müll. v. Pimpla.
　　　　　flavicans.
- (acutorius *Vill. Oliv.*)
- acutus
- (adulterator *Vill. Oliv.*)
cf. Helcon tardator aut an-
　　　　nulicorn.
adustus Gm. v. Ichn. castigat.
. aethiops　　　　* 2
affectator L.　　v. Foenus.
- (affinis *Fabr.*)
agilis aut.　　　v. Pez.
- (agilis Chr.)
agitator auct.v. Crypt.minutat.
- alacer
albatorius auct.　v. Crypt.
— *Müll.* v. F. leucomelus.
- (albicans *Gm.*)
- albicillus
. albicinctus　　　* 3
albicinctus Gr. Ped. v. Tryph.
　　　　　alboc.
albidus Gm.　v. Campopl.
: albifrons m.　　* 2
: albilarvatus　　* 3
- albimanus
: albinotatus　　* 3
- albinus
: albipalpis m.　　* 3
: albicoxatus m.　* 2
albipes Gm. v. Pimp. sterco-
　　　　　rator.
- albipictus
albiscutatus Gm. v. Pimp.
　　　　　flavicans.
: albitibia m.　　* 3
albiventris Gm. v. glaucat.
: albogutfatus　　* 3
. albolineatus　　* 2
: albosignatus　　* 3
: (albus aut.)
- alienus m. mas.　* 2

- (alternatus *Schrank.*)
. alticola　　　　* 3
alvearius F.　v. Microgast.
: amatorius　　　* 4
- (ambiguorius *Vill.*)
ambiguus Ol. v. antecedentem.
ambulator Müll. v. corruscat.
ambulatorius Pz.　v. ornator
　　　　　& vadator.
— F. etc.　　v. amator.
- (ambustor Pz.)
amictorius Panz.　v. Tryph.
　　　　　marginator.
amictus auct.　　v. Anomal.
. ammonius　　　* 2
. amputatorius　　* 1
: analis　　　　* 3
: anator　　　　* 3
- (anceps *Vill. Oliv.*)
- (angulatorius *Müll.*)
- (ani *Fourcr.*)
: annularis m.　　* 3
. annulator　　　* 1
- (annulator *Fabr.*)
- (annulator *Müll.*)
- (annulatorius auct.)
annulatus Gm.　v. Pimpl.
　　　　　stercor.
annulosus Gm.　v. Pimph.
　　　　　varicorn.
anodon Schrank.　v. Tryph.
　　　　　rutilator.
. antennatorius Pz. 71.13.* 1
- (anticus *Fourcr.*)
antiopae Scop. v. Pt. puparum.
: apicalis m.　　Austr. 4
aphidum L. F. Pz. v. Aphi-
　　　　　dius varius.
apicarius auct. - *Vill.* cf.
　　Agathis glaucopt.
apparitorius auct. v. Crypt.
approximator Fabr. Thunb.
　　　　　v. Rhyssa.
- apricus
apterus auct. cf. Pez. agilis.
apum *Retz.*　v. Pterom.
- (aranearum *Fourc Vill.*)

coeruleator P. v. Trogus lapid.
caerulescens m. * 1
calcator Müll. v. Tryph. sylv.
- (calceatorius *Pz.* 80. 15.)
cf. fossor.
calculator F. v. Microdus.
callicerus * 1
camelus L. S. N. ed X. 4. v.
Xiphydr. cam.
- canaliculatus
candidatus ()
canescens Gm. v. Camp. longip.
(cannabis auct.)
cantator Retz. Vill. v. Camp.
pugill.
(carbonarius *Gm.*)
carbonarius Chr. v. Ephialt.
cardui Schrank v. L. castig.
- (carinator *Fabr.*)
carnifex Müll. v. I. saturat.
(carpinella *Schrank.*)
(carpini auct.)
castaneus
castaniventris
castigator * 1
castrator F. v. Bracon.
catenator Pz. v. Lisson.
(cavator auct.)
celer Oliv. cf. Pez. agilis.
celerator * 1
- (centummaculatus *Chr.*)
cepae auct. cf. I. latrator.
(ceparum *Schrank.*)
- (cephalator *Vill. Oliv.*)
cerinthius * 2
certator Müll. v. I. castigator.
- (cervinus *Gm.*)
- cessator
- chalybeatus
chrysis E. v. Torymus.
- (chrysogaster *Gm.*)
- (chrysopus *Gm.*)
chrysostomus Gr. Ped. v.
Mesolept.
chrysostictos Gm. v. Campopl.
cinctipes auct. v. Exet. clav.
cinctorius auct. v. Crypt.

cinctulus Ped. v. Mesolept.
eincturator Müll. ?
(cinctus auct. & Dwig.)
cinctus Linn. cf. Hemit. bicolor.
cingulatorius * 1
- (circulator *Pz.* 79. 12.)
— Gr. Verz. v. Coelinius parv.
circumflexus auct. v. Anomal.
— Rossi cf. infractor.
- (circumflexus *Chr Scharf.*)
cirrogaster auct. v. Trog. lutor.
citrarius Ol. v. Rhys. superba.
citratus Fourcr. Walck. v.
Rhyssa. superba.
citreus Chr. v. I. bidentor.
clavator auct. v. Exet.
— Müll. Schrank v. Mesol.
testac.
clavatorius Müll. v. I. saturat.
clavatus Fabr. v. Rhyssa.
clavipes Gm. v. I. annulator.
- clericus
clypeator Gr. Übers. v. Tryph.
coccineus Chr. v. Liss. cylindr.
coccorum L. v. Encyrtus grav.
coeruleator Fabr. v. Trog.
Ischn. collaris * 3
colonator Vill. Oliv. cf. Ischn.
truncat.
comitator *Pz.* 71. 14. * 2
— Oliv. Borowsky v. Mesost.
glad.
— Sulz. Chr. v. bilin.
— Raz. v. funebr.
- (compensator *Fabr.*)
compressus auct. v. Bancb.
— Sulz. Chr. v. Campop. mixt.
— Schrank v. Camp. pugill.
— Fourcr. v. I. luctat.
compunctator auct. cf. Mesost.
glad.
— Pz. v. Crypt. tarsoleuc.
— Christ. cf. Eph. manif.
compunctor auct. v. Mes. glad.
— Schr. Gm. Ol. v. Pimp. instig.
— Linn. v. Tryph.
— Pz. v. Ischnoc. rust.

compuncton Schrank, v. Eph.
  manif.
.l: computatorius (i.l — * 2
j—, (conciliator. Rossi) ..
concolor Gm. v. Phyg. vagab.
- condecoratus   . .
: confector   * 3
c. conformis Gm, v. Hemitel.
' confusor Gr. Ped. v. I. confusorius,
.. confusorius   * 3
conicus F. Vill. v. Diapria.
.- (conjunctor Pz. ad Schff.)?
consectatorius Oliv. v. seq.
.-. (consecutorius Vill.) ,
.- conspurcatus   .
... constellatus Fourc. v. I. natat.
- (constrictorius auct.)
-*(constrictorius Linn.)
.- (constrictus Fourcr.)
- contaminatus .
contemplator Müll. v. Pim.
  turionell.
' coracinus Gm. v. Lisson bellat.
- (corculatorius Vill. Oliv.)
-*(corruptor Oliv.)
:. corruscator   * 3
-' (corruscator Schrk. auct.)
-- (cothurnatus auct.)
. cothurnatus)Schrank. cf. Me-
  l . sol. nemor.
— Gr. Uebers. v. Exet laevig.
: coxator Vill. Oliv. v. Pachym.
  . . calcitr.
.. crassipes   * 1
crassipes auct. v. Pim. flavic.
. —' Rossi cf. Pimp. flav.
.. — Fourc. Vill? Gm. v. Ichn.
- cretatus .
- (crispatorius auct.) ?
— (Thunb.)   ?
crispus Chr. v. Ephialt. tub.
crocatorius Walck. v. luctat.
crocatus Fourc. v. Trog. lutor.
-*(croceatorius Vill.)
. croceatorius Oliv. v. luctat.
-*(cruciator Vill. Oliv.) ,

cruentatus Fourc. v. Trachyn.
  foliator.
-*(cruentatus Chr.)
culex Müll. r v. annulator.
-*culpator .
. culpatorius,   - * 1
— Schrank. v. Trog. flav.
.. —Linn. Fuesl. v. luctat.
— Müll.   v. nigripes.
- (cultratus Gm.)
.o cunctator auct. v. Pim. laric.
-*(cunctator Müll. Fabr.)
.. cunctatorius Vill. v. Pim. varic
cuniculator v. Bracon tentator-
  & castrat.
cursitans auct. v. Pezom.
cursor Schrk. Gm. v. Pez. agil.
-. (curtor Oliv.)
- (curtus auct.)
· curvator Fabr. v. Exoch.
curvatorius Müll. Thunb. v.
  vaginat.
', curvus auct. v. Phygad.
' cuspidator Ross. v. Brac. urinator.
. custodiator Fabr. v. cessator.
: cyanator m.   * 5
cyaneus F. Coq. v. Chryso-
  (. lamp. splendid.
cylindrator auct. v. Lisson.
- (cylindricus Gm.)
cyniformis Ross. v. Eucharis.
cynipedis L. v. Pt. cyniphis.
. dealbatus Gm. v. arator.
- (deauratus Gm.)
debellator auct. v. Alom.
- Ischii. debilis
. deceptor   * 2
deceptorius Vill. Thunb. v.
  deceptor.
-. decimator
- (decorator Vill. Oliv.)
defectivus Gr. v. Mesolept.
: defensorius .   · * 2
: deliratorius Pz. 19. 16. * 4
delusor auct. ; v. Mesolept.
— Ol. Walck?

denigrator F. v. Brac. impost.
— L.   v. Bracon.
dentatus auct.   v. Metop.
- (denticulator Müll.)
dentipes Gm. v. Odontomer.
- St. deplanatus
- depressus Gm.)
* — F. Coq.   v. Cleonymus.
deprimator F. v. Microgaster.
desertor Christ. v. Brac. ter-
                    refactor.
 — L.   v. Agathis deflagr.
- (desertorius Pz. 45. 15.)
. designatorius.   * 5
dessinator Ol. v. Trog. lutor.
- (destructorius Fabr.)
- (deustus Gm.)
- (devastator auct.) Schrk. ?
dichrous auct. v. Bass. laetat.
dictator Fourcr. Thunb. v.
            Crypt. migrat.
- didymus
difformis Gm.   v. Campopl.
digitatus Gm.   v. Phygad.
- digrammus
dimicatorius Gm. v. fasciator.
- (dimidiatus auct.)
- (dimidiatus Schrank)
- (dipsacanae Schrank)
- (discolor Gm.)
- (discretus Gm.)
dispar Gm. Thunb. v. Campopl.
dissector Pz. cf. Metop. sicar.
dissectorius Pz.   id.
- dissimilis
- (diversicolor Gm.)
divinator Rossi. v. Ephialt.
. divisorius   * 1
- dolorosus
domator Poda v. Mesost. glad.
dorsalis F.   v. Torym.
dromicus Gr.   v. Pezom.
dubitator auct.   v. Acoenit.
- (dubitatorius auct.) Sulz.?
. dubius m.   * 1
dumeticola

- (dumetorum auct.)
- edictorius
 — Linn. Thunb. v. Crypt.
 — Dwig.   v. designat.
- (edictorius Schrank)
- egregius
- elegans
elegantulus auct. v. Tryph.
 — Schr.   v. luctat.
- (elevator Pz.)
elongator auct. v. Alom. ovat.
 — Fabr. Gr.   v. Tryph.
 — Trentep. var: a. v. Crypt.
                  titill.
emareiator F.   v. Codrus.
emigrator auct. v. Crypt. migr.
enecator Rossi   v. Anom.
- (enervator auct.)
. equitatorius   * -3
erectorius Fabr. v. amputat.
 — Thunb   ?
- (erectorius Trentep.)
- (erigator Fabr.)
- erythraeus   * 3
- erythrocerus
erythronotus Gr. v. Exoch.
erythropalpus Gm. v. Tryph.
erythropus Gm. v. Tryph. calc.
. erythropygus   Bav. 3
erythrostoma Gm. v. Plectisc.
. Esenbeckii Gr.   v. Pezom.
- (Evonymi Gm.)
- exaltatorius Pz. v. Trog. lut.
examinator Thunb. v. Pimpl.
                  instig.
- (exarator auct.)
 — L. cf. Spathius clavat.
excitator auct. v. Coleocentr.
- (exhaustator Fabr.)
- (exhortator auct.)
exhortator Pz. v. Crypt. flagit.
- (exlex Müll.)
- (exoticus auct.)
- (exsiccator Rossi, Ol.)
exspectatorius Fabr. Thunb.
                  v. fusor.
exspectorius Fabr. Pz. v. fusor.

extensor auct. v. Pimpl. robor.
-(extensor Latr. Schrank)
. extensorius ʻʻ ʼʻ ʼ*ʼ0
extensorius Pz. ʻ v. grossor.
(— Stroem?
extricator Vill. Oliv. v. Ephialt.
. carbon.
. exulans ,ʼ ,ʻ. * 2
faber Chr., ʻ v. Pimpl. instig.
. fabricator ,ʻ ʻʻʻ .* 1
- (fabricatorius Müll.) ,.\
- Fabricii, ,ʻʻʻ ʻ,
: facialis * 3
falcator auct. Campopl. pugill.
falcatorius auct. v. Banchus.
falcatus Fourc. v. Pachym.
. calcitrat.
- (falcifer Gm.)
- (falculator Vill. Ol.)
: fallax, * 3
- (falsarius Ol. Walck.)
- (falsator Vill.)
falsatorius Ol. Walck. v. ar-
ticulat. Fourc.
. fasciatorius * 3
— F. Mant. v. Cerop. macul.
- fasciatus
- faunus.
femoralis auct. v. Exoch.
- femoratus Vill.)
. ferreus * 1
- (ferruginatorius Pont.
Müll.)
- (ferrugineus Fabr.)
ferrugineus auct. v. Trog. flav.
- (ferruginosus Gm.)
festinans Fabr. Gr. v. Pezom.
festivator Thunb. v. seq.
festivus Fabr. v. Bass.
filicornis Gr. v. Mesolept.
- Ischn. filiformis,
- (firmator Fabr.)
Fischerii auct. v. Alom. ovator.
: flagellans m. * 2
- (flagellator Fabr.)
flagitator Rossi v. Crypt.
. flavator F. v. Bracon.

flavatorius auct.) ʻ v. Trog. -
— Thunb. \ ʻ, ʻ, ʻ ʻ)- ʻ ʻ ?\ -
flavatus Gm. ʻi ,vʻ vaginator. -
-.(flavescens Gm.) ,ʻ,\ʻ ʻ ,
flavicans Fabr. v. Pimpl.
flavicinctus Gm. v. Tryp. flavoc.
-.(flavifrons auct.) : ʻ ʻ ,ʻ
flavipes Gm, vʻ Trog. flavat.
- (flaviventris Gm.),
. flavoguttatus * 5
. flavolimbatus * 1
-.flavolineatus ʻ ʻ
: flavoniger, , * 3
fluricolator Gr. vʻ Hemit.
fluctuans Ch. v. Ephialt. tuberc.
foliator Thunb. v. Trachynot.
-:(fomentator auct.)
-.(forcicatus Vill.) ʻ
formicarius auct. v. Pezom.
formicator Thunb. v. formicat.
- (formicatus auct.),
- formosus
fornicator auct. v. Exet.
— Fabr. Rossi v. Pimp. instig.
. fossorius F. * 1
—=L. Vill. etc. v. subsericans.
fractorius Chr. cf. Mesol.
larvator.
Frischii Fourc. v. Ammoph.
sabul.
- (fraudatorius Vill. Ol.)
- (frontalis Fourc.)
- (frontatorius Fabr. Jur.)
fugator Gr. Uebers. v. tenuic.
- (fugatorius Pz.)
: fugitivus * 3
fulgens F. v. Torym.
- (fuliginosus Gm),
- fulvicornis
(fulvus Retz)
. fumigator * 3
- fumipennis
- (fumosus Fourc.)
funerarius Ol. Walck. v. seq.
. funereus. ʻ ʻʻ ʻ *3
- fuscatus
- (fuscatus auct.)

incitator Fabr. v. Clistop.
- (incrassator Müll.)
- (incrassatorius Vill.Ol.)
::incubitor , ... *3
. incubitor Linn. .cf. Mesost.
      transfuga.
. . — Stroem v. Crypt.
—Christ. v. Crypt. peregrinat.
- (incubitor Scop. Schrank)
inculcator auct. v. Campopl.
: —Fourc.? F. L. v. Agathis.
. indefessus Gr. Ped., v. Mesol.
      typhae.
. infidus Ross. v. Encyrt. scutell.
-(inflammatorius Vill. Ol.)
. infractorius Pz. 78. 9. *1
- (infractorius Gm. Rossi.
    Fabr. Walk.)
- (ingratorius Pz. 73. 12.)
inguinalis auct. v.Pimp. instig.
- inimicus
inquisitor auct. v. Pimpl. stere.
— Scop. v. Pimp. turion.
inquisitorius Müll. v. Ischn.
      porrect.
insectator auct. v. Campopl.
- (insignitor Vill.)
insultator Gr. Uebers., v.
      Tryph. rutil.
instigator auct. Pz. v. Pimpl.
— Oliv. v. Ephialt. tuberc.
- (instigator Rossi)
integrator Müll. v. Tryph.
- (interruptorius Fabr.)
— Trentep. v. monit.
. interruptus *2
intratorius Coq. 49. 11. 7.
      Barbar.
- (inversus Fourc.)
- (investigator Rossi)
iocator Fabr. v. Poriz.
- iocerus
- iridipennis
- (irrigator Pz. 71. 16.)
. irrigator Fabr. v. Xylon.
. irrisorius Rossi v. Lissou.
. irrorator F. v. Chelonus.

.- ischiomelinus
- ischioxanthus
jaculator L. v. Foenus.
jubilatorius Müll. v. bidentor.
judex Müll. v. rufinus.
- jugatus
. junci Vill. cf. exulans & Phyg.
      arridens.
. — Fourc. cf. Exet. osculat.
juniperi F.v. Torym. caudatus.
juveneus L. S. N. ed X. Scop.
  Deg. v. Sirex juv.
. (labialis Fourc. Ol.)
. labiatus Schrank v. Banch.
      , falcator.
- laboratorius 317.
- (laboratorius Fabr.)
laboratorius Müll. cf. vadator.
- lacteator
laetatorius auct. v. Bass.
— Gr. Uebers. v. Bass. exsult.
laevigator Vill. Ol. v. Exet.
laevigatus Gr. v. Mesol.
. laminatorius *3
. lanius *3
. lapidator *1
larvarum auct. L. F. etc. v.
      Eulophus.
- larvatus
- (larvincola Scharf.)
latrator Schrank v. Campopl.
— Oliv. v. Anom. latro.
— Thunb. ?
- latrator
latro auct. v. latrator.
—. Schr. Gm. Vill. v. Anomalon.
lentorius Pz. v. fusor.
- lepidus
leptocerus Gr. v. Mesol.
: leptocerus *13
- (leucogastrius Schark)
leucogonus Gm. v. Pimpl.
      turion.
- leucolomius
. leucomelas *2
- (leucomelas Stroem.)
. (leucopalpus Preysl.)

leucolpalpus Gm. v. Eph. carb.
- (leucopis *Gm.*)
leucopterus Gm. v. Eph. tuberc.
leucopus Gm. v. Crypt. tarsol.
- leucopygus
- (leucorrhous *Gm.*)
leucostictos v. Crypt. assert.
- leucostigmus
leucostoma Gm. v. fabricator.
- (leucotarsus *Gm.*)
- (limbarius *Ol.*)
. lineator   * 1
lineatorius Vill. Ol. v. Pimpl.
     !   oculator.
— Thunb.   ?
lineolaris Gm. v. Liss. caten.
- (lineolatus *Gm.*)
- lingulator *Vill. Ol.*)
- (lituratorius auct.)
— Schrank v. Bass. laet.
- (lituratus *Gm.*)
- (lividicornis *Gm.*)
- (lividus *Gm.*)
- (longicornis *Vill. Ol.*)
- (longipalpis *Gm.*)
longipes Müll. v. Campopl.
- (longispinis *Gm.*)
- (lotorius *Vill. Ol.*)
- (lneidator *Fabr.*)
. luctatorius   * 1
- luctuosus
- (ludio *Schrank*)
- lugens
- lugubrator
- (lunulatus *Vill. Ol.*)
luridator Gr. v. Mesol.
- luridus
- (luteator *Fabr.*)
- luteicornis
luteiventris Gr. v. Trog.
- (luteolus *Gm.*)
- (lutescens *Gm.*)
luteus auct. v. Oph. obsc. & lut.
— *Rossi* Scharf. Jur. v. Panisc.
          test.
lutorius auct. v. Trog.
- (maceratorius *Vill. Ol.*)

- (macropus auct.)
macrourus Gm. v. Mesost. glad.
- (maculator *Fabr.*)
maculator auct. v. Pimpl scan.
- (maculatorius *Stroem. Müll.*)
maculatorius auct. v. Lisson.
- (maculatus *Chr.*)
mandator auct. v. Tryph. elegant.
— Linn.   - ?
manducator Pz. v. Alysia.
Mangeri Gr.   v. Pezom.
manifestator auct. v. Ephialt.
— Sulz. cf. Liss. set. & Eph. tub.
— Rossi   cf. Liss. sulphur.
— Chr. Scharf. v. Eph. tub.
— Stroem, Gräv. v. Eph. carb.
— Vill.   cf. Mesost. glad.
mansuetor Gr.   v. Exoch.
marginalis Fourc. v. l. limbarius Ol.
- (marginatorius *Ol. Rossi.*)
marginatorius P. v. occisor.
— Fahr.   cf. Tryph.
- (marginatus *Gm.*)
- margineguttatus
- marginellus
- (matutinus *Chr.*)
- Br. means
mediator Thunb. v. Ephialt.
mediatorius Fahr. v. equitat.
— Panz.   v. natat.
melancholicus Gr. v. Tryph.
- melanobatus
: melanocastanus   * 3
- (melanocephalus *Fourc.*)
melanocephalus Vill. v. Pezom. fasc.
— Gm.   v. lapidat.
. melanogaster   * 1
. melanogonus   * 1
- (melanoleucus *Gm.*)
- (melanophthalmus *Gm.*)
melanops auct. v. Pimpl. flavic.
melanopterus Gm. v. arrogat.
melanopus Gm. v. Eph. manif.

melanoxanthus Gm. v Pimpl.
varicorn.
- (melanurus Gm.) ....
- menstrualis . . . . . -
- mensurator auct. . v. Glypt.
- .Vill. v. Rogas signat.
mercator Fabr. v. Camp. mixt.
- mercatorius . ..
— Fahr. var: v. monitor.
- (mercatorius Pz. 78. 12).
. mesocastanus . * 3
- mesostictus . . .
- messorius . . .
micator Gr. . v. Hemit.
micratorius Fahr. Thunb v.
Metop.
: microcerus * 3
micropterus Gr. . v. Pezom.
: microstictus . * 4
. migrator auct. v. Crypt.
— Thunb. . ?
: militaris * 3
minutator F. v. Brac.
minutus F. v. Pteromal.
- mitigosus
- (mixtus Gm.)
mixtus Pall. Schrank v. Camp.
- (moderator Fabr.)
moderator auct. v. Poriz.
— F. Groenl. . ?
- (moerens Gm.)
- Ischn. moestus
. molitorius Pz. 80. 13. * 3
. — Trent. ' v. sugillat.
— Schrank v. nigritor & pist.
— Fahr. cf. funebris.
— Panz. . v. delirator.
. monitorius ' * 3
. monostagon * 3
- monticola
moratorius auct. Fabr. v. sugil.
— Trentep. Thunb. v. natat.
moschator Vill. Ol. v. Crypt.
. . . macrobat.
— Fahr. . v. Crypt.
— Thunb. cf. Crypt.
: motatorius . ' . * 3

— Oliv. cf. extens.
- multiannulatus . . . . :
. multicinctus . . . *15
. multicolor . . : . *.2
— Fourc. v. Cerop. maculata.
- multiguttatus . . . . .
: multipictus . . . * 2
mundus Gr. . v. Mesolept.
murex Müll. . v. Isch. pulex.
muscarum F. L. v. Torym.
- mutabilis
mutillarius auct. v. Pez. pedic.
mutillatus Gm. v. Pez. ped.
. — Chr. . v. Banch. pict.
- (mystacatus auct)
— Schr. v. Sphathius clav.
- (naevius Gm.)
narrator Fahr. Thunb. v. lineator.
: natatorius Pz. 80. 7. * 5
necator auct. v. Hemit.
- (necator Scharf.)
necatorius Fabr. Thunb. v.
Metop.
negatorius Fahr. v. ornator.
nemoralis Fourc. Gr. v. Mesol.
nidulator Thunb. v. Campopl.
. pugill.
- (nigellus Gm.)
nigrator Fahr. v. laniator.
nigratorius Pont. v. saturator.
— Panz. v. delirat.
— Pz. ad Schff. cf. albolin.
- (nigricans Gm.)
nigricornis Gm. v. Phygad.
proflig.
— Retz . v. Pezom. acar.
: — F. v. Torym.
nigripedator F. . ?
- nigripes .
. nigritarius ' * 1
nigrocaudatus Retz v. Trog-
. . lut.
nigrocinctus Gr. v. Pezom.
nigroculus auct. v. Pimpl. flav.
- nigrocyaneus . . . . .
. nitens * 3

-. nivatus .·il) -
: nobilitator.[· , .·1.·*,4
-.(nominator Pz.) ,· ¦ ·
· — Pz 79. 10. F. Coq. v. Brac.
notator. Gr. · · · .·.··l -
- (notatorius Pz., 80.!9.).
notatorius Vill. ; v. 4 macul.
- (notatus Gm.);. · · ·
-. (nugatorius Fabr. Panz
.,80.'.12·) .'. .·· .
nugatorius Thunb.' v. fasciat.
-. (nunciator Fabr.) ¦ ·
- (nuncupator Panz. 79.13.)
nutritor Thunb. v. Poriz.
- nycthemerus · ·
.obex Müll. 'v. Echthr. reluct.
obfuscator auct. .· v. Crypt.
- (obfuscatus! Gm.)
oblongus Schrank. v. latrator.
-. (obscurator; Panz.)
.obscurator Gm. v. atrat. Forst.
- (obscuratorius Pz. .102.
.: 14.) ,
.obscuratorius Gr. v. Trog. lut.
.obscuratus Fahr. v. Oph. ob-
· .· · · · scurus.
- (obscurus auct.) .·.
'obscurus Gm. v. Crypt.
- (obsoletorius Fabr.)
obsoletorius Pz: cf. saturat.
-. (obsoletus Gm.) , ,
— F. v. Torymus.
' occisor auct. v. .Camp. pugill.
. occisorius Pz. .73. .14. * 4
- occupator
- (ochrocercus Gm.)
.ochromelas Gm. v.„ ornator.
:. ochropis).* 3
- (ochropus Gm.) · ·
- (ocreatus Gm.) ·
octoguttatus .
- oculatorius Fabr. Walck.
oculator Ross. v. Chelon. inan.
— Pz. v. Chelonus oculatus.
. opifex Müll. ef. enervator.
- opprimator ·
.·opticus .·.* 1

- oratorius Pz. 80. 10.·.···
:.orbitalis * 3
. ornatorius Pz.·73. 15.·.*. 1
- (osculatorius Ol.)·· ··· -
osculatorius. auct. v. Exetast.
ovator. auct. .· iv.·'Alom.
ovulorum. L. v. Teleas .pha-
laenarum . &. T. Linnei.
- (pallens Gm:) , ! -
-. (pallescens Gm.) .·. .·
-. palliatorius
- pallidatorius .·;.·. * 2
- pallidicornis . ;·
pallidus Gm. v. pusillator.
: pallifrons ·. .·. * 3
- pallipes
palmarius Fourc. v. delirat.
palpator Müll. v. Phyg. variat.
; Panzeri v. Agathis malvacear.
parasitus Walck. v. Por. harp.
-. (partitus Gm.)
-. parvulus .· ·
- (pastinacae Stroem.) .
pavoniae auct. v. Stilpnus.
- St. pavoniae
pectinicornis L. v. Eulophus.
: pedatorius . * 2
- (pedatorius Pz. 71. 12.)
pedestrinus Gr. v. subsericans.
pedestris auct. v. Pezom.
pedicularius auct. v. Pezom.
— Panz. v., Pez. nigrocinct.
- (pendulator Latr.)
pennator auct. v. Pimp. sterc.
percontatorius Müll. v. Poly-
· sphincta.
peregrinator auct. v. Crypt.
- perileucus .* 2
- periscelis Schrank.
perlatus Chr. v. Rhyss. clav.
perquisitor Ol. v. Pimpl. sterc.
- persecutor
- personatus
.perspicillator Gr. v. Crypt.
persuasorius auct. v. Rhyss.
— Sulz. cf. Mesost. f'glad.
.petiolatus auct. cf. Hem. areat.;

- (picatus *Gm.*)
- piceatorius
- (piceus *Gm.*)
- (pictor *Vill. Ol.*)
- pictus *Gm.*
.— Latr. v. Banch.
pictus auct.　　　v. vadat.
{— Vill. cf. Agathis inculcator.
pinguis Gr.　　v. Tryph.
, pisorius　　　* 4
pisorius Linn.　　v. fusor.
.— Vill. Chr. Panz. ad Schff.
　　　　v. Trog. lut.
: pistorius　　　* 3
plaesseus Fourc. v. Pimp. scan.
polyzonius auct. Forst. v. Liss.
- (polyzonius *Schrank*)
porrectorius auct. v. Ischn.
. Ischn. porrectorius　* 3
- (posticus *Fourc.*)
praecatorius auct. v. Xylon.
praerogator auct. F. cf. Rogas.
.— sec. Gr.　　v. Tryph.
- (praestolatorius *Müll.*)
(praeustus *Gm.*)
. pratensis　　　* 2
- (pretorius *Oliv. Walck.*)
primatorius Forst. v grossor.
- procerus
procurator Gr.　　v. Tryph.
profligator auct. v. Phygad.
profusor Ol. v. posticus Fourc.
. proteus　　　* 3
pteromelas Vill. cf. Agathis
　　　　glaucopt.
pugil Müll. v. Campop. pugill.
- (pugillator auct.)
- (pulchellus *Chr.*)
- pulchricornis
pulex Müll.　　v. Ischn.
- Ischn. pulex
- (pulicarius *Panz.*)
pulicarius Fabr. v. Pezom.
pulsator Pz. ad Schff. v. castig.
: pumilus　　　* 2
punctator auct. v. Pimp. instig.
- (punctatus *Fourc. Ol.*)

- (punctorius auct.)
: punctorius Müll. cf. variabilis
　　　　　Schr.
punctulatus Vill. v. punctat.
- punctus
- (puparum *Fourc. Oliv.*)
—L.　　　v. Pterom.
purgator F. Coq. v. Agathis.
- (purgatorius *Müll.*)
purpurascens F. Coq. v. Torym.
- pusillator
: quadratum m.　　* 3
: quadrialbatus　　* 3
- quadriannulatus
- quadricingulatus
quadricolor Gm. v. fabricat.
- quadrifasciatus
- quadriguttatus
. quadrimaculatus　* 3
- (quadrimaculatus *Gm.*)
quadripunctatus auct. Pimpl.
　　　　　flavic.
quadripunctorius Mül. v. natat.
quadrisculptus Gr. v. Tryph.
quadrum F.　v. Cleonymus.
. quaesitorius　　* 2
- (querceti *Schrank*)
quinquecinctus Gr. v. Tryph.
- quinqueguttatus
ramicornis F.　　v. Euloph.
ramidulus auct. v. Ophion.
— Chr. v. Anom. circumfl.
— Fourc. v. Panisc. glaucopt.
— Scharf. cf. Panisc. test.
- (raptor *Müll.*)
. raptorius　　　* 2
- (raptorius *Fabr.*)
raptorius Pz. ad Kob. v. vadat.
— Pontopp.　v. grossor.
Rayellae Schrank v. Eph. man.
regenerator Fahr. Thunb. v.
　　　　　Mesol.
— Pz. ad Schff. v. Crypt.
　　　　　sponsor.
reluctator auct. v. Echtr.
reluctatorius Ol. v. Echtr.
. repentinus　　　* 3

resinator Thunb. y, resinell. L.
- (resinellae auct.). juw
resinosus Retz v. Liss. hortor.
- restaurator , , , , ,
- (restaurator auct.) , ,
rhodophthalmus, Ross. cf.
   Torym. obsoletus.
- ridibundus
- (rixator Schell.) ,
roborator auct. , v. Pimpl.
RoeseliiScharf. v Crypt. cyan.
. rubellus , * 1
rubidus Rossi v. Spathius.
rubiginosus Gm. aff. Hemit.
   maculipenn.
- Chr. , v. Echt. reluct.
- (rubratorius Müll.)
rubricator Pz.Thunb.v.Crypt.
   minutor.
- (rubricornutus Chr.)
. rufatorius * 5
rufatus Gm. v. Pimp.
rufescens Gm. v. Pimp. exam.
- Ross. v. Eulophus.
- ruficeps ,
ruficingulus Schrank v. castig.
ruficornis auct. v. Pez. cursit.
- (ruficornis Gm.)
ruficornis m.. * 2
- ruficoxatus
: ruficrus m. * 3
- rufifrons
- rufilimbatus
. rufinus . * 3
rufipes Gm. v. Leptob.
rufoniger Gr. v. Mesolept.
- (rufulus Gm.)
- (rufus Retz, Vill.)
ruspator auct. , v. Helcon.
rusticusFourc.Vill.v. Ischnoc.
rutilator auct. v. Tryph.
sagittarius Müll. v. Campop.
   inculc.
- (sagittator Rossi)
: salicatorius * 4
saltator auct. , v. Poriz.
sec. N. cf. Cardiochiles.

- (saltator Müll.) jaji
- (salutator Rossi, Ol.)
- (sanguinator Rossi)
. sanguinatorius * 2
sanguineus Chr. v. vadat.
sanguinolentus Gm. v. Crypt.
   assert.
: Ischn. sannio * 3
. sarcitorius * 0
- (sarcitorius Trent.)
sarcitorius auct. v. vadat.
- Pz. Sulz. Chr. v. fasciator.
. sartorius, * 1
. saturatorius Pz. 80. 8.
. ? 80. 11. * 0
saturatorius Borowsky v. vad.
scabrator F.v. Chelonus scab.
scanius Fourc. Vill. v. Pimp.
   stercor.
scirpi Fourc. Vill. v. Crypt.
   cinctor.
scotopterus Gr. v. Tryph.
scurra Pz. v. Ephi. mediat.
scutellaris Ol. Walck. v. Trog.
   lut.
. scutellator * 1
scutellatus auct. v. Pimpl. flav.
seductor auct. v. Crypt.
seductorius auct. v. Crpyt.
. sedulus * 3
segmentarius auct. v. Tryph.
segmentator Fahr. Thunb. v.
   Lisson.
segmentorius Fahr. v. Tryph.
semiannulator auct. cf. Phyg.
   abdom.
- Oliv. v. melanocast.
semiannulatus auct. Schrank.
   cf. sputator.
- (semiannulatus Vill.)
semicaligatus Gr. v. Tryph.
- semiorbitalis.
. semirufus
: semivulpinus * 3
senilis Gm. v. Phygad.
- septemguttatus
: serenus * 5.

~ Pr. serrarius r) -
' serrator F. v.Stephanus coron.
setosus Fourc. Ol. v. Lisson.
. sexalbatus * 1
.-Csexcinctus.
: sexlineatus * 3
- sibilans
. sicarius. * 1
- (signatorius Fabr.) ,
signatorius Ol. v. mercat.
.: signicornis m. * 3
- silaceus.
similatorius auct. v. fusor.
— Trentep. v. sedulus.
similis Gm. v. Hemit.
- (simplex Gm.)
simplex Müll. v. pastinacae
' , Stroem.
simulator Ol. v. falsator Vill.
sociatorius Panz. ad Schff. v.
Trog. flav.
spectrum L. S. N. ed. 10,
Scop Deg. Sirex sp.
. speculator auct. v. Pimp. flav.
— Thunb. ?
.. sperator auct. v. Phygad.
- spiniger
: spinosus m * 4
' spiralis Fourcr. Ol. v. Crypt.
- M. splendidulus ,
sponsor Fabr.Thunb.v. Crypt
sponsorius auct. v. Mesolept.
. sputator Pz. 19. 20 , * 0
stercorator Fabr. Thunb. Jur.
v. Pimp.
sticticator Thunb.v.Pimp.flav.
sticticus Fabr. : v. Mesol.
- (stigma Gm.)
— F. Coq. v. Torym. ater.
stigmatizans F. v.Tor. stigm.
- stimulator +
.. stramentarius * 2
- (stramineus Gm)
- (striatus Gm.)
strigator Fabr.Thunb.v.Bass.
. strigatorius * 2
- (strigosus Gm.)

- (strobilellae auct.)
- suavis
. subalbellus * 2
subannulatus
subcutaneus v. Microg. sessil.
: subcyaneus m. * 3
: subcylindricus : * 4
subfalcatus Gm. v. Camp. pug.
- subguttatus
- submarginatus
subrufus Gm. v. Tryph.
- subsericans
(subtestaceus Gm.);
. subtilicornis * 1
subzonatus Gr. v. Pezom.
sudeticus Gr. v. Pezom.
. sugillatorius * 5
sugillatorius auct. v. natat.
sulphuratus Gr. v. Mesol.
- (sulphureus Gm.)
superbus auct. v. Rhyssa.
— Chr. v. Pimp. flav.
surratus auct. v. Camp. mixt.
- (sutor Chr.)
- (taeniola Fourc. Ol.)
tarsoleucus Schrank Vill. v.
Crypt.
tarsosus auct. v. Mesost. glad.
- (tenebricosus Gm.)
- (tentator Vill. Ol.)
— Ross. v. Bracon.
- (tenthredinum Scharf.)
- tenuicornis : * 2
terebrator auct.v.Acoen. arat.
. tergenus * 4
- (terminator Pz.)
: terminalis m. * 3
. terminatorius * 3
- (terrefactor Vill. Ol.)
— Ross. v. Bracon.
- (tertiarius Fourc.)
testaceus Gm. v. Mesol.
— Fabr. v. Rogas luteus.
. Ischn. thoracicus * 3
tibialis Fourc. Vill. v. annulat.
- tibiator Thunb.
- (tiphae Vill.)

- (victor auct.) ~ ~~~
viduatorius Thunb. v. Crypt.
- (vigilans Chr.) ~~ ~
vigilatorius Pz. v. Banch. falc.
vinctus auct.   v. Pimp. flav.
- (vindex Müll.) ~
vinulae Scop. Chr. v. Oph. lut.
- violentus ~~~
virgatus Fourc. Vill. v. Panisc.
: viridatorius   * 5
visitator auct. v. Pimp. sterc.
- (vittatorius Jur.)
- (vittatus Gm.)
— Vill. cf Bracon. nigripedat.
volutatorius auct. v. Banch.
                            pict.
— Schrank v. Banch. compr.
— Stroem   v. Banch. falc.
— Fabr.   v. infractor.
— Thunb.   v. mercator.
- (vorax Fourc.)
vulnerator Pz.   v. Pachym.
vulpes Chr.   v. Pimp. flav.
vulpinus Gr,   v. Pezom.
- xanthius
- (xanthogastrius Schrank)
- (xanthomelas Gm.)
- xanthops
- (xanthopus Schrank.)
xanthopus auct. v. Anom. Ol?
. xanthorius   * 3
- xapthozosmus
- (xanthurus Gm.)
- zonalis
zonarius Gr.   v. Tryph
- (zonator Fabr. Jur.)
(zonator Thunb?)

Ichneutes.

Nees 1, 156. - Berl. Mg. 7. 275.
    t. 8. f. 3.
. reunitor   * 4

Ischnoceros.

Grav. v. Cryptus.

Ischnus

Grav. v. Ichneumon.

Larra.

Latr. - Pz. - Van d. Lind. -
F. - Jur. - Spin. - Coq.
Liris Ill. - F.
Sphex Ross. - Vill.
: anathema foem: Van d. L.
2. 18. 1. - Coq. 2. t. 12. f.
11. mas.
L. ichneumoniformis Ltr. gen.
71. - Nouv. dict. ed. 2. 17.
324. - Jur. 143. - Lam. An.
s vert. t. 117. 1. - Dum. dict.
sc. nat. 25. p. 285.- Guer. Dict.
Class. t. 9. p. 224.
? Sphex arguro-metopa Vill.
3. 250. 84.
Mas: Larra ichn. F. E. S. 4.
- S. P. 4. - Pz. 76. 18. - Rev.
128. - Spin. 1. 72. 11.
Foem: Sphex anath. Rossi 822.
Liris Rossi ed.- Ill.
Larra ichn. Coq. l. c. fig. 10.
                            Ital. 3
atrata Spin. 1. 14 & 73.- fragm.
p. 12 n. 2. v. Pompil, plumb.
bifasciata F. E. S. sppl. v. Stiz.
. crassicornis F. E. S. - P.-
Dumeril. Dict. 25. 285.- Van
d. Lind. 2.
Tiphia F. Mant. 178. 2. Gall. 3.
dimidiata Pz. v. Tachyt. pom-
                            pilif.
dubia Pz.   v. Miscophus.
etrusca Jur.   v. Tachytes.
ichneumoniformis Ltr. gen.-
Pz. Rev.- F. Sp. v. anathem.
Jockischiana Pz. v. Tachyt.
Jurinei Drapiez v. Tachyt.
micans Spin. v Pomp. plumb.
nigra Ltr. hist. cf. Tachyt. nit.
picta Ltr. hist.   v. Dinet.
pompiloformis Pz. 106. 17.
      v. Tachyt. nitid.

—— 89. 13. - *Spin.* v. Tachyt.
ruficornis F. P. - Spin. v. Stiz.
sexmaculata Spin. v. Pomp.
           pulcher.
tricolor F. - Spin. v. Tachyt.
           obsol.
tridens Ill. Rossi v. Stizus.
unicolor Pz. v. Tachyt. pompil.

Lasius.

   F. v. Formica.
Jur. v. Anthophora.
niger S. P. 1. v. Formica.

Leiophron.

Nees 1. 43. - Nov. Act. *Leop.*
  9. 303. - *Gr.* Ichn. 1. 52.
: ater   * 2
: bicolor m.   * 2
  clavipes
. falcatus   * 2
. major m.   * 3
.. nitens m.   * 3

Leptobatus.

Gr. v. Banchus.

Leptocera.

      Hart.
Synonyma vide sub genere
    Tenthredo..
: alni *H.* 228.   * 3
: rufa ib. - *Pz.* 72. 2. * 3

Leptopus.

    Hart.
: hypogastricus *H.* 184. * 3

Lestiphorus.

Lepell. Annal. d. l. Soc. Ent.
   d. France 1832.
  Gorytes *Van d. Lind.*
  Crabro *Rossi.*
: bicinctus *Lepell.* p. 70.

Crabro *Ross.* fn. app. 110. t.
  7. f. O.
Gorytes *Van d. Lind.* 2.
  93. 7. .   * 5

Leucospis.

F. - Ltr. gen. - *Spin.* in Ann.
  d. Mus. VII. - *Dalm.* act.
  holm. 1820. - *Klug.* Berl. Mg.
  VI. - *Jur.* t. 13. f. 45. - *Pz.*
  Rev. p. 100. - *Oliv.* - *Vill.* -
  Ross. - *Coq.* - *Ill.* - *Germ.* -
  Nees II. p. 10.
  Vespa *Sulz. Christ.*
omnes practer dorsigeram ex
   Europa australiori.
- aculeata *Klug.*
- bifasciata *Klug.*
- Biguetina *Jur.*
  brevicauda Sp. cf. biguetina.
coelogaster Hohenw. v. dorsig.
dispar Boy. F.   v. dorsig.
dorsigera Hohenw. v. grandis.
. dorsigera *Klug. Pz.* 58. 15.
               Bav. 3
dorsigera mas: Pz.
dubia Schrank   v. dorsig.
Gallica Rossi   v. grandis.
— Vill.   v. gigas.
- gibba *Klug.*
Gigas Rossi   v. grandis.
- Gigas *Fabr. Pz.* 84. 17 & 18.
. grandis *Klug.*
intermedia *Pz.* 15. 17.
intermedia Spin.   v. ligust.
ligustica
varia *Klug.*

Lindenius.

Lepell. Annal. d. l. soc. Ent. d.
      France.
  Crabro autt.
  Pemphredon F.
: albilabris *Lep.* 4. - Crabro
  Van d. Lind. 28. *F. E.*
  S. 302. 31.

Pemphred. *F. P.* 8.

Crabro leucostoma *Pz.* 15, 24.

- *Spin.* 1. 105. 5. - Rev. 185.

subaeneus *Lep.* 7. * 1

- apicalis *Lep.* 3.

Mas. curtus *Lep.* 8.

Foem: brevis *Lep.* 9. * 1

: armatus mas: *Lep.* 793. 2.

Crabro *Van d. Lind.* 31. * 2

- brevis Foem. *Lep.* 10.

Crabro *Van d. Lind.* 32.

v. apic.

contractus m. mas: vix div.

a curto.

. curtus *Lep.* 9. v. apic.

- Panzeri Foem: *Lep.* 8.

Crabro *Van d. Lind.* 29. citat.

Pz, 15. 23. cum?

var: *Pz.* 15. 23. Gall. 3

: pygmaeus foem: *Lep.* 6.

Crabro Rossi Mant. 112.

Van d. Lind. 36. citat. Ros-

si cum? * 3

- subaeneus *Lep.* 7. cf. api-

calis & pygmaeus.

- venustus Foem. *Lep.* 5.

Gall. 3

Liris.

F. S. P. - Steph.

anathema *Rl. Rossi* v. Larra.

hyalinata *F. P.* v. Pomp.

Lissonota.

Grav. v. Pimpla.

Lophyrus.

Latr. Kl. Hart.

Hylotomae antennis pecti-

natis *F. P.*

Diprion *Schrank* fn.

Pteronus *Jur.*

Tenthredo *L. Pz. Geoff.*

Subgenus: Monoctenus.

ater Jur. v. Pristophora.

difformis Spin. v. Cladius.

dorsatus *Pz.* 62. 9. a *Kl.*

ad foem: pallidi citatur, at

vix jure. - Mas: *Pz.* 117.

24. Pter. * 1

: elongatulus *Kl.* Mg. VI.

55. 5. - Hart. 169.

Foem: *Pz.* 129. 8. * 3

frutetorum *Kl.* 6. - Wied.

Mg. l. 3. 67. 4. - Hart. 134.

- *Pz.* 118. 24. - Foem: Pter.

99. 14? *Lep.* 163.

T. frutet. *F. E. S.* 25. - Hentsch.

25. - *Weigel* Beschr. Schles.

X. p. 176. n. 23.

Hylot. frut. *F. P.* 2.

Diprion pini *Schrk.* fn. 2. 2.

p. 253, n. 2042.

T. eques *Schrk.* n. Mag. f.

Ent. 1. p. 288. * 1

- hercyniae. Hart. 123.

: juniperi *Kl.* 11. - Hart. 171.

Monoctenus.

Diprion jun. *Schr.* fn. 2041.

Mas: T. jun. (*L. S. N.* n.

15. - ed. 10. n. 9. - Gmel.

n. 15. fn. 1541. - *Vill.* 23?)

- *F. E. S.* 27. - Hentsch. n.

27.

Hylot. jun. *Fall. K. Vetensk.*

1807. 200. 5. - *F. S. P.* 6.

: T. pterophorus *Sulz.* Kennz.

p. 46. t. 18. 110. Gesch. p.

185. t. 26. f. 5.

Petagn. Instit. 1. 348. 10. -

Uddm. n. 91. t. 2. f. 12.

- Foem: Tenthr. jun. *Pz.* 76.

11. - Rev. p. 48. 3

: laricis *Klug* 8. - Pter. *Pz.*

129. 7. Foem. - Hart. 131.

Pter. lar. Jurine pl. 6. gen.

6 potius ad virens.

Schff. ic. 126. 5 & 6. * 1

minor *Lep.* 155.

T. pectinata minor *Deg. Retz*

n. 318. - *Deg.* n. 11. t. 35.

f. 26.

11

T. pini minor *Vill.* 21. v. pal-
lidus.
: nemorum *Kl.* 1. - *Wied.* Mg.
I. 3. p. 67. 3. - *Hart.* 116.
Mas: Uddm. n. 9. t. 2. f. 13.
Foem: T. F. E. S. 24. -
Weigel Schles. 10. p. 176.
22. - *Schff.* ic. 159. 3. 4. -
70. 7. 8. - *Pz.* Nom. p. 87.
& 148.
Hylot. F. P. 1. - *Fall.* K.
Vetensk. 1807. p. 196. 1. * 3
. pallidus *Kl.* 4. - *Hart.* 126.
Deg. 2. 2. 983. pl. 35. f. 24-
27. - Uebers. 254. 11.
T. pini minor *Retz* 74. 318.
Foem: sec. *Kl.* T dorsata
Pz. 62. 9. - Rev. p. 47. *Fall.*
197. 2. at vix jure.
L. minor. *Lep.*,
T. pinastri *Bechst.* .
- obscuratus *Hart.* 172.
. I. Monoctenus.
piceae *Lep.* 160. - fn. franc.
pl. 13. t. 3 & 4.
T. pectinata rufa *Deg. Retz*
n. 319. - *Deg.* n. 12.
T. pini rufa *Vill.* 22.
T. sertifera *Fourc.* 46. v. rufus.
apineti *Hart.* 166.
. pini *Lep.* 154. *Latr.* dict.
d'hist. nat. - Pter. *Klug.* Mag.
6. p. 50. 2. - *Hart.* 141.
Tenthr. pini *L. S. N.* 2. 922.
n. 14. - ed. 10, 1. 556. n. 9. -
Gmel. 1. 5. 2657. n. 14. -
fn. 390. n 1540. - *Vill.* 3.
87. 20. - *Deg.* Mem. 2. 2.
p. 791. pl. 36. f. 1. - 20.
Uebers. p. 246. n. 10. - *Retz.*
n. 317.
Hylot. p. *Fall.* K. *Vetensk.*
p. 198. - Diprion *Schr.* fn.
2042.
Mas: Tenthr. p. *F. S. E.* 319.
11. Sp. 1. 409. 17. - Mant.
1. 254. 18. - *F. S.* 1 112.

28. - *Pz.* Rev. p. 48. - Petagn.
- Inst. 1. 348. 11. *Weig.* Besch.
Schl. 10. 176. 25. - *Hentsch.*
104. 28. - *Fuessl.* Verz. n.
912. - Hylot. p. *E. S. P.* 22. 7.
Pter. p. *Pz.* fn. 87. 17.
Lophyrus *Ltr.* hist. nat. XIII.
p. 136. 1.
Foem: Tenthr. dorsata *F. Sp.*
1. 408. 15. - *Mant.* 1? 253.
16. - *E. S.* 2. 111. 25! - *Vill.*
3. 89. 25. - *L. Gmel.* 1. 5.
2657. 65! - *Weigel* 10. 176.
24. *Hentsch.* 26.
Pter. p. *Pz.* 119. 5.
T. pectinata major *Retz.*
Hylot. dors. *F. S. P.* 21. 3.
- var. b. - *Fall.* p. 198.
Lophyr. dors. *Ltr.* hist. 3. -
Schff. ic. 68. 7. 8. - * 2
. politus *Kl.* 10. - *Hart.* 170. * 2
- polytomus *Hart.* 124.
: rufus *Kl.* 3. - Pter. *Pz.* 119.
6. 120. 12. - *Hart.* 164. -
Deg. 2. 2. 986. - Uebers.
256. 12. - *Schff.* 154. 3 4 6.
- Abh. 110. t. 8.
T. junip. *Christ.* 432. t. 49.
4. 5.
Hylot. ruf. *Fall.* 199. 4.
H. pectinata rufa *Retz.* -, T.
securifera Fourc. - pini rufa
Vill. praeterea *L.* piceae *Lep.*
cum citatis.
- similis *Hart.* 160.
: socius *Kl.* 9. - *Pz.* 120. 13.
- *Hart.* 166.
- variegatus *Hart.* 137.
. virens *Kl.* 7. - *Pz.* Pter.
129. 5. 6. - *Hart.* 119.
cf. Pt. laricis *Jur.* pl. 6.

Lyda.

F. *Hart.*
Pamphilius *Ltr.*
Cephalei a *Jur.*

Psen Schr.
Tenthredo L. etc.
. abietina H. 342. vix div.
ab arvensi . . . . . * 3
alni Schr. fn. 2048. oblivioni
tradenda. 1
. alpina Klug Mag. II. 281.
18. - Lep. 40. - Hart. 340. 3
. annulata H. 343. v. arvensis * 2
. annulicornis H. 343. v. arv. * 2
. arbustorum Fabr. S. P.
15. - Kl. 19. - Lep. 15. -
Hart. 348.
Tenthr. F. E. S. 78.
Pamphil. Latr. Enc. 20.
Tenthr. lucorum Mant. - Spec.
Syst. Ent. - Gmel. - Vill.
cf. T. scutellaris.
. arvensis Kl. n. 21. - Hart.
348. - Lep. 36.
L. Pz. 119. 8. 15. 10. 14. -
86. 9. - Rev.
T. depressa Pz. 86. 11.
Pamph. Latr. Enc. 18.
Lyd. flaviventris Lep. 38. -
Deg. n. 35. t. 40. - Retz.
n. 322.
P. dimidiatus Ltr. Enc. 22
Psen lucorum Schr. fn. 2046.
L. hypotrophica Hart. 336.
L. annulata 343.
L. annulicornis 343 & plures
verosimiliter hujus autoris
species novae.
T. lucorum. F. Mant.
. aurita Kl. t. 7. f. 3. - Lep.
29. - Ltr. Enc. 7.
sec. Hart. mas ad L. betulae.
. betulae Kl. 3. - Hart. 334.
- Lep. 33. - F. S. P. 8.
Cephal. Jur. Pz. 87. 18.
Tenthr. L. fn. 1565. - S. N.
47. ed. 10. n. 32. - Gm. 47. -
Vill. 4. 119. - Ross. 734. -
Ill. F. E. S. 72. - S. P.
Pz. Rev. 50. - Schr. En.
690. - Hentsch. n. 72. Deg.

2. P. n. 34. pl. 40. n. 21. -
Uebers. 2. n. 34. 1
Pamphil. Ltr. Enc. 4. n.
T. fulva Retz. 324. n. 1
Mas: sec. Hart. L. aurita.
Austr. 5
bicolor Pz. v. fallax.
- campestris F. P. 9. Hart.
334. - Kl. 2. t. 7. f. 2. var.
Pamph. Ltr. Enc. 11. Lep. 31.
Tenthr. L. fn. 1551. - S. N. n.
25. ed. X. n. 18. - F. E. S.
n. 73. - Hentsch. n. 72.
T. hieroglyphica Chr. p. 459.
t. 51. f. 5. 3
caprifolii Schr. fn. 2044. (Psen)
v. punctata.
cingulata Lep. v. depressa.
Clarkii Jur. (Ceph.) v. reticulat.
clypeata Kl. 14. - Deg. 11.
n. 35. pl. 40. f. 22. - Uebers.
n. 35. - Hart. 344.
L. lutescens Lep. 22. - Latr.
Enc. 17.
Tenthr. Pz. 107. 7.
L. flaviventris Fall. * 4
- cyanea Kl. 17. - Lep. 8. - Hart.
329. - Deg. II. 2. p. 1038.
n. 33. pl. 40. f. 19. - Uebers.
pl. 290. 33.
Pamph. Ltr. Enc. 2.
T. flaviceps Deg. Retz n. 320. 3
cynosbati F. 3. - Lep. 18.
Ltr. Enc. 27. sp. nemini ac
Linneo nota; hic citat Reaum.
(qui Hylotoma depinxit) at
describit Ichneumonem. T.
cynosb. L. igitur cum omnibus citatis serius adjunctis
oblivioni tradenda. T. F. E.
S. 68.
- depressa Kl. 5. - Lep. 32. -
Pz. 119. 11 - 13. - Hart. 336.
Tenthr. Schr. En. 691. - Geoff.
2. n. 21. - Deg. II. 2. p.
1040. pl. 40. f. 22. - Vill.
131. Ross.

Mant. 243. - Gmel. n. 98. - Pz.
65. 11. - Rev. p. 54.
Pamphilia Ltr. gen. p. 235. -
Enc. n. 16.
Psen Schr. fn. n. 2047.
cingulata Lep. 24.
varia Lep. 25.
var? histrio Ltr. Enc. n. 12. -
Lep. 38. - A - * 2
erythrocephala F. 1, - Kl.
16. - Lep. 7. - Pz. 111, 15.
δ Hart. 326.
Tenthr. L. S. N. u. 40. - ed.
X. 26. - Gmel. n. 40. fn.
1560. - Uddm. n. 89. - Vill.
n. 112. - Hentsch. p. 106.
F. Sp. n. 51. - S E. - Mant.-
E. S. n. 66, - Sulz. Kennz.
t. 18. f. 113. - Schff. ic. 96.
9. - Christ. t. 51. f. 6. - Pz.
7. 9. Rev. p. 49. - Schff. El.
125. 7. -
Pamphil. Ltr. Enc. * 2
- erythrogaster Hart. 339.
fallax Lep. 37. - L. bicolor
Pz. 120. 14. - a Hart. 345.
falso ad hortorum. - * 4
L. marginata Lep. 34.
- Fallenii Dalm. anal. p. 95.
- fausta Kl. 10. t. 7. f. 5. -
Lep. 19. -
flava F. S. R. 14. non Lyda,
potius Nematus, si Lyda -
arvensem pertinet.
flaventris Fall. v. clypeatam.
is Lep. 39. v. arvensem.
T Geoffroyi Lep. 19. seq. T.
Grellus n. 36. I. T. cyno-
batis Four. n. 42.
haemorrhoidalis F. 13. Lep.
16 v. Nematus.
Spin. Ins. T. p. 59. - Vill.
120. - Gmel. 196.
Pamph. gen. Ltr. Enc. n. 25.
histrio Lep. 38. - Ltr. Enc. n.
112. ovat. depr. sac.
hortorum Kl. 12. Pz. 119.

9. - Lep. 37. - Hart. 345.
Citat. falso L. fallax Lep. * 3
hypotrophica Hart. v. arvensis
inanis Kl. 13. - Pz. 120. 15.
Schff. icon. 170. 2. 3. Vill.
137. pl. 7. fig. 21. Hart. 347. *3
inanita Lep. 36. - Latr. Enc.
o Pamph. 13. v. inanis.
Klug. Hart. 335.
ducorum Schrk. fn. v. arvensis.
lutescens Lep. 22. secund. Pz.
107. 7.
Pamphil. Latr. Enc. 17.
v. clypeata.
marginata Lep. v. fallax.
minuta Schr. fn. 2049. oblivioni tradenda.
nemoralis Lep. 41. seq. Schr.
Fn. 680. - Vill. 114. - Gmel.
42. obliv. trad.
nemorum F. Pz. v. sylvatica.
populi F. P. 5. - Lep. 17. - F.
E. S. 70. - Ltr. Enc. 26. -
Vill. 116. - Gmel. 44. v. obliv.
tradenda.
pratensis F. P. 10. - Kl.
4. - Lep. 27. - P. 119. 16.
17. - Hart. 329.
Tenthr. Hentsch. 72. - E. S. 74.
T. vafra L. S. N. 24. - Gmel.
45. - Vill. 117. - E. omni E.
S. 71.
Lyda vafra F. P. 6.
T. stellata Christ. t. 51. f.
4. p. 458. - Schff. 42. 8. 9.
Pamph. Ltr. Enc. 9. * 2
punctata F. S. V. 7. Kl.
9. Lep. 14. - Pz. 119. 7. -
fn. fr. 14. 2. Hart. 345.
Tenthr. F. E. S. suppl. 277.
9. - Coq. 1. p. 17. t. 3. f. 9.
Psen caprifolii Schr. fn. 2044
exclus. cit. Schff. quod ad
L. pratensem.
Pamph. Ltr. Enc. 21.
cf. T. nemoralis L. fn. 1562.
S. N. 42. - Schr. Fn. 680. * 2

II

- pyri Schr. fn. 2043. cit. Deg.
II. 2. 288 & 293. t. 40. f. 15.
16. 24. 26. - Reaum. 4. p.
238. t. 15. 7. 10. A
: reticula Kl. 1. - Lep. 12. -
Pz. 120. 16.
Pamph. Ltr. Enc. 8. Hart. 334.
Foem: Tenthr. L. fn. 1564. -
S. N. n. 46. ed. X. n. 31. -
Gmel. n. 46. - Vill. n. 118
Cephaleia Clarkia Jur. p. 67.
pl. 7. gen. 7.
? L. campestris F. Bavar. 5
saltuum F. - Lep. 20. ef.
Hylot. pagana.
saxicola Hart. 339.
signata F. - Lep. 25. non Lyda,
potius Nemat. miliar.
-stramineipes Hart. 347.
suffusa Hart. 345.
. sylvatica F. P. 11. Kl.
8. fn. fr. 14. 5. Hart.
347. - Lep. 26.
Pamphil. Ltr. Enc. 19.
Tenthr. L. fn. 1561. - S. N.
41. ed. 10. n. 28. Gm.
41. - Vill. 113. - Hentsch.
67. - F. E. S. 67. - Deg.
2. n. 36. t. 40. f. 20. - Pz.
65. 10. - Rev. p. 49. Lesk. 132.
Psen Schr. fn. 2045.
Lyda nemorum F. P. 11. -
Cephal. Pz. 86. 8.
T. fulvipes Retz. - Schff. 105.
6. *1
vafra F. P. 6. - Vill. 117. -
Gm. 45. - L. S. N. 45. -
Lep. 13. v. pratensis.
varia Lep. 25. v. depressa.

Lyrops.

Ill. - Ltr. - Stph.
. etrusca Ill. Ross. v. Tachytes.
. pompiliformis Ltr. gen. v. Tach.
. tricolor Ltr. gen. v. Tach. obs.

Macrocera.

Ltr. consid.
Apis Ross.
Eucera Ltr. gen. F. Pz. Sp
Megilla Ill.
- antennata Enc. F. E. S. 7. -
S. P. 8. - Ltr. hist. tom.
14. p. 44. - Pz. 99. 18.
Euc. malvae Ltr. gen. p. 174.
Apis malvae Rossi.
Megilla ant. Ill. 35. Austr. 3
. atricornis mas: Euc. F. E.
S. 2. - S. P. 2. - Pz. 106.
20. - Spin. 1. 150. 3.
E. longicornis Pz. 69. 21. icon.
Germ. 3
: basalis m. mas: Austr. 4
: dentata mas: Klug. Grm.
fn. 21. 25. Graec. 5
: detrita m. mas: Hisp. 4
. Druriella mas: Ap. Kirb.
62. t. 17. f. 4.
Euc. Ill. 3.
? foem: pollinaris Kirb. Austr. 4
: graja m. Graecia 5
: grisea mas: Enc F. P. 7.
- E. S. 6. - Ill. 4. - Coq. p. 65.
t. 15. f. 12. - Spin. 1. 150.
2. Hisp.
- pollinaris Megilla Ill. 1. - Ap.
K. 61. t. 17. f. 3. cf. Druriella foem.
- ruficornis Megill. 34. Eucera F. P. 5. Lusitan.
: tricincta Euc. Erichson in
Waltl Reise p. 108. Austr. 3
: sphecodiformis m. mas.
Austr. 5

Macrophya

Hart.
Synonyma vide sub Genere
Tenthredo.
. albicincta *1
. blanda Fabr. Pz. 71. 7. *0
. carinthiaca *2

. chrysura . . . . * 3
- crassula . . . . * 4
dumetorum . . . v. strigosa.
. duodecimpunctata Pz. 52.
. . 8 & 91. 16. . . . . * 1
. haematopus Pz. 81. 11.
. . 12. . . . . *3
. militaris . . . . * 2
. neglecta Pz. 65. 9. - 52. 9. *2
; punctum Pz. 26. 21. . . * 0
. quadrimaculata Pz. 81.
. . 18 & 91. 17. & 98. 10. * 1
. Ribis Pz. 52. 12. . . . . * 0
; rustica Pz. 71. 10. 64. 10. *0
. strigosa Pz. 114. 18. . *. 3
. Sturmii Pz. 114. 13. . . 4
. teutona Pz. 71. 6. . . . * 3

Macropis.

. labiata Pz. fn. 107. 16. *. 4

Macrus.

Grav. v. Ophion.

Manica.

Jur. v. Myrmica.

Masaris.

F. Ltr.
apiformis F. E. S. - Pz. - Jur.
. . . . v. Celonites.
crabroniformis Pz. v. Sapyga
. . . . prisma.
vespiformis F. P. 292. 1. -
E. S. 1. - Ltr. gen. 4. 144.
- Coq. II. t. 15. mas. e Barbaria.

Mastigocerus.

Klug. v. Xycla.

Megachile.

Ltr. - Walck. - Spin.
Apis L. - Geoff. - Schff. -

Scop. - Schr. - Deg. - Oliv. -
Vill. - Ross. - Chr. - Kirb.
. * c. 2. a. . . . .
Anthophora F. - Ill. - Pz.
- Kl. . . . .
Trachusa Jur. - Pz.
Xylocopa F. I
Centris F. . . . .
Megachiles, reliquas Spinolae
quaere subgeneribus Anthi-
dium, Osmia, Heriades, Coc-
lioxys, Chelostoma. . . .
albocincta m. . . . . Bavar.
apicalis Spin. 2, 259. Hisp. 3
argentata mas. Pz. 99. 16.
(Anthoph.), exclus. cit. *. 3.
Ap. albiventris Pz. 56. 19.
— F. E. S. (Apis) S. P. An-
thoph. excl. Ltr. v. pacifica.
— Spin. 1. 141. species plures confundit. . . . . . .
centuncularis Ltr. hist.
t. 14. p. 5. n. 10. - Spin.
2. 142. excl. Pz. & mas.
Foem: Apis L. S. N. 12. &
Gmel. p. 2771. n. 4. fn. 1687.
- F. E. S 98. - Vill. 4. - Schr.
En. 815. Müll. fn. frid. 844.
- Zool. dan. 1897. - Rossi fn.
927. - Fourc. 5. - Forst. Catal.
708. - Christ. p. 165. t. 13. f. 5.
- Geoff. 2. p. 410. 5. - Schff.
262. 6. 7. - Reaum. VI. mem.
4. t. 10. f. 2 - 4. etc. Bazin
Abregé tab. 4. f. 2. B. - Harris Exp. t. 49. 2. - Barbut.
gen. 1. 15. Apis f. 9. - Frisch.
2. p. 1. t. 2.
Anthoph. Ill. Mg. 16. - F. 25.*1
Autores fere omnes species plures confundunt.
— Pz. . . . . . v. ligniseca.
. cincta m. foem. Austr. 3
circumcincta foem: Ap.
Kirb. 45. t. 16. f. 10. - Anthoph. Ill. 19. . . . . *. 3

, flavicincta m. foem. ')
,, flavoguttata m. Bavar. 3
glabriuscula Ltr. cf. Spin. 2.
cf 9: Gymnus.
. lagopoda Ap. L. S. N. 12
27. - fn. 1702. - Vill. 22. - F.
E. S. 48. - Kirb. p. 236. not.
Ap. lagopus Gmel. 27.
. Anthoph. F. P. 374. 9. excl.
cit. Pz. - Ill. Mg. 15.
Foem: ? maritima K. 43. * 2
— Pz. 55. 7. v. Willughbiella.
. ligniseca♀(Anthoph.)Ill.18.
Ap. Kirb. 44. t. 16. f. 11. (♂
mihi, obscurus.)
Ap. centuncularis Pz. 55. 22.
Donov. Eng. Ins. 4. t. 120. * 3
- maritima (Ap.) Kirb. 43 -
(Anthoph.) Ill. Mg. 17. cf.
lagopoda ♀.
. muraria Spin. 1. 148. - Ltr.
hist. 14. p. 60. n. 15.
Apis F. E. S. sppl. 274. 50. 1.
- Geoff. 2. 409. 4. - Reaum.
6. t. 7. 8. - Schff. Monogr.
die Mauerbiene.
Xylocopa F. P. 17.
Apis varians Rossi 147. 317.
& App. t. 2. f. A. B.
Anthoph. Ill. 78. * 3
. pacifica (Apis) Pz. 55. 16. ♂
♀ Ap. argentata F. E. S. 336. 96.
Anthoph. arg. F. P. 377. 22.
exclus. cit. - Ill. 24. cit. cum.
? Anthid. rotundatum F. P. 8.
? Meg. apicalis Spin. 2. 259. *1
- palmata (Ap.) Kirb. p. 238.
not. an exot?.
- pubescens (Anthoph.) Ill.
25. - F. P. 377. 21. - Ap.
E. S. 336. 95.
- rufiventris (Anthoph.) F. P.
26. descript. nimis brevis
vix div. a centunculari. - Ill.
21. cit. Pz. centuncularis.
- sicula (Ap.) Rossi fn. App.
p. 139. t. 4. f. D. d. E.

tunensis Ill. Anthoph. ♂?
Willughbiella Ap. Kirb.
44. Bai. p. 245. Lowth.
ubridg. of Phil. Trans. Vol.
2. c. 6. §. 17. n. 1. 4. Ray's
Letters, p. 72 - 74. Grew's
Rarit. p. 1. §. 7. c. 1. p.
154. - Schff. El. t. 20. f. 1.
Anthoph. Ill. Mg. 14. excl. Pz.
Ap. lagopoda Pz. 55. 7. * 3
. xanthomelana foem. (Ap.)
Kirb. 46. - Anthoph. Ill. 20.
? Ap. parietina Fourc. n. 4.
Geoff. 2, p. 409. 4. * 3
Illiger in hanc sectionem Antho-
phorarum suarum ponit etiam
papaveris & aduncam, quae
ad Osmias refendae.

Megalodontes.

Latr. gen. - Consid. v. Tarpa.

Megaspilus.

Westw. Steph.
Ceraphron Curt.
- dux Curtis - Steph.
- opacus Steph.

Megastigmus.

Dalm. v. Callinome & Torymus.

Megilla.

F. - Pz. v. Anthophora, Saropoda, Nomia & Osmia.
aestivalis Ill. 24. Anthoph.
antennata Ill. 35. v. Macroc.
acervorum F. P. 2. Anthoph.
albilabris Ill. 10. Ceratina.
aterrima, F. 15. Stelis.
bimaculata Ill. 2. v. Saropoda.
calendarum 34. Pz. Colletes.
callosa 31. - Ill. 10. v. Ceratina.
chalcites Ill. 11. v. Ceratina.
collaris 5. Prosopis?

dumetorum Ill.   v. Anthop.
　　　　　　　　furcata.
femorata Ill. 18. v. Anthoph.
fulvipes 20. Macropis labiata.♀
furcata Ill. 3.   v. Anthoph.
garrula Ill.   v. Anthoph.
Haworthana Ill. 7. v. Antoph.
　　　　　　　　retus.
hispanica Ill. 13.   Anthoph.
labiata 21.   Macropis mas.
minuta 13.   Prosopis
parietina 3.   Anthoph.
parvula 32.   Hylaeus.
pollinaris Ill. 1. v. Macrocera?
pilipes   Anthoph.
playiata Ill. 17.   Anthoph.
4 maculata F. P. 14. - Ill. 4.
　　　　　　　v. Anthoph.
retusa Ill. 7.   v. —
rotundata Ill. 5. v. Saropoda.
salviae Ill.   v. Anthoph.
seladonia   —v. Hylaeus.
senilis Ill.   Anthoph.
subaurata   Hyl.
subglobosa Ill. 6. cf. Sarop.
tumulorum   Anthoph?
ruficornis Ill. 34. v. Macrocera?
salviae Pz.   Anth? furc?

Melecta.
Ltr. - F. - Walck. - Pz. - Ill.
Spin. - Steph.
Apis L. - Schff. - Scop. -
Schr. - Oliv. - Vill. - Rossi -
Kirb. * * a.
Crocisa Jur.
Centris F. - Symmor-
pha Klug.
armata Ill. 6. - Andr. Pz.
70. 22   * 3
geminata Ill. 4. - Nomada
12 maculata Rossi fir. 931.
　　　　　　　Lusitan.
histrionica Ill.   Crocisa.
nigra Spin. 1. 144. t. 1. f.
14. - Ltr. gen.

Crocisa atra Jur. pl. 12 gen. 43.
nota ta Ill. 2.   Ap. punctata
Vill. 62.
Centr. punctata F. 360. 30.
citat. A armata Pz.
punctata F. S. P. 387. 7.
Ltr. Ins. 3. - Pz. fnł 35.
23. - Ill. 1. - Schff. 22. 14.
Apis Kirby 35. t. 16. F. 5. -
F. E. S. 99.
Ap. luctuosa Vill. 31. t. 8.
f. 24. Scop. ann. 4. p. 9. * 2
scutellaris S. P. 387. 4. v.
Nomada E. S. 2. 346. 2. - Pz.
fn. 32. 7.   Crocisa Ltr.
subpunctata Ill. 7.
Apis albopunctata Rossi Mant.
316 ?
Crocis. atra Jur. t. 12. gen. 12.

Melitta.
Kirby. v. Andrena etc.

Melitturga.
Latr. - Leach. Steph.
Eucera Latr. icones.
clavicornis Latr. gen. 4.
177. - Steph. 377.
Eucera Latr. gen. 1. t. 14.
f. 14.   Eur. mer. 5

Mellinus.
Ltr. - Ill. - Jur. Van d. L.
- F. - Walck. - Pz. Rev.
Vespa L. - Vill. - Gm. -
Rossi - Chr.
Sphex Deg.
arpactus F. P. v. Goryt. myst.
arenar Pz.   v. Eusp.
arvensis Foem. a. V. d. L.
2. 84. 1. - F. E. S. 7. - P.
10. - Cederh. 174. 526. -
Walck. fn. 2. 94. 5. - Ltr.
hist. 13. 319. 3. - gen. -
Nouv. Dict. - Pz. Rev. 168.-

Jur. - Spin. 1. 94. 2. - Dum.
Dict. - Guer. Dict. — Crabro U flavum Pz. 17. 20.
Vesp. arv. L. S. N. 12. -
fn. 1678. - F. E. S. 30. -
Sp. 40. - Mant. 49. - Schr.
En. 79. Vill. 9. - Gmel. 12.
Ross. 2. 87. 1872. - Christ.
p. 234. Degeer 2. p. 820. 3. - Retz
65. n. 245. - Harris Vesp
Sect. 2. p. 227. 3. t. 37.
Sect. 2. f. 3. — ? Vesp. petiolata Fourc. 2.
439. 21. - Geoff. ed. 2. sppl.
p. 727. — var. β ? ? Sphex gibba Vill.
228. 23.
var. γ. Crabro bipunctatus F.
Mant. 18. - Oliv. Enc. 6.
516. 20.
Vesp. melanosticta Gmel. 119.
Mell. bipunct. F. E. S. 4.
P. 6. - Walck. 3. - Ltr.
hist. - Nouv. Dict. - Jur.
Mas: ? Vesp. tricincta Schr.
Enum. 794. - Vill. 33. -
Gmel. 92.
bipunctatus F. Mant. - Ol.
v. arvensis,
campestris F. E. S. S. P.
Cederh. - Walck. v. Goryt.
cruentatus Ltr. hist. v. Arpact. laevis.
dissectus Pz. v. Nyss. maculat.
— 63. 15. cf. Euspongus.
- fulvicornis F. P. 13. foem.
- Pz. fn. 98. 18. mas. Rev.
p 169. - Ltr. gen. - Jur. -
Van d. Lind. 2. — petiolatus Ltr. gen. v. sabulos.
interruptus Pz v. Nysson spin.
- F. sppl. v. Nysson macul.
mystaceus F. P. Pz. v. Gorytes.
- pratensis Jur. p. 191. pl.
10. gen. 19. foem. - Ltr.
gen. - Van d. L. 4. 2

quadrifasciatus Pz. F. P.
- M. v. Euspongus cinct.
quinquecinctus F. Walck. Pz.
v. Eusp.
quinquefasciatus Pz. v. Eusp.
repandus Pz. F. Walck. Eusp.
- v. Stizi tridens.
sabulosus F. E. S. 2. - P.
2. - Walck. Jur. - Van
d. Lind. 3.
Crabro F. Mant. 17. - Oliv.
Enc. 6. 515. 19.
Vespa Gmel. 118.
Mell. ruficornis F. E. S. 3.
- P. 3. Walck. 2. - Pz. fn.
77. 17. Ltr. hist. - gen. -
Jur. - Dumer. Dict. pl. 31. 4.
Crabro frontalis, Pz. 46. 11.
Var. Mell. petiolatus Ltr. gen.
- Jur.
Crabro petiolatus Pz. 46. 12. *
spinosus Ltr. hist. v. Alyson
bimac.
tumidus Pz. Rev. v. Arpact.

Meria

Ill. - Ltr. - Klug in Weber u.
Mohr Beitr. II. p. 195.
Tachus Jur. - Spin. -
Tiphia Rossi. Pz fn. - Spin.
Bethylus F. Pz. Rev.
- dimidiata Van d. Lind. p.
16. 2. - Latr. gen. p. 114.
- Klug 4.
Tachus Spin. 2. p. 31. t. 1.
f. 1. Eur. m. 5
Latreillii Kl. in Webers Beitr.
p. 199. - Ill. Ross. Ltr.
gen. v. tripunct.
nitidula foem. Kl. 2. Austr. 5
tripunctata Van d. Lind·
p. 16. 1.
Tiphia Rossi fn. 831. tab. 6.
f. 10. - Pz 47. 20. - Ltr.
hist. 3. - Spin. 1. 81. 4.
Bethylus Latreillii F. P. 4·

Beth. trip. *Pz.* Rev. 134.
.। Meria *Ltr. Rossi* ed. *Ill.* 831.
.٩- *Ltr.* gen. 114. - Nouv. dict.
ed. 2. 20. 212.
.٩ Tachus staphylinus *Jur.* p.154.
.٩٩ pl. 14.   Eur. m. 4
: unicolor m. foem. Aust. 5

Mesochorus.

Grav. v. Cryptus.

Mesoleptus.

Grav. v. Tryphon.

Mesoncura.

Hart.
Synonyma quaere sub genere
Tenthredo.
: opaca   * 3
: pallipes   3

Mesostenus.

Grav. v. Cryptus.

Mesopolobus.

Westw. Phil. Journ. l. c. p. 443.
Nees 2. p. 407.
- fasciiventris *Westw.* l. c.

Messa.

Leach. Steph. v. Fenusa hortulana.

Methoca.

Ltr. v. Gonatopus.
formicaria Ltr. hist. & gen.
v. Gonat. erythroceph.
ichneumonoidea Ltr. hist. v.
Gonat. mutill.
mutillaria Ltr. gen. v. Gonat.
thoracicus.

Metopius.

Grav. 3. 287.

Ichneumon autt.
. dentatus   * 5
. *dissectorius* Pz. y. micrator.
. micratorius *Pz.*   * 4
. necatorius *Pz.* 47. 19. * 3
. sicarius? *Pz.* 98. 14. * 4

Microdus.

Stph. - *Nees* 2. 141. - Berl.
Mag. 6. 184. - Nov. act.
Leop. 9. 304. - *Grav.* Ichn.
1. 55.
Bassus *Pz.*
: albitibia m.   * 2
: annulator
: calculator *Pz* 83. 13.
     Austr. 4
: cingulipes   * 2
: dimidiator *Ol.*
- gloriator *Pz.* 102. 17.
- laevigator
: laevus m.   * 2
: linguarius   * 2
. mediator
: nitidulus   * 2
: obscurator   * 1
- punctulator
: rufipalpis m.   * 3
: rufipes   * 3
: rufitarsis m.   * 3
- rugulosus
- thoracicus
. tumidulus   * 1
: variegatus m.   * 2

Microgaster.

Latr. gen. 4. 11. - consid. gen.
405. - *Spin.*
Nees 1. 159. - Nov. act. *Leop.*
9. 305. - *Grav.* Ichn. 1. 54. -
Steph.
Ichneumon. *L. F. Jur.* -
Deg. - Geoff. - Oliv. - Vill. -
Ross. - Schr.
Evania. Ceropales.
Cryptus *F.*

Bassus Pz.
: abdominalis * 3
- adjunctus *
. affinis Pz. 109. 8. * 2
: albipennis * 2
- alvearius Sp.
- analis
: anthomyarum Bouch. v. rugul.
: apicalis m. * 1
- Aphidum Sp.
  ardeaepennellae Bouch.
- auriculatus Sp.
- bicolor
  Blancardellae B.
  cajae B. qvq difficilis.
- circumscriptus N. & 400.
- congestus
- connexus
: coxalis m. * 2
. deprimator Sp. Pz. 79. 11. * 1
: difficilis N. & 403. * 2
- dorsalis Sp. N. & 400.
: elegans m. * 2
- emarginatus N. & 404.
  euphorbiae B. v. nigriventris.
  evonymellae B.
- falcatus B.
  femoralis B. v. circumscript.
  fossulatus B.
- gagates
  gastropachae B. cf. recondit.
: geniculatus m. * 1
: globatus Spin. * 1
  — B. v. congestus.
: glomeratas Sp. N. & 40.
  3. * 1
- impurus
- juniperatae B. v. seric.
. lacteus N. & 406. * 1
. liparidis B.
: marginatus * 2
- melanostomus m. * 1
: nigricans * 2
: nigripalpis m. * 2
: nigripes m. * 2
- nigriventris N. & 402.
. obscurus * 1

ocellatus B. cf. dorsalis.
: pallipes m. * 2
  parasitellae B. v. lact.
. parvulus m. * 1
: perspicuus * 2
- picipes B.
- picridis B.
- posticus
: reconditus * 2
: ruficornis N. & 2. 400. &
  402. * 2
: rufipes N. & 2. 400. * 2
. rufiventris m. * 2
: rugosus * 2
- rugulosus N. & 2. 400.
: scaber m. * 2
  scapularis B. v. emarg.
: sericeus N. & 2. 404. * 2
: sessilis * 2
- sordipes
: spinolae * 2
- stellatarum B.
: stigmaticus m. * 1
: subcompletus * 2
. tibialis ———
- tristis * 2
  tuberculatus B. v. rufipes.
. varipes m. * 1
: ventralis m. * 3
- vinulae B.

Microleptus.
Grav. 1. 679. v. Ichneumon.

Mira.
Schellenb. Genr. des Mouches
f. 14. cf. Encyrtus platycerus.

Miscophus.
Stph - Larra Pz.
. bicolor Vand. Lind. 2. 25. 1.
  var: a. abdominis. sgm. 1-3
  rufis.
Jurine 206. pl. 11. gen. 25.
- mas: - Ltr. gen. 4. 72. -
  N. Dict. ed. 2. 21. 212. -

Guér. Dict. 10. p. 632.
Larra dubia P. 106. 14. foem. *3

Miscus.

Latr. - Van d. Lind. - Jur.
fam. 1.

Ammophila Ltr.
. campestris Van d. Lind.
1. 92. 1.
Amm. Ltr. gen. 54. - Nouv.
*Dict. ed. 2. 1. 450. * 2

Misocampus.

Latr. v. Colax.

Monoctenus.

*401. 2. Hart.
Lophyrus F.
Pteronus Jur.
Tenthredo autt.
Synonyma v. subgen. Lophyrus.
juniperi Pz. 76. 10. 3
obscuratus 4

Monophadnus.

Hart.
Tenthredo & Allantus autt.
albipes Pz. 49. 17. * 1
- bipunctatus
- brunniventris
croceiventris * 3
funereus
gagathinus * 2
- geniculatus
longicornis
luridiventris
- luteiventris Pz. 64. 4. * 1
melanocephalus
micans * 2
- monticolus
nigerrimus 2
nigripes * 1
- planus
semicinctus * 3
sericans * 1
Spinolae

Mutilla.

L. F. etc.
Apis Christ. & priores.
acarorum Schr. Vill. v.
Pezomachus hirrocinct.
— L. Müll. Vill. v. Pezacar.
algarbica mas Kl. Lusit. 5
angulata Waltl Reise Hisp. 4
arenaria foem. P. P. 22. -
Vill. 6. Waltl Reise F. E.
S. 16. Hisp. 5
- argentata Vill. 8. t. 8. f.
39. Gall. austr. 4
atrata F. P. 14. - E. S. 11. - L.
S. N. 5. europaeam.
. austriaca Pz. 62. 20. mas.
- Rev. 213.
a Ltr. citatur cum ? M. ruficollis F. P. 137. - E. S. 12.
401. 1. 1. Austr. 4
- barbara L. S. N. 2. 967.
7. - F. P. 26. Ltr. Spin.
1. 256. 2. foem. Coq. 1. t.
16. f. 6.
var. bruttia Petagn. sec. Spin.
Eur. merid. 5
bimaculata Jur. pl. 12.
gen. 38.
a Latr. & Stph. cum ? ad
M. calvam citatur Helv. 4
bruttia Petagn. n. 33. 170.
f. 38. - Vill. Vol. 4. p.
453. sec. Spin. var. M. bar-
barae Ital. 4
calva F. P. 46. foem. E. S.
sppl. 282. 24. - Vill 9. t. 8. f.
34. Ltr. gen. - sec. Stph.
Coq. 16. 10. Eur. m. 4
? Mas: bimaculata Jur. pl.
12. gen. 38. sec. Latr. gen.
— Pz. 83. 20. sec. Jur. var.
M. hungaricae.
ciliata F. P. 41. - E. S.
23. - Spin 5. foem. Pz.
106. 21. Germ. 5
collaris F. Pz. 32.

...27. - Pz. 46. t. 20. Eur. m. 4
- sellata Pz. a *Spin*, ad M.
rufipes   Germ. 4
- sabulosa *Waltl* Reise p. 94.
                 Hisp. 4
- togata *Germ.* fn. 1. 17.
                 Eur. m. 1
tristis foem. *Waltl* Reise p.
92.   Hisp. 6

Myina.

Nees 2. 189.
Entedon C. Aphelinus
Dalm. act. 1820. - Pter. 3uec.
Pteromalus Boy. de Fonsc.
Species mihi ignotae.
abdominalis
Atomos
ovulorum
tibialis

Myrmica.

Steph. - Formica *L.* etc.
caespitum *Ltr.* gen.-Form.
Ltr. fourm. p. 251. pl. 10.
f. 63. neutr. - F. P. 46. -
L. S. N. 11. - fn. 1726. -
Amoen. acad. 6. p. 413. n.
94. - F. E. S. 35. - S. P.
- Deg. 2. 1105. pl. 43. f. 15.
16. - *Oliv.* Enc. 6. p. 496. -
Roem. gen. t. 27. f. 20. 21. -
Scop. Carn. 837. - *Schr.* En.
836. - *Vill.* 7. - *Ltr.* Ess.
- Act. hafn. 10. 1. t. 1. f.
1-3.
F. binodis *L.* fn. 1726? - sec.
Steph.   * 2
fugax *Ltr.* gen. - Form.
Ltr. fourm. p. 265. - Ess.
p. 46.   * 2
- graminicola *Ltr.* fourm. p.
255. sec. *Steph.* F. acervorum F. P.
- Kirbyi *Steph.* Catal. p. 356.
- scutellaris *Ltr.* fourm. p.

18 261? - Ess. p. 48. - *Oliv.*
Enc. 6. p. 497.
- rubida *Ltr.* fourm. p. 267.
rubra *Ltr.* gen. p. 131. -
Form. F. P. 17. - *Ltr.* p.
246. pl. 10. f. 62. - A. neut.
B. mas. D. E. foem. - *L.
S. N.* 7. - fn. 1725. - F. E.
S. 14. - *Deg.* 2. p. 1093. pl.
43. 1. - *Oliv.* Enc. 6. p. 493. -
Schr. En. 837. - *Vill.* 6. -
Stephens citirt F. vagans F.
mit?
F. minima rubra *Raj.* p. 69.
- The read Ant. Gould 2. 3. *0
- subterranea *Ltr.* gen. p.
131. - Form. *Ltr.* fourm.
p. 219. pl. 10. f. 64. 4. &
pl. 11. f. 70. A. neut. - pl.
10. f. 64. D. & pl. 11. f. 70.
F. G. foem. - pl. 10. f. 64.
B. & pl. 11. fig. 70. D. mas.
- *Ltr.* Ess. p. 45. - *Jur.* pl.
12. gen. 39.
- tuberosa *Ltr.* gen. Form.
Ltr. fourm. p 259. - F. E. S. 36.
tuberum *Oliv.* Enc. 6. p. 497.
- *Vill.* 15. - *Ltr.* Ess. p. 47.
- F. E. S. 36. - S. P. 47.
unifasciata *Ltr.* gen. p.
131. - Form. *Ltr.* fourm. p.
257. - *Ltr.* Ess. p. 47. * 2

Myrmosa.

Ltr. - *Jur.* - *Pz.* - *Steph.*
Mutilla *Rossi.*
Hylaeus *Fabr.*
ephippium *Jur.* pl. 9. gen.
14. *Ltr.* gen.
Mutilla Pz. 46. 20. - F. P.
27. - E. S. 18. - Rossi mant.
333. - Curt. 2. pl. 5. 77.
Hylaeus thoracicus F. P. 320.
5. - E. S. 7. cit. Pz. 46. 20.
Apis sanguinolenta *Vill.* 4 t.
- melanocephala *Ltr.* hist.

13. p. 266 foem. - Gen. cr.
l. t. 12. f. 6. foem. fig.
Mut. F. P.
Mas: Myrm. nigra. Ltr. fig.
6 mas.
Myrm. atra Pz. 85. 14. - Spin.
2. 254. * 2

Myzine.

Ltr. gen. - Cons. - Ill. - Spin.
- Oliv. - Van d. Lind.
Plesia Jur.
Elis F. Ill. Klug in Weber
und Mohr. Beitr. II. p. 170.
Tiphia F. Pz.
Sapyga Jur.
Scolia Ross.
cylindrica Spin. v. M. sexfasc.
. quindecimpunctata Kl.
3. (Crim.)
: sexfasciata mas: V. d. L.
p. 15. n. 1.
Scolia Rossi fn. mant. App.
p. 136. t. 8. f. c. - fn. Ed.
Ill. 416. 839.
Scol. sexcinct. Rossi fn. 839.
Scol. volvolus F. E. S. sppl.
256. 38.
Myzine Ltr. Hist. 13. p. 269.
Elis volv. F. P. 6. - Ill. Rossi
p. 839. - Klug. in Web. u.
Mohr. 2.
Myz. sexfasc. Spin. 1. 78. 1.
Sapyga volv. Jur. p. 160.
Sapyga annulata Pz. 106. 18.
a Van d. Lind. ad Sapygas.
var. fasciis abdominis inter-
ruptis.
Scol. cylindrica F. E. S. 38.
Elis F. S. P. 5. - Klug in
Webers Beitr. 1810. II. p. 174.
Sapyg. Pz. fn. 87. 19. - Jur.
p. 160?
Hellus Pz. Revis. p. 162?
Myzine Spin. 1. 79. 2. Eur. m. 5

Ich habe Ein Exempl. mit ganz
schwarzem Mund und Sgm. 1;
Sgm. 2 - 5 hinten mit drei
weisslichen Querfleckchen,
die äussern nicht rund und
ohne Punkte.
Ein Expl. hat gelbl. Mandibeln
und solchen HR des Sgm. 1,
2 - 6 haben 3 QFlecke am HR,
die seitlichen grösser und run-
der, mit schwarzem MPunkt.

Nematopodius.

Grav. v. Cryptus.

Nematus.

Jur. - Kl. - Hart. - Steph.
Tenthredo aut.
: abbreviatus Hart. 205.
Aust. 2
. abdominalis Pz. 64. 3. -
S. P. - N. fuscipennis Lep.
204. * 2
- abietum H. 210.
aethiops Spin. v. Tenthredo.
affinis Lep. 210. var. miliaris.
. albilabris m. * 2
. albipennis H. 196. * 1
: albipes m. 3
: albitibia m. * 4
: analis m. * 3
angustus H. 222. Cryptoc.
? Pter. niger Jur.
Prist. atra Lep.
annulatus Spin. v. Athalia.
. annulipes m. * 3
- apicalis H. 201.
— m. N. intercus Pz? 90.
. appendiculatus H. 202. * 1
. aurantiacus H. 197. * 2
- betulae H. 219.
Deg. II. 2. 261. n. 15. t. 57.
f. 23.
- betularius H. 192.
bicolor Lep. 181. descr. nimis
brevis.

: lyd.aeformis'm.　*
: magnicornis m.　* 3
medullarius H. 224. Crypt.
Deg. II. 2. s. 271. p. 24. t.
39. f. 1 - 11.
- melanocephalus H. 219.
Deg. II. 2. 259. n. 14. t. 37.
f. 12 - 21.
- melanopsis Lep. 115.
. melanosternus Lep. 190.
T. nigrata *Retz.* 310. - *Deg.*
18. - *Vill.* 86. - *Hart.* 220. * 2
. miliaris *Pz.* 45. 13.
fulvus *Hart.* 194.
Var: vittatus Lep. 188. - fn.
fr. 10. 5.
var? pallescens *Hart.*　*. 1
— *Oliv.* fn. fr. 11. 6.
- miniatus H. 189.
: modestus m.　* 3
. mollis H. 201.
cf. taeniatus Lep.　* 3
mucronatus H. 223. Crypt.
: myosotidis *F. P.* 60. *Kl.*
in *Wied.* Mg. t. 2. f. 8. * 3
nigricoruis Lep. 186. cf.
T. vaga *F. E. S.*
— *Pz.* 98. 13. v. discipennis.
— *Hart.* 199. citat. falso F.
& Lep.　cf. T. vaga F.
— Lep.　?
- niger *Jur.*
nigratus H. v. melanosternus.
: nigriceps m.　* 2
. nigricollis m.　* 1
nigricornis Lep. 186.　cf.
myosotidis.
— H. 225. Diphadn.
nigritus Spin.　v. Allant.
- obductus H. 201.
- oblitus Lep. 209.
: obscuripennis m. Bav. 3
. ochraceus H. 218. - *Deg.*
II. 2. 257. n. 13. t. 37. f.
1 - 11. - *Reaum.* V. t. 11.
f. 3 - 6.
: pallescens m.　　* 3

— H. 216.　v. miliaris.
- pallicercus H. 190.
: pallicosta m.　* 3
- pallipcs Lep. 182.
— Lep. Pristiph. 173.
- parvus H. 208.
- payidus Lep. 192. - fn. fr.
10. 6.　cf. crocciventris.
- pectoralis Lep. 180. descr.
nimis brevis.
- pedunculi H. 288.
: pineti H. 208.　Bav. 3.
: poecilopus m.　* 2
populi H. 223. Cryptoc.
- prasinus H. 216.
- proximus Lep. 201.
- quercus H. 188.
: rubripcs m.　* 2
: ruficollis m.　* 2
- ruficornis *Oliv.* Enc. 9. -
Lep. 216.
rufipes Lep. Pristiph. 174.
fn. fr. 12. 2.
rufescens H. 191. v. histrio.
: salicis H. 194. - Lep. 203.-
fn. fr. 11. 3.
Tenthr. *F. P.* 52. - *Deg.* n.
14. t. 37. f. 19. 20. - *Vill.*
31. - *Retz.* 307. - *Geoff.* 20. -
Ross. 710. - *Gm.* 21.　* 3
— L. fn. 1548. cf. testaceus.
: saltuum m.　* 3
. Saxesenii H. 212.　* 2
. scutellatus H. 214　* 1
septentrionalis H. 185. Craes.
- Lep. 184.
Tenthr. L. *S. N.* 36. - fn.
1558. - *Pz.* 64. 11. - *F. E. S.*
56 - *S. P.* 63. - *Schr.* 672.-
Spin. 2. 156. 5. - *Oliv.*
T. nigra *Deg.* 2. 2. n. 16.
t. 37. f. 26. - *Schff.* 167. 5.
: simplicipes m.　* 2
: sordidus m.　* 3
: striatus H. 191. citat. vittatus Lcp ?　* 2
: strigipes m.　* 2

.: stigmaticus m. * 2
- suessionensis Lep. 196.
- sulcipes *H.* 186. *Fall.*
- taeniatus *Lep.* 193.
. testaceus *Jur.* Pteron pl.
13. - Pristiph. Lep. 171. cf.
T. salicis L. fn. 1548. - *S.*
N. 21. (exclus. cit. Reaum.)
F. E. S. 30. * 2
- trimaculatus Lep. 207. -
fn. fr. 11. 5.
- truncatus *H.* 207.
- Vallisnierii *H.* 205.
. varipes m. * 1
- varipes *H.* 183. annot.
Pristiph. Lep. 178.
- varius Lep. 208. - *Deg.* 20.
Retz. 312.
T. signata *F. E. S.* 96.
Lyda *F. P.* 4.
varus H. 186 Craes.
Villaret l. c. fig. 8.
- ventralis *H.* 192. non Panz.
uti opin. Hart.
: ventricosus *H.* 196. * 2
: versicolor m. * 3
- vicinus Lep. 197.
: vilis m. * 2
. virescens *H.* 217. * 1
: vittatus Lep. 188. * 2
var: miliaris, sec. H. striati.

Nitela.

Ltr. - Oliv. - Van d. Lind.
- spinolae Ltr. gen. 4. 77.-
Nouv. Dict. ed. 2. 23. 7. -
Oliv. Enc. 8. 206. 1.- Guerin
Dict. 11. p. 572. Ital. 5

Nomada.

Scop. - F. - Oliv. - Rossi -
Latr. - Pz. - Jur. - Ill. - Walck.-
Spin. - Klug.
Apis L. -. *Schaeff.* - *Scop.* -
Schr. - *Deg.* - *Vill.* - *Christ.*
Eine Auseinandersetzung der

Arten findet sich von mir in Ger-
mars Zeitschrift Bd. I. pg. 267-
288; ich citire diese Arbeit hier
nur im allgemeinen, nicht bei
jeder Art besonders.
: affinis m. mas: Bav. rhen. 3
- agrestis *Fabr* S. Piez. 1.-
Ent. Syst. 6. - *Ill.* Mag. n. 33.
albilabris F. P. 16. - E. S. 16.
Andrena.
: alboguttata m. Bavar. 3
: alternata *Kirb.* 5. mas. - *Ill.*
2. Bavar. 3
annulicornis Ill. 43. citirt Stigma F. mit?
: argentata m. foem: Bav. 3
: armata m. Bav. 3
atrata F. P. 14. Dichroa.
: australis m. foem. Graec. 4
: basalis m. foem. Italia 4
- capreae *Kirb.* 13. foem: *Ill.*
10. Angl. 3
cingulata F P. 17. - Ent. S. 15.
citirt Pz. fn. 56. 24 (Apis
sphegoides) Andrena.
: conjungens m. Bavar. 3
connexa Kirb. 19. mas: citirt
Pz. fn. 68. 18 N. sexfasciata
mit? v. N. sexfasciata.
cornigera Kirb. 11. foem. *Ill.*
8. v. N. Marshamella.
. Fabriciana foem. *Ill* 26. -
F. P. 10. - Ent. S. 10. - *Spin.*
1. 152. 4. (mas. dubius).
Fabriciella *Kirb.* 29. tab. 16.
fig. 3. foem.
Apis L S. N. 2. 955. 7. - *Vill.*
III. 14. - *Rossi.* Mant. n. 324.
Mas: 4 notata *Kirb.* 30. - *Ill.*
27. * 2
Fabriciella Kirb. v. N. Fabric.
var. γ cf N. germanica.
. ferruginata mas. *Kirb.* 34.
tab. 16. fig. 4. (citirt Pz. 72.
17. N. germanica, quae vero
ad N. Fabricianam.)
Apis L. *Gmel.* n. 35. - *Vill.* 3.

28. - *Forst.* Catal. Brit. n. 723. Apis n. 18.
Foem: N. germanica F. P. 18. exclus.-Syn. Panz.
Var. N. stigma F. P. 11. scutello immaculato.
N. rufiventris *Spin.* 1. 47. 8. & 11. 16. exclus. descript. foeminae. * 2
. flava *Kirb.* 8. (scutello immaculato). - *Pz.* 53. 21. - *Ill.* 5. - *F. P.* 4. - *Pz.* Revis. p. 237.
foem: rufiventris *Kirb.* 9. - *Ill.* 6. (thorace immaculato).
Var: sexfasciata Jurine pl. *1
flavoguttata Kirb. 31. mas.- *Ill.* 28. v. N. minuta.
flavopictä Kirb. 15. foem. - *Ill.* 18. cf. N. Jacobaeae.
. fucata *Kirb.* 15. foem. - *Pz* 55. 19. - *Ill.* 12. - F. P. 3. - Pz. Rev. p. 236. - *Sp.* 1. 151. 1.
Mas: N. varia *Kirb.* 7. - *Pz.* 55. 20. - *Ill.* 4. - *Pz.* Revis. p. 237.
Var? maculis scutelli sejunctis; N. lineola Pz. 53. 23 & N. versicolor *Pz.* 53. 22. * 2
fulvicornis F. P. 12. - E. S. 11. cf. N. succincta.
furva Pz. 55. 23. - *Ill.* 61. sec. *Fabr?* v. N. minuta.
: germanica Panz. 72. 17. - *Ill.* 70.
N. Fabriciellae var. *γ.* Kirb. 29. * 3
germanicä Fabr. 18. (citat falso Panz.) v. N. ferruginata.
gibba F. P. 13. v. Dichroa rufiventris.
goodeniana Kirb. 1. - *Ill.* 1. v. N. succinctä.
Hillana Kirb. 25. mas. - *Ill.* 22. v. N. lateralis.
- interrupta *Pz.* 53. 24. - *Ill.* 66. Germ. 3

. Jacobaeae *Kirb.* 20. mas. - Pz. 72. 20. - Revis. p. 238. - (ab Illigero falso ad N. Solidaginis citatur.)
?N. flavopicta *Kirb.* 21. - *Ill.* 18.
Mas: Solidaginis F. P. 7. exclus. cit. Pa z. * 1
: lateralis Pz. 96. 20 & 21. - Revis. p. 236. - *Schff.* icon. tab. 50. f. 10.
Mas: Hillana *Kirb.* 25. - *Ill.* 22.
Foem: xanthosticta *Kirb.* 28. - *Ill.* * 3
- Lathburniana *Kirb.* 6. 8. - *Ill.* 3. Angl. 3
leucophthalma Kirb. 16. mas: - *Ill.* 13. cf. N. minuta.
lineola Pz. 53. 12. - *Ill.* 11. - Pz. Rev. p. 237. v. N. fucata.
lineola Kirb. 14. foem. - cf. N. cornigera.
. Marshamella *Kirb.* 10. foem. *Ill.* 7.
Foem: subcornuta *Kirb.* 12. - *Ill.* 9.
Var: cornigera *Kirb.* 11. - *Ill.* 8. * 1
: melanostoma m. foem. Bavar. 3
. minuta *F.* 19. citat. N. furva Pz. 55. 23.
rufocincta *Kirb.* 32.
Mas? leucophthalma *Kirb.* 18 (major, calli nigri.)
Var? vaga *Pz.* 55. 22. - *Ill.* 68. var. foem. abdomine obscurato: Sheppardana *Kirb.* 33. - *Ill.* 30. * 1
: modesta m. mas. Bav. rhen. 3
: neglecta m. mas. Roberjeotiana Pz. 72. 18. * 3
: nobilis m. foem.
nigrita Pz. v. Andr.
: ochrostoma *Kirb.* 26. mas. - *Ill.* 23. (an Mas N. ruficornis? puncta 4 flava ventris non constantia.) * 3

: **pallescens** m. mas. Bav. 3
- **picta** K rb. 23. - Ill. 20. Angl. 3
. **pleurosticta** m.   * 3
  quadrinotata Kirb. 30. mas.
  + - *Ill.* 27. v. N. Fabriciana.
. **Roberjeotiana** foem. F. 6.
  - *Pz.* 72. 19. - *Ill.* 50. - *Pz.*
  Rev. p 237. - *Sp.* I. 151. 2. *1
  Roberjeotiana Pz. 72. 18. v.
             N. neglecta.
: **rostrata** m. mas.   3
- **rufa** *Rossi* n. 932. - *Ill.* 34.
             Ital. 3
. **ruficornis** *Kirb.* 27. foem.
  Pz. 55. 18. - *Ill.* 24. - F. P.
  2. - E. S. 7. - Latr. Gen. III.
  375.
  Apis L. S. N. 34. - fn. 1767.
  N. striata F. P. 9. segmenta
  falso numerata.
  Mas? ochrostoma *Kirb.* 26. -
  Ill. 23.   * 1
  rufipes F. P. 5. - *Ill.* 19 ci-
  tat N. Solidaginis *Kirb.* 22.
  - Pz. 72. 21. v. N. Solidag. ♀.
- **rufopicta** *Kirb.* 24. foem. -
  Ill. 21.   Angl. 3
  rufiventris Kirb. 9. foem. -
  Ill 6.   v. N. flava.
  rufiventris Spin. I. 47. 18. -
  II. 76. v. N. ferruginata ♀.
- **rufiventris** *Kirb.* foem.
             Angl. 3
  rufocincta Kirb 32. foem. -
  Ill. 29.   v. N. minuta.
  Schaefferella Kirb. 18. foem.
  - *Schff.* icon. 81. 7. - *Ill.*
  15.   v. N. sexfasciata.
  Schottii F. P.   v. Pasites.
- **sexcincta** *Kirb.* 17. mas. -
  Ill. 14.   Angl. 3
. **sexfasciata** *Pz.* 62. 18. -
  Rev. p. 237. - *Ill.* 37.
  mas: connexa *Kirb.* 19. - *Ill* 16.
  foem. Schaefferella *Kirb.* 18.
  - *Schff.* 81. 7. - *Ill.* 15. * 2
  sexfasciata Jur. v. N. flava.

· *Sheppardana* Kirb 33. foem. -
  Ill. 30.   v. N. minuta.
. **Solidaginis** *Kirb.* 22. - *Pz.*
  72. 21 & 96. 22. - Rev. 238.
  Foem: rufipes F. P. 5. - E. S. 8.
  Ill. 19.
  Solidaginis Ill. 17. (citat falso
  F. P. 7 & Jacobaeae Pz. 72.
  20. - K. 29.) - F. P. 7. v. N.
             Jacobaeae.
  stigma F. P. 11. v. N. ferrugi-
             nata.
  striata F. P. 9. - E. S. 9. v.
             N. ruficornis.
  subcornuta Kirb. 12. foem. -
  Ill. 9. v. N. Marshamella.
. **succincta** *Pz.* 51. 21. - *Ill.* 67.
  goodeniana *Kirb.* 1. - *Ill.* I.
  Mas: fulvicornis F. (antennarum color niger in dorso
  baseos non memoratur, & scutellum quadripunctatum nominatur.)
  vaga Pz. 55. 22. - *Ill.* 68. cf.
             N. minuta.
  varia Kirb. 7. mas. - Pz. 55.
  20. - *Ill.* 4. - Pz. Rev. p.
  237. - *Spin.* I. 152. 6. v.
             N. fucata. mas.
  versicolor Pz. 53. 22. - *Ill.* 69.
  v. N. fucata foem.
  xanthosticta Kirb. 28. foem. -
  Ill. 25. v. N. lateralis foem.
: **zonata** *Pz.* 53. 20. - Rev. p.
  237. - *Ill.* 52.   * 3

Nomia.

Ltr.

Eucera & Megilla *F.*
Lasius *Jur.* - *Pz.*
Andrena *Jur.*
: **difformis** *Ltr.* gen. p. 155.
  Mas: Lasius Pz. 89. 15.
  Foem. Andrena humeralis *Jur.*
  pl. 14.   Germ. 4

Nomiopus.

Westw. Steph.
- apicalis

Nysson.

Ltr. - *Pz.* *Spin* - *Ill.* - *Jur.* -
Ol. - *Van d. Lind.*
Crabro *F.* - *Rossi.*
Oxybelus *F.*
Pompilus *F.*
Sphex *Vill.*
- decemmaculatus *Van d.*
    Lind. 2. 33. 5. - *Spin.* 2 41.
? Nyss. guttatus *Oliv.* Enc. 8.
    409. 7.   3
: dimidiatus *Van d. Lind.*
    6. - *Jur.* 199. - t. 11. gen.
    22 foem. - *Oliv.* Enc. 8. 409
    9. - *Ltr.* gen. 91.   * 3
dissectus Jur. - Spin. - Ol. Enc.
    v. maculatus.
guttatus Ol. cf. 10 maculat.
- interruptus *Van d. Lind.*
    3. - *Ltr.* Nouv. Dict. ed. 1.
    15. 580. - ed. 2. 23. 161. -
    hist. 13. 306. 3. - gen. 91.
    — *Jur.* - *Ol.* v. maculatus.
    ' — var. ped. nigris *Ol.* Enc.
        v. trimaculatus.
: maculatus *Van d. Lind.* 4.
    Ltr. hist. 4. - gen. 91. t. 14.
    f. 2. foem. - Pz. Rev. 189.
    - *Jur.* 199. - ? *Oliv.* Enc. 8.
    409. 10.
    N. trimaculatus Ltr. hist.
    13. 306. 2. mas. - *Spin.* 1.
    91. 1.
    Crabro trim. Pz. fn. 51. 13.
    mas. - 78. 17. foem.
    ? Pomp. macul. *F. E. S.* sppl.
    251. 32. - S. P. 42. foem.
    ? Sphex mac. F. Mant. 50. -
    E. S 70. foem. - *Sturm.*
    Verz. 1796. t. 3. f. 2.
    var. foeminae abdominis sgm.
    1 nigro.

Mellin. interruptus *F. E. S.*
    sppl. p. 266.
Oxybel. inter. F. P. 1.
Mell. dissect. Pz. 77. 18.
Nyss. diss. foem. *Jur.* 199. -
    Spin. 2. 46. 2. - *Oliv.* Enc.
    8. 408. 8.
Nyss. inter. *Jur.* 199. - *Oliv.*
    l. c.   * 1
    — *Ill.* v. trimaculatus.
nigripes Spin. v. trimaculat.
- quadriguttatus *Van d. L.*
    7. - *Spin.* 2. 43. - *Oliv.* Enc.
    8. 409. 11.   3
scalaris Ill. Ross. v. interrupt.
. spinosus *Van d. Lind.* 2.
    30. 1. - Ltr. hist. 13. 305.
    1. - gen. 91. - Nouv. Dict.
    ed. 1. 15. 580. - Ed. 2. 23.
    160. - Pz. Rev. 189. - *Jur.*
    199. - *Spin.* 2. 47. 5. - *Oliv.*
    Enc. 8. 408. 1.
    Larra Lamarck 4. 118. 7.
    Vespa *Gmel.* 99.
    Sphex *Vill.* 71.
    Crabro *F. S E.* 2. - *Sp.* 2.
    - Mant. 2. - *E. S.* 1. - S.
    P. 1. - *Rossi* Mant. 1. 139.
    308 mas. - Pz. 62. 15. mas.
    Mell. interruptus Pz. 73. 13
    foem.
    ? Vespa bidens L. S. N. 16. * 1
. trimaculatus *Van d. L.* 2.
    Crabro *Ross.* 892. mas.
    Nysson maculatus *Rossi* ed *Ill.*
    N. interruptus *Spin.* 2. 45. 56.
    N. inter. var. pedibus nigris
    Oliv. Enc. 8. 408. 2.   * 2
    — Latr. hist. v. maculatus.

Odontomerus.

Grav. v. Xorides.

Odynerus.

Ltr. - *Spin.* - *Wesm.*
Ancistrocerus *Wesm.*

. variegatus m. foem.　＊ 5
. viduus m. mas.　　　＊ '2
. xanthomclas m.　　..＊ 3

Omalus.

Nees 2. 390. - Jur. p. 300. t.
　　13. gen. 43.
　Bethylus Ltr. gen. 4. 40.
　- Consid. g. 433. - F. Ill.
　Spin.
　Ceraphron Pz. Rev.
　Tiphia Pz. fn.
aeneus Pz.　　　v. Elamp.
brevicornis m.
coenopterus Jur.Pz.81. 14.
formicarius Jur. Pz. 97. 16.
fuscicornis Jur.
fuscus
hemipterus Jur. Pz. 77. 14.
nigricornis
nitidus' Pz.　　　v. Elamp.
picipes m.
rufescens

Ophion.

Grav. 2. 451. Steph.
Subgenera: Anomalon; Atrac-
todes; Campoplex; Crema-
stus; Macrus; Ophion; Pa-
chymerus; Paniscus; Pori-
zon; Trachynotus.
- (abbreviator Fabr.)
- Ca. aberrans
- Ca. adustus
- (agressor Fabr.)
- Ca. albidus　　　　＊ 1
- Ca. albipalpis.
- Ca. alienatus
- Ca. alternans
- Ca. alticola
. An. amictum Oph. F.　＊ 1
- Ca. analis
- An. anomelas
- Ca. annulatus
　(An. aphidum Pz.) v. Aphi-
　　dius varius.

- Ca. apostata
- Ca. argentatus
. Ca. armillatus
- An. arquatum
. Ca. arvensis
- Ca. assimilis
- Ca. auctor
- Por. bedeguaris Pz. 107. 9.
. Cr. bellicosus.　　　＊ 1
: Ca. bicingulatus　　＊ 2
- At. bicolor
- An. biguttatum
- Ca. bimaculatus
. Cr. binotatus　·　　＊ 1
- bombycivorus
. Ca. braccatus　　　＊ 1
- An. brevicorne
- Por. boops
- Ca. caedator
. Pach. calcitrator　　＊ 1
- Ca. canaliculatus
- Ca. canescens
- Ca. carnifex
. An. cerinops　　　＊ 3
- Ca. cerophagus　　＊ 1
- Ca. chrysostictus
. An. circumflexum Oph. F＊2
- An clandestinum
clavator Fabr.　v. Exetast.
- Por. claviventris
- combustus
- (compensator Fbr.Walck.)
. Cr. confluens　　　＊ 1
- Ca. consumtor
- Ca. crassicornis　　·
: Ca. crassiusculus　＊ 2
- M. croceicornis
- Ca. cruentatus
- (Trach. cruentatus Panz.
　94. 5.)　　　　　　?
- Ca. cryptocentrus
- Ca. cultrator
- Ca. decipiens
- Ca. declinator·
- Cr. decoratus
Ca. deficiens foem.　＊ 3

An. delarvatum Austr. 3
. Ca. difformis * 1
- Ca. dispar
- Por. dissimilis
. Ca. dolosus * 1
- Ca. dorsalis
  dositheae Audouin Annal.
  d. l. Soc. Eut. 1837. p. 417.
  pl. 9.
. Ca. ebeninus * 1
: An. elongatum Austr. 4
: An. enecator * 2
- Ca. ensator
- (erigator Fabr.) ?
- Ca. errabúndus
- Por. erythrostomus
- (Por. exhaustator Pz. 107.
  8. Fabr.) ?
- (exhortator Fabr.) ?
- Ca. exiguus
  falcator Fabr. Walck. v. Cam-
      popl. pugill.
  fallax
- Ca. faunus
. Ca. femoralis
- An. ferrugator
- (ferrugineus Fabr.) ?
  festivator Fabr. v. Bass. festiv.
: An. fibulator * 3
- M. filiventris
- (flagellator Fabr.) ?
. An. flaveolatum Oph. F. * 1
- (flavifrons Fabr.)
  flavifrons Gr. Uebers. v. Anom.
      ceriuops.
- Ca. floricola
. T. foliator Oph. F. * 0
- (fomentator Fabr.) ?
- At. foveolatus
- Por. fulvipes
. Ca. fulviventris * 1
- (fuscator Pz. 102. 22. cf.
  Lisson. maculator. ?
- Pan. fuscipennis
- Ca. gastroides
- Cr. geminus
. Ca. geniculatus

: An. giganteum Austr. 4
- Por. gilvipes
. Pan. glaucopterus Oph.
  F. etc. * 3
. Ca. gracilis * 2
- At. gravidus
. Por. gravipes * 2
. Por. harpurus * 1
- Ca. horticola
. Por. hostilis * 1
- Ca. immolator
- Ca. inculcator Oph. F.
  inculcator Fabr. v. Agathis.
      sec. Nees.
: Cr. infirmus * 2
- Pan. inquinatus
- Ca. insectator
- Ca. insidiator
. Cr. interruptor * 1
- Por. jocator Oph. F.
- Por. italicus
  An. laetatorium Trent. v. Bass.
: Ca. lateralis
: An. latipes m. Austr. 4
. Ca. latrator Oph. F. * 1
. An. latro * 3
- Ca. limbatus
- Cr. lineatus
  longipenne Grav. Verz. v.
      Blacus.
. Ca. longipes * 1
: M. longiventris Bav. 5
- Ca. lugens
. luteus * 0
- Ca. macrocentrus
. Ca. maculatus * 1
. Ca. majalis * 1
  An. mandator Trent. v. Try-
      phon elegant.
. marginatus Anom. Jur. * 3
- Ca. maurus
- Ca. megacephalus
- An. melanobatum
- Ca. melanostictus
  mercator Fabr. Walck. v.
      Campopl. mixt.

me.rdarius * 2
- Ca. mesozostus
- Por. microcephalus
- Por. minator
- Ca. mixtus
- Por. moderator Oph. F.
- Ca. moestus
- Ca. molestus
- Ca. multiciuctus
. Ca. nanus * 2
(nidulator *Fabr.*) ?
nidulator Pz. v. Campopl. pug.
- Ca. nigripes
- Ca. nigritarsus
- Por. nigritulus
- Ca. nitens (pro *nitido.*)
. Ca. notatus * 1
- (nunciator *Fabr.*) ?
- Por. nutritor Oph. F.
. obscurus * 3
- Poriz. obtusator *Klug.* Pz. 107. 10.
: Ca. orbator * 2
- Ca. orbitalis
: An. pallidum * 3
- Ca. paniscus
- Ca. parvulus
- Ca. perfidus
: An. perspicillator * 3
- (petiolator *Fabr.*). ?
. An. procerum * 2
- Ca. psilopterus
. Ca. pugillator Pz. 100.15.*0
- Ca. pumilio
: Cr. pungens * 1
. ramidulus * 0
ramidulus Gr. Uebers. v. O. ventricos.
: rapax * 2
. Ca. ruficinctns * 1
: An. ruficorne * 3
. Ca. rufimanus .* 1
- Por. rufinus
. Ca. rufipes * 2
- Ca. rufiventris
An. ruspator Jur. v. Odontomer dentipes.

- Por. saltator Oph. F.
— Fabr. Walck. a*Nees* ad Cardiochilcs citatatur.
Ca. seniculus * 3
- Ca. sicarius
- An. signatum
- M. soleatus
- Ca. sordidus.
. Cr. spectator * 1
: Ca. spurius * 2
, Ca. subcinctus
tarsator Fabr. v. Exetast. clavat.
. An. tenuicorne * 1
- An. tenuitarsum
- Ca. tenuiventris
- Ca. terebrans
. Pan. testaceus * 0
. Ca. tibialis * 1
- Ca. transfuga
- Por. triangularis Oph. Grav. Uebers.
- Ca. tricinctus
(tricolor *Fabr.*) ?
- Ca. tristis
- Por. truncatus
- Ca. tumidulus
- undulatus
- Ca. unicinctus
- An. uniguttatum
- (An. variegatum *Jur.*) ?
. Ca. varipes * 2
. ventricosus * 4
- Ca. viduus
- Ca. viennensis
- An. villosum
. Pan. virgatus * 1
: Ca. virginalis * 1
: Pach. vulnerator Pz. 72. 5. Oph. Gr. Uebers. * 3
. An. xanthopus Oph. F. * 1
- Ca. xanthostomus
. Ca. zonatus * 1

Oplopus.

Wesm. Annal. d. l. Soc. deFran-
c∙ 1836. p. XVII.
Synoyma quaere sub gen. Odynerus.
Genus mihi nondnm rite deter-
minatum, verosimiliter Pterocheilus.
melanocephalus
reniformis
spinipes

Orthocentrus.
Grav. v. Bassus.

Osmia.

Ltr. - Pz. - Spin.
Apis L. - Geoff. - Schff. -
Scop. - Schr. - Oliv.-Vill.
- Rossi. - Chr. - Kirby * *
c. 2. ♂.
Anthophora F. - Ill Pz.
- Klug.
Megachile Ltr. - Walck.
Trachusa Jur.
Hoplites Klug.
Amblys Klug.
Megilla Pz.
. adunca Ltr. gen. 4. 165. -
Sp. 2· 68.
Anthoph. Pz. Rev. 244. - F.
S. P. 380. 36. - Ill. Mg. 5.
114. 37
Apis Pz. fn. 56. 5.
Megach. tunensis mas Spin.
1. 139 at_falso.
Foem· Megach. phaeoptera
Sp. 1. 136. 4. exclus. Syn. Pz.
Anthoph. fuliginosa Pz. Rev.
245. - Ill. Mg. 5. 128. 83.
Apis Pz. fn. 56. 16.
Anthoph. byssina Pz. Revis.
245. - F. S. P. 378. 28?
Apis Pz. fn. 56. 21.
? Apis albiventris Pz. 56. 19.
potius Megachile.

? Anthoph. globosa F. P. 375.
15.   * 0
aenea Pz. Rev. v. coerulesc. ♀
? Anthoph. grisea F. P. 379·30.
: andrenoides Spin. Pz. 114.
19.   * 3
. aurulenta Pz. Revis. 232.-
Ltr. gen. 4. 165.
Anthoph. Ill. Mg. 5. 125. 71.
Apis Pz. fn. 63. 22.
Anthoph. tunensis F. S. P.
376. 18.- Apis E S. 2 334. 87.
Megach. Spin. 1: 139. 2. 68. -
Ltr. hist. 14. 58. 13.
Apis Kirby 2. 269. 56. foem.
vix mas. - F. E. S. 2. 334. 87.
Apis tunetana L. S. Gmel. n 71.
Anthoph. grisea F. S. P. 379.
30. Apis suppl. 276. 101-2.
sec. Ill?   * 2
. bicornis L. - Ltr. gen. 4. 164.
Pz. Revis.
Apis L. S. N. 2. 954. 10. - Gm.
fn. 1691. - F. E. S. 2. 334.
86. Kirby 57. (Vill. 3. t. 8.
f. 11. - Harris exp. t. 49.
4. - Christ. p. 159. t. 12. f. 9.)
Anthoph. F. P. 375. 16.- Ill. 72.
Megach cornigera Spin. 1.
148. 16. 2. 80 & 7. - Ltr.
hist. 14. p. 50.
Apis corn. Rossi. fn. 108. 925.
. - Pz. 55. 15.
Mas : Apis rufa L. S N. 2.
954. 9. - Gmel. fn. 1690. -
F. E. S. 2. 334. 88. etc. -
Raj. 242. 7. - Sulz. hist. t.
27. 15. - Müll. Zool dan.
·1899. - Berkenh. p 158. 2.
- Forst. cat. n. 709. - Pz.
·56. 10.
Apis vernalis Forst. cat. n.
720.
Foem : (vetusta) Apis fron·
ticornis Pz. 63. 20.
Osmia Spin. 2. 200. 2. - Pz.
Revis. 232.

Anthoph. F. P. 376. 17. - *Ill.*
75.   * 1
: bihamata mas: *Pz.* (Anth.)
106. 19.   Bavar. 3
: bispinosam. mas. Bavar. 3
: brevicornis m. mas.   * 4
. chrysomelina *Pz.* 110. 15-
17.   Bavar. 3
. coerulescens Mas: Osm
aenea *Pz.* Rev. 233. - cf. *Sp.*
2. 70. - 202: 2.
Andrena *Pz.* 56. 3. - *F. E. S.*
309 8.
Anthoph. *F. P.* 40. - *Ill.* 70.
Apis *L. S. N.* & *Gmel.* - fn.
1695. - *Vill.* 16. - *Scop.*
carn. 809. - *Rossi* fn. 894.
Ap. muraria *Deg.* 2. 2. 751.
t. 30. f. 23. t. 32. f. 1.
Geoff. 2. 415 15. sec. F.
Foem: Andr. coerul. *Pz.* 65.
18. - *F. P.* 323. 7. - *E. S.*
307. 1? (*Ill.* 70. andrenae
flessae associat.)
Apis *Kirb.* 2. 264. 55. - *L.*
S. N. & *Gmel.* - fn. 1696.
- *Vill* 3. 17. - *Harris* t. 49.
10. - *Deg.* 2. 751. t. 30. f. 23.
. cornuta *Ltr.* gen. 4 164.
Anthoph. *Ill.* p. 126. nota ad
bicorn.
Megach. *Ltr.* hist. 14. 59. - *Sp.*
1. 146. 13.
Megach. bicornis *Spin.* 1. 147.
15. - *Oliv.*
Mas: ruta *Rossi* fn. 2. 103.
913. - *Ol?*
Ap. bicolor *Vill.* t. 8. f. 27.-sec.
Sp. (sec. *Kirby* ad fuscam.)
♀ Ap. bicornis *Rossi* mant. 140.
310. - *Oliv.* exclus. var. * 3
- corrusca *Erichs. Waltl.*
Reise p. 107.   Hi-p. 3
. fulviventris Foem: *Latr.*
gen. 4. 165. exclus. syn. &
descr. maris, quae ad O.
coerulescentem.

Apis *Pz.* 56. 18. zu wenig
blau, VFL viel zu dunkel.
a *Spin.* 1. 136. 4. falso ad
Stel. phaeopteram citata.
Anthoph. *F. P.* 378. 27.
Megach. coerul. *Spin.* 1. 145.
12. foem. non mas. - 2. 79.
Apis leaiana *Kirb.* 2. 263. 54.
Osmia leai. *Spin.* 2. 200. 1.
Apis ventralis *Pz.* 56. 20. -
Anthoph. Rev. 245. - *Ill.* Mg.
5. 128. 85.
Apis globosa Pz. 56. 22. -
Anthoph. Rev. 245. - *Ill.* Mg.
81. - *Spin.* 1. 145. 12.
Mas? Osm. gallarum *Spin.*
2. 69. 49. 7 & 80.   * 1
. fusca Pz. Rev. 232.
Anthoph. F. S. P. 377. 20.-
Ill. Mg 5. 126. 73. (vix mas.)
Apis Pz. fn. 56. 11. (foem.
non mas ut in Revis. dici-
tur) *Christ.* p. 182. t. 14.
f. 10.
Apis bicolor *Kirb.* 2. 277. 58.
Schrk. En. n. 806. - L. *Gm.*
n. 169. - *Vill.* 3. n. 121. t.
8. f. 27.
— rustica *Fourc.* Ent. n. 27.
— rufescens Mus. *Lesk.* n.
516. - *Geoff.* n. 27.
Mas: O. haematoda Pz. Rev.
232.
Anthoph. *Ill.* Mg. 5. 128. 82.
Apis Pz. fn. 81. 20. Das Rothe
am After- beschränkt sich
mehr auf den HinterR. der
Segm.   * 2
- gallarum *Spin.* 2. 69. 49.
7 & 80. cf. fulviventris mas.
haematoda Pz. Rev. v. fusca.
: inermis m. foem.   * 4
- Latreillii *Spin.* 2. 7. 202. 1?
Megach. *Spin.* 1. 31. Ital. 3
. leucomelaena Apis *Kirby*
52.
Anthoph. *Ill.* 64. citat. An-

thoph. truncorum. - F, P. 29.
exclus. var. *β.* - Pz. Hyl.
trunc 64. 15.   * 2
: nitidula m. foem. Illyr. 4
. notata Anthoph. F. P. 376.
19. - Osm. melanogaster *Sp.*
2. 63. 47.   * 3
. papaveris Ltr. gen. 4. 165.
- hist. 14 57. 12. foem. 297. -
Spin. 2. 201. 4. - 1. 140. 9.
falso sub Megach. argentata.
Megach. Pz. 105. 16. 17.
Anthoph. *Ill.* 36
Apis *Coq.* 3. t. 21. 10. - Ltr.
fourmis 302. t. 12. f. 1. -
Reaum. 6. 13. t. 13. f. 1-11. * 2
- rutila *Erichs. Waltl* Reise
p. 107.   Hisp. 4
. serratulae Trachusa Pz. 86.
15. mas.   * 2
: signata foem. *Erichs. Waltl.*
Reise p. 107.   Hisp. 4
. spinulosa Apis *Kirb.* 53. t.
17. f. 1. 2.
Anthoph. *Ill.* 68.
cf. Megach. phacoptera *Spin.*
1. 136. 4 & 2. 79. mas?
- tunensis Anthoph. *Ill.* 26.
exclus. Syn. F. Eur. mer. 3

Oryssus.

F. sppl. - *Ltr.* - *Hart.-Kl. Stph.*
Sirex *F.E.S.* - Sphex *Scop.*
coronatus F. E. S. sppl. - S. P.
v. vespertilio.
. vespertilio *F. E. S.* sppl.
219. 2. - *Hart.* p. 366.
Sirex *F. E. S.* 19. - Pz. 52. 19.
Oryss. coronatus *F.E.S.* sppl.
1. - S. P. 1.
Sphex abietina *Scop.* carn.
788.   Austr. 4

Oxybelus.

Ltr. - *F. Pz.* - *Jur.* - *Ill.* -
Spin. - *Oliv.* - *Van* d. *Lind.*

Vespa L. - *Vill.* - *Gm. - Chr.*
Sphex *Schaeff.*
Apis *Schaeff.*
Crabro *Ross.*
. armiger *Oliv.* Enc. VIII. 594.
5. - *Van* d. Lind. 2. 36. 6.
Cr. - uniglumis Pz. fn 64. 14.
vix div. ab uniglumi.
- bellicosus *Oliv.* Enc. 9. -
Van d Lind. 7. Gall. 3
. bifidus m. foem. Austr. 4
- bipunctatus *Oliv.* Enc. 16. -
Van d. Lind. 14. Belg. 2
: haemorrhoidalis *Ol.* Enc.
14. - *Van* d. Lind. 12. Bav. 3
: immaculatus m. foem.
Austr. 4
interruptus F. P. v. Nysson
macul.
- lancifer *Oliv.* 2. - Ltr. Nouv.
Dict. ed. 2. 24. p. 312. - *Van*
d. Lind. 3. 1. Hisp. 4
- latro *Oliv.* Enc. 4. - *Van*
d. Lind. 3. Gall. 3
: lineatus Ltr. hist. 13. 307.
1. - Gen. 79. - Nouv. Dict.
ed. 2. 24. p. 312. - F. P. 3.
- *V. d, L.* 2. - Pz. Rcv. 191. -
- *Oliv.* Enc. 3.
Crabro *F. E. S.* 24. - Pz. fn.
73. 18. - ad *Schff.* p. 212. -
Schff. 267. 3.
Nomada *F.* Mant. 1. 206. 3.
Mas : ? *Schff.* 207. 1. von *V.* d.
Lind. mit ? zu uniglumis. * 3
: mucronatus Ltr. hist. 13.
308. 5. - Gen. 79. - F. P.
5. - Pz. fn. 101. 19. - *Spin.*
1. 92. 1 deletis Syn. pleris-
que, praesertim tridens F.
Oliv. Enc. 10. - Guerin Dict.
12. p. 557. - *Van* d. Lind. 8.
Crabro *F. E. S.* 25. * 3
- nigripes *Oliv.* 12. - *Van*
d. Lind. 10. Gall. 2
- pugnax *Oliv.* 6. - *Van* d.
Lind. 4. Gall. 3

- pygmaeus *Oliv.* 17. - *Van
d. Lind.* 15.   Gall. 3
. qnatuordecimnotatus
Jur. pl. 11. gen. 29. - Ltr.
gen. 79. - *Oliv.* Enc. 13. -
Van d. Lind. 11.   * 2
- tridens *F. P.* 6. - *Jur.* -
Oliv. 11. - *Van d. Lind.* 9.
Crabro *F. E. S.* sppl. 270.   3
. trispinosus *F. P.* 7. - *Jur.*
Ltr gen. 4. 79. t. 13. f. 13. -
Ol. Enc. 15. - *V. d. Lind* 13.
Crabro *F. E. S.* 26.
Apis *F.* Mant. 60. - *Oliv.*
Enc. 4. 75. 76.   * 1
. uniglumis Ltr. hist. 13. 307.
2. - gen. - Nouv. Dict. ed
2. 24. 312. - *F. P.* 2. - *Ol.*
8. - *Van d. Lind.* 5. - *Pz.*
Rev. 191.
Crabro *F. S. E.* 12. - *Sp.*
16. - Mant. 26. - *E. S.* 23.
- *Rossi* 2. 91. 884 (plures
species.) - *Oliv.* Enc. 34. -
Walck. fn. 2. 99. 10.
Vespa *L. S. N.* 18. - fn. 1681.
- *Vill.* 3. 271. 14. - *Gmel.* 18.
- *Christ.* p. 246.
Foem. Oxyb. tridens F. P. 6.
Nomada punctata *F. E. S.* 3. *1
— Pz.   v. armiger.

Pachypodium.

Kirb. v. Helorus.

Pachyprotasis.

Hart.

Synonyma vide sub Gen.
Tentbredo.
: antennata *Pz.* 115. 15. * 4
- discolor   3
. Rapae   * 0
. simulans   * 3
. variegata *Pz.*   * 3

Palarus.

Latr. - *Van d. Lind.*
Gonius *J.*
Philanthus *F.*
Tiphia *F.*
Crabro *Oliv.* - *Ross.*
- flavipes *Van d. Lind.* 2.
18. 1. - Ltr. hist. 13. 296. -
Gen. 4. 74. t. 14. f. 1. mas.
Encycl 8. 651. 3. - Nouv.
dict. ed. 2. 21. 403. - Desm.
Dict. sc. nat. t. 37. p 251.
- Guer. Dict. class. t. 12.
p. 607.
Gonius *Jur.* p. 205. pl. 10.
gen. 24. mas. - *Pz.* Revis.
p 178.
Larra *Lamarck.* Anim. s. vert.
4 118. 5.
Philanthus *F. E. S.* 7. - *S. P.*
13. - *Pz.* fn. 84. 24.
Crabro F. *Sp.* 6. - Mant. 8.
- *Rossi* Mant. 1. 136. 301.
- *Oliv.* Enc. 6. 513. 10.

Pamphilius.

Latr. gen. - Cons. v. Lyda.

Paniscus.

Grav. v. Ophion.

Panurgus.

Latr. - *Pz.* - *Spin.* - *Stph.*
Eriops *Klug* in *Ill.* Mag.
Apis *Scop.* - *Kirb.* * a.
Dasypoda *Ltr.* - *F.* - *Ill.*
- arctos *Ill.* Mg. 5. 86. 6. -
Waltl Reise p. 106. Hisp. 4
. ater *Pz.* Rev. 211. - *Spin.*
2. 196. 1.
Trachusa *Pz.* 96. 19.
Foem: *P.* ursinus   * 3
? Banksianus Dasyp. *Ill.* Mg.
4. - Apis *Kirb.* 3.   Hisp. 4

. lobatus *Ltr.* 158. - *Pz.* Rev.
·210·
Dasyp. F. P. 3. - *Ill.* Mg. 5.
Andrena Pz. 72· 16.
Trachusa Pz. 96. 18.
Philanth. ater *F. E. S.* 13.
Dasyp. Linneella *Kirb.* 2. t.
16. f. 2.
Foem: A. ursina var. β. *Kirb.*
1. 179.
? Var: antennis fere omnino
nigris.
Pan. unicolor *Sp.* 2.54. 42. * 2
- unicolor *Spin.* 2.54. 42. vix
var: lobati   Ital. 3
ursinus Dasyp. *Ill.* Mg. 2.
Apis *Kirb.* 2. 178. 1. t. 16.
1. - Mus. *Lesk.* 80. 520. -
Gmel. 173.   v. ater foem.

Parnopes.
Ltr. - Lepell. - Spin. - Ill.
Chrysis *Ross. - Ol. - Jur.*
. carnea F. S. P. 1, - *Grm.*
fn. 2. 17.
Chrys. *F. E. S.* 7. · *Rossi*
fn. 2. 75. 813. t. 8. f. 5. -
Coq. 2. t. 14. f. 11. Eur. mer. 4

Pasites.
Biastes *Pz.*
Nomada *F.*
Anthophora *Ill.*
. Schottii Biast. Pz. Revis.
Tiphia brevicornis Pz. 53. 6.
Nomada Schottii F. P. 394.15.
' Anthoph. *Ill.* Mg. 8. Germ. 5

Pelostes.
Leach. v. Metopius.

Pelmatopus.
Hartig 244.
- minutus *H.* 244.
Synonyma vide sub Gen Tenthredo.

Pelopoeus.
Ltr. - Pz. - Spin. - Stph. -
Van d. Lind. - F.
Sphex L. etc.
Pepsis *F. Ill.*
Sceliphron *Klug.*
: coerulescens m. Dalm. 5·
compressicornis F. S. P. 204.
11.   v. Psen.
. destillatorius Ltr. 9. 2. -
Schff ic. 38. 1. foem. - *Van*
d. Lind. 2.
. Sphex spirifex Pz 76.15.foem·
Pepsis destill. *Rossi. Ill.* p.
94. citirt *Sulz.* t. 27. f. 2.-
Schff. 38. f 1. Eur. m. 4
: femoratus foem: *Van d.*
Lind. 5. - Ltr. gen. p. 61.
Pepsis F. S. P. 212. 20. -
Spin. 1. 72. 5.
Sphex E. S. 2. 202. 16. -
Sp. 7. - Mant. 12. Gall. 5
. lunatus F. S. P. 203. 4.
Sphex E. S. 2. 203. 20. - *Deg.*
3. 580. 4. t. 30. f. 4.
S. coementaria *Drury* 1. t.
44. f. 6 - 8.
Sceliphron *Klug* l. c. 3.
? S. asiatica L. S. N. 2. 942. 5.-
Mus. *Ulr.* 405. - *V. d. L.* 3
Pepsis *Rossi. Ill.* p. 94.
- pensilis Ltr. n. 3.
. spirifex Latr. gen. n. 1. -
F. S. P. 202. 1. - *Spin.* 1.
70. 1. (citirt *Ross.* zu foem.)
Sphex E. S. 2. 204. 24. - L.
S. N. 2. 942. 9. - *Reaum.* 6. t.
28. f. 5. - *V. d. Lind.* 1. 95.1.
Sphex aegyptiaca L. S. N. 2
942. 10. Mus. *Ulr.* 406.
Sceliphron *Klug* d. Gesellsch.
naturf. Fr. 1801. B. 3. p. 555.
citirt *Sulz.* hist. t. 7. f. 2.
& *Rossi* 811.   Eur. mer. 4.
- tubifex Ltr. gen. n. 4. - *Van*
d. Lind. 4.

Rossi 2. 61. 811. t. 2. f. 13.
- unicolor F. S. P. 204. 10.
Sphex atra E. S. sppl: 244.
18 - 19. citirt Pz. Sphex unicolor. 52. 24. (at nostra minor
ist zweideutig) Cemonus?
— F. P. v. Pemphr. Sphex?

Pemphredon.

Van d. Lind. Sect. II. 2. p.
80. - Ltr. - F. P.
Crabro F. – Oliv. - Ross.
Sphex Pz.
Cemonus Jur. - Pz. Rev.
insignis Van d. L. v. Cemonus.
leucostoma F.   v. Crabro
. lugubris Van d. Lind. 2.
80. 4. - Ltr. hist. 13. 325. -
Gen. 4. 83. - F. P. 2. - Spin.
1. 106. 1. - Enc. meth. 10.
48. 1.
Crabro F. E. S. 30.
Sphex unicolor Pz. 52. 24.
Cemonus unic. Pz. Rev. 187.
Cem. lug. & unicol. Jur. pl.
11. gen 28.
? Crabro ater Oliv. Enc. 6.
517. 28.
? megacephalus Ross. 888. *1
minutus Lepell. Enc. mas.
            v. Cemon. trist.
— Van d. L. - F. - Spin. -
Lep.   v. Cemonus.
- morio Van d. Lind. 2. -82-
5.   Belg. 2
quadripunctatus F. v. Crabr.
rufiventris F.   v. Crabr.
tibialis F.   v. Crabr.
tristis Van d. L. v Cemonus.
. unicolor Van d. Lind. 2.
83. 6. - Ltr. gen. 4. 84. -
Enc. meth. 10. 48. 3. - Sp.
2. 175. 5.
Sphex atra F. E. S. sppl.
244. 18 - 19.
Pelop. unicol. F. P. 10.

Cemon. Jur.   * 1
varicornis F.   v. Crabr.

Pepsis.

F. P.
arenaria F. Spin. Ill. v. Ammoph. hirsuta.
argentata F. P. - Spin. v.
Sphex paludosa.
destillatoria Ill. Ross. v. Pelopacus.
femorata F. P.-Spin v. Pelop.
flavipenis F. P.-Spin. v. Sphex.
lutaria F. v. Ammoph. affinis.
—Spin cf. Amm hirsuta mas.
— var. Spin. v. Amm. Kirbyi.
paludosa Ill. Rossi v. Sphex.
pensilis Ill. Ross.   v. Pelop.
plumbea F. P. v. Pomp pulcher.
quadripunctata F. P. v. Pomp.
spirifex Ross. Ill. v. Pelopacus.

Periglyphus.

Boheman in Vetensk Acad.
Handling 1834. p. 379.
- gastris l. c.   Suec. 5

Perilampus.

Nees 2. p. 44. - Ltr. gen. 4.
30 - Consid. gen 419. - Dalm.
act. holm. 1820. n. 6. t. 7. f.
21 22. - Pter. suec. - Sp. Class.
Diplolepis F. Ill. Pz Sp.
Chalcis Jur. Ross. Fall.
Cynips Ltr. Ol. Walck. F.
- angustus
: auratus Pz. 51. 1. Ital. 4
Chrysis? B. de F. v. aurat:
: coerulans m.   Austr. 3
. italicus m.   * 3
— Spin.   v. laevifrous.
— B. de F.   v. splendidus.
- laevifrons Dalm. 3. Pz.
100. 16.   * 3
- megacephalus
—   v. Caratomus.

- micans *Dalm.* 4·
ruficornis B. dcF. v.violaceus.
. splendidus *Dalm.* 1.
? Dipl. ital. F. P. 3. - Pz. fn.
100. 16. * 2
. violaceus *Dalm.* 2.
Dipl. F. P. 4.
Chalc. Pz. 88. 15. * 3

Perilitus.
Nees 1. 29. - Act. *Leop.* 9. 302.
- *Grav.* Ichn. 1. 51. - Dtschl.
Ins. fortges.v. *Herrich -Sch.*
Heft 156.
Bracon *Nees* Berl. Mg. 5. 21.
. aberrans m. * 1
: abdominator * 2
. aethiops Pz. 156. 16. * 1
: albitarsis * 3
: annulipes m. * 2
. brevicornis Pz.153. 19. * 3
. chrysophthalmus * 2
- cinctellus *N.* & 2. 399.
. clavatus m. * 1
- conjungens
. consimilis * 1
- consuetor
. conterminus * 1
: distinguendus m. * 3
: erythrogaster m. * 2
: ictericus *N.* & 2. 399. * 2
: intermedius m. * 2
: luteus m. * 3
: obfuscatus * 2
- pallidus *N.* & 2. 399.
. pallipes P. 154. 23. - * 2
: peregrinus m. * 2
: petiolaris m. * 3
: petiolatus * 3
. picipes m. * 1
- rubens
: ruficeps * 2
: rufipes m. * 2
: ruralis m. * 3
: rutilus * 3
: scutellator * 2

: similator *N.* & 2. 399. *
: tarsator m. *
. terminatus Pz. 156. 17. *

Perineura.
Hart.·
Synon. vide sub Gen. Tenthre
- rubi 303. Pz. 91. 14.

Pezomachus.
Grav. v. Cryptus.

Phacostomus.
Nees 2. p. 121.
Pteromalus *Dalm.* a
holm. 1820.
Diplolepis *Dalm.* act.hol
1818.
Species plures Pteromalinoru
eadem palporum fabrica gau
dent.
. patellanus *Nees* l. c.
Diplol. *Dalm.* l. c.

Philanthus.
Ltr. -Spin. -Ill. -Grm. -F. -P.
Simblephilus *Jur.*
Vespa *Geoff. - Vill. - Chr.*
Sphex *Schff. - Vill. -* Cra
bro *Rossi.*
apicorus Ltr. Spin. Walcl
Pz. Rev. v. triangulun
arenarius F. v. Cerceri:
— Pz. v. Cer(
ater F. E. S. alii ge(
auritus F. v. Cer(
: coronatus *F. E. S.* 2. 28:
1. -*S.P.*1.-*Ltr.* hist. 3. 367.
Pz. 84. 23. - Rev.-*Ltr.* gei
4. 95. - Nouv. dict. - *Le*
Enc. 10. 101. 2. planch. 38(
f. 10. - *Van d. Lind.* :
121. 1.
Simbleph. *Jur.* Hisp.
diadema F. E. S. 3. -S. P.(
cf. triangulum

discolor Pz. v. triangulum.
emarginatus Pz. v. Cerc.
flavipes F. Pz. v. Palarus.
hortorum Pz. v. Cerc.
interruptus Pz. v. Cerc.
labiatus F. Pz. v. Cerc.
laetus F. v. Cerc.
—, Pz. v. Cerc.
ornatus F. Pz. v. Cerc.
pictus F. Pz. v. triangulum.
quadricinctus Pz. v. Cerc.
quadrifasciatus Jur. F. Pz.
v. Cerc.
quinquecinctus F. Pz. Sturm.
v. Cerc.
quinquemaculatus F. ?
ruficornis F. cf. Cerc. labiat.
rufipes F. cf. Cerc. tubercul.
sabulosus Pz. v. Cerc. ornat.
semicinctus Pz. v. Cerc. ornat.
sexpunctatus F. v. Cerc. ornat.
: triangulum F. E. S. 2. 289.
2. - S. P. 302. 4 foem. var.
Van d. Lind. 2. 122. 2. -
Germ. Reise 262. 357. - Dum
Consid pl. 59. f. 6. 7. foem.
Vespa F. S. E. 49. - Sp. 68. -
Mant. 82. - Gmel 83. - Vill
25. - Christ. p. 136. - Oliv.
Enc. 6. 692. 116.
Vespa 4 Geoff. 2. 373. - Sphex
secund. Schff. ic. 85. f. 1. 2.
foem.
Vespa fasciata Fourcr. Ent.
Paris. 2. 433. 4.
Vespa limbata Oliv. Enc. 6.
693. 18.
Crabro androgynus Rossi.
Mant. 1. 305 foem.
Phil. pictus Pz. 43. 23. mas.
F. P. 5. mas.
— discolor Pz. 63. 18. mas. var.
—. apivorus siehe oben.
Simblephilus triangulum Jur.
p. 188. foem.
— pictus ibid. mas.
— discolor ibid. mas. var.

Simblephilus diadema ibid. pl.
10. gen. 18. mas. * 2
trifidus F. cf. Cerc. 4 fasc.

Phileremus.
Ltr.
Epeolus Ltr. F.
: Kirbyanus Ltr. gen. t. 14.
f. 10. foem.
Epeol. punctatus Pz. 101. 20. -
F. P. 389. 2. Bavar. 4

Phygadeuon.
Grav v. Cryptus.

Phyllotoma.
Dumeril. v. Megachile.

Phyllotoma.
Hart. 254.
Synonyma vide sub Gen. Tenthredo.
amaura
leucomela
melanopyga
microcephala
ochropoda

Phymatocera.
Hart. 276.
: aterrima H. 276. * 3

Phytodietus.
Grav. v. Cryptus.

Physoscelus.
Lep.
Crabro Pz. - Van d. Lind.
Pemphredon Pz. Rev.
- rutiventris Lep. 805. 1. -
Crabro Pz. 72. 12. - Van
d. Lind. 34. - Pemphr. Pz.
Rev. 186. 3

Pimpla.

Grav. 3. 1. *Steph.,*

Subgenera: *Clistopyga; Ephialtes; Glypta; Lissonota; Pimpla;Polysphincta; Rhyssa; Schizopyga; Trachyderma.*

- abdominalis
- L. accusator *Pz.* 109. 12. Pi. F.
aethiops Curt. v. P. aterrima.
- L. agnata
- E. albicinctus
. alternans   * 1
- R. amoena
: S. analis   * 4
. augens   * 2
. L. apicalis   * 1
- R. approximator PimplaF.
. L. argiola
. arundinator   * 1
- L. arvicola
- aterrima
. L. bellator   * 0
. L. bicornis   * 2
: G. bifoveolata   * 3
- L. bilineata
- L. bivittata
- L. brachycentra
: Po. brevicauda m.
: brevicornis   * 3
: L caligata   * 2
- calobata
. E. carbonarius   * 2
- Po. carbonator
- L. catenator
. G. ceratites   * 2
: L. cingulata m.   * 2
: R. clavata Pi. F. Austr. 6
- L. conflagrata
: G. crassula m.   * 3
: L. culiciformis   * 3
- R. curvipes
. L. cylindrator Pi. F.   * 0
. L. derimator   * 2
. L. defectiva   * 2

(dentator *Fabr.*)   ?
- L. deversor
. didyma   * 1
. E. divinator *P.* 92. 7. * 3
- L. dorsalis
- L. elector
. examinator   * 0
extensor *P.* 109. 11. vix P. roborator.
extensor Fabr. v. P. roborator.
. flavicans *P.* 109. 14. * 1
. flavipes   * 2
. G. flavolineata   * 2
. G. fronticornis   * 2
. L. fuscipes m.   * 1
- E. gracilis
. graminellae   * 2
- L. grisea
- C. haemorrhoidalis
: G. haesitator   * 2
- E. hecticus
. L. hortorum   * 1
: illecebrator   Austr. 4
. L. impressor   * 1
. E. inanis   * 3
. C. incitator Pi. F.   * 3
- G. incisa
- L. insignita
. instigator   * 0
- L. irrisoria
- laevis
- L. lateralis
- L. leucogona
- R. leucographa
: L. linearis   * 2
- L. lineata
. L. maculatoria ? *Pz.* 102. 22.   * 1
- mandibularis
. E. manifestator *P.* 19. 21. Pi. F.   * 2
- L. marginella
. E. mediator *P.* 92.6. Pi. F. * 3
- melanocephala
- melanopyga
. G. mensurator Pi. F. * 1
: E. mesocentrus   Bav. 4

- E. messor
- S. minuta
- G. monoceros var? frontic.
: Po. multicolor   * 3
- L. murina
- R. obliterata
- L. occupator
. oculatoria   * 3
: L. orbitalis m.   * 2
: ornata   Bav. 4
. pallens m.   * 2
- L. pallipes
. L. parallela   * 0
: L. pectoralis   * 3
   pennator Fabr. v. stercorator.
- Po. percontatoria
: L. perspicillator   * 3
. R. persuasoria Pz. 19. 18.
   Pi. F.   * 3
. L. petiolaris   * 2
: E. pilosellus m.   Bav. 3
- pictipes
. L. picta m.   * 1
. S. podagrica   * 2
- L. polyzonias
: quadrinotata   * 2
   resinellae Fabr.   ?
. roborator ? Pz. 109. 11. * 2
. rufata   * 2
- ruficollis
- L. ruficornis
: L. rufiventris m.   * 3
. Po. rufipes   * 3
. T. scabra   * 7
: G. scalaris   * 3
. scanica   * 0
. G. sculpturata   * 3
. L. segmentator Pi. F. * 1
. L. setosa   * 4
. L. simplex m.   * 1
. spuria   * 1
. stercorator   * 2
. striata   * 3
   strigator Fabr. Gr. v. Bassus.
   strobilellae Fabr.   ?
· G. subcornuta var? frontic.
: L. suborbitalis   * 3

: L. sulphurifera   * 1
- R. superba
. G. teres   * 3
· L. tomentosa   * 2
- S. tricingulata
. E. tuberculatus   * 3
: Po. tuberosa   * 3
. turionellae   * 0
- (vagatoria Fabr.)   ?
: L. variabilis m.   * 1
. varicornis P. 109. 13. * 1
: Po. varipes   * 2
- E. varipes
. L. verticalis m.   * 1
. L. verberans   * 2
- G. vulnerator

Pinicola.
Ltr. v. Xyela.

Pison.
Jur. Spin. Latr. Van d. Lind.
Tachybulus Ltr. gen.
ater Ltr. gen. v. Dolichurus
   ater.
- Jurinei Spin. 2. 256. - Lep.
Enc. meth. 10. 143. 1. - Guer.
Dict. 13. 627. - Van d. L.
2. 39. 1.
Alyson ater Spin. 253. t. 3.
f. 12.
Tachyb. niger Ltr. gen. 4.
75.   Eur. mer: 5

Pithitis.
Klug. v. Ceratina.

Planiceps.
Ltr. Van d. Lind.
- Latreillii Van d. Lind.
I. p. 84.
Pompilus planiceps Ltr. gen.
66.

Platygaster.

Ltr. gen. 4. p. 31. - Spin.
Class. n. 18. - Latr. Cons.
gen. 422. - Nees 2. 297. -
Steph. 397.
Scelio Ltr. hist.
Psilus Spin. Jur.
affinis
— Spin. cf. decurvatus.
alienus
apterus
Boscii
decurvatus
forticornis
grandis
muticus
niger
nodicornis
obscurus
punctiger
pyramidalis
ruficornis Latr. cf. nodicorn.
scutellaris
spiniger
striolatus
subulatus
tristis
tuberosus

Platymesopus.

Westw. Philos. Mg. III. 1833.
p. 444.
Nees 2. p. 408.
- tibialis Westw. l. c.

Plectiscus.

Grav. v. Cryptus.

Podagrion.

Spin. Class. v. Chrysolampus
albiventris.

Podalirius.

Walck. v. Anthophora.

Poecilostoma.

Hort. 302.
Synonyma vide sub, Gen. Tenthredo.
. impressa   * 2
. obesa   * 3
- obtusa   3

Polistes.

Vespa L. F. etc.
- diadema Ltr. Annal. d. Mus.
d' hist. nat. I. 4. p. 292. - hist.
gen. 13. 349. 2. - Spin. 1. 82.
Ital. 5
. gallica F. P. 2 - Ltr.
Vespa L. S. N. 7. - F. E.
S. 13. - Geoff. 2. 374. 5. -
Schr. En. 78. 9. - Rossi fn.
2. 83. 862. - Pz. 49. 22. -
Schff. 24. 5. - 35. 5. - 71.
2. - 91. 5. - Spin. 1. 82. -
2. 183.
Mas: V. biglumis L. fn. 1680.
- S. N. 17.
Foem: V. biglumis Pz. 53. 7. -
Spin. 2. 187. - F. E. S. 64. - S.
P. 63. - (Spin. ad. Odyneros.)
V. parietum Pz. 49. 23. - F.
E. S. 45. - L. S. N. 6. - fn.
1673. - Scop. 827. - Schr. en.
793. - Rossi fn. 85. 865. -
Roesel. 2. Vesp. t. 17. f 8. -
Geoff. 2. 376. 9. - Schff. 70.
3 - 5.   * 0
: italica m.   Ital. 5.

Polochrum.

Spinol. - Ltr. - Van d. Lind.
- repandum Van d. Lind. 32.
1. - Spin. 1. 20. t. 2. f. 8.
A. B. - Ltr. gen. 109. -
Encycl. meth. 10. p. 174.
Ital. 6

Polyergus.

Latr. Gen. - Spin.

Sphex *Rossi* Mant. 1. 127. 281.
Pomp. gutta *Spin.* 2. 40. * 3
octomaculatus Ill. *Rossi.*
  v. quadripunctat.
. ꞏctopunctatus *Van d. L.*
  55. 20. - *Pz.* fn. 76. 17.
P. 4 punctatus *Ltr.* hist. 9. -
  gen. 64. - *Jur.* 122. - *Rossi*
  ed. *Ill.* 823. - Enc. 10. 181. 10.
? P. punctatus *Spin.* 1. 70. 9.
Cryptocheilus 4 punct. Pz. Rev.
  121
Sphex 4 punct. *Rossi.* 825
Sphex vaga *Scop.* Carn. 785.* 4
. pectinipes *Van d. Lind.*
  71. 39.
Sphex *L. S. N.* 17. - fn.
  1654. - *Vill.* 29. - *Gm.* 17. * 3
petiolatus Van d. Lind. 44. 9.
  v. pulcher foem.
- phaeopterus *Van d. Lind.*
  70. 37.   3
pictus F. P.   v. Dinet.
planiceps Ltr. Gen. v. Planiceps Latreillii.
plumbeus Spin. 2. 172. & 75.
  & 40. - F. P. 40.
: pulcher *Van d. Lind.* 37.
  2. - *F. E. S.* sppl. 19. - *S.*
  P. 27. - *Spin.* 1. 69. 4.
Var: corpore fere toto cine-
  reo-micante.
Sphex plumbea F. Mant. 64.
  - *E. S.* 92. - *Rossi* Mant.
  280. - *Vill.* 57. - *Gm.* 83.
Pepsis *F. P.* 40.
Pomp. pulcher. *Coq.* 2. 52. t.
  12. f. 8.
var: margine postico segmentorum 1-3 interrupte cinereo.
Larra 6 maculata *Spin.* 1.
  16. t. f. 6. & 2. 74. * 3
— Ill. *Rossi.* v. cingulatus.
punctatus Spin. v. 8 punct.
. punctum *Van d. Lind.* 45.
  10. - *Pz.* fn. 86. 12. mas.
Jur. 122.

Ceropales *F. P.* 9.
Evania *F. E. S.* 6.
Sphex *F. Sp.* 33. - Mant. 39.
  - *Vill.* 46. - *Gmel.* 64.
Foem. petiolatus *V. d. L.* * 2
: quadripunctatus *Van d.*
  Lind. 54. 19.
Sphex *F.* Mant. 62. - E. S. 89.-
  Gmel. 82. - *Vill.* 56.
Pepsis *F. P.* 39.
Sphex ortemaculata *Rossi* 824.
  - App. t. 6. f. D. Var.
Pomp 8 mac. ed. *Ill.* 824. * 5
— *Latr.*   v. 8 punct.
. rufipes *Van d. Lind.* 59.
  24. - *F. E. S.* sppl. 27. -
  S. P. 37. - *Ltr.* hist. 6. -
  Pz. fn. 65. 17. - Rev. 119.
  - *Jur.* p. 121. - *Spin.* 1. 69.
  6. - Enc. 10. 180. 3.
Sphex *L. S. N.* 29. - fn. 1659.-
  Gmel. 29. - *Vill.* 37. - *F.*
  S E. 29. - *Sp.* 40. - Mant.
  47. - *E. S.* 66.
var: thorace immaculato, abdomine maculis tantum duabus.
P. fuscatus *F. E. S.* sppl. 14.
  - *S. P.* 22.   * 3
- sanguinolentus *Van d. L.*
  50. 14. - F. P. 19. - En. 10: 180.
  6. - Sphex F. E. S. 54.
- sericeus *Van d. Lind.* 43. 8.
sexmaculatus Spin. 1. 16. t.
  1. f. 6. (Larra.) v. pulcher.
sexpunctatus F. sppl. v. bipunct
spinosus Pz. v. Alyson. bimac.
- teutonus *Van d. Lind.* 70.
  38. - F. P. 34. - Sp. 1. 69. 5. 3
- thoracicus *Van d. L.* 63. 29.
Sphex *Rossi* Mant. 2. App.
  118. 101. t. 3. f. F   3
tricolor F. sppl. - Pz. v. Tachyt.
  obsoleta.
- tripunctatus *Van d. Lind.*
  62. 26. - Sp. 2. 35. t. 5. 21. 3
tumidus Pz.   v. Arpact.

: variegatus foem: *Van d.
Lind.* 41. 6. - *Rossi Ill.* 2.
99. 820; sub P: exaltato.
Sphex L. S. N. 18.'- fn. 1655.-
Gmel. 18. - *Vill.* 30.
Pomp. hircanus *F. E. S.* 30.-
S. *P.* 40. - *Pz.* fn. 87. 21. -
Rev. 119. - *Jur.* 122. - *Sp:n.*
2. 172. 12. - *Encycl.* meth.
10. 190. 7.   * 3
— *F. Pz.* - *Ltr.* Enc. m.
v. Fabricii.
: variabilis *Van d. Lind.*
57. 21. - *Rossi Ill.* 821.
Sphex *Rossi* 821.
Pomp. 10-guttatus *Jur.* pl. 8.
Var.   * 4
— var. 1 *Ill. Rossi* v. exaltat.
• viaticus *Van d. Lind.* 72.
40. - *F. E. S* sppl. 246. 4.
- S. *P.* 12. - *Pz.* fn. 65. 16.
foem. - Rev. 118. - *Spin.* 1.
68. 2. - 2. 78. - *Jur.* p. 121.
- *Rossi Ill.* 814. - Enc. 10.
179. 1.
Sphex *F. E. S.* 20. - *Spin.*
30. - Mant. 25. - *E. S* 47.
'- *Rossi* 814. - *Schrk* En. 774.
Sphex rufofasciata *Degeer
Retz.* 247. - *Deg.* 2. 822.
t. 28. f. 6.
Pomp. fuscus *Latr.* hist. 1.
Ichneumon *Geoff.* 2. 354. 74. * 0
var. femoribus posticis apice
late rubris Sphex viat. Scop.
Caru. 780.

___

Ponera.

Ltr. Ill.

Formica L. - *Deg.* - *F.* -
Oliv. - *Chr.* - Myrmica *F.*
Odontomachus Ltr. (exot.)
: contracta Ltr. gen. p. 128.
Form. Ltr. fourm. p. 195
pl. 7. f. 40. neut.   * 4

Porizon.

Grav. v. Ophion.
Species collectionis meae nondum rite examinatae.

Pristiphora.

Hart. 183. - *Stph.*
varipes *H.* 183.

___

Pristicerus.

Grav. v. Ichneumon.

Pristocera.

Klug in *Weber* & *Mohr* Beitr.
z. Natuik. II. p. 205.
- depressa *Kl.* l. c.
Bethyl. *F. P.* 3.

Proapis.

Deg. v. Dichroa.

Proctotrupes.

Ltr. Steph. v. Codrus.

Prosacantha.

Nees 2. p. 294.
Teleas Ltr. gen.
Scelio Ltr. gen. & hist.
dubia *N.* 3.
longicornis *N.* n. 1.
? Teleas Ltr. gen.
? Scelio Ltr. gen. t. 12. f. 9. 10.
• rufipes m.   * 3
• spinosula *N.* n. 2.   * 1

Prosopis.

Jur. - *F.* - *Ill.* - *Pz.* - *Spin.* - *Kl.*
Hylaeus Ltr. - *Walck.*
Apis L. - *Geoff.* - *Schff.* -
Scop. - *Schr.* - *Chr.*
Andrena *Ol.*
Vespa *Ross.*
Melitta * b *Kirb.*

. *albilabris* F. P. v. Ceratina.
; a l b i f r o n s m.   * 2
albipes F. P.   v. Hylaeus.
—Pz.fn.105.15.v variegata
. a m p l e c t e n s m.   * 2
; a n n u l a r i s *Ill.* 2.
Melitta *K.* 4.
, Sphex annulata *Pz.* 53. 1. * 1
; a n n u l a t a *F. P.* 293. 1. -
Spin. 1. 112. 3. excl. citatis.
Mas: Annulata & signata *Pz.*
- minuta Sphex *Rossi.*
Foemina: nigrita F.
'Melitt. *K.* 3. t. 15. f. 3.
Apis L. S. N. 17. - *Gmel.*
33. - fn. 1706. - *Müll.* Zool.
D. 1909. - fn. frid. 647. -
Vill. 26 (L.plures confundit)
Hylaeus *F. E. S.* 305. 12. -
Ltr. hist. 3. 360. - *Geoff.*
n. 14. NB.   * 1
atrata F. P. 295. 10. - *Ill.* 18. -
a *Spin.* foemina variantis no-
minatur.   cf. laevigata.
bifasciata Jur. v. variegata.
. b i p u n c t a t a *Ill.* 4. - F. P.
295. 8. - *Spin.* 1. 112. 1.
Mel. signata *K.* 6.
Sphex signata Pz. 53. 2.
Mellin. bip. *F. E. S.* sppl.
265. 1. - *Geoff.* 14.
. Vesp. pratensis Fourc. 14. * 1
colorata Pz. v. variegata.
. d i f f o r m i s m   * 2
. d i l a t a t a *Ill.* 3.
Mel *K.* 5. t. 15. f. 4.
Ltr. hist. 364. 2 a Spin. mas.
' variantis nominatur   * 3
flavilabris F. P. 294. 3.
Mel. E S 304. 8. nonProsopis.
- f r o n t a l i s F. P. 196. 14. -
Ill. 17.
: i n f l e x a m. mas.   * 1
. l a b i a t a F. P. 295. 12. - *Ill.* 16.
Mellin. F. E. S. sppl. 267. 7
exclus. cit. Pz. cf. variegata.
Sp. marem nominat variantis.

. l a e v i g a t a m. mas.   * 1
F atrata.
. n i g r i t a F. P. 296. 13. excl. Pz.
Mell. F. E. S. sppl. 267. 9.
excl. Pz.   * 1
nitidula F. P. v. Hylaeus.
scabra F. P. 11. non Prosopis.
signata Pz Rev. v. bipuncta.
: *similis* F. P.   v. Hylaeus.
: t i b i a l i s m. foem.   * 2
- v a r i a n s Spin. 1. 113. 4.
marem nominat: labiatam F.
F. dilatatatam Ltr.
, Foeminam: atratam F. sp.
obscura.
. v a r i e g a t a. F. P. 295. 9.
Spin. 1. 112. 2.
. colorata Pz. 89. 14.
bifasciata *Jur* t. 11. gen. 30.
Mell. var. F. E S. sppl. 265. 1.
Pros. albipes Ltr. Pz. 105. 15.
Mas: ?labiata F. S. P. 12. * 2

Psammaecius.
Lepell. Annal. d. l. Soc. Ent.
d. France 1832. p. 71.
Gorytes *Spin.* - *Van d. L.*
: p u n c t u l a t u s Lep. p. 72.
Goryt. latifrons Spin. 2. p.
247. - *Van d. Lind.* 2. 93. 6.
Mas: Goryt. punctul. *Van d.*
Lind. 2. p. 100. 14.   * 3

Psamochares.
Ltr. cf. Pompilus.

Psen.
Schr. v. Lyda.

Psen.
Ltr. - *Jur.* - *Pz.* - *Ill.* - *Spin.* -
Van d. Lind.
Trypoxylon & Pelopaeus F.
Sphex Pz.
. a l b i t a r s u s m.
anomalipes Pz. v. Helorus.

. ater *Van d. Lind.* 2. 102. 1.
Ps atra *Pz.* Rev. 108. - *Jur.*
Sphex atra *Pz.* fn. 72. 7. mas.
Pelop. compressicornis *F. P.*
11. mas.
Trypox. atratum *F.P.* 5. foem.
Psen serraticornis *Jur.* pl. 8.
gen. 6.
Psen pallipes mas. *Spin.* 1.
94. 2. mas.
? Psen ater var. major *Spin.*
l. c. 1. foem.
— *Ltr.* nouv. dict? - *Pz.* Rev.
v. atratus.
. atratus *Van d. Lind.* 2.
Trypox. *Pz.* fn. 98. 15.
Psen atra *Pz.* Rev. 109.
? Sphex pallipes *Pz.* 52. 22. so-
lum descriptio.
? Psen ater *Ltr.* gen. 4. 92. =
Nouv. dict. - Hist.
? Psen pallipes *Sp.* 1. 94. 2. *2
, bicolor Jur. pl. v. equestris.
compressicornis F. v. ater.
. equestris *Van d. Lind.* 3.
- *Pz.* Rev. 110. - *Jur.* - *Ltr.*
gen. - Nouv. Dict.
Trypox. *F. P.* 6.
Psen rufa *Pz.* 96. 17. mas.
Psen bicolor *Jur.* pl.13. mas.*1
pallipes Spin. mas. ' v. ater.
— — foem. v. atratus.
serraticornis Jur. pl. v. ater.
rufa Pz. v. equestris.
. unicolor *Van d. Lind.* 4.
Austr. 3

Psenia.

Kirby v. Psen.

Psilus.

Jur. v. Diapria & Platygaster.
antennatus Jur. v. Diapr.
Boscii Jur. - v. Platygaster.
conicus Spin. v. Diapr. nigra.
cornutus Pz. v. Diapr.

elegans v. Diapr.
sericeicornis Spin. v. Diapr.

Psithyrus.

Lepell. Annal. d. l. Soc. Ent.
d. France 1832. p. 366. '
Bombi *Dahlb.* - *F.* - *Pz.* -
Ltr. - Apis *L. Pz. Kirb.*
Bremus *Pz.* dieser Name
hätte beibehalten werden
können.
. barbutellus *Kirb.* Ap. 93.
(a *Lepell.* ad P. vestalem.)
? *Raj.* u. 17.
Mas: (alt) A. autumnalis *F.*
E. S. n. 43.
Ap. saltuum *Pz.* fn. 75. 21.
- Rev. 262.
Ap. monacha *Christ.* p. 131.
t. 8. f. 7. * 3
. campestris *Pz.* 74. 11. -
Rev. p. 261. - *Kirb.* 88. t-
18. f. 2. - *Dahlb.* u. 35. f.
23. - *Lepell.* p. 379. A.
Var. B. mas: Ps. Rossiellus
Lep. - Bomb. *Dahlb.* n. 15.
- Apis *Kirb.* n. 85. t. 18. f.
1. - *Ill.* 12.
Ap. arvorum *Pz.* nomencl. ad
Schff. 241. 7. 8.
Ap. sylvarum *Schr.* En. 807.
- *Rossi* fn. n. 906.
var. C. inops *Lep.* foem.
— D. ornatus *Lep.* mas.
— E. varius *Lep.* mas. * 2
: confinis m. mas. Austr. 5
: fasciculatus m. foem. *Pz.*
fn. 74. 12. Text.-*Schff.* 260.
4. 5. * 2
. francisanus foem. *Kirb.* n.
87. foem. ad rupestrem? * 3
: frutetorum mas. *Pz.* Rev.
261. - fn. 75. 20. - *F. S.*
P. n. 38. - *Ill.* 28.
Ap. albinella *Kirb.* n. 104. * 3
. hyalinatus m. * 3

. latreillellus mas. *Kirb.* n.
84. - *Ill.* 11. cit. *Christ.* p.
131. t. 8. f. 8. a. maura?
Var? A. fragrans *Kirb.* n.
83. - Pall. it. p. 474. n. 15.
- *Gmel.* n. 111.
Br. pomorum *Pz.* fn. 86.18.
Ap. pratorum *F. E. S.* n. 34. -
S. P. - Vill. n. 111.
?B. saltuum *F.*   * 3
. leeanus mas: *Kirb.* n. 86.
(P. Rossiellus alt?)   * 3
- maxillosus *Grm.* Reise n.
393.   Dalmat. Taur. 3
: pomorum mas. *Pz.* 86. 18.
- *Schff.* 270. 5.   Austr. 3
- quadricolor *Lep.*
var. B. sylvestris *Lep.* Gall. 3
. rupestris *F. E. S.* 26. -*Kirb.*
108. - *Lep.* - *Dahlb.* mon.
33. f. 21. - *Schff.* 69. 9.
Ap. lapidaria var. Brun. Prodr.
Ins. Sieland. p. 19. not. aa.
Ap. subterranea *Geoff.* n. 20.
- Fourc. 21?
Ap. arenaria *Pz.* fn. 74. 12.
- Rev. 258.
var. A. Vasco *Lep.*
— B. pyrenaeus *Lep.*
— C. arenarius *Lep.*
— D. rupestris *Lep.*
Mas: sec. *Klug* B. frutetorum (at non meus)   * 2
. vestalis Fourcr. n. 26. -
Kirb. n. 95. t. 18. f. 3. 4.-
Geoff. 26. - *Schff.* 265. 3.
Brem. aestiv. *Pz.* 89. 16. -
Rev. 260.
var. A. Barbutellus *Lep.* (non
meus.)
— B. aestivalis *Dahl.* n. 34.
— C. metaleucus
— D. vestalis
— E. Bellus
— F. saltuum *Pz.* alt. * 3

Pterocheilus.

Klug in *Weber* & *Mohr* Beitr.
Kiel 1805. Vol. 1. p. 150.
Odynerus Spin.
Vespa Pz. L. F. Scop.
Oplopus *Wesm.*
: coxalis m.   * 5
. dentipes m.   * 3
Geoffroyanus (Odyn.) Sp.
2. 182. 7. vermuthet Gleichheit mit tinniens Scop.
interruptus Kl. p. 152. v P.
            phaleratus.
Klugii Pz. 101. 18. v. P. phal.
: laetus m. foem.   Ital? 4
- melanocephalus *Wesm.*
(Oplopus.)
- Pallasii *Klug* p. 150. t. 3.
3. foem.
. phaleratus *Pz.* - *Kl.* p. 154.
- *Pz.* Rev. p. 148.
Vesp. *Pz.* 47. 21. Fühler
falsch.
Foem: P. Klugii *Pz.* 101.18.
P. interruptus *Kl.* p. 152. * 3
- reniformis *Wesm.* (Oplop.)
. simplicipes m.
Foem: ? parietina *F. E. S.* 53.
- *S. P.* 52. - *Pz.* 49. 24. * 4
. spinipes L. - (Oplop. *Wesm.*)
Vesp. *Pz.* 17. 18. - Rev. 156.-
L. fn. 1682. - *S. N.* 10.-*F.E.
S.* 52.- *S. P.* 51.
Odyn. *Spin.* 1. 89. - 2. 186.
exclus. foem.
? V. 5 fasciata *F. E. S.* 49. -
S. P. 48. (Spin. 2. 184. est
O. murarius)   * 3
- spiricornis *Spin.* 2. 257.
(Odyn.)
. tinniens *Scop.* mas & foem.
Vesp. *Scop.* 839.
? Od. Geoffroyanus *Spin.* 2.
182. 7. - *Geoff.* 2. 376. 9.
              Ital. 5

..**Pteromalus.**

Sweder. Act. holm. 1795. - *Ltr.* gen. 4. p. 31. - Cons. gen. 420. - *Dalm* act. 1820. - *Stph.*

Halticoptera *Spin.* Class.
Callitula *Spin.* Class.
Diplolepis *F. - Spin.* Ins. lig. - Cleptes *F.*
Ichneumon *L. - Vill. - Schr. - Deg.* Reaum. - *Rös.*
Cynips *Ol. - Ltr.* hist.

Species coll. m. nondum rite examinatae.

aeneus
affinis
apicalis
Aphidis
Appendigaster Swed. v. Eur. abrot.
Apum
assimilis
Atomos B. de F. cf. Myina.
bifasciatus
biguttatus Swed. v. Euryt
bimaculatus
bipunctatus Swed. v. Torym. erythroth.

chalybaeus
Chermis
Cingulum
communis
cupreus
cuprifrons
Cyniphis
deplanatus
discoideus
dubius
flavicornis
fungosus
Galerucae B. de F. v. Euloph.
Gallarum Latr. v. Euloph.
gallarum Spin. v. Eul. depress.
gallarum B. de F. v. Eulophus chrysom.
gemmarum
geniculatus

glabriolus
Larvarum
luniger
Microgasteris
minutus
niger
nigritus Swed. v. Eur. abrot.
obscurus
ovatus
ovulorum B. de F. cf. Myina.
pallipes
picipes
plagiatus
punctifrons
puparum
Quercus ramuli
ramealis
reptans
rotundatus
rufipes
Salicis
scabriculus
scutellatus Swed. v. Encyatus.
Seniculus
tarsatus
tibialis
varians
virens

Pteronus.

Jur. - *Stph.* v. Lophyrus.

Pteroptrix.

Westw. Phil. Mag. III. 1833. p. 444.
Nees 2. p. 409.
- dimidiatus l. c.

Ptilia.

Lep. v. Hylotoma.

Rhacodia.

m. in Dtschl. Ins. fasc. 157. t. 23.
neglecta
obscura m. n. sp.

picipes
rufiscapa
striolata
tenuis est Diapria.

Rhopalum.
Kirb. - Steph. v. Cr. tibial.

Rhyssa.
Grav. v. Pimpla.

Rogas.
Nees 1. 199. - Act. Leop. 9.
306. - Grav. Ichn. 1. 54. -
Steph.
Bracon Nees Berl.Mg.5.13.
: affinis m.
: albitibia m.   * 3
- alternator
. annulicornis N. Pz.156.5.
: annulipes m. Pz. 156. 8. * 3
. bicolor Pz. 156. 6.   * 1
- bifasciatus
. chlorophthalmus   . * 1
: circumscriptus   * 1
. collaris   * 1
: compressor m.   * 3
- coxalis
- cruentus
- decrescens
: dimidiatus   * 3
: dissector   * 2
. dorsalis m.   * 3
: exsertor   * 2
. gasterator   * 1
- geniculator
↓ infirmus
: laevigatus m.   * 2
: lanceolatus m.   * 2
. linearis Pz. 156. 11.   * 1
. longicaudis m.   * 3
: luteus Pz. 156. 5.   * 2
: marginator   * 2
. miniatus m.   * 3
- mutuator
: nidulator   * 2

. pallidicornis   * 3
. pectoralis m.   * 3
: picipes   * 2
: pictus m.   * 3
. praerogator   * 2
- reticulator
. ruficornis Pz. 156, 10. * 1
. rugulosus Pz. 154. 20. * 3
.: seriatus Pz. 156. 12. * 3
- signatus
: simplex m.   * 3
: testaceus   * 2
: thoracicus   * 3
: varius Pz. 156. 7.   * 3
- zygaenae

Rophites.
Spin. Ltr.
Ltr. Cons. gen. 518.
. neglecta m.   * 4
. 5spinosa Spin. 2. 72. - Pz.
fn. 111. 17.   * 1
cf. Eucera brevicornis F. P.
384. 9.

Rygchium.
Spinol. 1. 84.
Vespa F.
. oculatum F. - Ltr. - Grm.
fn. 13. 22.
Vesp. F. E. S. 43. - S. P.
34.
Rh. europaeum Spin. 1. 84. 86.
Ital. 4

Salius.
F - Van d. Lind.
femoratus Spin. cf. Pomp.
bipunct.
laevigatus Sp. 2. 36. cf. Pomp.
tripunct.
- maculatus Van d. Lind.
1. 82.
sexpunctatus F. P. - Spin. v.
Pomp. bipunct.

Sapyga.

Latr. - Klug Mon. Sirec. - Jur.
- Spin. - Van d. Lind. - Stph.
, Hellus F. - Pz. Rev.
Masaris Pz. fn.
Sphex Vill.
Scolia Gm.
Apis L? - Schaeff. - Vill.
- annulata Van d. Lind. 34.
4. - Pz. fn. 106. 18. potius.
Myzine 6 fasciata.
- biguttata Van d. Lind.
34. 5.
Scol. F. Mant. 19. - E. S.
28. (falso 8 guttata.)
Hellus F. P. 2.
cylindrica Pz. v. Myzine 6fasc.
decipiens Enc. meth. - Kl.
v. punctata.
10 guttata Jur. v. Sapyga
punctata.
. prisma foem. Van d. Lind.
33. 2. - Klug Mon. Sirie.
p. 63. t. 7. fig. 7. 8. - Ltr.
hist. 2. Nouv. Dict. ed. 2.
30. p. 179. - Jur. p. 160.
Scol. F. Mant. 21. - E. S.
31. - 'Gmel. 21. foem.
Sphex Vill. 66. foem.
Masaris crabroniformisPz. fn.
47. 22.
Hellus prisma F. P. 5. - Pz.
Rev. 142.   Bavar. 4
— Jur. mas. v. punctum.
. punctata Van d. Lind. 32.
1. - Klug Mon. Sir. 61. t. 7. f.
4-6. - Ltr. hist. 1. - Spin.
1. 76. 1.
Sap. 6 punt. Ltr. nouv. Dict.
ed. 2. 30. 179. - Leach. - 5
punct. Ltr. hist. 346. - Donov.
13. 11. pl. 438.
Hell. 4 guttatus Pz. Rev. 142.
Mas: Var: a. punctis abdominis quatuor.
Scol. 4 gutt. F. Sp. 15. - Mant.
20. - E. S. 29. - Gmel. 20.

Sphex 4 gutt. Vill. 52
? Sapyg. punct. Pz. fn. 1
- Sap. 4 punct. 87. 2
Hellus 4 gutt. F. P. J
Ap. clavicornis? L. sec. S
var. b. punctis abdomini
Scol. 6 gutt. F. E· S.
Hell. 6 gutt. F. P. 4.
var. c. punctis abdominis
Sapyga decipiens Enc.
10. 338. 2. - Klug Mono
7. f. 6.
Sap. prisma mas: Jur. p
var. d. punctis abdo
decem.
Sap. 10 gutt. Jur. p. 1
9. gen. 13.
Foem: Scol. 5 punct. F
14. - Mant. 18. - E. S
- Vill. 51. - Gmel. 18
Sirex pacca F. Mant.
E. S. 17. - Vill. 11. - Gm
Hell. 6 punct. F. P. 1
Hell. pacca. F. P. 6.
Sap. punctata Ltr. gen.
9. - Schff. icon. 195. f.
quadripunctata Pz. fn.
pun
sexpunctata Ltr. nouv.
v. pun
- varia Van d. Lind. 3
- Lep. & Serville En
meth. 10. 338. 1.
volvulus Jur. v. Myzine 6

Saropoda.

Ltr. Stph.

Megilla Illig. Pz.
Apis Kirb.
Heliophila Klug.
. rotundata Anthid. ro
S. P. 367. 8.
Apis E. S. 2. 332. 80.
Kirb. 2. 291. 66. - Vil
Mas: Ap. Pz. fn. 56. 9
Megill. Ill. 5. 137. 5.

226. *Ol.* & *Fabr.*
Foem. Ap. bimaculata Pz.fu.
, 55. 17. *K.* 63.
Anthoph. Latr. hist. 14. 47. -
(*Spin.* 1. 127. wegen der
Beschr. der ♀ zweifelhaft.)
Megilla bimac. Pz. Rev. 226.
hält sie blos für var: v. A.
quadrimaculata *Ill.* 2.
K. scheint das ♀ zweimal beschrieben zu haben, nämlich
als bimaculata u. rotundata.
Meg. rotund. *Ill.* 5.
Ap. *K.* 66. Pz. 56. 9.
var? subglobosa Megill. *Ill.*
6. - Ap. n. 68.
, tunicata m. foem.   Ital. 5

Scelio.

Latr. gen. 4. p. 32. - hist. 13.
- *Spin.* Class. - *Ltr.* cons.
gen. 423.
Nees 2. p. 251.
Teleas Ltr. gen.
ater Spin. Class.   v. rugulos.
*longicornis*Ltr. v. Prosacantha
ruficornis Ltr. cf. Platygaster
nodicornis.
. rugulosus Ltr. gen. t. 12. f.
11. 12. - hist?
Scel. ater*Sp.* Class. p. 150?* 3

Sceliphron.

Kl. v Pelopaeus.

Schizocerus.

Latr. - *Hart.* p. 87. - *Stph.*
Hylotoma *Kl. F.* etc.
Tenthredo L. etc.
Cryptus *Leach.*
Synonyma v. sub gen. Ten-
thredo.
angelica: foem.   ad fusc.
- bifida
- bifurca
- brevicornis

. furcata *Pz.* 46. 1. - 64. 5.
72. 1.   * 1
: geminata   * 4
- melanocephala
: melanura   Austr. 4
- Peletierii Villaret Annal.
d. l. soc. Ent. 1832. p. 303.
pl. 11.
: tarda   Austr. 4
: scutellaris m.   Austr. 4

Schizopyga.

Grav. v. Pimpla.

Sclerodermus.

Latr. Consid. p. 314.
- domesticus*Klug.* sec. *Nees*
cf. Omalus fuscus.

Scolia.

F. - *Gm.* - *Ross.* - *Latr.* - *Pz.* -
Schr. - *Walck.* - *Ill.* - *Spin.* -
Jur. - *Van d. Lind.* - *Klug*
in *Weber* und *Mohr* Beitr.
Sphex *L.* - *Schaeff.* - *Scop.*
- *Vill.* - *Christ.*
Apis *Schr.* - *Vill.*
Elis *F.*
Tiphia *F.*
- abdominalis foem: *Van d.*
Lind. 24. 9. - *Spin.* 1. 25.
- Ltr. gen. 106.
Sc. rubra *Jur.* pl 9 gen. 12.
- aurea *Van d. Lind.* 25. 10.
- Ltr. gen. 106.
Mas: aurea *F. E. S.* 13. -
S. P. 15. - *Coq.* 2. t. 13. f.
9. - *Kl.* 22.
Foem: Tiph. ciliata *F.* Mant.
7. - *Gmel.* 8. - *Coq.* l. c.
fig. 8.
Scol. cil. *F. E. S.* 12. - *S.*
P. 14. - *Jur.*
bicincta F. - *Rossi.* - *Kl.*
v. hirta.
- bifasciata *Van d. Lind.*

26. 12. - *Rossi* Mant. 2. App.
120. 105. t. 8. f. H. l. mas.
J. i. foem. - *Spin.* 1. 73. 5.
Ltr. gen. 106. 2 *Kl.* 12 -
Sc. notata *F. E. S.* sppl. 5.
- S. P. 31.
biguttata Van d. Lind. 31. 18.
    v. bipunctata m.
- — *Kl.* 27. (Crim.)
. bimaculata *Van d. Lind.*
17. 2. - Ltr. gen 105.
Mas: *F.* Sp. 7. - Mant. 8. -
E. S. 11. - S. P. 13. - *Rossi*
70. 833. - Mant. 833. t. 8.
f. c. - *Gmel.* 8. - *Jur.* p.
157. - *Kl.* 7.
Foem: Sc. flavifrons *Rossi*
fn. 69. 832. var.
Sphex bidens L. S. N. 14. -
Gmel. 14. Eur. m. 4
: bipunctata m. mas.
  biguttata *V. d. L.* 18. Hisp 6
: Boeberi *Kl.* 26. mas. R. m. 6
. canescens Kl. 37. (Germania.)?
ciliata F. E. S. 12. - P. 14. -
  Jur.   v. aurea.
cincta Kl. 34. cf. bipunctata m
cylindrica F. E. S. v. Myzine
      6 fasc.
- erythrocephala *Van d. L.*
13. - F. sppl. 255. - S. P. 13.-
Ltr. gen. 106. - *Jur.*
— *Kl.* v. haemorrhoidalis.
flavifrons F E. S. 5. - *Kl.*
3. - Ltr. hist. - *Rossi* etc.
    v. hortorum.
— *Rossi* var. v. bimaculata.
. haemorrhoidalis mas *V.*
d. L. 18. 3 - *F.* Mant 7. - E.
S. 7. - S. P. 9 - *Gmel* 7. - Sp.
1. 74. 3. - *Jur.* p. 157. - Ltr.
gen. p. 105. - *Kl.* 6.
Sphex *Vill.* 3 243. 61.
Sphex versicolor *Christ.* 254
t: 24. f. 2. foem.
Drury Illustr. 2. t. 40. f. 3 ? ♀
Roemer gen. t. 27. f. 4.

Foem: erythrocephala 1
    Eur.
. hortorum *Van d. Lin*
1. Ltr. gen. 105.
Sc. flavifrons Ltr. hist
275. 4.
Mas: Sc. hort. *F.* Man
- E. S. 18. - S. P.
Rossi fn. 2 70. 834. 1
1. 129. 287. t. 8. f. B. - (
12. - Spin. 1. 76. 8. - 1
Sphex hort. *Vill.* 63.
Ve-p fricuspidata *Vill.*
35. t. 8. f. 19.
Scol. interrupta Scop.
II p. 60. t. 22. f. 3.
Foem: Sc. flav. F. S. 1
- Sp. 5. - Mant. 5. -
5. - S. P. 17. - *Rossi* fn.
Mant. 285. - *Gmel.* 27
Spin. 1. 76. 1. - *Ju*
157. - *Kl.* 3.
Sphex bidens *Sulz.* hi
27. f. 3. - Roemer, ge
27. f. 3.
Sphex flav. *Vill.* 50. Eur.
: hirta *Van d. Lind.* 28
Apis Schrk. En. 22. - *Vi*
Sc. bicincta *Rossi* fn. 2
836. - Mant. 2. App.
103. t. 8. f. D. d. d. in
fem. - *Ahrens* fn. 2. 18.
Kl. 14.
Vespa bicincta *Vill.* 37? f
Sphex bicincta Scop. D
61. t. 22. f. 4. mas., Eur.
? sinuata Kl. 28. vix div
    bici
hortorum Kl. v. flavit
. insubrica foem. *Van*
25. 11. - *Rossi* fn. 2
837. - Mant. 2. App. 1
t. 8. f. F. foem. - G g.
Latr. hist. 2. gen. 106. - K
Scol. tridens Spin. 1. 7
Mas: Scol. tridens F. E
17. - S. P. 21. - *Jur.*

Sphex fuciformis Scop. Delic.
t. 22. f. 2?
Sphex 4cincta *Scop.* ibid. f.
5. var.   Eur. m. 4
. interrupta*Vand.Lind.*21.
5. - *Ltr.* gen. 105. - *Ross.*
Ill. 838.
Mas: *F. Sp.* 18. - Mant. 24.
- *E. S.* 34. - *Rossi* fn. 838.-
Gmel. 24. - *Pz.* 62. 14. - Rev
. 139. - *Jur.* p. 157. - *Kl.* 18.
? Vespa nigricornis *Vill.* 43.
t. 8. f. 21.
Sphex canescens *Scop.*Delic.
2. p. 66. t. 22. f. 8.
Elis int. *F. P.* 2. - *Spin.* 1.
77. 1.
Foem: Sphex insubrica *Scop.*
Del. p. 58. t. 22. 1.
Scol. 6maculata *Ltr.* hist. 3.
. *Kl.* 10.   Eur. m. 4
— *Scop.* Delic. v. hortorum.
- interstincta foem. *Kl.* 33.
, Crim.
- Klugii foem. *V. d. L.* 19. 4.
- marginata foem: *Van d.*
Lind. 13. 18.
notata F. sppl. v. bifasciata.
prisma F. Gm. Vill. v. Sapyga
prisma.
quadriguttata F. Gm. Vill. v.
Sapyga punctata.
. quadripunctata *Van d.*
Lind. 17. - *F. S. E.* 8. -
Sp. 16. - Mant. 22. - *E. S.*
32. - *S. P.* 39. - *Rossi* fn. 840.
Gmel. 22. - *Pz.* fn. 3. 22. -
Rev. 139. mas. - *Coq.* 2. t.
13. f. 13.
Mas: *Latr.* hist. 1. - Gen.
106. - *Jur.* p. 157. - *Kl.* 15.
Sphex. *Scop.* Delic. 2. 65. t.
22. f. 7. - *Vill.* 53.
Scol. 6 punctata *Rossi* Mant.
1. 130. 288. App. t. 8. f. L.
mas. fig. M. foem. Var. -*Spin.*
1. 76. 7.

Scol. violacea *Pz.* fn. 66. 18.
- Rev. 138. foem. var.
Schaeff. icon. 132. f. 6. Bav. 2
. quinquecincta mas: *Van*
d. Lind. 23. 7 - *F. E. S.*
23. - *S. P.* 29.
Elis *Spin.* 1. 78. 2. Hisp. 5
quinquefasciata F. Gm. Vill.
v. Sapyga punctata.
rubra Jur.   v. abdominalis.
- scutellata mas: *Van d. L.*
31. 19. - *F. E. S.* 15. - *S.*
P. 17.
sexcincta Ross.   v. Myzine
6 fasciata.
sexfasciata Ross. v. Myzine.
sexguttata F. v. Sapyga punctata.
- sexmaculata *Vand.Lind.*
22. 6. - *F.* Sp. 6. - Mant.
6. - E. S. 6. - S. P. 8. -
Gmel. 6. - *Rossi* 835. - Mant.
2 App. t. 8. f. A. - *Jur.* p.
157. - Ltr gen. 106. - Sp.
1. 74. 2. - *Kl.* 10. - Romand
Ann. d. l. Soc. Ent. 1835.
p. 191. hermaphr.
Sphex *Vill.* 49.
— Ltr. hist. nat. v. interrupta♀
*sexpunctata*Ross.v.4punctata.
- signata mas.*Van d. Lind.*
29. 16. - *Pz.* fn. 62. 13. mas.
- Rev. 138. - Spin. 1. 76. 6?
- Schff. icon. 147. 1. 2? - El.
t. 115? mas.
- sinuata *Kl.* 28. wohl zu
hirta.
tridens Spin. - F. - Jur. mas.
v. insubrica.
tridentata F. P. v. Stiz. bifasc.
violacea Pz. v. 4 punctata.
volvulus F. E. S. sppl. v. Myzine 6 fasc.

Scolobates.

Grav. v. Tryphon.

Selandria.
Syn. vide sub Gen. Tenthredo.
Hart. p. 281. - *Stph.* - *Leach.*
: aperta   * 1
: flavens   Helv. 3
. morio Pz. 49. 17.   * 1
. serva   * 2
- socia   3
: stramineipes   * 3

Serphus.
Schr. fn. 1986. - Schrift. d. Berl.
Ges. 1. 307. t. 8. f. 7. 8. -
Mus. *Lesk.* n. 545. t. 2 f.
545.   ad Ichneum.

Sigalphus.
Nees 1. 265. - Nov. act. Leop.
9 309. - *Grav.* Ichn. 1. 56. -
Nees Berl. Mg. 7. 247. - Latr.
gen. - Cons. g. 406. - Spin. -
Herrich-Schaeffer in *Panzer*
Dtschl. Ins. Heft 153.
(Species *Neesii* in Berlin. Mag.
quaere sub Chelonis.)
. affinis Pz.   * 2
. ambiguus Pz. 153. 23. &
21. c.   * 1
. angustatus m. Pz. 153. 22.
b.   * 1
: brevicornis m. Pz. 153. 21.
b.   * 2
- carinatus
: caudatus Pz. 153. 16. c. * 3
: fasciatus   * 3
. foveolatus Pz. 153. 21. a. * 2
: fumatus Pz. 153. 22. a. * 2
: gracilis m.   * 2
: hians   * 2
: hilaris m. Pz. 153. 12. * 3
: longiseta m.   * 3
- mandibularis
. obscurellus   * 1
- obscurus vix div. ab am-
biguo   * 1
- pallipes

: pallidipennis m. Pz. 153.
24. & 22. c.   * 3
. rufipes m. Pz. 153. 11. * 1
: semirugosus Pz. 153. 6. a. * 3
: striatulus   * 2
. vitripennis m. Pz. 153. 16.
b.   * 1

Simblephilus.
Jur. v. Philanthus.

Siphonura.
Nees 2. 81.
brevicauda *N.*
Cynips tubulos Boy. p. 290.
sericea *N.*
variolosa *N.*
mas? Cynips diffinis Boy. p.
287.

Sirex.
L. F. etc.
Urocerus *Geoff.* - Ichneumon *L.*
. augur *Kl.* p. 34. t. 13. f. 1.
2. - t. 4. f. 3. - *Hart.* 383.
S. gigas Pz. 52. 15.   * 4
camelogigas Christ. v. fuscicornis.
camelus L. Vill. Ross. Pz.
v. Xiphydria.
dromedarius F. Vill. Gm Ross.
v. Xiphydria.
emarginatus F. E. S.   v.
spectrum.
. fantoma *Kl.* p. 35. t. 3. f.
3. - F. E. S. 10. - *Vill.* 9.
- *Gm.* 12. - *Walck.* 4. - F.
P. 10. - *Hart.* 383.
Schff. ic. 205. f. 1.   * 5
: fuscicornis *Kl.* p. 41. t. 5.
f. 5. - F. E. S. 7. - *Vill.*
8. - F. P. 7.
S. camelogigas *Christ.* p. 411.
t. 46. 1.
Xyloterus *Hart.* 387.

. g**i**gas *Kl.* p. 31. t. 2. f. 1-
5. - *Hart.* 382. - L. S. N.
p. 928. 1. - *Gm.* 1. - fn. 1573. -
Act. holm. 1739. t. 3. f. 7. -
F. E. S. 1. - *S. P.* 1. - *Vill.* 1.
- *Ross.* 735. - *Jördens* 1. p.
117. t. 13. f. 9 - 13. - *Christ.*
t. 46. 2. 3. - *Walck.* 2. p. 45. -
Ichn. *L. S. N.* X. 1. - *Sulz.*
Kennz. 47. t. 118. f. 114. -
Scop. Carn. 739. - *Deg.* 1.
564. pl. 36. 1. 2. - *Reaum.*
6. 313. pl. 31. f. 1. 2. 5.
S. mariscus *L. S. N.* 6. - *Gm.*
6. - fn. 1577. - *F. E. S.* 20.
S. P. 14. - *Cyrill.* t. 1. f. 1. -
Vill. 5. - *Pz.* fn. 52. 20. - *Chr.*
t. 47. f. 2. - *F. P.* 14.
S. hungaricus *Chr.* t. 47. 4.
Sirex psyllius *F. E. S.* 2. -
Schff. ic. 10. f. 2. 3. - *F. P.* 2.
Urocerus *Geoff.* 2. p. 265. t.
14. f. 3. - Fourc. 1.
Schff. ic. 121. 1. - *Roes* II
p. 37. t. 8. 9. - Pod. p. 104.
t. 1. f. 6. - Seb. 4. t. 53. 15. * 3
— *Pz.* v. augur.
hungaricus *Christ.* v. gigas.
. juvencus *Kl.* p. 36. t. 3. f.
4. 5. - t. 4. f. 1. 2. - *L.*
S. N. 4. - *Gm.* 4. - fn. 1575. -
F. E. S. 9. - *Vill.* ?. - *Walck.*
3. - *Pz.* 52. 17. - *F. P.* 9. -
Hart. 384. t. 8. f. 16. 17. -
F. P. 9. - *Sulz.* Gesch. n.
56. t. 26. f. 9. 10. - *Schff.*
ic. t. 205. 3. - *Chr.* t. 47. 3. 4.
Ichn. *Scop.* carn. 741. - *Deg.*
1. p. 568. pl. 30. f. 7.
S. noctilio F. E. S. 22. - *Pz.*
52. 21. - *F. P.* 15. * 4
macilentus F. E. S. v. Cephus.
- magus *Kl.* p. 42. t. 5. f. 2.
3. 4. - *F. E. S.* 4. - *Vill.*
7. - *F. P.* 4.
S. nigrita *F. E.* S. 13. - *F.*
P. 13.

Xyloterus *Hart.* 386.
mariscus F. E. S. - S. P. -
L. S. S. - fn. - Gm. - Cyrill.
- Vill. - Pz. v. gigas.
nigrita F. E. L. - S. P. v. magus.
noctilio F. E. S. - Pz. - S. P.
v. juvencus.
pacca F. E. S. - Vill. - Gm.
v. Sapyga.
psyllius F. E. S. - S. P. v. gigas.
pygmaeus F. E. S. v. Cephus.
similis F. E. S. v. Sapyga.
. spectrum *Kl.* p 37. t. 4. f.
5. 6. - t. 5. f. 1. - L. S. N. 3. -
Gm. 3. - fn. 1574. - Amoen. 3.
p. 325. - F. E. S. 8. - *Vill.* 2. -
Christ. t. 47. f. 5. - *Pz.* 52. 16.
- *Walck.* 2. - F. P. 8. - *Hart.*
385. t. 8. f. 18. Schff. 4.
f. 9. 10.
Ichn. L. S. N. ed. 10. - Scop.
carn. 740. - *Deg.* 1. pl. 36. 6.
S. emarginatus F. E. S. 15. -
Schff. 237. t. 3. 4.
Xiph. emarg. F. P. 2. * 3
tabidus F. E. S. v. Cephus.
troglodyta F. E. S. —
vespertilio F. E. S. - Pz. v.
Oryss. coron.

Smiera.
Spin. Classif. v. Chalcis clavipes.

Spalangia.
Ltr. hist. 13. p. 228. - gen. 4.
p. 29. - Cons. gen. 418. -
Nees 2. p. 268. - Dalm. act.
1820. p. 134. - Pterom. suec.
p. 3. - Spin. Class. 7. p. 149.
n. 13.
flavipes Boy. cf. Elachist. flaviventris var. a.
fuscipes
gonatopoda Ljungh i. Vetensk.
acad. handl. p. 1823. p. 268.

nigra *Nees.*
Boheman in *Vetensk.* acad.
Handl. 1835. p. 255. - Spinola 3. p. 167. - Lir: hist.
13. p. 228. - gen. 4. 29. t.
12. f. 7. 8.

Sparasion.

Nees 2. p. 259.
Lir: hist. 13. p. 230. - Gen. 4.
p. 34. - Consid. gen. 425.
Ceraphron *Jur.* t. 13. gen.
44.
. aeneum m.   * 4
. frontale Lir. hist. 1. c. -
gen. 1. c.
Ceraphr. cornutus *Jur.* t. 13.
f. 44. mas.   * 1
- tibiale
? Scelio rugulosus Spin. Class.
p. 150.
. trochantericum m.   * 2

Spathius.

Nees 1. 11. - Nov. act. 9. 301. -
Grav. Ichn 1. 51. - Siph.
Bracon *Nees* Berl. Mg. 5.
24. - Spin.
Cryptus *F. Pz.*
Ichneumon *L.* - *Vill.* - *F.*
Schr. - *Ross.* - *Grav.*
. clavatus *Pz.* 102. 15. 16. * 2
: rubidus   * 2

Spegigaster.

Spin. Classif. v. Chrysolampus
pallicornis &· pedunculiventris.

Sphaeropyx.

Hffgg. v. Chelonus.

Sphecodes.

Lir. Leach. Steph. v. Dichroa.

Sphenolepis.

Nees 2. 257.
- pygmaea *N.* l. c.

Sphex.

Lir. - *L.* - *Van d. Li*
Pepsis *F. Ill.*
abietina *Vill.* 77.
cegyptiaca L. v. Pelop
offinis Ross.   v. A
albifrons *Vill.* 25.
albomaculata Vill. 80. -
Gm.   v. Pomp.
anathema Ross.   v. I
anomalipes Pz.   v. He
annularis Poda   cf. Ich
. t(
amulata Pz.   v. Pro
— F. Coq.   —
anthracina Vill. 13. v. I
apiaria Scop. v. Tiphia v
se(
appendigaster L.   v. E·
arenaria F. - Vill. - Gm. -
Pz.   v. Ammoph. h
— L. Vill. 38. v. Cer
argeometopa Vill. 84·
Larra ε
armata Ill. Ross. v. Am
aterrima Ross.   v. Pe
atra Pz.   v.
— F. sppl.   v. Cem
austriaca Vill. 21.
bic.nctaScop.Del.v.Scol.
bidens Sulz. hist. v. Scol.

—L. S. N. · Gm v. Scol. b
bifasciata F. S. E. v. I
biguttota Vill. 65.
bilocularis Vill. 76.
bimaculata Pz.   v. Al
bipunctata Vill. 69. - F.
v. I
boops Vill. 82.- Schr. -·
Ross.   v. A·

campestris L. fn. - Vill. v.
　　Goryt. myst.
canescens Scop. Del. v. Scol.
　　interr.
carbonaria Vill. 75. ?
ciliata Vill. 59. ?
cincta Vill. 10. ?
cingulata Ross. v. Pomp.
clavata Deg. v. Mellin arv.
clavipes Vill. 20. ?
clypeata ovata Christ. v. Thy-
　　reus vexillat.
— Vill. 35. - L. - Gm. - Schr.
　　v. Thyreopus.
coarctata Vill. 12. ?
collaris Vill. 41. ?
— Vill. 64. ?
colon Vill. 36. ?
concinna Ross. v. Arpact.
conica Vill. 24. ?
contigua Vill. 72. ?
crassicornis Vill. 58. ?
— Scop. v. Trog. flavatorius.
cribraria Vill. 34, - L. v. Thy-
　　reop.
— longa Christ. ?
— — var. β. L. v. Thy-
　　reop. clypeat.
cruenta F. E. S. v. Arpact.
　　laevis.
curva Vill. 90. ?
dimidiata Christ. v. Ammoph.
　　sabulosa.
— F. E. S. v. Pompilus.
disparis Poda v. Trogus flavat.
elongata Vill. 85. ?
emarginata Vill. 83. ?
ephippia Vill. 33. ?
exaltata Vill. 47. - F. Ross.
　Gm. v. Pomp.
fasciata Vill. 94. cf. Pomp.
　　bifasciatus.
femorata Vill. 14. ?
— F. E. S. v. Pelop.
flavicornis Vill. 96. ?
flavifrons Vill. 50. v. Scol.
　　hort. foem.

figulus Vill. 4. - Schr. - Pz.
- Walck. - Gm. - Christ. -
　Ross. - L. v. Tripoxylon.
fissipes Vill. v. Chalcis clavipes.
. flavipenis *Vand. Lind.* 1.
　94. 1. - *F. E. S.* 10. - *Ltr.*
　hist. 3. - *Jur.* pl. 8. gen. 5.-
　Ahr. fn. 6. 18. - *Grm.* Reise
　n· 346. Bav. 4
　Pepsis *F. P.* 13. - *Spin.* 1.
　72. 4.
fossoria L. S. N. fn. - Vill.
　39. cf. Crabro.
fuciformis Scop. Del. v. Sco-
　　lia insubr.
fuliginosa Vill. - Scop.- Ross.
　　v. Tripox. fig.
furcata Vill. ?
fusca Vill. 28. - Ross. - L.-
　Schr. v. Pomp.
fuscata F. sppl. v. Pomp. rufipes.
— Pz. v. Alyson bimac.
gibba Scop. - Vill. - Sp. 1. 68.
　　v. Pomp. exalt.
— F. E. S. - Ross. v. Pomp.
— Gm. Vill. 40. v. Dichroa.
— Vill. 23. cf. Mellin. arv.
guttata F. E. S. v. Dinet. pictus.
haemorrhoidalis Vill. 61.
　　v. Scolia.
hirsuta Scop. - Schr. - Vill. -
　Gm. v. Ammophila.
holosericea F. III. Coq. v. Amm.
hortorum Vill. 63. v. Scolia.
hyalinata F. E. S. v. Pomp.
: insignis m. Dalmat. 6
insubrica Scop. Delic. v. Scol.
　　interr.
interrupta Vill. 54. ?
laevigata Ross. Mant. app.
　　cf. Pomp. bipunct.
leucostoma Vill. 43. L. v.
　　Crabro.
— Schr. En. v. Tripox.
: *lineata* Vill. 97. ?
lucida Vill. 91. ?
. *lugubris* Vill. 89. ?

tutaria Pz. v. Ammoph. sabul.
F. E. S.-Gm. - Vill. v. Ammoph. affinis.
maculata Vill. 19. ?
— — 55. ?
— F. E. S. cf. Nysson.
monstrosa V.ill. 92. ?
morio Vill. 60. ?
mucronata Jur. v. Ammoph.
mystacea Vill. 32. L. F. Vill.
v. Gorytes.
naviculata Vill. 93. ?
nigerrima Scop. cf. Pomp.
plumbeus.
nigra F. E. S. cf. Pomp. plumb.
— Vill. 45. - L. - F. - Ross. Ill.
v. Pomp.
— Scop. v. Crypt. seduc-
torius.
nigrifex Sulz. v. Chalc. sispes.
nobilis Scop. v. Hedycbr. lucid.
notata Ross. Mant. v. Pomp.
octomaculatus Ross. Ill. v.
Pomp. 4 punct.
pallipes Pz. icon. v. Pemphr.
trist.
—Pz. descrip. v. Psen atratus.
palmaria Schreb. Naturf. v.
Thyreop. scutatus.
palmipes Schr. En. - Vill. 31.
cf. Tiphia fem.
— Vill. 31. - Gm. - L. cf.
Crabrones.
: paludosa Ross. fn. 812. -
Grm. Reise n. 347. - Van
d. Lind. 1. 94. 2.
Pepsis Ill. Rossi.
? Peps. argentata F. P. 9. -
Spin. Ins. 1. 72. 3.
patellaria Schreb. Naturf. v.
Thyreop. cribr.
pectinipes L. - Gm. - Vill. 29.
v. Pomp.
peltaria Schreb. Naturf. v.
Thyreop. cribr. & patell.
plumbea Vill. 57. - F. - Ross.
- Gm. v. Pomp. pulcher.

prisma Vill. 66. v. Sa
profuga Vill. 11. Scop.
Ammoph. hol
: pruinosa Van d. Lin
- Germ. Reise n. 348.
4. 14. Dal
punctulata Schellenb.
Ichneumo
punctata Vill. 15. - L.
sec. Spin. Sap
punctum Vill. 46. - F.
v. P
quadricincta Vill. 13. f
Gm. cf. Crabr. ve
— Vill. 86.
— Scop. Del. v. Scol. in
quadrifasciata Vill. 26.
quadriguttata Vill. 52.
quadripunctata Vill. 5
Scop. Del. v. S
— Vill. 56. - F. E. S. - Gr
P
quinquecincta Vill. 48. I
v. Pomp. 8 p
quinquepunctata Vill. 5
rufofasciata Deg. v. Pomp.
ruficornis Vill. 68.
rufipes Vill. 37. - L. Gr
v. P
— — 70.
sabulosa L. - Vill. - Gm
- Pz. - Deg. - Scop. - I
- Ill. - Ltr. hist. nat. - S
- Jur. v. Ammoph.
— Var. Ross. v. Amm. h
sabulosa major Etrusca I
fn. Mant. v. Ammoph. arn
sanguinolenta F. E. S. v. P
scutata Vill. 67.
semiaurata Vill. 42.
semicincta Vill! 87.
sexmaculata Vill. 49. v. S
sexpunctata F. app. v. P
bip
signata Pz. v. Pros
sispes F. v. Ch
spinosa Vill. 71. v. Ny

spirifex Pz. v. Pelop. destill.
— L. - Vill. 3.　　v. Pelop.
— var. b.Ross. v.Pel. tubifex.
thoracica Vill. 62. F. Mant.
— Ross.　　　　-v. Pomp.
: **tibialis** m.　Eur. mer. 6
triangulum Vill. 88.　- ?
tricolor Vill. 81.　　?
— F. E. S. v. Tachyt. obsol.
truncata Poda. v. Ophion ra-
　　　　　　midulus.
tuberculata Vill. 95. v. Cerc.
:: **turcica** m.　　Rumelia 4
unicolor Vill. 18.　・?
— Pz. v. Pemphred. lugubr.
vaga L. - Müll. - Vill. - Chr.
　　　　　　v. Crabro.
— Vill. 44. - Scop. v. Pomp.
　　　　8 punct.
variabilis Ross.　v. Pomp.
variegata Vill. 30. - Gm. v.
　　　　　　Pomp.
— F. E. S. v. Pomp. Fabricii.
versicolor Christ. v. Scol. hae-
　　　　　morrhoidalis.
vespiformis Vill. 22.　・?
vespoides Vill. 78.　　?
— Scop. v. Metop. necator.
viatica Deg. - Retz. - Ltr. hist.
　　　　v. Ammoph. hirs.
— Vill. 27. - F. - Ross. - Schr.
- Scop.　　　v. Pomp.

Sphinctus.
Grav. v. Tryphon.

Stelis.
Ltr. - Pz. - Stph.
Apis *Kirby* * * c. 1. b.
Megilla *F.*
Anthophora *Ill.*
Megachile *Walck.*
Trachusa *Jur.*
Gyrodroma *Klug.*
. **aterrima** Pz. Rev. p. 247. -
Spin. 2. 9 & 79.

Apis *Pz.* 56 15. .
Megilla *F. P.* 331. 15.
Foem. Apis punctulatissima
Kirb. 39.
Megach. *Ltr.* hist. 14. p. 54.
Anthoph. *Ill.* 12.・　　* 1
. minor m.　　　* 3
. **phaeoptera** Foem. Apis
Kirb 40.
Anthoph. *Ill.* 13.
Megach. *Ltr.* hist. p. 54. *
: **punctata** m. foem.　*
: **rufitarsis** m. mas.　* $\frac{2}{4}$

Stenomesius.
*Westw. Ph.*Mg. III. 1833. p. 343.
Nees 2. p. 410.
- **maculatus** *Westw.*
- **pulchellns** *Westw.*

Stephanus.
Nees 1. 8. - *Jur.*
: **coronatus** *Jur. Pz.* 76. 13.
　　　　　Helv. 5
. *minutus* N. Berl. Mg. v. Alys.
　　　　　fuscipes.
niger N. Berl. Mg. v. Coelinius.
parvulus — —

Stigmus.
Jur. - Pz. - Ill. - Spin. - Ltr. -
Van d. Lind. - Stph.
ater Jur. pl. - Ltr. gen.　v.
　　　　　pendulus.
minutus Ltr. gen. v. Cemonus.
. **pendulus** Pz. fn. 86. 7. -
Van d. Lind. 2. 74. 1.
St. ater *Jur.* p. 139. pl. 9.
g. 7. - *Ltr.* gen. 4. 84. -
Spin. 2. 174. 1.　　. * 2
. **troglodytes** *V. d. L* . 2. * 3

Stilbula.
Spin. Class. v. Eucharis.

Stilbum.

Spin. - Ltr.
Chrysis L. - Ol. - Ross.-
Ill. - Jur.
. calens Spin. 1. 9 & 2. 3. -
Ltr. gen.
Chrys. F. P. 4.
Sulz. Kennz. t. 27. f. 7.
Chr. punctatissima Vill 3.
t. 8. f. 16.' Eur. merid. 4

Stilpnus.

Grov. v. Ichnenmon.

Stizus.

Ltr. - Jur. - Spin. - Grm. -
Van d. Lind.
Bembex F. - Ol.
Crabro F. Ross.
Larra F. - Ill. - Pz.
Scolia F.
Liris F.
Vespa Vill. Grm.
: australis m. foem. Hisp. 5
- bifasciatus Van d. Lind.
4. - Ltr. gen. 4. 101, -Nouv.
Dict. ed. 2. 32. 195. - Jur.
p. 178. pl. 14.
Larra F. P. 6. - E. S. sppl.
252. 3.
Mas: Scolia trident. F. P. 22.
Bembex F. E. S. 14.
Crabro F. S. E. 1. - Sp. 1. -
Mant. 1.
Vespa Vill. 27. - Gm. 98.
: conicus mas: Germ. Reise
n. 358. - Van d. L. 3. Bav. 5
: integer mas. Spin. 1. 74. -
Van d. Lind. 2.
Bembex F. P. 18. - E. S.
12. exclus. cit. Pz.
Bemb. fasciata F. Spec. 4. -
Mant. 7. - Gm. 157. - Oliv.
Enc. 8. Eur. m. 4
repandus Pz. 73. 19. (Mellin.)
Jur. v. trideut.

: ruficornis. Van d. Lind.
2. 14. 1. - Ltr. hist. 13. 305.
2. -Gen. 101. Nouv. dict. ed.
2. 32. 195. - Spin. 1. 74. 2.
- Jur.
Larra F. P. 9.
Bembex F. E. S. 16. -Mant.
9. - Oliv. Enc. 4.
Vespa Vill. 31.-Gm. 159. Hisp. 4
- rufipes Van d. Lind. 5.
Bemb. Ol. 12.
sinuatus Ltr. Spin. v. tridens.
. tridens Van d. Lind. 6. -
Jur. - Ltr. hist. 13. 305. 3. -
Nouv. dict. ed. 2. 32. 194.-
Spin. 1. 74. 3.
Larra Rossi Ill.
Stizus sinuatns Ltr. hist.
Mas: Crabro F. P. 23. - E.
S. 18.
Vespa trid. F. Spec. 33. -
Mant. 38. - Vill. 22. - Gm.
42. - Oliv. 83.
Crabro cinctus Rossi 890.
Foem: Mell. repand. Pz. 73.
19. - Stizus Jur. Bavar. 3

Streblocera.

Westw. Phil. Mg. III. 1833. n.
17. p. 342.
Nees 2. p. 411.
- flaviceps Westw. l. c.

Strongylogaster.

Hart. 299.
Synon. vide sub Gen. Tenthredo.
. alternans Kirb. in Wied. * 3
- carinata
- cingulata   v. altern.
- eborina
- filicis
- linearis
: macula   Ital. 4
- mixta

Symmorpha.
Kl. v. Melecta.

Symmorphus.
Wesm.
Dimenes mihi olim.
Wesmael Annal. d. l. Soc.
Ent. d. France p. XVII.
Vespa *L.* etc.
Odynerus *Ltr.* - *Spin.*
. bifasciatus L. *Wesm.*
V. L. fn. 1683. - *S. N.* 14. -
F. E. S. 60. - *S. P.* 59.
Odyn. *Spin.* 2. 184. exclus.
var. foem. * 2
. erassicornis *Pz. Wesm.*
V. *Pz.* 53. 8. foem. - *Schff.*
24. 3.
Odyn. parietum *Ltr.* - *Spin.*
2. 181. 6. exclus. cit. L.
citat : Ltr. hist. 13. p. 347.
var: sec. *Spin.* V. bipunctata
F. E. S. 70. - *S. P.* 75 at
vix jure.)
Foem : var : V. sinuata *F. E.*
S. 62. - *S. P.* 61. - *Schff.*
93. 8.
— — V. trifasciata *F. E. S.*
61. - *S. P.* 60. * 3
. elegans m. Bav. 4
: fuscipes m. Bav. 4

Synairema.
Hart. p. 314.
- delicatula *Kl.* n. 129.

Systropha.
Ltr. - *Ill.* - *Kl.* - *Siph.*
Apis *Schff.* - *Ross.*
Eucera *Scop.*
Andrena *Oliv.*
Hylaeus *F.*
Ceratina *Jur.*
Anthidium *Pz.* Revis.:
. spiralis *Ill.* 1. -: Ltr. gen.
4. p. 157.

Andr. *Ol.* Enc. 4. 135. 3. -
Pz. 35. 22. - *Coq.* 2: t. 15.
f. 8. - *F E. S.* 308. 3.
Hylaeus *F. P.* 320. 6.
Anthid. *Pz.* Rev.
Ap florisomnis *Schff.* 32.9.10.
Eucera curvicornis *Scop.* ann.
4. p. 9.
Ap. curv. *Ross.* fn. 921? * 2

Tachus. Spin.
dimidiatus Spin. v. Meria.
siophylinus Jur. v. Meria
tripunct.

Tachybulus.
Lair.
niger v. Pison Jurinei.

Tachytes.
Pz. - *Spin.* - *Van d. Lind.*
Lyrops *Ill.* - *Ltr.*
Andrena. Apis *Ross.*
Larra *F.* - *Jur.*
Liris *F.*
. etrusca foem. *Van d. L.* 2.
19. 1. - Larra *Jur.* Hym.
pl. 9. gen. 9.
Andr. *Rossi* 900. t. 6. f. 11.
Lyrops *Rossi* ed. *Ill.* - *Ltr.*
gen. 71. Ital. 4
. jockischiana m.
Larra *Pz.* 106. 15. * 2
. Jurinei foem. *Van d. L.* 8.
Larra Drapiez. Annal. gen.
d. sc. phys. Brux. I. p. 54.
pl. 4. f. 7. mas. * 2
- nigra *Van d. Lind.* 6.
. ? Larra *Ltr.* hist. 13. 295. 1. 2
- nigripennis *Van d. L.* 3
. Tachytes *Spin* 2. 260. 2
- nitida *Van d. Lind.* 7.
. Astata *Spin.* 1. 18. t. 1. f. 7.
: Tachytes *Spin.* 2. p. 75.
? cf. Larra pompi.l *Pz.* 106. 17.
. foem. 2

. obscura m.   * 3
. obsoleta *Van d. Lind.* 2.
Apis *Rossi* Mant. 1. 318.
Sphex tricolor *F. E. S.* 71.
Pomp. *F. E. S.* sppl. 33. -
· *Pz.* fn. 84. 19.
Larra *F. S. P.* 14. - *Spin.*
1. 73. 2. - *Jur.* 145. - *Coq.*
2. t. 12. f. 19. - Lam. Anim.
4. 117. 2.
Tachytes *Pz.* Rev. '129·
Lyrops Ltr. gen. 71.   * 3
: Panzeri mas: *Van d. Lind.*
4.,   ·Gall. 4
: pompiliformis foem: *Van
d. Lind.* 5.
a. abdomine antice rufo. Larra *Pz.* 89. 13. - Rev 124. -
Jur. 145. - *Spin.* 2. 173. -
Lam. 4. 118. 3.
Larra dimidiata *Pz.* 106. 13.
foem.
L. Jockischiana *Pz.* 106. 15.
mas?
Lyrops pomp. Ltr. gen. 71. * 2
b. abdomine toto nigro.'
· Larra unicolor *Pz.* fn. 106.
16. foem.   * 3
: rufipes m.   Gall. m. 4
tricolor Pz. Rev. v. obsoleta.

Tarpa.
F. - Pz.

Megalodontes *Ltr.*
Cephaleia *Jur.*
Diprion *Schr.*

- bucephala *Kl.* Monogra-
phieen 1824. n. 2. Lusit. 4
. cephalotes *Kl.* Monogr. 1.
- F. P. - Pz. Rev. p. 53 -
Kl. Blattw. 1. - Mag. p. 266 ·
Hart. 316.
Megalodontes ceph. *Ltr.* gen.
p. 233. - hist. 13. p. 137.
pl. 100. f. 1. - *Spin.* 1. p. 50.
Cephaleia ceph. *Jur.* p. 67.-

Diprion *Schr.* fn. 2040. excl.
cit. Pz.
Tentbr. Pz. 62. 7. 8. - *Coq.*
1. p. 16. t. 3. f. 8. - *Rossi*
n. 707. - ed. *Ill.* p. 33. - *F.
E. S.* 23.
Tarp. Panzerii *Leach.* n. 3. -
Lep. 45.   * 3
— Lep. '43· v. spissicornis.
: distans m. foem.   * 4
- flabellicornis *Germ.* fn.
12. 21.   4
. flavicornis foem. *Kl.* Mon.
7. - *Schff.* 56. 1. - *Hart.*
318.   * 3
: fuscipennis m.   * 4
Klugii Lep. 44. *Leach.* 2. v.
plagiocephala.
- megacephala *Kl.* Mon. 6.
- - *Hart.* 318.   4
: nitida m.   * 4
Panzeri Lep. v. cephalotes.
- pectinicornis *Kl.* Mon. 9.
Sibir. 5
: plagiocephala *Kl.* Mon.-5.
- F. S. P. 2. - *Hart.* 317.
- *Kl.* Blattw. 2. - Mg. p.
267. t. 7. f. 1. - *Lep.* 46.-
Schff. El. 125. 9 & 10. - ic.
116. 4.
T. Klugii *Lep.* 44.   * 4
- quinquecincta *Kl.* Mon. 8.
Tauria 4
: simplicicornis m. foem. 4
- spiraeae *Kl.* Mon. 4. Tauria 4
. spissicornis *Kl.* Mon. 3. -
Hart. 317.
cephalotes *Lep.* 43. - fn. fr.
13. 5.   '   * 3

Taxonus.
Hart. 297.

Synon. vide sub Gen. Tenthredo.
. agilis   * 1
. bicolor   * 1
: coxalis   * 3

. nitida   * 3
: stictica   3

Teleas.

Nees 2. p. 285. - *Spin.* Class.
- Ltr. gen. 4, p. 52.
S c e l i d u i s *Latr.* hist. nat.
I c h n e u m o n *L.* - *Vill.* - *Deg.*
- *Goez.* - *Schr. F.*
Cryptus *F.*
b r e v i c o r n i s *Ltr.* gen. 4. 33.
formicatus
hemipterus
Linnei
longicornis Latr. cf. Prosa-
         cantha.
m u s c i f o r m i s
ovulorum Bouch. cf. phalaen.
p e d e s t r i s
p h a l a e n a r u m
pu milio
rufipes B. de F. v. Ceraphron.
s e m i s t r i a t u s
: s o l i d u s   * 4
truncatus

Tengyra.

Latr. gen. - Cons. - *Van d.*
      Lind.
. S a n v i t a l i *Latr.* gen. IV.
p. 116. - *Van d. Lind.* p.
13. 1. - *Pz.* 111. 16.   * 2
. Foem. Mutilla melanocephala
Ahr. fn. 1. 19.   * 5

Tenthredo.

Hart. - *L.* - *F* - *Kl.* etc. *Stph.*
Allantus. *Jur.* - *Pz.*
Subgenera: *Selandria; Blennocampa; Monophadnus;
Phymatocera; Hoplocampa;
Eriocampa; Athalia; Allantus; Macrophysa; Pachy-
protasis; Taxonus; Stron-
gylogaster; Poecilostoma.*

abdominalis Hylot. F. P. 19. -
Kl. in *Wied.* Mg. I. 3. p. 69.
n. 9. Monoph.
All. *Jur.* p. 56. excl. cit. Pz.
— Pz.v. Nematus fuscipennis.
— *Lep.* 68. excl. cit. Pz. v.
     Athalia lugens.
abietis F. E. S. - S P. 14. - Vill.
- Gmel., Lesk. - Ross. - Spin.
Lep.   v. neglecta.
— Pz. 64. 3. v. Dol. timidus.
— L. fn. 1546. Frisch. 2. p.
12. t. 1. f. 21 - 24. v. Dol.
     timidus.
— Schr. fn. 2023. cf. Dol.
     eglant.
adumbrata Kl. 36. - *Hart.*
280. Erioc.
aethiops F. coll - *Kl.* in *Wied.*
     v. Cladius difform.
— F. E. S. 25. - S. P. 49.
Jur. (All.) - *Gmel.* 78. - *Kl.*
41. *Hart.* 287. Blenn. -
Lep. 307. - Nemat. Spin. 2.
155. 1.
affinis Leach. v. tricincta.
agilis Kl. 159. - *Hart.* 298.
T a x o n u s
albamacula Lep. v. 12punct. ☿
alb cincta Kl. 94. - *Hart.*
Macroph. 295. - Lep. 291. -
Gm. 84. - *Vill.* 55. - *Schr.* Beitr.
p. 85. 45. - En. 661. - *Geoff.* 23.
? *idriensis Lep.* 384.
? signata *Scop.* 733? - *Vill.* 70.
? albipes *Fourc.* & *Geoff.* n. 23.
discolor *Lep.* 286. albipalpis
Schr. fn. 2034. mas.
. *albicornis Kl.* 128. - *Wied.*
Mg. - F. E. S. 47. - S. P.
23. - Lep. 330. - Gmel. 76.
. Lesk. 82. - *Vill.* 77. - Pz. 5.
21. - Rev. 32. - *Spin.* 3. p.
153. 24. - *Schr.* fn. 2015. -
Hart. 311. T.
T. impura Lep. 385. - *Scop.*
737. - *Vill.* 71.

chrysorrhoea Kl. 21. - Hart.
278. Ho pl.
ehrysura Kl. 86. - Hart. 293.
Macr.
ciliaris Vill. - Gmel. v. Hylot.
cincta L. Vill. - Gmel. - Schr.
v. Emphytus.
— F. v. scissa.
— Lep. 163. - L. - Pz. - Sp.
- Rossi v. bicincta.
cinereipes Kl. 43. - B l e n.
Hart. 269. - cf. padi *Lep.*
392. - *Vill.* - *Gmel.* - *Ross.*
Mant. 236. - L. fn. 1544. -
S. N. 19.
cingulata Kl. 110. (notha) -
Wied. Mg. p. 73. - Pz. 115.
22. - *Hart.* 289. A l l.
Hylot. F. P. 29. - A l l. *Jur.*
T. marginella Pz. 64. 7. -
Rev. p. 26. - ad *Schff.* 68. 9.
? confusa *Lep.* 262.
— Kl. 173. - Hart. 300.
Strong. v. alternans.
— Vill. Scop. cf. Emph. trunc.
cingulum Kl. 105. - Pz. 115.
18. - Hart. 287. A l l.
T. bicincta F. E. S sppl. 217.
51. 52. - S. P. 3. - Schaeff.
ic. 7. 9. Nomencl. p. 11. -
Pz. 114. 14.
— Sp n. v. Emph. rufocinctus.
cinxia Kl. 48. - Hart. 280.
E r i o c.
citreipes fn. fr. Lep. v. strigosa.
coeruleipennis Retz. 300. -Lep.
122. sp. ob c.
coerulescens Vill. n. 74. - F.
- Gmel. - Pz. - Rossi v, Hylot.
— Vill. 101. Fourcr. sp. obsc.
colibri Christ. v. Athal. spin.
collaris Don. v. Dol. haemetod.
. colon *Kl.* 121. - *Hart.* 312.
T e n t h r.
compressicornis F. Lep. 374.
sp. dubia.
confusa Lep. 262. cf. cingul.

connata Vill. - Gmel. - Schr.
v. Cimbex variabilis.
consobrina Kl. 66. - Hart. 290.
A l l.
. conspicua *Kl. Hart.* 313.
T e n t h r.
var: T. rufiventris Pz. 65. 6.
- Rev. 32. - Schaeff. ic. 109.
1. - 191. 2 & 3. - Nom. 118.
167.
? T. ferruginea Schr. En. 656.
- Vill. 52. - Gm. 82. - Lep. 393.
: Coqueberti *Kl.* 147. - *Hart.*
307. T e n t h r.
cordata Vill. Fourcr. v. dimid.
cordigera Fourcr. v. Emph. tog.
. coryli F. P. 22. - *Kl.* 120. -
Pz. 71. 8. - Rev. p. 32. - Lep.
230. - Hart. 313. T e n t h r.
costalis F. E. S. 17. - Kl.
65. - Hart. 290. A l l. - Gm.
95. - Lep 314.
Hylot. F. P. 15.
T. fulvivenia Schr. En. 682. -
fn. 2008 & 2037.
costata Kl. 114.
cothurnatus Lep. v. annulipes.
coxalis Hart. 298. T a x.
crassa Vill. - Gmel. - Pz. - Schr.
659. - Spin. v. Dol. gonager.
— Schr. fn. excl. cit. Scop.
& Enum. v. atra.
— Scop. 430. v. albicornis.
crassicornis Rossi v. Masaris.
crassula Kl. 92. - Hart. 295.
Macr.
T. 12 punctata F. coll. - Kl.
Wied. Mg. p. 79.
? T. astroites Lep. 386. - Fourc.
35. - Vill, 103.
? T. maculosa Lep. 283.
crataegi Kl. 18. - Hart. 278.
Ho pl.
crocea Vill. F. Lep. fourcr.
v. Nem. capreae Pz.
croceiventris Kl. 28. - Hart.
272. Monoph.

. fagi *Pz.* 52. 14. - Rev. p.
31. - *Schaeff.* 186. 2. - Nom.
p. 163. · *Lep.* 235. - *Kl.*
126. - *Hart.* 312. Tenthr.
All.maurus*Jur.*(excl.*F.P.*19)
fallax Lep. 312. sec. H v.
Lyd. hortorum, potius T. tes.
                tudinea.
fasciata Gmel. - Vill. - Jur. -
Pz. - Scop.   v. Cimbex.
— Schr. fn.   v. zonula.
femorata Retz. - Vill. - Gmel. -
Jur. - Lesk. - Pz. - Ross.
             v. Cimbex.
fera Coq. - F. - Jur. - Pz.
           v. 12 punctata.
— Scop flor. & fn. Insubr.
- Kl. in Wied. Mg. p. 81.
ferruginea F. Klug. in Wied.
Mg. p. 72. - Lep. 337.
Hylot. F. P. 24.
Allant. Pz. 90. 9. - Jur.
T. brunnea Klug. 16.
Hoploc. brunnea Hart. 278.
T. glaucopis Rossi 732. -Lep.
319.
— Vill. - Gmel. 82. - Schrk.
656.   v. rufiventris.
filicis Kl. 174. - Hart. 299.
Strongylog.
flava Vill. · Gmel. - L. fn. -
Lep.   v: Nem. lut.
— Scop.   v. flavicornis.
flavens Kl. 8. - Hart. 282.
Selandr.
flaveola Gmel. - Lesk. - Lep.
260.   v. dispar mas.
flaviceps Retz. v. Lyda cyanea.
. flavicornis *F. E. S.* 31. -
S. P. 9. - Lep. 224. - Gmel.
- *Schr.* fn. 2606. - *Pz.* 52. 2. -
Rev. p. 30. . *Rossi* fn. 711. -
ed *Ill.* p. 36. - *Schff.* 7. 6. -
7. 12. - 248. 7. 8. - Elem.
125. 1. - *Hart.* 311. T.
T. flava *Scop.* 731. - Poda
Mus. 5.

T. poecilochroa *Schr.* En. 654.
T. luteicornis *F. E. S.* 32. -
S. P. 10. - *Pz.* 64. 1. - Rev.
p. 30. - *Vill.* - *Gmel.* - *Sp.*
T. mucronata *Gmel.* 108.
? T. campestris *L* fn. 1551. ·
S. N. 25. - *Vill.* 35. *Gmel* 25.
flavipes Retz. v. Cimbex ni-
             gricornis.
— Fourcr. - Geoff. - Lep. sp.
    obsc. vix T. picta.
— Schr. 686. - fn. 3039. ?
flaviventris Retz v. Lyda arv.
— Gmel. 128. - Lesk. 110. ·
Lep. 409. cf. luteiventris.
— Fall. v. Lyda clypeata.
fraxini Lep.   v. fuliginosa.
frutetorum F. E. S. v. Lophyr.
fuliginosa Kl. 37. - Hart. 268.
Blen. - Gmel. n. 89. - Schr.
En. 670 ? (potius morio Schr.
fn 2024.)
T. fraxini Lep. 302. - fusca
Lep. 301?
fulva Retz. v. Lyda betulae.
— Kl. 131.
fulvicornis F. P. 45. - Kl. 33.
in Wied. Mg. p. 83. - Hart.
278. Hopl.
Mas: parvula Lep. 306. - fn.
fr. 7. 4.
— Pz.   v. rutilicornis.
fulvipes Retz. v. Lyda sylv.
— Scop. Lep.   v. lateralis.
fulvivenia Vill. - Gmel. - Schr.
          v. costalis.
fulviventris Vill. - Gm. - Schr.
enum & fn. - Scop. cf. Dol.
    eglant.
funerea Kl. 59. - Hart. 274.
Monoph.
furcata Coq. - Vill. - Pz. v. Hyl.
fusca Lep.   cf. fuliginosa.
fuscipennis Lcp. v. luteiventris.
fuscipes Gmel. 130. v. atra.
fuscula Kl. 50. - (Hart. falso
ad pusillam citat.)

gagathina Kl. 58. - Hart. 274.
M o n o p h.
Geerii Kl. 16.-Deg.II.2.p.1002.
n. 20. pl. 38. f. 8-10. - Hart.
227. Dineura.
geminata Gmel. v. Hylot.
- *geniculata* Fourc. v. D. gonag.
— Hart. 274. Monoph.
germanica Vill. - F. - Gm. -
Lesk.- Pz. - Ross. - Spin. v.
Dol. eglant.
glaucopis Ross. Lep. v. ferrug.
gonagra P. - Gm. - Lesk.- Pz.
v. Dol.
gossypina Retz. v. ovata.
gracilis Lep. v. bicolor.
grata Lep. 273. v. dispar.
guttata Fall. v. impressa.
haematodes Vill. - Gm. - Ross.
- Schr. v. Dol.
— Pz. v. ovata.
haematopus F. P. 37. - Hart.
293. Macr. - Pz. 8. 11. -
Rev. 35. - Schff. 232. 4. 5.
- Kl. 84. - in Wied. Mg. p.
81? - Spin.
T. diversipes Schr. fn. 2001.
haemorrhoidalis Lep. 305.
— Vill. 129. - Gmel. 96. -
Spin. 1. 59. 1. sp. dub. cf.
T. dimidiata.
— F. E. S. 76. - Lyda F. P.
13. v. Nematus.
hebraica Fourc. v. scalaris.
hieroglyphica Christ. v. Lyda
camp.
histrio Kl. - Hart. v. stigma.
- h u n g a r i c a Kl. 161. - Hart.
304. Tenthr. 3
hyalina Kl. 25. - Hart. 270.
B l e n n.
hylotomoides Lep. 304. cf.
fulvicornis.
idriensis Lep. 384. cf. albic.
: i g n o b i l i s Kl. 151. - Hart.
306. Tenthr. 3
T. stigma *Lep.*

T. pavida *Schr.* fn. 2010. excl.
cit. *F. & Schff.*
Deg. II. 244. t. 35. f. 14-18.
impressa. Kl. 46. - Hart. 302.
P o e c i l.
? T. carbonaria Scop.
T. guttata Fall.
T. liturata Gmel. 135.
T. 6 punctata fn. fr. 7. 1. -
Lep. 287.
impura Vill. - Scop. - Lep.
v. albicornis.
inanita Vill. v. Lyda inanis.
. i n s i g n i s Kl. 148. - *Hart.*
307. Tenthr.
. i n s t a b i l i s Kl. 142. - *Hart.*
308. Tenthr. * 1
var. 1 nassata *L.*
— 2 scutellaris *F.*
— 3 dimidiata *F.*
— 4 atra *Schr.* En. 660.
excl. cit.
intercus Vill. - Gmel. - Linn.
obliv. trad.
. i n t e r m e d i a Kl. 136. - *Hart.*
310.-Pz.116.16. Tenthr. * 3
. i n t e r r u p t a *F. P.* 54. - in
Wied. Mg. p. 81. (non scalaris, uti descriptio indicat)
.) - *Hart.* 309. Tenthr.
T. tesselIata Kl. 144. - *Hart.*
307.
— Lep. (excl. F.) fn. fr.
v. viridis.
juniperi . Vill. - Gm. - Pz. -
Sulz. v. Lophyrus.
juvenilis Lep. - fn. fr. v. au-
cupariae.
Koehleri Kl. 115. - Hart 289.
All.
labiata Lep. cf. scutellaris.
— Vill. Fourcr. - Geoff. sp. dub.
lacrymosa fn. fr. 6. 7. - Lep.
285. sec. Hart. Macr. blanda.
. l a c t i f l u a Kl. 160. - *Hart.*
305. Tenthr. * 3
laeta Jur. - Pz. v. Cimbex.

maculosa Lep. 283. cf. crassula.
: m a n d i b u l a r i s *F. P.* 23. -
'*Kl.* 158. - in *Wied.* Mg. p. 78.
-'*Lep.* 325· - *Pz.* 98 9. -
' Rev. p. 33. - *Hart.* 305.
T e n t h r. * 3
marginata Vill. - Gm. - Ol.
- Lesk. - Pz. - Schr.
v. Cimbex amer.
— Christ. v. viridis.
marginella F. P. 2. - E. S.
50. - Jur: exclus. cit. Pz. -
Pz. 113. 13 & 14. - Kl: in
Wied. Mg. p. 74. - Hart.
287. All.
T. virgata Lep. 390. - Fourc.
12; - Vill. 96 - Gm. 12.
T. sexannulata Schr. sec. Hart.
— Pz. 64. 7. - Spin. Lep. 261.
v. cingulata.
maura F. Lep. - Spin. v. livida.
— Schr. fn. 2028. sec. Hart.
ad alternipes cf. cinxia.
melanocephala Coq. 1. t. 3 f.
16. - Lep. 338. excl. cit: Pz.
T. sppl. 38 - 39. - Kl. 13. - Hart.
271. Monoph.
Hylot. F. P. 20. - Kl. in Wied.
Mg. p: 70. 10.
— Fourc. Geoff. v. Dol. eglant.
— Pz. v. Hylot. angel.
melanochra Gmel. 100. v.
Hylot. coerulesc.
— Gm. 117. - Lesk. - Lep.
v. rustica.
melanoleuca Gmel. Lep. 282. ?
melanorrhoea Gm. 136. - Lesk.
14. - fn. fr. 4. 4. - Lep. 248.
cf. scalaris.
melanosterna L. 308. cf. serva.
meridiana fn. fr. 5.1. - Lep. 254.
sp. dub.
mesomela L. fn. & S. N. - Vill. -
Gm. v. viridis.
— Scop. 723. v. scalaris.
micans Mon. Hart. 276.

microcephala fn. fr. 4. 1.
Lep. 238: cf. dimidiata var.
miliaris Pz. v. Nemat.
militaris Kl. 79. - Schff. 186.
3. - Hart. 292. Macr.
T. analis Spin. 2. 154. 25.
excl. cit. F. - Pz. ad. Schff.
- Lep. 331.
mixta Hart. 301. Strong.
Kl. 176.
. m o n i l i a t a *Kl.* 153. - *Hart.*
306. T e n t h r. * 2
T. solitaria *Schr.* En. 658. β.
montana Vill. 67. - Scop. 724.
v. laserpitii.
— Jur. Pz. v. Cimbex.
monticola 273. Hart. Mon.
morio Hart. 282. Sel. - F.
E. S. 55. - S. P. 31. - Gm.
80. - Kl. 60. - in Wied. Mg.
p. 79. - Lesk. - Vill. 81.
— Pz. - Lep. v. albipes.
— Schr. fn. 2024. cf. fuliginosa.
mucronata Gm. v. flavicornis.
multicolor Fourc - Geoff. Lep.
v: strigosa.
multifasciata Vill. - Fourcr.
v: alternans.
myosotidis F. v. Nemat.
— Pz. Sp. Lep. v. Nem. discip.
nana Kl. 54. - Hart. 266. Blen.
. n a s s a t a *Hart.* 308. T e n t h r.
- *F. E. S.* 37. - *L. S. N.* 38. -
Lep. 246. - *Pz.* 65. 2. * 1
All. tiliae *Pz.* 91. 13. - Rev.
p. 39. - *Schff.* 235. 7. -
Nom: 144.
T. tarsata *F. P.* 28. - *Klug*
in *Wied.* Mag. p. 78.
? T. literata *Lep.* 401. - Fourc.
Geoff. 21.
? T. apica is Fourc. 38. - *Vill.*
106. - *Lep.* 388. v. instabilis.
nebulosa Lep. 236. v. albicorn.
neglecta Kl. 77. - Schff. 7. 5.
- Hart. 292. Macr.
T. abietis F. coll. - S. P. 14.

15 *

Deg. 25. t. 38. f. 31. - Vill.
89. - Lep. sub 200. sp. obsc.
Salicis L. fn. - Retz. - Vill.
- F. - Fourc. - Gmel. - Lesk.
Rossi.- L. S. N. excl.Reaum.
qui descr. Nem. septentr.
v. Nemat.
— F. E. S. - S. P. v. Nem. test.
—Schr. fn. &En. v.Ath. annul.
saltuum L. fn. 1566. - S. N.
48. sp. obsc.
— Vill 120.-Schr. 687. -F. P.
12. (Lyda.) v. Hyl. pagana.
sambuci Pz. v. 4maculata.
sanguinolenta Gm. Lesk. Lep.
v. 4maculata.
. scalaris Kl. 138. - Hart.
309. Tenthr. * 0
T. mesomelas Scop. 123.
T. interrupta F. P. 54?
T. viridis Pz. 64. 2. - Rev.
p. 39. - Schr. En. 674. - fn.
2007. - Schff. 7. 11. Nomcl.
p. 11. - Geoff. 2. 271. 1.
? T. melanorrhoa Gm. 136. -
Lesk. 121. - fn. fr. 4. 4. -
Lep. 248.
T. hebraica Fourc. Geoff.
Schaefferi Kl. 109. - Hart. 288.
All. - Schff. 68. 10. - Nomcl.
1148. 125. 5. 6. - Pz. 115.
23. 24.
— Lep. 276. - fn. fr. 6. 4. -
Schff. 186. 3. v. militaris.
Sehrankii L. 393. cf. rufiventr.
scissa Kl. in Wied. Mg. p. 74. -
T. cincta F. coll. All.
ScopoliiLep. v. disp.var.atrae.
scripta Gm. - Lesk. - fn. fr.
- Lep. sec. Hart. simulans.
v. rapae.
scrophulariae Kl. 102. - Hart.
286. All. - L. S. N. 17. -
fn. 1545. - Gm. 16. - F. E.
S. 29. - S P. 1. - Lep. 253. -
Fourc. - Lesk. - Ross. - Pz.
100. 10. - Rev. p. 26.-Schr.

eu. 663. - fn. 2005. - Sp.
T. rustica Schr. fn. 1999. excl.
cit. F. & Deg. - Geoff. 13.
- Schff. 71. 7. -252 5.- Nom.
188. 11. p. 2404. 7. 7.
scutellaris F. P. 51. - Pz.
48. 12. - Rev. p. 36. - Lep.
225. - Spin. - Schff. 7. 10. -
Nomcl. p. 11. - Hart. 308.
Tenthr.- var. instabilis.
Lyd. arbustorum F. E. S. 78.
- S. P. 15.
T. labiata Lep. 231.
T. spreta Lep. 232. * 1
scutellata Vill. 138. -Lep. 415.
sp. obsc.
segmentaria F. S. P. 15. -
Kl. in Wied. Mg. p. 55. -
F E. S. sppl. 215. 33. - Lep.
377.
All. Rossii Pz. 91. 15. - 114.
17. - Rev. p. 35.
T. bifasciata Kl. 112. - Hart.
289. All.
semiannularis Vill. -Lep. 396.
cf. viridis.
semicincta Vill. - Gm. - Pz. -
Schr. v. bicincta.
— Hart. Monoph. 272.
septentrionalis Vill.-F.- Gm.-
Lesk. - Pz. - Ross. - Schr.
v. Nematus.
sericans Hart. Mon. 275.
sericea Vill. - Pz. foem. v.
Cimb. nigricornis,
— Pz. mas. Gm.-Lesk.-Ross.
v. Cimbex ser.
sertifera Fourc. v. Lophyr.(?)
serva F. E. S. 21. - Spin. 1.
9. - Lep. 334. - Kl. 7. - F.
E. S. 21. - Schff. 55. 10 &
11. - Hart. Seland. 282.
Hylot. F. P. 22. - Fall. 11. -
Kl. in Wied. p. 70.
T. melanosterna Lep. 308.
T. rosae Schr. fn. 2022. var.
ped. unicol.

sexannulata Schr. fn. 2002.
' v. tricincta.
sec. Hart. ad marginellam.
sexpunctata Lep. fn. fr.
, v. impressa.
sigma Schr. fn. 1998. sp. obsc
signata Vill. 128. - Gm. - Lep.
cf. Lyda arveus._ -v -Nem.
.miliaris.
— Vill. 70. cf. albicincta.
— F. E. S. 69. v. Nem. varius.
similis Sp. 2. 21. - Kl. 78. -
Hart. 292. Macr.
simulans Kl. 97. - Hart. 296.
Pachypr.
socia Kl. 10. - Hart. 282. Sel.
solitaria Vill. cf. neglecta.
— Schr. En. var: α. aucuparia.
var: β. moniliata, dispar?
— γ. stigma.
— Schr. fn. 2012. obliv. trad.
— Scop. v. fagi, potius coryli.
, *sordida* Kl. 143. - Hart. 308.
Tenthr. * 2
spinarum F. E. S. v. Athalia.
Spinolae Kl. 24. - Hart. 271.
Mon.
Hyl. ventralis Spin. I. 1. 1.
spreta Lep. 232. v. scutellar.
stellata Vill. - Fourc. - Geoff.
cf: punctum.
— Christ. Lyd. pratensis.
stictica Kl. 180. - Hart. 298.
Tax.
. stigma F. P. 62. (excl. cit.
Pz. & Coq.) - E. S. sppl.
215. 36. 37. * 2
T. histrio. Kl. 145. - in Wied.
Mg. p. 87. - Hart. 308.
Tenthr.
T. ornata *Lep.* 228. - fn. fr.
3. 5.
T. dorsalis Spin. 2. 17. n.
22. t. 4. f. 15.
T. solitaria Schr. En. γ.
? T. perlata *Lep.* 387. - Fourc.
37. - *Vill.* 104.

— Pz. v. instabilis·
— Lep. Spin. 1, p. 58. 19.
v. ignobilis.
— Coq. v. Coqueberti.
stilata Kl. 72. - Hart. 227.
Dincura.
. *stramineipes* Kl. 61. - Hart.
Sel.
i T. albipes Lep. 299.
?T. pallescens Gm. 141.
?T. albipes Lep. 299.
strigosa F. E. S. sppl. 58. 59.-
S. P. 34. - Geoff. 19. Kl.
80. - in Wied. Mg. p. 76. -
Hart. 293. Macr.
T. pavida F. P. 13. - E. S. 40.
T. dumetorum Kl. 81. - Hart.
293. Macr.
T. multicolor Lep. 400. Fourc.
Geoff.
?T. rufipes L. fn. 1550. - Vill..
Gmel. 34. - Lep. sub. 398.
T. citreipes Lep. 272. - fn.
fr. 6. 2.
Sturmii Kl. 83. - Hart. 292.
Macr. - Pz. 114. 13.
subfusca Lep. 403. v. nitida.
subulata Gm. - Lesk. - Lep,
259. sp. dab. cf. segmentaria.
succincta Don. v. zonata.
— Lep. v. zona.
sulphurata Gm. v. rustica.
sylvarum Pz. Cimbex.
sylvatica Pz. - Lesk. - Gm.-
Vill. v. Lyda.
taraxaci Pz. v. Hyl. furc.
tarsata F. Pz. v. 4 maculata.
temula Vill. Ross. cf. Emph.
togat. fuem.
— Scop. v. segmentaria.
tenella Kl. 29. - Hart. 271.
Blenn.
tenuicornis Kl. 45. - Hart. 267.
Blenn.
tenuis Lep. 383. cf. Emph.
truncatus.
001

tessellata Kl. Hart. 307. T.
v. interrupta.
testacea Lep. 309. v. Nemat.
testaceipes Kl. 75. - Hart. 227.
Dineura.
testudinea Kl. 20. - Hart. 277.
Hopl. T. fallax Lep. 312.
teutona Pz. 71. 6. - Rev. -
Kl. 90. - Hart. 294. Macr.
T. aureatensis Schr. fn. 2018.
thoracica Vill. - Fourc. Lep.
389. cf. variegata.
tibialis Vill. 309. - Lep. 395.
sp. obsc.
— Pz. Emphytus.
tiliae Spin. - Pz. Lep. v. nassat.
togata F. v. Emph. tog.
— Pz. v. Emph. succinctus.
- trabeata Kl. 149. - Hart.
307. Tenthr. 3
trichocera Lep. 240. v. aterrima; sec Hart. ad fuliginosam.
tricincta F. P. 5. - Kl 108.
- in Wied. Mg. p. 75. - Pz.
113. 15. 16. - Schff. 130. 3.
- Schr. fn. 2031. - Spin. 2.
153. - Hart. 288. All.
viennensis Pz. Rev. p. 26.
sexannulata Schr. fn. 2002.
? viminalis Schr. fn. 2000.
tricolor Gm. Hylot. pagana.
trifasciata Vill. Fourc. v. sub
rustica Lep.
tristis Lep. 303. v. morio.
— Vill. Grо. - F. It. norv.
v. Cimbex femorata.
— F. P. cit. Pz. 98. 11. v.
Dolerus.
umbellatarum Pz. v. flavic.
umbratica Kl. 35. - Hart. v.
nigrita.
uncta Kl. 63. - Hart. 269.
Blenn.
ustulata Gm. v. Hylot.
vafra L. - Gm. F. v. Lyda
pratensis.

vaga F. Collect. - Lesk. Ross.
v. bicincta.
— F. E. S. excl. cit. L. cf.
Nem. myosot.
— Schr. fn. 2027. excl. cit.
F. obliv. trad.
varia Gm. v. dimidiata.
variegata Kl. 99. - Hart. 296.
Pachyprot.
? thoracica Lep. 389. - Fourc.
39. - Vill. 107.
varicornis Gm. - Lesk. - Lep.
407. v. Emph. tibialis.
varipes Kl. 47. - Hart. 279.
Erioc.
: velox F. sppl. p. 216. 47-
48. - S. P. 24. - Lep. 325.
Kl. 123. - in Wied. Mg. p.
78. - Hart. 312. Tenthr.
ventralis Pz. 64. 4. - Lep.
non Nematus.
verna. Kl. Hart. v. opaca.
vernalis Vill. - Fourc. - Geoff. ?
verticata Lep. 311. v. ferrug.
vespa Retz. cf. tricincta.
vespiformis Ltr. v. tricinctus.
— Schr. En. 662. - Vill. v.
pallicornis.
vespoides Lep. 220. - fn. fr.
v. pallicornis.
vicina Lep. 294. ?
vidua Rossi fn. p. 26. ed. Ill.
p. 38. n. 715. t. 3. f. 6. -
Kl. 113. - Pz. 115. 17. All.
Spin. 1. 50. - 2. 76.
All. Rossii Jur. pl. 6.
viennensis Pz. 114. 16. - 65.
5. - Rev. p. 30.
marginellae Var. Klug. Hart.
All.
— Schr. En. v. Emphytus.
— Ross. - Vill. - Gm. ?
viminalis Schr. fn. 2000. cf.
tricinctus.
violacea F. it. norv. v. Hylot.
virgata Fourc. Vill. Gm. Lep.
v. marginella.

viridescens Vill.-Fourc.-Geoff.
Athalia?
virididorsata Retz. v. Nem.
várius.
. viridis *L. S. N.* 27. - fn.
1554. - *Kl.* 135. - in *Wied.*
Mg. p. 84. - *Pz.* 115. 19.
20. - *Schff.* 181. 5. 6.-*Vill.*
Gm. - *Lesk.* - *Hart.* 310
Tenthr. *1
T. marginata *Christ.* p. 438.
t. 51. 1.
T. mesomelas *L. S. N.* 25.
- fn. 1549. - *Scop.* 723
T. annularis *Vill* 110. - *Lep.*
336.
T. rosae *Scop.* 722.
T. rapae *F.* coll.
T. interrupta *Lep.* 249. - fn.
fr. 4. 5.
T. pini *Vill.* 87. - *Retz.* 311.
- *Deg.* 19. t. 38. 7.
viridis Pz. - Schr. En. fn. -
Spin. v. scalaris.
vitellinae Gm. - Vill. - Lesk.
v. Trichiosom.
ulmi L. fn. 1570. - S. N. 52.
: Lep. sub 200. - Vill.
L. larvam solum nov. obl. trad.
— Schr. fn. 2003. id.
unifasciata Fourc. v. zonata.
ustulata F. E. S. - Gm. -
- Lesk. Pz. - Rossi - Spin.
. v. Hylot.
zona Kl. 106. - Hart. 287. All.
captiva Lep. 256. - fn. f. 5. 2.
: zonata *Pz.* 64. 9. - Rcv. p.
27. - *Hart.* 288. 1. Tenthr.
Schff. 56. 2? Nomcl. 74.-*Geoff.*
7. - *Kl.* 133. * 4
Mas: T. equestris Pz. 107.
6. - *Geoff.* 6.
T. maculata *Vill.* 92. *Geoff.*
& Fourc.
zonula Kl. 107. - Schff. t. 7.
f. 8. 9? - Nom. p. 11. All.
: Hart. 288.

luteiventris Lep. 257.
bifasciata Fourc. & Geoff. 9.
- Vill. 94.
fasciata Scop. 727. - Schr.
fn. 2030.

Thyreopus.
Lep.
Crabro autt.
Sphex *L.*
. cribrarius *Lep.*
Crabro *F. P.* 16. - *Pz.* 15.
19. 18. - *Van d. Lind.* 1.-
F. E. S. 297. 19. - *Cederh.*
528. - *Pz.* Rev. 181. - *Walck.*
fn. 7. - *Ltr.* hist. 13. 323.
1. - gen. 4. 81. - Nouv. dict.
ed 1. 469. - ed. 2 353. -
Spin. 2. 178. 13.
Sphex *L. S. N.* 23. fn. 1695.
- *Vill.* 3. 231. 34. - *Schrk.*
En. 799. - *Schff.* 177. 6 & 7.
-81. 2 & 3. - 268. 2. - Uddm.
94. - *Raj.* 255. 16. - Naturf.
2. it. 2. - *Deg.* 2. 2. 139.
2. t. 28. f. 1 - 5. - *Rolandr.*
Act. holm. 1751. 56. t. 3. f.
1. - *Sulz.* hist. t. 24. f. 6. -
Gm. 10. - *Retz.* 244. - *Sulz.*
Kennz. t. 27. f. 6.
Cr. palmatus Pz. 46. 3.
Crabr. patellarius *Schr.* fn.
2174.
Sphex patellaria *Schreb.* Na-
turf. 20. 95. 1.
Vespa cribraria *Gm.* 110.
— iehneumon *Raj.* 255. * 0
- clypeatus *Lep.* 4. exclus.
Syn. - *Van d. Lind.* Cr. 2
- *F. E. S.* 297. 15. - *S. P.* 18.
Sphex *L. S. N.* 945. 25.
- *Schreb.* Ins. II. t. 1. f. 8.
- Naturf. 15. 90. t. 3. fig.
19 - 20.
- interruptus *Lep.* 2.
. patellatus *Lep.* 3. exclus.

eit. *Pz.* dentipes * 2
Cr. *Pz.* 46. 4. - Rev. 182. -
Van d. *Lind.* 3. excl. cit.
dentip.
Cr. clypeatus *Pz.* 15. 20. 21.
Cr. crassicornis*Spin.* 2. 262.
forsan mas, neglecta pe-
dum anticorum structura.
?Sphex peltaria *Schreb.* Naturf. 20. 98. 3. t. 2. f. 6.
sec. *Pz.*
Crabro peltarius *Schr.* fn.
2185. * 1
. pterotus *Lep.*
Crabro *Pz.* 83. 16. 17. - Rev.
182. - *F. P.* 17. - *Van* d.
Lind. 4. Bav. 4

Thyreus.
Lep.
Crabro autt.
Sphex *L.*
. vexillatus mas. *Lep.* 762.
1. - *Pz.* 153. 17.
Crabro *Pz.* 46. 5. - *Van* d.
Lind. 6. excl. foem. - *Sp.*
1. 105. 6. - *Pz.* Rev. 182.
excl. foem.
C. clypeatus *F. P.* 18. excl.
L. & *Schreber. Oliv.* 16. -
- *Rossi* 880. excl. *L.* - *Ltr.*
hist. 2. - *Walck.* fn. 8. - *Schff.*
177. 8. 9.
Sphex clyp. *Christ.* p. 283.
t. 27. f. 3.
Foem : Solen. lapidarius *Lep.*
721. 8.
Crabro lap. *F. P.* 6. - *Van*
d. *Lind.* 14. excl. Syn. - *Pz.*
153. 17. * 2

Tiphia.
F. - *Ol.* - *Ross.* - *Ltr.* gen. -
Cons. - *Pz.* f_n. - *Ill.* - *Walck.* -
Jur. - *Spin.* - *Gm.* - *Kl.* in *We-*

.ber u. *Mohr.* Beitr. z. Na-
turk. II. 187.
Sphex *Schaeff.* -. *Scop.* -
Schr. - *Christ.*
Bethyllus *Pz.* Rev. - *F. P.*
Klug.
abdominalis P.v.Astata boops.
ater Kl. 3. cf. neglecta.
coenoptera *Pz.* v. Omalus.
ciliata F. Mant. - Gm. - Coq.
 v. Scol. aurea.
crassicornis F. Mant. v. Larra.
. femorata *F. P.* 1. - *E. S.*
1. etc. - *Gm.* 4. - *Rossi* 828.
- *Ltr.* hist. 13. 267. 1. - gen.
4. 117. - *Pz.* 53. 3. - *Spin.*
1. 81. - *Jur.* pl. 9. gen. 14.
- *Van* d. *Lind.* 1. p. 9.
Bethyllus *Pz.* Rev. p. 134.
- *Klug* in *Weber* u. *Mohr*
Beitr. n. 1. foem. ad vulgarem m.
?Sphex palmipes*Schr.*En. 778.
fuscipennis *Kl.* 2. cf. neglectam m.
minuta Van d. Lind. 4. v. pilipennis.
morio *F. P.* 21. - *E. S.* 17.
etc. - *Gm.* 16. - *Pz.* 55. 1.
- *Van* d. *Lind.* 3.
Beth. *Pz.* Rev. p. 134. an eadem ac T. neglecta?
: neglectam cf. *Van* d. *L.*
p. 12. linea 2.
Foem · ? fuscipennis *Kl.* 2.
Mas : ? ater *Kl.* 3. * 4
. nudipennis foem:*Kl.*4. * 3
: pilipennis *Kl.* 7. T. minuta *Van* d. *Lind.* 4.
Foem: B. ruficornis *Kl.* 6. * 3
- quinquecincta *F. P.* 6.
 vix huj. gen.
ruficornis Kl. v. pilipennis.
rufiventris Pz. v. Dichroa
 gibba.
tripunctata Rossi - Pz. fn. -
- Ltr. hist. - Spin. v. Meria.

- variegata *F. P.* 7. (Sibir.)
　'? vix huj gen.
villosa *F. P.* 22. - *E. S.*
18. - *Ltr.* hist. 2. - *Van d.*
Lind. 2.
Bethyl. *Pz.* Rev. 134. - fn.
98. 16. - *F. S. P.* 1.
Mas: ad vulgarem m.
. vulgaris m.
Mas: v. villosa.
Foem: v. femorata. 　　* 0

Torymus.

Nees 2. p. 53. - *Dalm.* Act.
holm. 1820. 1. p. 135. n. 7.
t. 7. f. 26. 27. ; Pterom. p.
4. n. 7.
Cynips *Ltr.* gen. 4. p. 28.
- *F.* - *Schr.* - *Ol.* - *Walck.*-
Schaeff. - *Geoff.*
Diplolepis *Spin.* Class. &
Ins. Lig. - *F.* - *Walck.*
Cleptes *F.* - *Pz.*
Chalcis *Jur.*
Cleonymus *Spin.* Class.
Ichneumon *L. F.* - *Vill.* -
Scop. - *Schr.* - *Deg.* - *Ross.*
- *Walck.*
Pteromalus *Sweder.*
Subgenus (stigmate incrassato)
Megastigmus *Boh.* &
Dalm.
: abbreviatus *Boh.* 21. * 2
: abdominalis *Boh.* 10. * 2
- aeneus
- amethystinus *Boh.* 32.
- amoenus *Boh.* 14.
- annulatus
. ater 　　　　　　* 3
- aurulentus
- azureus *Boh.* 31.
- bedeguaris *Dalm. N. Boh.*
16.
. bipunctatus *Sweder.* 1795-
Boh. 1.
- brachyurus *Boh.* 19.

- calcaratus
: caudatus *N.* & *Boh.* 28. * 3
- chlorocopes *Boh.* 38.
- chrysis
- chrysocephalus *Boh.* 8.
- cingulatus
: coeruleus m. 　　　　* 3
- collaris *Boh.* 2.
conjunctus 　　v. nobilis.
- contubernalis
- cupratus *Boh.* 27.
; cupreus 　　　　　　* 3
- cyaneus *Boh.* 29.
- cyanimus *Boh.* 30.
- cynipedis *Dalm. Boh.* 9.
- dentipes *Boh.* 4.
　— *Dalm.* 　　v. cupreus.
. difficilis 　　　　　* 1
- dorsalis *N.* & *Boh.* 3.
- druparnm *Boh.* 24.
- dubius
- elegans *Boh.* 17.
- erythrothorax
. euchlorus *Boh.* 23. 　* 1
- fasciatus
- fastuosus *Boh.* 13.
- fulgens
. fulgidus *Boh.* 　　* 3
- fuliginosus
- fuscipes *Boh.* 36.
- galii *Boh.* 11.
- globiceps
: laetus m. 　　　　- * 2
- militaris *Boh.* 6.
. muscarius 　　　　* 1
- nigricornis *N.* & *Boh.* 20. * 1
- nitidulus
. nobilis *Boh.* 　　　* 3
. conjunctus *N.*
. obsoletus 　　　- * 2
- pallidicornis *Boh.* 26.
. parellinus *Boh.* 33. 　* 2
. pulchellus m. 　　　* 2
. purpurascens *N.* & *Boh.*
18. 　　　　　　　* 1
: quercinus *Boh.* 35. * 2
: regius 　　　Austr. 3

- saphirinus
— *Boh.* 33 (div.)
. speciosus *Boh.* 15.
- spilopterus *Boh.* 27.
- stigma
- tarsatus
- truncatus
. viridissimus *Boh.*   * 1

Trachelus.
Jur. v. Cephus.

Trachyderma.
Grav. v. Pimpla.

Trachynotus.
Grav. v. Ophion.

Truchusa.
Jur. & *Pz.* v. omnes Apiarias,
.. cellulis cubitalibus tribus, in
quibus cell. cub, secunda ambos excipit nervos recurrentes.
atra Pz.   v. Panurgus.
liturata Pz.   v. Anthid.
strigata Pz.   v. Anthid.

Trichiocampus.
Hart. p. 176.
Nematus *Lep.*
Synonyma vide sub Genere
Cladius.
eradiatus H. 176.   3
: eucerus *H.* 177.   * 3
Nem. grandis *Lep.*
. uncinatus *H.* 176.   * 3

Trichiosoma.
Hart. p. 68.-*Stph.* 324.-*Leach.*
Cimbex *F.* - *Kl.* etc.
Tenthredo *L.* etc.
Synonyma vide sub Genere
Cimbex.

. betuleti   * 4
. laterale   * 4
Latreillii. Leach. v. lucorum.
. lucorum *Pz.* 117. 14.   * 2
marginale,
Scalesii.,
sylvaticum &
unidentatum Leach. ad lucor.

Trichogramma.
Westw. Phil. Mag. III. May.
1833. p. 444.
Nees 2. p. 409.
- evanescens *Westw.* l. c.

Trigonalys.
Westw.
: europaea   * 5

Trigonophorus.
Westw. Stph. 396.
- obscurus *Westw.*

Tripoxylon.
F. - *Ltr.* - *Pz.* - *Jur.* III. -
Ill. - *Spin.* - *Van d. L.*
Apius *Jur.*
Sphex. *L.* - *Vill.* - *Schr.* -
Rossi. . *Chr.* - *Walck.* - *Scop.*,
. atratum *F. P.* 5.   v. Psen.
— foem.   v. Psen ater.
equestre F. P. 6.   v. Psen.
. figulus *Ltr.* hist. 13, 330.
- gen. 4. 75. - Regn. an. 3.
500. - Dict. ed. 2. 34. p. 568.-
- *F. P.* 207. 1. - *Pz.* Rev.
p. 107. - *Illig* ed *Rossi* 2.
93. 810. - *Spin.* 1. 65. 877.
Dumer. Dict. 55. 553. - At-
las du. Dict. Ins. pl. 51.
f. 6. & 7.
- Apius *Jur.* 140. t. 9 gen. 8
foem.
Sphex *L. S. N.* 11. - fn. 1650.
- *F. E. S.* 6. - *Spin.* 10. -

Mant. 15. - *E. S.* 19. - *Vill.*
4. - *Gmel*: 11. - *Christ.* p.
291. - *Rossi* 810. - *Schr.*
fn. 2160. - *Pz.* fn. 80. 16.
mas. - *Walck.* 2. 79. 2.
Sphex leucostoma *Schr.* En.
771.
?Sphex fuliginosa *Scop.* carn.
771. - *Rossi* fn. 817. : * 0

Trogus.
Gr. 2. 369.
: alboguttatus   * 5
caeruleator Pz. v. lapidator.
- flavatorius *Pz.* 78. 12. -
100. 12.   * 3
- fuscipennis
. lapidator Pz. 100. 13. * 1
- luteiventris   * 3
. lutorius   * 3
. rufescens
. vulpinus.

Tropistes.
Gr. v. Banchus.

Tryphon.
Grav. 2. 1.
Subgenera: *Exochus; Meso-*
leptus; Tryphon; Scolobates;
Sphinctus.
- adpropinquator
. E. Aethiops
: alacer   * 2
- M. albicruris
- albipes
- albitarsus
- albocinctus
- M. albolineatus
: albopictus
- albovinctus
- M. annulatus
- M. antilope
: apiarius   * 3
: armillatorius   * 3

- M. arridens
- E. asper
- M. atomator
: aulicus   * 3
- M. bicingulatus
- bicolor
- M. biguttulus
- bilineatus
- M. bipunctatus
- bisculptus
- braccatus
. brachyacanthus   * 1
. brunnicans   * 1
- brunniventris
- calcator
- calceolatus
- caligatus
- carbonarins
: cephalotes   * 3
- M. cerinostomus
- chrysopus
: M. chrysostomus   * 3
: M. cinctulus   * 2
- M. cingulatus
: clypeator   * 2
- collaris
- colon
: compunctor   * 2
. E. coronatus   * 1
. cothurnatus   * 2
. M. coxator   * 2
- E. crassicornis
. Sc. crassitarsus   * 2
. E. cristator   * 1
- cruralis
: E. curvator   * 3
- M. decipiens
: M. defectivus   * 3
- M. delusor
- dorsalis
. elegantulus   * 3
. elongator   * 1
- erythrocephalus
- erythrocerus
- E. erythronotus
: erythropalpus
- M. evanialis

- orbitalis			- sexpunctatus	
· M. pallidus	* 2		- signator	
- parvulus			- M. sordidus	
- pastoralis			- sphaerocephalus	
- M. pectoralis			- M. spheginus	
- M. petiolaris			- M. splendens	
- petulans			. M. sponsorius	* 2
- pictus			- M. sternoleucus	
- pilosellus			- sternoxanthus	
- pinguis			. M. sticticus	* 2
: E. podagricus	* 3		. M. subcompressus	* 2
- praerogator·			- subnitidus	
- pratensis.			- subrufus	
: procurator	* 2		- subspinosus	
- proditor			: succinctus	* 2
- propinquus			. M. sulphuratus	* 2
- M. prosoleucus			- sylvestris	
: E. prosopius	* 2		: E. tardigradus	* 3
- pruinosus			- M. tener	
- punctus			- tenuicornis	
- M. quadriannulatus			. M. testaceus	* 2
: quadrilineatus	* 3		- triangulatorius	
- quadrisculptus			- tricolor	
- quinquecinctus			. M. typhae	* 1
: rapinator	* 2		- varicornis	
- M. regenerator			. varitarsus·	* 2
: ridibundus	* 3		- vellicans	
- rubiginosus			. M. ventrator	* 2
- M. ruficornis			- vepretorum	
- M. rufinus			- vernalis	
- rufipes			- virgultorum	
· M. rufiventris	* 1		- M. vitratorius	
- M. rufocinctus			: M. xanthopsanus	* 2
: M. rufoniger	* 2		- M. xanthostigma	
- rufus			- xanthostomus	
· rutilator	* 0		- zonarius	
: sanguinicollis	* 3			
- scabriculus				
- scalaris				
- scotopterus				
- segmentarius				
: semicaligatus	* 2			
- M. seminiger				
- M. sericeus				
: Sp. serotinus	* 5			
: sexcinctus	* 3			
- sexlituratus				

Urocerus.

Jur. Stph. v. Xiphydria.

Geoff. 2. p. 265. t. 14. f. 3.-

Fourc. n. 1. v. Sirex gigas.

Vespa.

L. F. etc.

abbreviata Vill. 38. v. Celonit. apif.

annulata Ross. v. Cerceris.
antilope Pz.   v. Odynerus.
arbustorum Pz. - Spin.   v.
      Eumenes.
armata Sulz. Christ. v. Bem-
      bex rostr.
arvensis L. - Vill. - Gm. -
    Rossi - Chr. - F. Mant. -
    Schr. En.   v. Mellinus.
aucta F. Pz.   v. Odyn.
: austriaca mas: *Px*. 63. 2.
    - Rev. p. 154. (an . mas ad
    V. vulgarem?)   * 2
bicincta Vill. 37. v. Scol. hirta.
bidens L. Vill. - F. - Spin.
    cf. Nysson spinos.
bifasciata L. F. Vill. 11. v.
    Symmorph.
biglumis L. F. Pz. v. Polistes.
bipunctata F. Vill. 24. (src.
    Spin. at non) crassicornis.
bipustulata Vill. 36.   Scol?
campestris L. Vill. - F. Mant. -
    Gm. - Ross. - Chr. v. Gorytes.
carbunculus Fourc. v. Chry-
    sis lucidula.
chrysoptera Vill. 46.   ?
    — armata Vill. 47.   ?
ciliata Vill. 44. t. 8. f. 22.
    v. Scol. aur.
cingulata Gm. v. Cerc. arenar.
coangustata Ross. v. Eumenes.
coarctata Pz. - Scop. - Schr.
    - Vill. 8. v. Eumenes pomif.
    — F. E. S. excl. cit. Frisch.
    & Scop. - L, fn. v. Eumenes.
coronata Pz.   v. Eumenes.
. crabro L. S. N. 2. 948. 3. -
    fn. 1670. - F. E. S. 2. 255.
    9. - S. P. 255. 8. - Schr.
    En. 786. - Poda Mus. p. 108.
    - Scop. Carn. 824. - Vill.
    1. - Geoff. 2. 368, 1. - Frisch.
    9. t. 11. f. 1. - Swamm. Bibl.
    1. 26. f. 7. - Reaum. 6. t.
    18. f. 1 - 4, - t. 10. f. 9. - Schff.
    53. 5. - 136. 3. · Deg. 2. 2.

132. t. 27. f. 9 - 10.   - * 2
    — medius Vill. 17.
: crassa mihi mas & operar. * 3
crassicornis Pz. v. Symmorph.
cribraria L. Gm. v. Thyreopus.
Dantici Ross. Spin. v. Odyn.
dimidiata Vill. 30. v. Blephar.
    signat.
dumetorum Pz. v. Eum. coang.
emarginata F. v. Odyn. auct.
fasciata Fourc. sec. Spin. cf.
    Philanth. apiv.
gallica L. - F. - Schr. En. - Pz.
    - Vill. etc.   v. Polistes.
gazella Pz.   v. Odyner.
. germanica *F. E. S.* 11. -
    S. P. 10. - Pz. 49. 20. - Rev.
    154. - vulgaris Scop., carn.
    825. - Swamm. t. 26. f. 8. -
    Schff. 238. 7. oper. - Elem.
    t. 130 foem. - Frisch. 9. t.
    12. f. 2.   * 1
glauca Gm. v. Bembex oliv.
histrio Vill. 41. t. 8. f. 20. v.
    Eumen. (pomif?)
hirsutissima Vill. 45. Scol.
. holsatica *F. P.* 12. - *E. S.* 2.
    vix div. a V. saxonica.
hispanica Gm. cf. Cerc. tuberc.
leucostoma Gm.   v. Crabro.
ligata Vill. 34.
limbata Oliv.   v. Philanth.
    triangulum.
lunulata Vill. 48. Stiz. Scol?
maculata Scop. Vill.   ?
melanosticta Gm. v. Mell. arv.
minuta Ross. sec. Spin.   v.
    Prosop. annulata.
    — F. E. S. sppl. - S. P. - Vill.
    v. Odyn.
muraria L. F. Vill. Schr.
    v. Odyn.
    sec Spin foem. ad crassic.
    — Scop. 828.   ?
mystacea Gm.   v. Goryt.
nigricornis Vill. cf. Scol. interr.
: norwegica *F. E. S.* 16. - S.

P. 14. - *Pz.* 81. 16. -,Rev.
154. - *Vill.* 20.　　　＊ 3
notata Jur. Spin.　v. Odyn.
ocula!a F. Vill. v. Rhygchium.
olivacea Gm.　　v. Bembex.
parietina L. fn. 1679. - Müll.
- Vill.　　cf. Odyn. auct.
— F. E. S. - S. P. - Pz.
　・　v. Pteroch. spinipes.
. — L. fn. 1673. - F. E. S.
45. - S. P. 44. - Scop. - Vill.
4. - Pz. 49. 2. 3. v. Polist. gall.
— Latr. Spin. excl. cit. L.
　　　　v. crassicorn.
pedunculata Pz. v. Eum.pomif.
petiolata Fourc. Geoff. cf.
　　　　Mellin. arv.
phalerata Pz. v. Pterocheil.
pomiformis Pz. F. Vill. v. Eum.
pratensis Fourc. Geoff. cf.
　　　　Mellin. arv.
quadrata Pz.-Sp. v. Odyn. auct.
quadricincta F. foem. v. Odyn.
quadrifasciata Spin. v. Odyn.
　　　　gazella.
— F.　　　　v. Odyn.
quinquecincta Vill. 42. v. Hopl.
quinquefasciata F. cf. Pteroch.
　　　　spinipes.
sec. Spin. Odyn. murar. foem.
rubra Geoff. Fourc. v. No-
　　mada ruficorn.
. **rufa** *L.* fn. 1672. - *S. N.* 2.
948. 5. - *F. E. S.* 2. 158.
15. - *S. P.* 256. 13. - *Schr.*
En. 788. - *Vill.* 3.
? V. sylvestris *Scop.* 826. (sec.
Schr.)　　　　＊ 1
ruficornis Vill.　　v. Stiz.
sabulosa Gm.　　v. Mellin.
. **saxonica** *F. E. S.* 2. 256.
12. - *S. P.* 256. 11. - *Pz.*
49. 21. mas. - Rev. 154. -
Schff. 74. 5·　　　　＊ 1
- **sexcincta** *Pz.* 63. 1. mas.
- Rev. p. 154. (an mas ad
V. vulgarem?)　　　　2

— *Vill.* 29.　　　v. Crabro.
sexfasciata F. Vill. cf. Odyn.
,　　　　antil.
sexpustulata Vill. 39.
simplex F. Spin. v. Odyn. 4
　　　　fascias.
sinuata F. Spin. v. bifasciat.
sispes L.　　　v. Chalcis.
spinipes L. F. Pz. v. Pteroch.
spinosa Gm.　　v. Nysson.
subterranea Vill. 28. - Gm.
　　　　v. Crabro.
sylvestris Scop. 826. - Vill. 18.?
sec. Schr. ad rufam.
tinniens Scop. - Sp. v. Pteroch.
triangulum Vill. 25. - F. Mant.
- Gm. - Chr. v. Philanthus.
tricincta Schr. - Vill. - Gm.
　　　　v. Mellin. arv.
tricuspidata Vill. v. Scol. hort.
tridens Vill. 22. - F. Mant.-
Gm. - Ol.　　　v. Stizus.
tridentata Vill. 27. - Gm. v.
　　　　Stiz. bifasc.
trifasciata F. Vill. Sp. v. bifasc.
unguiculata Vill. 40. v. Eum.
　　　　coang.
uniglumis L. - Vill. - Ross. -
Ol.　　　v. Oxybelus.
vaga Gm.　　　v. Crabro.
. **vulgaris** foem. & op. *L. S. N.*
4. - fn. 1671. - *F. E. S.* 10. -
S. P. 9. - *Pz.* 49. 19. - Rev.
153. - *Schk.* En. 787. - *Vill.*
2. (non Scop.)
Geoff. 2. 369. 2. - Reaum. 6.
12. f. 7. 8. - *Deg.* 2. 2. 111.
t. 26. f. 5 - 7.　　　　＊ 1
zonalis Pz. Sp. v. Discoelius.

Vipio.

Latr. hist.　v. Bracon.

Xiphydria.

Ltr. - *Hart.* - *Stph.* 342.
Hybonotus *Kl.*

: taurica *Frivald.* Turcia 4
. violacea *F. S. P.* 338. 3.
- *Ill.* 1.
Apis *Pz.* 59. 6. - *E. S.* 3. -
L. S. N. 38. - Mus Udalr.
415.
— gigas *Deg.* 3. 576. 10.
t. 8. f. 15.
Mas: Xyl. femorata *F.* 4. 3.
Geoff. 2. 416. 9. - Petiv. Gaz.
. t. 12. f. 5. - Reaum. 6. t.
5. f. 1. 2. - *Christ.* 119. t.
4. f. 5. - *Scop.* carn. 812.
Germ. 3

Xylonomus.
Grav. v. Xorides.

Xyloterus.

Hart. p. 385.
Sirex autt.
Synonyma v. sub. Gen
: fuscicornis
- magus · Bo

Zaraea.

Leach. - *Steph.* 325.
p. 72.
Cimbex *F.* - *Kl.* et
Tenthredo *L.* etc.
Synonyma vide sub
Cimbex.

. fasciata *L.* - *Pz.* 17.

Berichtigungen zu den Orthopteren Hymenopteren.